国家出版基金项目
NATIONAL PUBLICATION FOUNDATION

山东省自然保护区建设与生物多样性评价研究丛书

山东省自然保护区基础调查与评估

田贵全　等著

山东大学出版社

图书在版编目(CIP)数据

山东省自然保护区基础调查与评估/田贵全等著.
—济南:山东大学出版社，2017.12
(山东省自然保护区建设与生物多样性评价研究丛书)
ISBN 978-7-5607-5905-0

Ⅰ.①山… Ⅱ.①田… Ⅲ.①自然保护区—调查研究
—山东 Ⅳ.①S759.992.52

中国版本图书馆 CIP 数据核字(2017)第 310542 号

责任策划 姜 明
责任编辑 姜 明
封面设计 牛 钧

出版发行:山东大学出版社
社 址 山东省济南市山大南路 20 号
邮 编 250100
电 话 市场部(0531)88363008
经 销:山东省新华书店
印 刷:东港股份有限公司
规 格:787 毫米×1092 毫米 1/16
18.5 印张 392 千字
版 次:2017 年 12 月第 1 版
印 次:2017 年 12 月第 1 次印刷
定 价:65.00 元

《山东省自然保护区基础调查与评估》

编委会

前 言

自然保护区是生物多样性的核心区域，是国家生态安全空间格局的重要节点。生物多样性是人类赖以生存的条件，关系到当代及子孙后代的福祉。保护生物多样性就是保护人类的生命。目前，生物多样性保护已上升为国家战略，成为继气候变化研究之后的又一生态环境研究的前沿和热点。因此，开展自然保护区建设与生物多样性评价研究，对于维护生态环境安全、改善生态环境质量、推进生态文明建设具有重要意义。

经过 60 年的发展，我国现已成为世界上自然保护区面积最大的国家之一，基本形成了类型比较齐全、布局基本合理、功能相对完善的自然保护区体系，生物多样性得到保护和恢复。由于很长一段时间内我国奉行抢救性保护的方针，有些自然保护区批建时未对资源本底状况、动植物种群数量及分布范围进行全面调查，导致自然保护区资源本底不清，边界范围与功能分区不清，土地权属状况不清。有些自然保护区存在着批而不建、建而不管、管而不力的现象，自然保护区管护设施建设滞后，管护能力不足。近年来，随着经济建设的快速发展，保护与开发的矛盾日益突出，自然保护区范围缩小、生境破碎化、生物多样性流失等问题受到高度关注。全面、系统地调查评估自然保护区建设与生物多样性状况是十分必要的。自 20 世纪 90 年代以来，国内外一些学者针对某一自然保护区或局部区域的生物多样性评价进行了研究探讨。由于数据获取难度较大，在省级尺度上全面开展自然保护区与生物多样性评价研究工作鲜有报道。《山东省自然保护区建设与生物多样性评价研究丛书》恰好在省级尺度上进行了有益的探索与研究。

《山东省自然保护区建设与生物多样性评价研究丛书》包括《山东省自然保护区基础调查与评估》《山东省自然保护区生物多样性评价》和《山东省生物多样性县域评估》三本专题性著作。《山东省自然保护区基础调查与评估》一书，依托“山东省自然保护区基础调查”“山东省生态环境遥感监测与评价”“山东省生态环境十年变化（2000～2010 年）遥感调查与评估”和“山东省生物多样性保护战略与行动计划(2011～2030年)”等省部级专项研究成果，核定了自然保护区范围、功能分区和面积，编制了自然保护区新名录和新简介，编绘了自然保护区分布图、功能区划图和遥感影像图，定量评估了自然保护区建设、管理、基础设施、人口、土地权属和国家重点保护物种状况，分析了自然保护区建设与管理存在的主要问题，并提出了对策建议。

在本书涉及的项目研究、编写和出版过程中，得到了山东省环境保护厅和山东省环境监测中心站有关领导和专家的大力支持和帮助，特别是得到了吴松民处长和王德明站长的支持和悉心指导，得到了山东大学出版社的鼎力支持，尤其是姜明编辑的辛勤付出和精心工作，得到了国家出版基金的资助。对于他们的关心、支持和帮助，在此一并表示衷心感谢。

由于作者学识水平有限，书中疏漏或不当之处在所难免，恳请有关领导、专家和读者批评指正。

作　者

2017年7月于济南

目录

第一章　山东省概况

建设自然保护区是保护生物多样性与自然资源、维护生态环境安全的重要措施，是推进生态文明建设、实现可持续发展的重要手段。山东省自然地理位置优越、自然环境条件多样、人口数量众多、经济社会快速发展，具有建设自然保护区的良好环境条件和社会需求。本章主要内容是分析山东省自然环境特征和经济社会发展状况。

第一节　自然环境概况

自然环境是由地质、地貌、气候、水文、土壤、生物等自然环境各要素相互联系、相互影响而构成的自然综合体。山东省优越的地理区位和自然环境条件，孕育了多样的生态系统、丰富的动植物资源和独特的自然遗迹，为山东省自然保护区的建设与发展奠定了物质基础。

一、优越的地理位置

山东省是我国重要的沿海省份之一，地处黄河下游，濒临渤海与黄海，地理范围介于东经 114°47.5′～122°42.3′，北纬 34°22.9′～38°24.01′之间，属于北半球中纬度地带。境域包括内陆和半岛两部分。内陆部分自北向南与河北、河南、安徽、江苏四省接壤，南北最长约 420 千米，东西最宽约 700 千米。山东半岛突出于渤海与黄海之间，与辽东半岛隔海相望，大陆海岸线长 3 121 千米。全省土地面积约 15.8 万平方千米，约占全国总面积的 1.6%。

山东省地处我国东部南北交通要道，京沪铁路和京杭大运河纵贯南北，胶济铁路、兖石铁路横贯东西，高速公路四通八达，其经济地理位置十分优越。

二、以断块构造为特征的地质基础

山东省在大地构造上属于华北断块的一部分。沂沭断裂带纵贯山东中部，将山东地区划分为鲁西断块和鲁东断块两部分。齐河广饶断裂和聊城兰考断裂将鲁西断块与鲁北断块分割开来。鲁西断块、鲁东断块和鲁北断块经过多次构造运动，形成了山东省现代地质构造格局。

鲁西断块基底由泰山群构成，构造复杂，以紧密倒转褶皱为主，构造线方向为北西向。盖层由土门群、古生界、中生界、新生界构成。盖层构造简单，以单斜为主，而断裂构造极为发育，发育有东西向、南北向、北西向和北东向4组断裂。这些断裂控制了一系列中、新生代断陷盆地，形成区域断凸和断陷相间分布的构造格局。鲁东断块基底主要由胶东群、粉子山群、蓬莱群及燕山期花岗岩组成，北东向、北北东向和近东西向断裂甚为发育。这些断裂控制着中、新生代断陷盆地发育，形成了胶北断块隆起、胶莱断块下降与胶南断块隆起相间分布的断块构造格局。鲁北断块自中生代以来，随华北断块大幅度沉降，发育有深厚的河湖沉积，形成冲积平原。

三、复杂多样的地貌类型

山东省地貌发育的地质基础为断块构造。鲁西断块、鲁东断块和鲁北断块经过多次构造运动，奠定了山东省地貌发育的基础。

山东省地势主要特征是中部高，四周低，以泰山、鲁山、沂山、蒙山、徂徕山等海拔千米以上的中山构成鲁中南山地的主体，走向大致是东西向，分别向北、南经海拔200～500米的低山丘陵过渡到海拔40米以下的山前平原和黄淮海平原。渤海湾地区地势最低，仅高出海平面2～3米。山东半岛地区以崂山、艾山、牙山、昆嵛山为骨干，地势向南北降低。

山东省地貌类型多样，平原面积广阔。山东省地貌类型可分为中山、低山、丘陵、台地、盆地、山前(间)平原、黄河冲积扇、黄泛平原和黄河三角洲9个基本地貌类型。中山6座，以泰山、鲁山、沂山、蒙山、徂徕山、崂山为代表，总面积为28.22万公顷；低山33座，以大泽山、艾山、牙山、昆嵛山为代表，总面积为145.44万公顷；丘陵58座，总面积为368.45万公顷；山地丘陵面积占全省土地总面积的35.3%。台地6座，面积为44.92万公顷；盆地8座，面积为27.36万公顷；山间(前)平原22座，总面积为428万公顷；台地、盆地和山间(前)平原面积约占全省土地总面积的32.8%。黄河冲积扇面积为156.82万公顷，黄泛平原面积为2 858.02万公顷，黄河三角洲面积为48万公顷，三者约占全省土地总面积的31.9%。山地丘陵由于流水侵蚀与切割呈高度破碎状态，切割密度一般为2千米/平方千米左右，切割深度为50～100米。

山东省地貌区划分为鲁中南山地丘陵区、鲁东丘陵区、鲁西北平原区和沿海区。鲁中南山地丘陵区主要由泰山、鲁山、沂山、蒙山、徂崃山等海拔千米以上的中山组成，构成全省中部分水岭。分水岭两侧为海拔500～600米，由古生代和中生代地层构成的丘陵。丘陵边缘则是海拔40～70米的山前平原。区内石灰岩分布广泛，岩溶地貌发育。鲁东丘陵区主要是由火成岩组成的山丘构成，除崂山、昆嵛山、艾山等少数山峰海拔在700米以上，大部分为海拔200～300米的波状丘陵。鲁西北平原区由黄河泛滥冲积而成，是华北平原的组成部分，海拔多在50米以下。

山东半岛为我国最大的半岛。海岸线北起冀鲁交界处的漳卫新河河口，南至鲁苏交界处的绣针河河口，大陆海岸线长3 121千米。黄河三角洲与莱州湾沿岸为粉沙淤泥质海岸。蓬莱角至成山角沿岸基岩海岸与沙质海岸相间分布，以沙质海岸为主，滨海平原宽3～5米，分布有陆连岛、连岛沙坝、沙嘴等海积地貌。成山角至岚山头沿岸多基岩海岸，海蚀地貌发育。大陆潮间带滩涂面积约 24.12 万公顷，近海海域面积约 1 600 万公顷，其中大于 1 平方千米的海湾有 49 处，—20 米水深以内浅海总面积约 300 万公顷。海岛 589 个，海岛岸线长 111 千米，海岛面积 1.11 万公顷。

四、典型的暖温带大陆性季风气候

山东省暖温带大陆性季风气候特征十分明显。夏季受东南海洋性季风影响，高温多雨；冬季受偏北大陆性季风控制，寒冷干燥。全省各地大陆度均在 50%以上。

全省年平均气温 11～14℃，1 月份平均气温为－4～1℃，7 月份平均气温为 24～27℃。极端最低气温在－11～－20℃之间，极端最高气温 36～43℃。气温分布规律是南部高于北部，西部高于东部。山东半岛及黄河三角洲地区年平均气温在 12℃以下，鲁西南地区在 14℃以上。全省年平均降水量为 550 毫米，其分布规律是由东南向西北递减。鲁东南地区降水量一般在 800～900 毫米以上，鲁西北和黄河三角洲地区则在 600 毫米以下。降水季节分布很不均衡，全年降水量有 60%～70%集中于 6 月、7 月和8 月，且多暴雨。9～11 月份降水量一般在 100～200 毫米，12 月至次年 2 月降水量仅 15～50 毫米，3～5月降水量也在 100 毫米以下。

全年无霜期由东北沿海向西南递增，鲁北和胶东一般为 180 天，鲁西南地区可达 220 天。各地大于 10℃的积温，一般在 3 800～4 600℃，可以满足农作物一年二作的热量要求。全省光照时数年均 2 290～2 890 小时，日照百分率为 52%～65%，较南邻的江苏省和安徽省高出三四百个小时。

五、地表水系比较发育

山东省地表水系比较发育，河川径流量偏少。全省平均河网密度为 0.24 千米/平方千米，长度在 5 千米以上的河流有 5 000 多条，其中长度在 10 千米以上的河流有 1 552 条，有 70 多条干流和一级支流，分属黄河、淮河及海河三大水系。受地貌格局的影响，鲁中及鲁东地区的水系结构以山地为中心，呈放射状水系；鲁西地区的水系结构以南四湖为中心，呈向心状水系；鲁北地区的水系则呈平行状水系结构的特点。

黄河水系主要由黄河干流山东段、大汶河、金堤河、浪溪河等河流组成，流域面积为 135.31万公顷，多年平均径流量为 21.6 亿立方米，多年平均径流深为 159.6 毫米。淮河水系主要由沂沭河水系、南四湖水系及山东沿海诸河水系组成，流域面积为 1 100.56 万公顷，其中沂沭河水系流域面积为 213.18 万公顷，多年平均径流量为 47.6 亿立方米，多年平均径流深为 278.8 毫米；南四湖水系流域面积为 262.55 万公顷，多年平均径流量为 27.8 亿立方米，多年平均径流深为 375.8 毫米；山东沿海诸河水系流域面积为 624.83 万公顷，多年平均径流量为 105.0 亿立方米，多年平均径流深为 168.0 毫米。海河水系主要由徒骇河、马颊河等河流组成，流域面积为 297.13 万公顷，多年平均径流量为 14.0 亿立方米，多年平均径流深为 47.1 毫米。

山东省现存主要湖泊有南四湖、东平湖、稻屯洼、白云湖、麻大湖、锦秋湖及大芦湖等

7 个湖泊，其中以南四湖和东平湖面积最大，是全省的主要湖泊。南四湖南北长 120 千米，东西宽 5～25 千米。湖泊面积和容积随湖泊水位的高低而变化，当南四湖水位为 33.5 米时，湖泊面积为 12.25 万公顷，容积为 19.3 亿立方米；当南四湖水位为 37 米时，湖泊面积为12.26 万公顷，容积为 63.7 亿立方米。东平湖南北长约 30 千米，东西宽约 20 千米，在东平湖水位为 40 米时，湖泊面积为 0.43 万公顷，容积为 4.4 亿立方米；当东平湖水位为 45 米时，湖泊面积为 6.25 万公顷，容积为 33.5 亿立方米。

山东省有大型水库（总库容大于 1 亿立方米）32 座，中型水库（总库容在 1000 万至 1 亿立方米之间）135 座和小型水库（总库容小于 1 000 万立方米）5 498 座，总库容达 160 亿立方米，汇水面积为 280 万公顷。

六、众多的土壤类型

山东省土壤类型众多。根据全国土壤普查办公室 1995 年编制出版的《1∶100 万中华人民共和国土壤图》土壤分类系统及土壤属性数据库，山东省土壤类型可分为棕壤、褐土、潮土、粗骨土、风沙土、石灰土、石质土、新积土、砂姜黑土、山地草甸土、红黏土、沼泽土、盐土、滨海盐土、碱土、水稻土、城区、湖泊水库、江河、江河内沙洲/岛屿、珊瑚礁/海岛屿、滨海盐场/养殖场 22 个土类。根据区域成土因素的差异，每种土壤类型又可划分为若干亚类。

山东省主要土壤类型为棕壤、褐土、潮土和粗骨土。棕壤主要分布在鲁东丘陵和鲁中南山地丘陵花岗片麻岩、非石灰性砂页岩地区。棕壤呈微酸性到酸性，pH 值小于 7，黏粒及铁锰呈显著的移动积聚。剖面形态上，表面以下为棕色淀积层，常有褐色铁锰胶膜，有时可见铁锰结核。棕壤面积约 285.3 万公顷，约占全省土地总面积的 18.1％。褐土主要分布于鲁中南低山丘陵石灰岩、钙质页岩地区和黄土堆积地区。褐土在表层及黏粒淀积层之下，有一个浅色的碳酸钙淀积层，土壤呈中性到碱性，pH 值均大于 7。褐土面积 214.1 万公顷，占全省土地总面积的 13.6％。潮土面积 602.2 万公顷，约占全省土地总面积的 38.1％。潮土集中分布于鲁西南、鲁西北黄泛平原区、胶莱平原、鲁东丘陵与鲁中南山地丘陵区的冲积平原。粗骨土面积 216.8 万公顷，占全省土地总面积的 13.7％。粗骨土主要分布于鲁东、鲁中南低山丘陵中上部。其他 18 种土壤类型零散分布于全省各地，面积为 261.9 万公顷，占全省土地总面积的 16.6％。

七、以落叶阔叶林为主的植被类型

山东省地处暖温带落叶阔叶林区，分布有落叶阔叶林、针叶林、竹林、灌丛、灌草丛、草甸、沼泽、沙生植被、盐生植被和水生植被 10 个植被类型。每种植被型又可划分为若干个群系类型，共计 80 个群系类型。

落叶阔叶林大多由暖温带落叶阔叶树种组成，群落优势科有杨柳科、壳斗科、桦木科、榆科、豆科、胡桃科及玄参科等。在山地和丘陵地区，主要是麻栎、栓皮栎、槲栎、短柄枹栎、赤杨、辽东桤木、枫杨及毛白杨等；在平原地区，主要是杨属、柳属、泡桐属、榆属等。

针叶林主要由赤松、黑松、油松、侧柏等温性针叶树种构成，集中分布在鲁中南及鲁东丘陵区。灌丛植被以胡枝子灌丛为主，灌草丛植被以荆条、酸枣、黄背草、白羊草灌草丛为代表，二者主要分布在山地丘陵区。滨海与内陆盐碱地发育以翅碱蓬、碱蓬、二色补血草及柽柳为代表的盐生植被。湖沼区有芦苇、菖蒲等沼泽植被与黑藻、菰等水生植被。落叶阔叶林和针叶林在山东省广泛分布。据遥感调查资料，2010 年山东省阔叶林、针叶林和针阔混交林面积分别为 147.91 万公顷、26.977 万公顷和 4.722 万公顷，分别占全省土地面积的 9.4%、1.7%和 0.3%，分别占全省森林面积的 81.6%、14.9%和 2.6%。显然，阔叶林是山东省分布最广的森林植被。

第二节 社会经济状况

一、行政区划与人口

截至 2015 年底，山东省设有济南、青岛、淄博、枣庄、东营、烟台、潍坊、济宁、泰安、威海、日照、莱芜、临沂、德州、聊城、滨州和菏泽 17 个设区市，县级单位 137 个，其中，市辖区 51 个、县级市 28 个、县 58 个。济南市是山东省省会，青岛市为全国计划单列市。

山东省人口数量多，在全国位居前列。2015 年末，全省常住人口 9 847.2 万人，占我国人口的 7.20%，常住人口数量仅次于广东省（10 849 万人），高于河南省（9 480 万人），居全国第二位。全省年度人口出生率为 12.6‰、死亡率为 6.7‰、自然增长率为 5.9‰，人口出生率略高于全国人口出生率 12.4‰，死亡率低于全国人口死亡率 7.2‰，自然增长率略高于全国人口自然增长率 5.2‰。人口年龄结构以 15～64 岁人口居多。0～14 岁人口占总人口的 16.6%，15～64 岁人口占总人口的 71.2%，65 岁及以上人口占总人口的 12.2%。男、女人口占人口总数的比例分别为 50.9%和 49.1%。

山东省人口密度大，区域分布不平衡。2015 年末，全省人口密度为 624 人/平方千米。17 个设区城市人口数量分布范围在 135.2 万～1 031.2 万人之间变化。临沂市人口数量最多，为 1 031.2 万人，莱芜市人口数量最少，为 135.2 万人。潍坊（927.7 万人）、青岛（909.7 万人）、菏泽（850.0 万人）、济宁（829.9 万人）、济南（713.2 万人）和烟台（701.4 万人）6 个城市人口均在 700 万人以上，聊城（597.1 万人）、德州（574.2 万人）、泰安（560.1 万人）3 个城市人口在 500 万人以上，淄博（464.2 万人）、枣庄（387.8 万人）、滨州（385.9 万人）、日照（288 万人）、威海（280.5 万人）和东营（211.1 万人）6 个城市人口在 500 万人以下。人口密度区域分布不均一。济南、青岛、淄博、枣庄和济宁 5 个城市人口密度在 750 人/平方千米以上，泰安、菏泽和聊城 3 个城市人口密度在 624 人/平方千米以上，莱芜、临沂、潍坊、德州、日照、烟台、威海、滨州和东营 9 个城市人口密度在 624 人/平方千米以下。

山东省人口数量缓慢增长，城市化趋势明显。2015 年，全省人口比 2010 年的 9 579 万人增长了 2.7%，年均增长率 0.5%。人口密度由 2010 年的 610 人/平方千米增加到

2015 年的 624 人/平方千米。人口自然增长率由 2010 年的 5.4‰增加到 2015 年的 5.9‰。农业人口数量减少,非农业人口数量增加。农业人口数量由 2010 年的 5 698 万人减少到 2015 年的 5 120 万人,减少了 578 万人,年均减少率 2.0%。非农业人口数量由 2010 年的3 839万人增加到 2015 年的 4 702 万人,增加了 863 万人,年均增长率 3.7%。

山东省人口受教育水平显著提高。在 2000 年第五次人口普查时,大学文化程度人口为 300.1 万人,占总人口的比例为 3.3%;高中文化程度人口为 994.6 万人,占总人口的比例为 11.1%;初中文化程度人口 3 297.4 万人,占总人口的比例为 36.7%;小学文化程度人口为 2 947.0 万人,占总人口的比例为 32.8%;文盲半文盲人口为 765.4 万人,占总人口的比例为 8.5%。2010 年第六次人口普查时,大学文化程度人口为 832.9 万人,占总人口的比例为 8.5%,提高了 5.1 个百分点;高中文化程度人口为 1 332.3 万人,占总人口的比例为 13.5%,提高了 2.5 个百分点;初中文化程度人口为 3 846.8 万人,占总人口的比例为 39.1%,提高了 2.4 个百分点;小学文化程度人口为 2 391.2 万人,占总人口的比例为 24.3%,下降了 8.5 个百分点;文盲半文盲人口为 475.7 万人,占总人口的比例为 4.8%,下降了 3.7 个百分点。

二、经济发展

山东省国民经济持续稳定发展。2015 年,山东省地区生产总值为 63 002.2 亿元,占全国比重达 9.3%,居广东(72 812.5 亿元)、江苏(70 116.4 亿元)之后,列全国第三位。其中,第一产业产值为 4 979.1 亿元,第二产业产值为 29 485.9 亿元,第三产业产值为 28 537.4亿元,分别占全国第一、二、三产业总产值的 8.2%、10.8%和 8.4%。人均地区生产总值64 168元,比全国人均地区生产总值 49 351 元高出 14 817 元。地方财政收入为 5 529.33亿元,占全国地方财政总收入的 6.7%。地区生产总值从 2010 年的 39 169.9 亿元增长到 2015 年的 63 002.3 亿元,6 年间地区生产总值增加了 23 832.4 亿元,年均增长率为 6.3%。人均地区生产总值由 2010 年的 41 106 元增加到 2015 年的 64 168 元,6 年间增加了 23 062 元,年均增长率为 6.0%。地方财政收入由 2010 年的 2 749.4 亿元增加到 2015 年的 5 529.3 亿元,6 年间增加了 2 780.0 亿元,年均增长率为 8.4%。2010 年,第一、二、三产业产值为 3 588.3 亿元、21 238.5 亿元和 14 343.1 亿元,分别占全省地区生产总值的 9.2%、54.2%和 36.6%;2015 年第一、二、三产业产值为 4 979.1 亿元、29 485.9亿元和 28 537.4 亿元,分别占全省地区生产总值的 7.9%、46.8%和 45.3%,产业结构更加合理。

山东省经济发展区域差异比较明显。济南、青岛、烟台、潍坊 4 城市经济规模较大,地区生产总值均超过 5 000 亿元。其中,青岛市地区生产总值达到 9 300.1 亿元,占全省地区生产总值的 14.8%,烟台市地区生产总值达到 6 446.1 亿元,占全省地区生产总值的 10.2%;淄博、东营、济宁、泰安、威海、临沂 6 城市生产总值分别为 3 000 亿~4 200 亿元;德州、聊城、滨州、菏泽 4 城市生产总值分别为 2 000 亿~2 800 亿元;日照、莱芜经济总量较小,分别为 1 670.8 亿元和 665.9 亿元,分别占全省地区生产总值的 2.7%和

1.1%。人均地区生产总值以东营市最大，为16.4万元，青岛和威海人均地区生产总值分别为10.2万元和10.7万元，济南、淄博和烟台人均地区生产总值均超过8万元，枣庄、潍坊、泰安、日照、滨州等城市人均地区生产总值为5.2万～6.1万元，济宁、莱芜、临沂、德州、聊城、菏泽等城市人均地区生产总值在5万元以下。

三、社会发展

城市基础设施建设进一步完善。2015年，全省城区面积87 185.2平方千米，建成区面积4 609.3平方千米，比2010年增加1 043.2平方千米。常住人口城镇化率达到57.0%，城市人口密度为1 452人/平方千米，人均日用水量为138.5升，用水普及率为100%，燃气普及率达到99.4%，城区人均道路面积25.8平方米，人均公园绿地面积为17.4平方米，建成区绿化覆盖率为42.3%。污水处理厂集中处理率为95.8%，生活垃圾无害化处理率为100%。

居民生活水平进一步改善。2015年，山东省职工工资总额为7 054.6亿元，比2010年增加了388.9亿元，年均增长9.2%。城镇居民人均可支配收入为31 545.3元，比2010年增加了11 599.5元，年均增长6.1%；城镇居民人均消费支出为19 853.8元，比2010年增加了6 735.6元，年均增长5.7%。农村居民全年人均纯收入为12 849元，比2010年增加了5 859元，年均增长7.6%。城镇居民人均住宅建筑面积为36.4平方米，比2010年增加了4.3平方米；农村居民人均生活用房面积为40.9平方米，比2010年增加了6.2平方米。

教育、文化、卫生与社会保障事业稳步发展。教育事业稳步发展，2015年全省普通高等学校143所，在校学生190.1万人，分别比2010年增加了10所和26.9万人。文化产业事业融合发展。2015年，广播人口综合覆盖率为98.8%，电视人口综合覆盖率为98.6%，出版各类图书17 374种、报纸87种、杂志262种。拥有历史文化名城20座、艺术表演团体104个。艺术表演场馆92个，博物馆352个，公共图书馆154个，群众艺术馆和文化馆157个，文化站1 814个，农村文化大院7.6万个。卫生服务条件进一步改善。2015年，全省卫生机构床位数达51.9万张，卫生技术人员有61.9万人，分别比2010年增加了13.7万张和17.8万人。人均基本公共卫生服务经费补助标准由35元提高至40元。城镇基本养老、医疗保险参保人数分别为2 477.5万人和9 235.8万人，分别比2010年增加了704.5万人和6 465.2万人。

第二章　自然保护区基础调查内容与方法

自然保护区基础调查的目的是摸清自然保护区建设、管理与资源状况，核定自然保护区范围与功能分区，评估自然保护区保护成效。基于这一目的，自然保护区基础调查内容主要包括自然保护区基础信息和档案资料。自然保护区基础信息涉及自然保护区位置与范围、保护区类型与级别、功能分区、管理机构与人员、资金投入与旅游收入、基础设施、人口、土地权属和国家重点保护动植物 9 类 68 项指标；档案资料包括自然保护区建设与管理文件，总体规划与综合科考报告等相关技术文件，植被类型图、功能区划图和主要保护对象分布图等图件资料。本章重点介绍自然保护区基础调查内容与技术路线，自然保护区基础信息与档案资料的采集方法，以及自然保护区功能区划图数字化处理流程。

第一节　自然保护区基础调查内容与技术路线

一、自然保护区基础调查的主要目标

自然保护区是指对有代表性的自然生态系统、珍稀濒危野生动植物物种的天然集中分布区、有特殊意义的自然遗迹等保护对象所在的陆地、水体或海域，依法划出一定面积予以特殊保护和管理的区域。自然保护区是生物多样性天然贮存库，是开展科学研究的大然实验室，是进行宣传教育的自然博物馆，是合理开发利用自然资源的示范基地，具有保护、科研、文化和教育等多方面的职能。建设自然保护区是保护生物多样性和自然资源、维护生态环境安全的重要措施，是实施可持续发展、推动生态文明建设的重要载体。自 1956 年我国第一个自然保护区建立以来，我国已建立各级各类自然保护区 2 740 个，面积达 1.47 亿公顷，约占我国陆地国土面积的 14.8%，初步形成了布局基本合理、类型较为齐全、功能渐趋完善的全国自然保护区网络，取得了重要成绩；但也存在自然保护区资源本底不清，边界范围与功能分区不明，管护能力薄弱，保护与开发矛盾突出等问题。

2010 年，山东省作为环保部首批自然保护区基础调查省份，针对自然保护区建设与管理存在的问题，在全国率先开展了自然保护区基础调查工作。山东省自然保护区基础调查的主要目标：一是建立山东省自然保护区基础信息数据库、生物多样性数据库、档案资料数据库和功能区划数据库，为国家及山东省自然保护区建设与管理提供翔实的基础

数据和信息；二是基于“3S”技术和 Landsat TM 遥感影像，建立自然保护区功能区划图数字化处理方法，核定自然保护区范围、功能分区和面积，编制山东省自然保护区分布图和功能区划图；三是核定并重新编制山东省自然保护区名录，全面、系统地调查评估山东省自然保护区建设状况、管理状况、基础设施建设状况、土地权属状况、人口状况和生物多样性状况，为自然保护区的建设与管理提供科技支撑；四是编制自然保护区新简介，全面、系统地介绍自然保护区位置，建设历程，功能分区，主要保护对象及其特点，自然环境特征，生物多样性状况和自然保护区建设意义等；五是分析自然保护区建设与管理主要成绩及其存在的主要问题，提出自然保护区建设与管理对策。

二、自然保护区基础调查的主要内容

自然保护区基础调查范围为山东省已建立的各级、各类自然保护区。其主要调查内容包括自然保护区基础信息和自然保护区档案资料两部分内容。

1. 自然保护区基础信息调查内容

自然保护区基础信息调查的主要内容包括保护区位置与范围、保护区类型与级别、功能分区、管理机构与人员、资金投入与旅游收入、基础设施、人口、土地权属和国家重点保护动植物 9 类 68 项指标。自然保护区基础调查内容如表 2-1-1 所示。

表 2-1-1　自然保护区基础调查表

保护区名称					
经纬度范围					
所在地					
通讯地址					
邮编		电话		隶属部门	
电子邮件		传真		保护区级别	
保护区类型				人员编制	
主要保护对象				现有人员	
始建时间及文号				其中科技人员	
现范围批准时间及文号				临时人员	
总面积		核心区面积		缓冲区面积	
管理机构名称					
单位性质		单位级别		现有固定资产	
事业经费来源		国家投入基建资金		生态工程国家投入资金	

续表

<table>
<tr><td>事业经费数量</td><td colspan="2"></td><td>地方投入基建资金</td><td></td><td>生态工程地方配套金额</td><td></td></tr>
<tr><td>旅游实际年接待人数</td><td></td><td>是否有物种数据库</td><td></td><td rowspan="4">核心区</td><td>户籍人口数量</td><td></td></tr>
<tr><td>旅游全口径年收入</td><td></td><td>是否有 GIS</td><td></td><td>国有土地面积</td><td></td></tr>
<tr><td>旅游可支配年收入</td><td></td><td>是否有网站</td><td></td><td>集体土地面积</td><td></td></tr>
<tr><td>办公用房</td><td></td><td>科研用房</td><td></td><td>保护区拥有管理权面积</td><td></td></tr>
<tr><td>宣教用房</td><td></td><td>界碑数量</td><td></td><td rowspan="4">缓冲区</td><td>户籍人口数量</td><td></td></tr>
<tr><td>保护站数量</td><td></td><td>界桩数量</td><td></td><td>国有土地面积</td><td></td></tr>
<tr><td>保护站建筑面积</td><td></td><td>瞭望塔数量</td><td></td><td>集体土地面积</td><td></td></tr>
<tr><td>宣传标牌数量</td><td></td><td>监测站点数量</td><td></td><td>保护区拥有管理权面积</td><td></td></tr>
<tr><td>汽车数量</td><td></td><td>摩托车数量</td><td></td><td rowspan="4">实验区</td><td>户籍人口数量</td><td></td></tr>
<tr><td rowspan="2">船只数量</td><td rowspan="2"></td><td rowspan="2">>5 万元设备数量</td><td rowspan="2"></td><td>国有土地面积</td><td></td></tr>
<tr><td>集体土地面积</td><td></td></tr>
<tr><td rowspan="2">国家一级重点保护动物名称</td><td colspan="3" rowspan="2"></td><td>保护区拥有管理权面积</td><td></td></tr>
<tr><td colspan="2">与保护区有直接关系人口数量</td><td></td></tr>
<tr><td>国家二级重点保护动物名称</td><td colspan="6"></td></tr>
<tr><td>国家一级重点保护植物名称</td><td colspan="6"></td></tr>
<tr><td>国家二级重点保护植物名称</td><td colspan="6"></td></tr>
</table>

2. 自然保护区档案资料调查内容

自然保护区档案资料调查的主要内容包括三部分：一是自然保护区批建、调整等相关文件。主要包括自然保护区始建、范围调整等批建和调整文件，自然保护区管理机构及人员编制批准文件，以及自然保护区总体规划、相关建设项目的批准文件。二是自然保护区相关技术文件。主要包括自然保护区综合科学考察报告、自然保护区总体规划、自然保护区动植物名录，以及未进行综合科学考察或编制总体规划的自然保护区简介，等等。三是自然保护区相关图件。主要包括自然保护区分布图、自然保护区功能区划图、自然保护区植被类型图、主要保护对象分布图，以及自然保护区景观与主要保护对象照片。

三、自然保护区基础调查技术路线

山东省自然保护区基础调查的技术路线主要包括编制实施方案、开展技术培训、组织实施调查和成果集成等 4 个步骤。自然保护区基础调查的技术路线如图 2-1-1 所示。

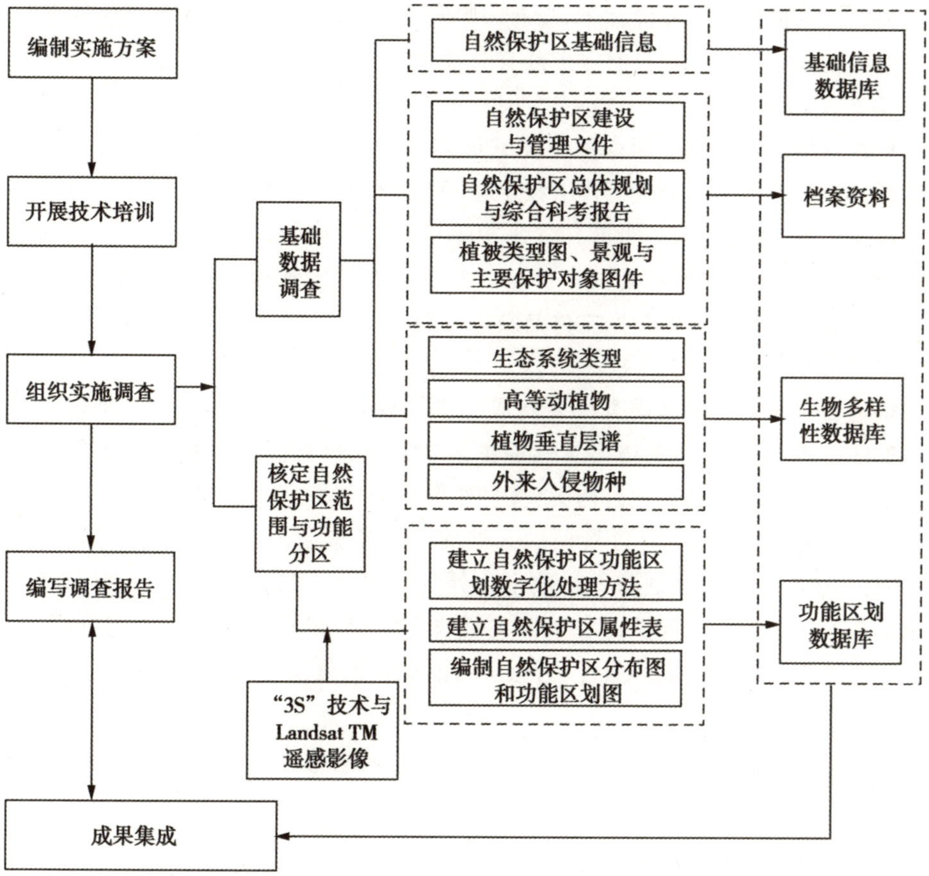

图 2-1-1　山东省自然保护区基础调查技术路线

1. 编制实施方案

编制自然保护区基础调查实施方案是做好自然保护区基础调查工作的基础。在广泛调研、查阅相关资料、征求有关部门及专家意见的基础上，我们编制了《山东省自然保护区基础调查实施方案》。该方案对自然保护区基础调查范围、调查内容、组织实施、进度安排、预期成果、经费安排等提出了具体要求。2010 年 6 月 23 日，山东省环境保护厅印发了《关于开展自然保护区基础调查的通知》(鲁环函〔2010〕475 号)，将《山东省自然保护区基础调查实施方案》印发给各市环境保护局，并在全省组织实施。

2. 开展技术培训

开展自然保护区基础调查技术培训是做好自然保护区基础调查工作的技术保障。为了做好自然保护区基础调查与生物多样性评价工作，2011 年 3 月 9 日，山东省环境保护厅印发了《关于举办全省自然保护区基础调查与生物多样性评价技术培训班的通知》

(鲁环办函〔2011〕68号)。2011年3月17日,山东省环境监测中心站在济南举办了全省自然保护区基础调查与生物多样性评价技术培训班。在培训班上,有关领导和专家介绍了开展自然保护区基础调查与生物多样性评价工作的重要意义,传达国家关于做好自然保护区管理的有关精神,介绍了我省自然保护区建设与管理工作情况,讲授了自然保护区基础调查与生物多样性评价技术,安排、部署了自然保护区基础调查与生物多样性评价工作。全省各市环保局和自然保护区有关技术人员参加了技术培训。

3. 组织实施调查

山东省自然保护区基础调查工作在省环境保护厅统一指导下进行。省环境监测中心站负责自然保护区基础调查工作的技术培训、技术指导和成果集成工作。各市环境保护局安排专人负责此项工作,明确具体承担单位,组织开展本辖区自然保护区基础调查工作,审核上报自然保护区基础调查资料。各自然保护区管理机构负责填报《自然保护区基础调查表》,报送自然保护区文件与技术资料。

4. 成果集成

山东省自然保护区基础调查成果集成工作主要包括四部分内容。一是建立山东省自然保护区基础数据库:审查核实自然保护区基础信息,建立全省自然保护区基础数据库。二是建立山东省自然保护区档案:将自然保护区建立、调整等相关批文、技术文件和图件资料整理归档,建立全省自然保护区档案。三是编制山东省自然保护区分布示意图:将各自然保护区功能区划图进行数字化处理,绘制全省自然保护区分布示意图等图件。四是编写山东省自然保护区基础调查报告:系统分析自然保护区基础数据,编写完成山东省自然保护区基础调查报告,为全省自然保护区建设和管理提供科技支撑。

第二节　自然保护区基础调查信息与资料的采集

一、自然保护区基础信息的采集

1. 自然保护区基础信息的采集方法

自然保护区基础调查的基准年是2010年。自然保护区基础信息的采集以每个自然保护区为单元,采取收集填报现有文献资料为主,查阅统计年鉴数据、文献、网络资料搜集为辅的方法。时间跨度主要在1980～2010年之间,文献资料采用最新资料。

各自然保护区管理机构,根据最新文献资料,填报《自然保护区基础调查表》(见表2-1-1)。各市环境保护局审核各自然保护区数据资料,并提交自然保护区相关电子及文本资料。调查数据经汇总、整理与审核后,录入到自然保护区基础调查数据汇总表对应字段内,建立山东省自然保护区基础调查数据库。

自然保护区基础调查数据采集要求详见表2-2-1。

表 2-2-1　　　　自然保护区基础数据采集要求

采集对象	信息采集要求
保护区名称	采用三名制，即地名＋保护对象＋保护区级别，按照批建文件填报，不得简写。如：青岛大公岛岛屿生态系统省级自然保护区
经纬度范围	填写拐点坐标，以度、分、秒格式填写，E 为东经，N 为北纬。每个拐点间以"；"隔开。如：36°14′48″N，121°21′48″E；36°17′6″N，121°21′48″E；36°17′6″N，121°24′39.69″E；36°14′48″N，121°24′39.69″E
所在地	国家级和省级保护区所在的县级行政区名，跨县的用顿号隔开；市县级保护区所在的县和乡镇
通讯地址	保护区现通信地址，按信件可达的要求填写
电话	区号＋固定电话
传真	区号＋传真电话
邮编	所在地邮政编码
电子邮件	多个电子邮件之间以"；"隔开
隶属部门	××林业厅、××市水利局、××政府等
保护区级别	国家级、省级、市级、县级
保护区类型	保护区类型指森林、湿地水域、荒漠、海洋海岸、草原草甸生态系统，野生植物、野生动物、古生物遗迹、地质遗迹
主要保护对象	保护区内重点保护的目标
始建时间及文号	自然保护区最早始建批准文件时间（×年×月）及文号。如：2001 年 10 月 31 日济政办字〔2001〕206 号
现范围批准时间及文号	自然保护区现范围、功能区划的批准时间（×年×月）。如：2001 年 10 月 31 日济政办字〔2001〕206 号
总面积	总面积、核心区、缓冲区面积按批准文件划定范围填写 核心区是指自然保护区内保存完好的天然状态的生态系统以及珍稀濒危动植物的集中分布地，禁止任何单位和个人进入。核心区外围可以划定一定面积的缓冲区，只准进入从事科学研究观测活动。单位：公顷
核心区面积	
缓冲区面积	
管理机构名称	机构全称，如××管理局、管理处、管理所
单位性质	行政、参公、事业、企业、其他
单位级别	副厅、正处、副处、正科、副科、其他
事业经费来源	省财政、××县财政等。如为多级财政投入，则分多条记录填写
事业经费数量	按照单位"万元"填写

续表

采集对象	信息采集要求
人员编制	单位:人
现有人员	
其中科技人员	
临时人员	
旅游实际年接待人数	单位:万人
旅游全口径年收入	单位:万元
旅游可支配年收入	
国家投入基建资金	单位:万元
地方投入基建资金	
现有固定资产	单位:万元
生态工程国家投入资金	单位:万元
生态工程地方配套金额	
是否有物种数据库	保护区是否建立具备物种查询、统计等功能的数据库。填“是”或“否”
是否有 GIS	保护区是否开发地理信息管理系统,包含保护区基本情况、地形、物种等信息。填“是”或“否”
是否有网站	填“是”或“否”
办公用房	单位:平方米
宣教用房	
保护站数量	单位:个
保护站建筑面积	单位:平方米
宣传标牌数量	单位:个
科研用房	单位:平方米
界碑数量	单位:个
界桩数量	
瞭望塔数量	
监测站点数量	
汽车数量	单位:辆
船只数量	单位:艘
摩托车数量	单位:辆
>5 万元设备数量	单位:个

续表

<table>
<tr><th colspan="2">采集对象</th><th>信息采集要求</th></tr>
<tr><td rowspan="4">核心区</td><td>户籍人口数量</td><td rowspan="12">户籍人口数量，单位：人
国有土地面积和集体土地面积，单位：公顷
保护区拥有管理权面积指只具有管理权限的土地面积，不包括已获得使用权的面积。单位：公顷</td></tr>
<tr><td>国有土地面积</td></tr>
<tr><td>集体土地面积</td></tr>
<tr><td>保护区拥有管理权面积</td></tr>
<tr><td rowspan="4">缓冲区</td><td>户籍人口数量</td></tr>
<tr><td>国有土地面积</td></tr>
<tr><td>集体土地面积</td></tr>
<tr><td>保护区拥有管理权面积</td></tr>
<tr><td rowspan="4">实验区</td><td>户籍人口数量</td></tr>
<tr><td>国有土地面积</td></tr>
<tr><td>集体土地面积</td></tr>
<tr><td>保护区拥有管理权面积</td></tr>
<tr><td colspan="2">与保护区有直接关系人口数量</td><td>不在保护区内居住，但在保护区内拥有林地、土地权属的人口数量。单位：人</td></tr>
<tr><td colspan="2">国家一级重点保护动物名称</td><td rowspan="4">保护区内分布的国家重点保护野生动植物</td></tr>
<tr><td colspan="2">国家二级重点保护动物名称</td></tr>
<tr><td colspan="2">国家一级重点保护植物名称</td></tr>
<tr><td colspan="2">国家二级重点保护植物名称</td></tr>
</table>

2. 自然保护区基础信息数据库

建立自然保护区基础信息数据库是山东省自然保护区基础调查的一项创新性成果。山东省自然保护区基础信息数据库的主要内容，包括保护区位置与范围、类型与级别、功能分区、管理机构与人员、资金投入与旅游收入、基础设施、人口、土地权属和国家重点保护动植物 9 类 68 项指标。在 2010 年自然保护区基础信息数据库的基础上，近期又补充了 2011～2016 年自然保护区基础信息最新变化资料。

二、自然保护区文件资料的收集

1. 自然保护区文件资料收集的内容

自然保护区文件资料收集的内容主要包括自然保护区基础调查表、批建文件、调整批文、编制批文、总体规划及批文、科考报告、动植物名录、建设项目批件、功能区划图、植被类型图、保护对象图和照片等方面的内容(见表 2-2-2)。自然保护区文件资料包括电子版和纸质版。

表 2-2-2　　自然保护区资料清单

保护区名称	调查表	批建文件	调整批文	编制批文	总规	总规批文	科考简介	动植物名录	建设项目批件	功能区划图	植被类型图	保护对象图	照片	其他
青岛大公岛岛屿生态系统省级自然保护区	1	1		1	1		1			1	1		1	
胶南灵山岛省级自然保护区	1	1					1		1		1		1	
……														

自然保护区批建文件和调整批文是自然保护区基本情况的一项重要内容，其主要信息包括自然保护区的建设时间、范围、功能区划、级别、主要保护对象以及保护区建设、发展过程中的重要变化等内容。

自然保护区编制批文是自然保护区管理机构与人员配置的基础性文件，其主要信息包括管理机构的设置级别、性质、人员编制情况等。

自然保护区总体规划一般包括总论、基本概况、现状调查及评价、规划目标、规划内容、重点项目建设规划、实施规划保障措施、效益评价等方面的内容。自然保护区总体规划既立足当前，又着眼长远，为自然保护区的科学建设和管理提供科学依据。

自然保护区科考报告是加强自然保护区建设与管理的基础性技术文件，它在现场调查和收集以往资料的基础上，比较全面、系统地介绍了自然保护区的自然环境和资源本底状况，为进一步研究、建设和管理自然保护区提供科学依据。

自然保护区功能区划图、植被类型图、保护对象图和照片是建立自然保护区图件库的重要内容。收集的自然保护区功能区划图、植被类型图和主要保护对象分布图等文件格式为 jpg、bmp、shp 或 coverage 图片格式，且带有准确经纬网格。若图片数据格式为含有经纬度坐标的 shapefile 或 coverage，属性表中应包含保护区名称、功能分区、制图单位 3 个字段，且地图投影参数为：(1)坐标系：北京 1954；(2)投影类型：高斯-克吕格投影；(3)分度带：3N 度带。收集的各保护区主要保护对象照片和景观照片不少于 5 张，数码照片大小不小于 500 千字节(k)。

2. 自然保护区基础调查资料档案和数据库

山东省自然保护区档案资料主要包括：自然保护区基础调查表 70 份，自然保护区批建文件 76 份，自然保护区调整批文 26 份，自然保护区编制批文 64 份，自然保护区总体规划 24 份，自然保护区总体规划批文 3 份，自然保护区综合科考报告 27 份，自然保护区科考简介 29 份，自然保护区动植物名录 62 份，自然保护区建设项目批件 12 份，自然保护区功能区划图 51 张，自然保护区植被类型图 27 张，自然保护区保护对象图 20 张，自然保护区照片552张，自然保护区其他文件21份。将山东省自然保护区基础调查文件资料分类整理，建立《山东省自然保护区基础调查档案清单》，以便于对各自然保护区的各类信息进行检索和查询。

自然保护区档案清单内容包括序号、保护区名称、基础调查表、批建文件、调整文件、编制批文、总体规划、总体规划批文、科考简介、综合科考报告、动植物名录、建设项目批件、功能区划图、植被类型图、保护对象图、照片和其他17个项目。保护区名称依据批复文件填写，相应的文件资料依据材料的数量填写在《山东省自然保护区基础调查档案清单》中。将统计范围之外的文件资料名称及数量填写在"其他"项。将收集到的自然保护区纸质文件分类整理，为每一个自然保护区编序号。序号与电子版中的相应自然保护区相同，并建立资料清单。整理好的纸质版资料以市为单位归档，建立档案，以便查阅。

建立"山东省自然保护区文件档案"文件夹。在文件夹内对于单个自然保护区，建立以"序号＋具体自然保护区名称"来命名的子文件夹，在各自然保护区子文件夹内建立相应的子文件夹，存放各自然保护区的基础调查表、总体规划、科考资料、图片等文件资料。

各文件资料按照资料清单的顺序进行编号：01基础调查表、02批建文件、03调整批文、04编制批文、05总规、06总规批文、07科考简介、08动植物名录、09建设项目批件、10图片（包括功能区划图、植被分布图、保护对象图、地理位置图等图片文件）、11照片（自然景观、动植物等数码照片）、12其他，增加"13附表"文件夹，存放各自然保护区"基础数据汇总表"和"资料清单"原始表格，形成山东省自然保护区文档资料数据库。

第三节　自然保护区功能区划图数字化处理

一、自然保护区功能区划图数字化处理流程

自然保护区功能区划图是表征自然保护区范围与功能分区的重要图件，具有明确自然保护区具体位置、范围界限、功能分区等多种作用，是自然保护区建设与管理的基础。自然保护区功能区划图数字化是实现自然保护区功能区划图实时屏幕显示、图形编辑和输出的重要手段，是提高自然保护区建设与管理水平的基础。但是，有的自然保护区范围与功能分区不明确，无功能区划图；有的自然保护区虽然绘制了功能区划图，但数据来源多样、地图底图不规范；不少自然保护区功能区划图绘制在地形图或行政区划图上，部分自然保护区功能区划图仅为示意图，无地理参考信息或经纬网，无法为自然保护区建设和管理提供有效服务。

地图数字化是实现从模拟地图到数字信息转换的过程，一般在联机系统上进行，在计算机控制下实现输入数据的实时屏幕显示、目视检查和图形编辑，其主要种类有跟踪数字化和扫描数字化。自然保护区功能区划图通过数字化处理，可实现地图底图、比例尺、地图投影等参数的自由转换，绘制全省自然保护区功能区划图，其数字化流程如图2-3-1所示。

第一，地图格式转换：自然保护区功能区划图多为纸质地图，而且地图格式多样。地图经扫描后，将地图文件格式转换为 jpg 图片格式，便于地图数字化。

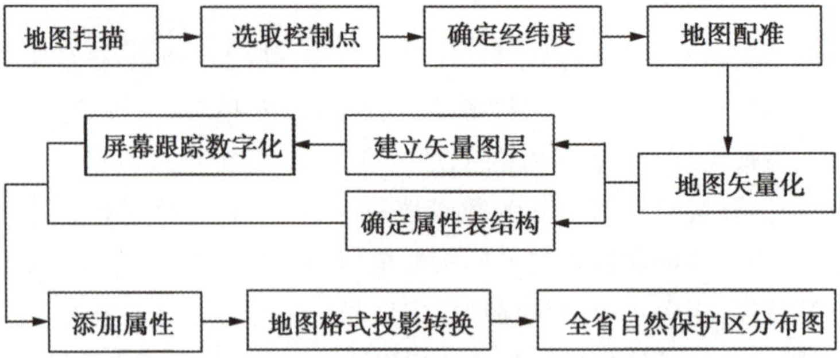

图 2-3-1　自然保护区功能区划图数字化处理流程

第二，地图配准与控制点选取：地图配准就是通过选择合适的控制点，对地图进行坐标和投影的校正，使地图坐标准确的过程。坐标系要求为北京 1954，投影类型为高斯-克吕格投影。自然保护区功能区划图底图多为地形图或行政图，仅少数地图含经纬度坐标。选取控制点时，有经纬网格时选择经纬网格交叉点作为控制点，控制点的经纬度值直接从地图上读取；无经纬网格时选择道路交叉点作为控制点，控制点经纬度值通过 Google Earth 读取。每张功能区划图选择 4 个控制点。图 2-3-2 为山东荣成大天鹅国家级自然保护区选取的控制点。

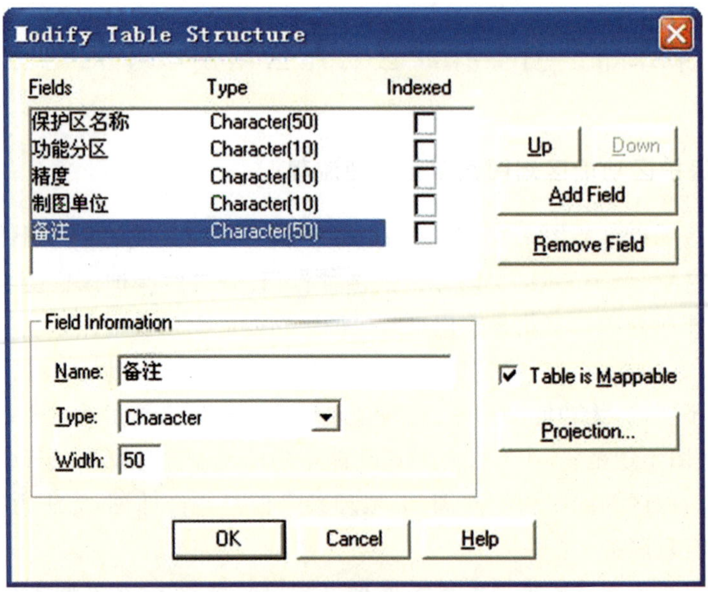

图 2-3-2　山东省荣成大天鹅国家级自然保护区选取的控制点

第三，地图矢量化。采用交互式矢量化的形式，即工作人员通过计算机和 GIS 软件，认真比对扫描地图，跟踪相关地图要素，从而实现地图数字化的过程。地图数据格式为含有经纬度坐标的 shapefile，包括核心区、缓冲区、实验区三个面要素，属性表包含保护区名称、功能分区、精度、制图单位、备注等字段(见图 2-3-3)。图 2-3-4 为完成数字化后的山东荣成大天鹅国家级自然保护区功能分区示意图。

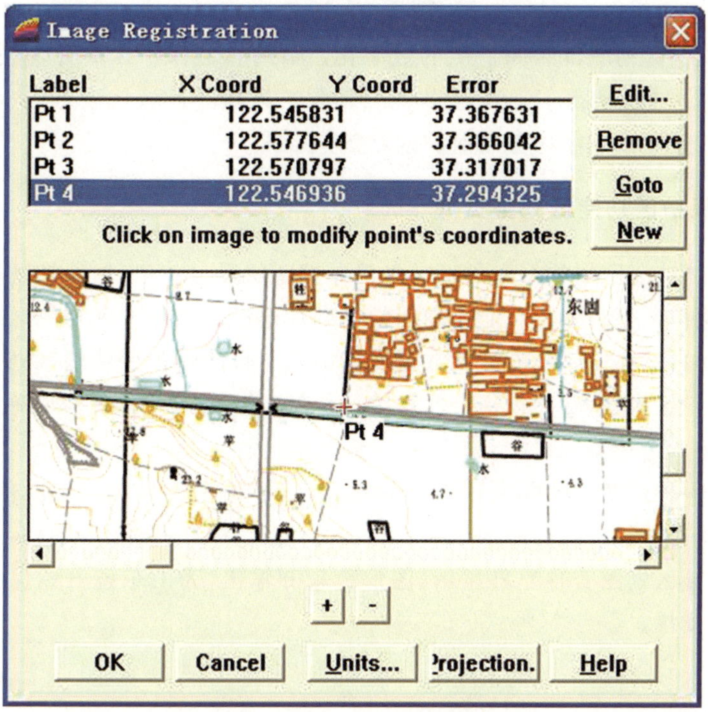

图 2-3-3　建立自然保护区属性表

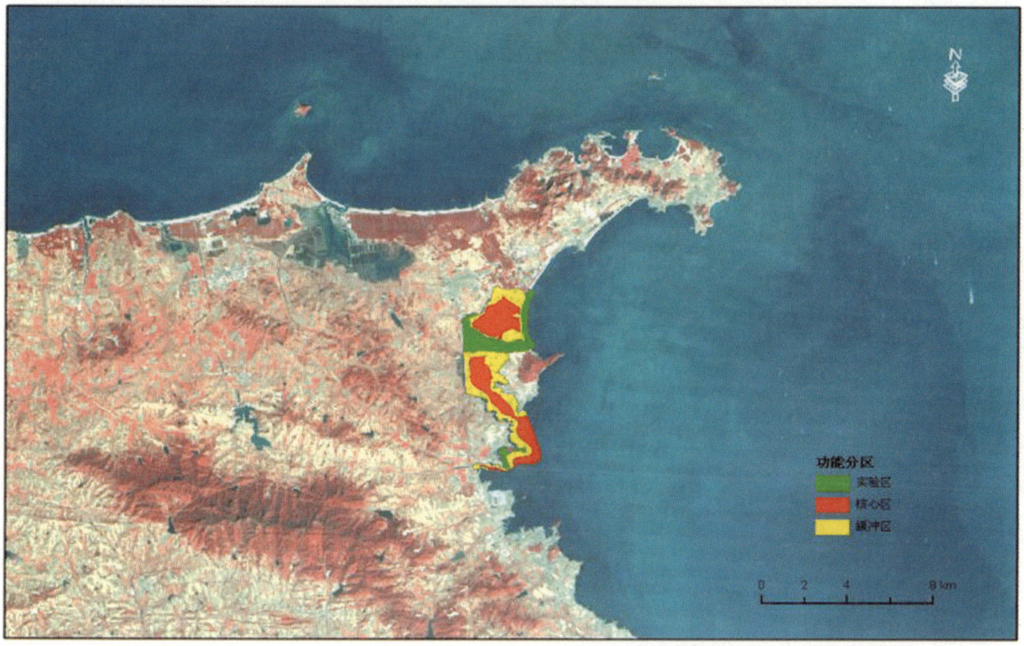

图 2-3-4　数字化后的山东荣成大天鹅国家级自然保护区功能分区示意图

第四，功能区划图的核准。以 2010 年 Landsat TM 遥感影像为底图，将数字化后的自然保护区功能区划图叠加在上面，选取典型边界或地物与纸质地图进行对比，确认无误后添加至全省自然保护区功能区划图上。

第五，无功能区划图自然保护区的数字化。借助自然保护区简介，查找自然保护区相对空间位置，并在 Google Earth 上找到自然保护区核心区域代表点，从而确定自然保护区的经纬度，建立未数字化自然保护区点状分布图。

二、自然保护区功能区划数据库

自然保护区功能区划数据库是确定自然保护区位置、核定自然保护区范围与功能分区、编制自然保护区分布图与功能区划图的基础。通过自然保护区功能区划图数字化处理，建立山东省自然保护区功能区划数据库。山东省自然保护区功能区划数据库的主要内容是自然保护区属性表，它包括自然保护区位置、功能区面积、数据来源、地图精度、制图单位等字段。

通过自然保护区功能区划图数字化处理，核定了山东省自然保护区范围、功能分区和面积，编制了自然保护区功能区划图、山东省自然保护区分布图等图件，实现了山东省自然保护区功能区划图实时屏幕显示、图形编辑和输出，为山东省自然保护区建设与管理提供了技术支撑。

第三章　自然保护区基础调查结果分析

自1980年山东省第一个自然保护区建立以来，全省已建立各级各类自然保护区76个，面积100.9万公顷，自然保护区陆域面积占全省陆地总面积的4.6%，初步形成了类型比较齐全、布局基本合理、基础设施建设逐步完善、管理能力不断提高的自然保护区体系，主要保护对象得到有效保护。本章全面系统地调查评估了全省自然保护区发展历程、建设状况、管理状况、基础设施建设状况、土地权属状况、人口分布状况和国家重点保护物种分布状况。

第一节　自然保护区建设发展历程

一、自然保护区数量和面积发展变化

中国自然保护区建设始于20世纪50年代。1956年10月，我国建立了第一个自然保护区——广东肇庆鼎山湖自然保护区，拉开了我国自然保护区建设的序幕。之后，云南、福建、四川、陕西等省相继开始自然保护区建设工作。至20世纪80年代初期，全国大部分省份开始了自然保护区建设。从1956年到2016年的60年间，我国自然保护区数量已发展到2 740个，面积达1.47亿公顷，约占我国陆地国土面积的14.8%。

山东省自然保护区建设始于20世纪80年代初期，经历了从无到有，从少到多，从探索到成熟的发展历程。1980年1月17日，国务院批准建立了山东省第一个自然保护区——山东山旺古生物化石国家级自然保护区，面积120公顷，主要保护对象为古生物化石。2011年1月，济南市政府批准建立了长清大峰山市级自然保护区，面积873公顷，主要保护对象为森林生态系统，这是山东省最新建立的自然保护区。从1980年到2016年的36年间，山东省已建设各级各类自然保护区76个，总面积达100.9万公顷，初步形成了布局基本合理、类型比较齐全、功能渐趋完善的自然保护区体系。

山东省自然保护区建设发展历程可分为初始阶段（1980～1989年）、快速发展阶段（1990～2001年）、稳定发展阶段（2002～2007年）和调整提高阶段（2008～2016年）等4个阶段。1980～2016年山东省自然保护区数量及面积变化状况如图3-1-1所示。

第一阶段为初始阶段（1980～1989年）。这一阶段我省自然保护区从无到有，自然保护区建设初步发展。从1980年至1989年的9年间，我省建设了9个自然保护区，总面积

19.2 万公顷。其中国家级自然保护区 3 个，面积 11 801.9 公顷；省级自然保护区 5 个，面积 179 521.7 公顷；县级自然保护区 1 个，面积 270 公顷。1980～1989 年山东省自然保护区建设情况如表 3-1-1 所示。

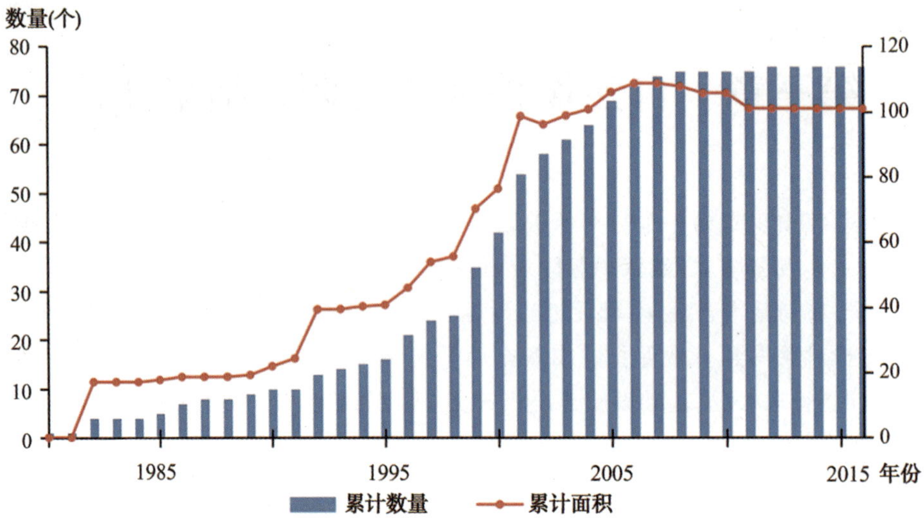

图 3-1-1　1980～2016 年山东省自然保护区数量及面积变化

表 3-1-1　1980～1989 年山东省自然保护区建设情况

序号	保护区名称	始建时间	始建级别	面积(公顷)
1	山东山旺古生物化石国家级自然保护区	1980.01	国家级	120
2	山东长岛国家级自然保护区	1982.03	省级	5 015
3	山东荣成大天鹅国家级自然保护区	1985.12	县级	6 667
4	山东南四湖省级自然保护区	1982.03	县级	120 000
5	青岛崂山省级自然保护区	1982.03	市级	44 855
6	原山省级自然保护区	1986.08	市级	4 667
7	鲁山省级自然保护区	1986.08	市级	4 667
8	蓬莱艾山省级自然保护区	1989.03	县级	5 333
9	泉林水体县级自然保护区	1987.04	县级	270

1980 年 1 月建立了山东山旺古生物化石国家级自然保护区，面积为 120 公顷，主要保护对象是古生物化石，这是我省第一个自然保护区，也是我省首个国家级自然保护区。存有大量古生物化石的山旺组地层具有“万卷书”之誉，在国内外具有重要的对比意义。山东长岛国家级自然保护区始建于 1982 年 3 月，曾是我省第一个省级自然保护区，1988 年 5 月晋升为国家级自然保护区，保护区面积为 5 015.2 公顷，主要保护对象为候鸟。山东长岛国家级自然保护区是我国唯一具有海岛独特地理条件的猛禽类自然保护区，具有“候鸟旅站”之称。山东荣成大天鹅国家级自然保护区始建于 1985 年 12 月，2000 年 3 月晋升为省级自然保护区，2007 年 4 月被批准为国家级自然保护区，保护区面积

6 666.7 公顷，主要保护对象为大天鹅等珍稀濒危鸟类和湿地生态系统。这是我国最大的大天鹅集中越冬栖息地，也是世界四大天鹅栖息地之一，被誉为“东方天鹅王国”。

1982 年 3 月建立的南四湖鸟类自然保护区，是我省第一个县级自然保护区。1996 年 6 月，又建立了济宁市南四湖市级自然保护区；2006 年晋升为省级自然保护区，保护区面积达 12 万公顷，主要保护对象为湖泊湿地生态系统、候鸟和国家重点保护动植物物种。山东南四湖省级自然保护区是我国淮河以北地区面积最大的内陆大型淡水湖泊，是山东省的“生态宝库”。青岛崂山省级自然保护区始建于 1982 年 3 月，2000 年 11 月晋升为省级自然保护区，保护区面积为 44 855 公顷，主要保护对象为森林生态系统、野生动植物及珍稀濒危物种。青岛崂山省级自然保护区是我国同纬度地区植物种类最多、植物区系成分最复杂的地带。1986 年 8 月，在国有鲁山林场和国有原山林场的基础上建立了鲁山市级自然保护区和原山市级自然保护区；2006 年 6 月，建立了鲁山省级自然保护区和原山省级自然保护区，保护区面积分别为 4 666.7 公顷和 4 667 公顷，主要保护对象均为油松、侧柏温性针叶林和栎类落叶阔叶林为主的森林生态系统。蓬莱艾山自然保护区始建于 1989 年 3 月，并于 1999 年 12 月晋升为市级自然保护区，2002 年 5 月晋升为省级自然保护区，保护区面积为 5 333 公顷，主要保护对象为森林生态系统和鸟类，保护区分布有我省面积最大的紫椴天然次生林，具有特殊的保护意义。1987 年 4 月，泗水建立了泉林水体县级自然保护区，保护区面积为 270 公顷，主要保护对象为泉林泉群水体。泗水泉林因名泉荟萃、泉多如林而得名，清光绪《泗水县志》有“名泉七十二，大泉数十，小泉多如牛毛”的记载。

第二阶段为快速发展阶段(1990～2001 年)。这一阶段国家发布实施了《中华人民共和国环境保护法(试行)》《中华人民共和国野生动物保护法》《中华人民共和国自然保护区条例》《中华人民共和国森林法(试行)》《森林和野生动物类型自然保护区管理办法》和《中华人民共和国水产资源繁殖保护条例》等法律法规。这些法律法规的颁布实施为自然保护区的建设发展提供了法律保障，山东省自然保护区建设进入了快速发展时期。从 1990～2001 年的 11 年间，山东省建设了 45 个自然保护区，总面积达 79.1 万公顷。其中，国家级自然保护区 4 个，面积 25.9 万公顷；省级自然保护区 19 个，面积 34.6 万公顷；市级自然保护区 11 个，面积为 11.1 万公顷；县级自然保护区 11 个，面积为 7.5 万公顷。特别是在 1999～2001 年 3 年间，建设自然保护区 29 个，面积为 42.5 万公顷。1990～2001 年山东省自然保护区建设情况如表 3-1-2 所示。

表 3-1-2 1990～2001 年山东省自然保护区建设情况

序号	自然保护区名称	始建时间	始建级别	面积(公顷)
1	山东黄河三角洲国家级自然保护区	1990.12	市级	153 000
2	马山国家级自然保护区	1993.01	县级	774
3	山东昆嵛山国家级自然保护区	1999.03	市级	24 505
4	滨州贝壳堤岛与湿地国家级自然保护区	1999.10	县级	80 480

续表

序号	自然保护区名称	始建时间	始建级别	面积(公顷)
5	荣成成山头省级自然保护区	1992.12	县级	6 366
6	海阳招虎山省级自然保护区	1996.06	县级	10 667
7	龙口之莱山省级自然保护区	1997.01	市级	10 227
8	栖霞牙山省级自然保护区	1997.07	县级	67 333
9	烟台沿海防护林省级自然保护区	1998.06	市级	16 700
10	马谷山地质遗迹省级自然保护区	1999.03	省级	20
11	青州仰天山省级自然保护区	1999.10	省级	3 000
12	徂徕山省级自然保护区	1999.11	市级	9 050
13	泰山省级自然保护区	1999.11	市级	11 892
14	莱州大基山省级自然保护区	1999.12	市级	6 030
15	临沂大青山省级自然保护区	2000.12	省级	4 000
16	招远罗山省级自然保护区	2001.03	县级	11 350
17	济南张夏-崮山华北寒武系标准剖面地质遗迹省级自然保护区	2001.04	省级	262
18	庙岛群岛海豹省级自然保护区	2001.06	省级	173 100
19	牟平嵎山省级自然保护区	2001.09	县级	11 814
20	胶州艾山地质遗迹省级自然保护区	2001.10	省级	860
21	平阴大寨山省级自然保护区	2001.10	市级	1 200
22	浮来山地质遗迹省级自然保护区	2001.11	省级	490
23	青岛大公岛岛屿生态系统省级自然保护区	2001.12	省级	1 603
24	日照市前三岛市级自然保护区	1992.12	市级	41 200
25	莱城华山林场市级自然保护区	1994.08	县级	8 600
26	栖霞崮山市级自然保护区	1999.07	县级	1 800
27	十八盘市级自然保护区	1999.10	县级	3 000
28	峄山市级自然保护区	1999.10	县级	5 000
29	东平湖湿地市级自然保护区	2000.05	县级	25 928
30	东平腊山市级自然保护区	2000.05	县级	2 804
31	柳埠市级自然保护区	2001.10	市级	3 420
32	冠县西沙河林场市级自然保护区	2001.10	市级	11 200
33	高唐县清平林场市级自然保护区	2001.10	市级	4 200
34	莘县马西林场市级自然保护区	2001.10	市级	3 800

续表

序号	自然保护区名称	始建时间	始建级别	面积(公顷)
35	博兴县引黄济青渠首鸟类县级自然保护区	1992	县级	360
36	郯城县银杏县级自然保护区	1995.10	县级	6 183
37	苍山县抱犊崮县级自然保护区	1996.03	县级	600
38	苍山县大宗山县级自然保护区	1996.03	县级	1 000
39	苍山县文峰山县级自然保护区	1996.03	县级	600
40	沂水县沂河县级自然保护区	1996.12	县级	40 000
41	五彩山县级自然保护区	1997.12	县级	2 050
42	会宝岭水库县级自然保护区	2000.02	县级	1 800
43	蒙山森林生态县级自然保护区	2000.11	县级	16 500
44	北大山森林县级自然保护区	2000.12	县级	3 000
45	鼻子山森林县级自然保护区	2000.12	县级	3 000

1990 年 12 月至 2001 年 8 月是我省国家级自然保护区建设的重要时期。1990 年 12 月建立了黄河三角洲市级自然保护区，面积为 2.7 万公顷。1991 年 11 月，晋升为省级自然保护区，并更名为“东营黄河三角洲自然保护区”，1992 年 10 月，晋升为国家级自然保护区，并定名为“山东黄河三角洲自然保护区”。2001 年 8 月，山东黄河三角洲国家级自然保护区面积调整为 15.3 万公顷，其主要保护对象为黄河口湿地和珍稀濒危鸟类。山东黄河三角洲国家级自然保护区是中国暖温带最年轻、最广阔，保存最完整、面积最大的以保护河口新生湿地生态系统和珍稀鸟类为主体的自然保护区，被誉为“鸟类的国际机场”。马山国家级自然保护区始建于 1993 年 1 月，同年 9 月晋升为省级自然保护区，1994 年4 月晋升为国家级自然保护区，保护区面积为 774 公顷，其主要保护对象为柱状节理石林、硅化木群、沉积构造和接触变质带。马山国家级自然保护区集火山岩柱状节理石柱群、硅化木群、沉积构造、接触变质带、古生物化石等多种地质遗迹于一体，有“袖珍式地质博物馆”之称。山东昆嵛山市级自然保护区始建于 1999 年 3 月，保护区面积为 2.4 万公顷。2000 年 6 月晋升为省级自然保护区，保护区面积调整为 24 505 公顷。2008 年 1 月晋升为国家级自然保护区，保护区面积为 15 416.5 公顷，主要保护对象为赤松天然林。山东昆嵛山国家级自然保护区是我国赤松天然林分布面积最大、保护最为完整的地带性针叶林生态系统。滨州贝壳堤岛与湿地国家级自然保护区始建于 1999 年 10 月，当时为无棣县海洋古贝壳堤自然保护区；2002 年 1 月晋升为省级自然保护区；2004 年 2 月更名为“滨州贝壳堤岛与湿地省级自然保护区”；2006 年 2 月晋升为滨州贝壳堤岛与湿地国家级自然保护区，保护区面积为 80 480 公顷；2011 年 3 月，调整了自然保护区面积，调整后的面积为43 541.5 公顷，其主要保护对象为贝壳堤岛与滨海湿地。滨州贝壳堤岛与湿地是世界上保存最完整、唯一新老并存的贝壳堤岛，是研究黄河变迁、海岸线变化、贝

壳堤岛的形成等环境演变及湿地类型的重要基地。

1992 年 11 月至 2001 年 12 月，省级自然保护区建设快速发展。先后建立了荣成成山头省级自然保护区、海阳招虎山省级自然保护区、龙口之莱山省级自然保护区、栖霞牙山省级自然保护区、烟台沿海防护林省级自然保护区、马谷山地质遗迹省级自然保护区、青州仰天山省级自然保护区、徂徕山省级自然保护区、泰山省级自然保护区、莱州大基山省级自然保护区、临沂大青山省级自然保护区、招远罗山省级自然保护区、济南张夏-崮山华北寒武系标准剖面地质遗迹省级自然保护区、庙岛群岛海豹省级自然保护区、牟平嵛山省级自然保护区、胶州艾山地质遗迹省级自然保护区、平阴大寨山省级自然保护区、浮来山地质遗迹省级自然保护区和青岛大公岛岛屿生态系统省级自然保护区 19 个省级自然保护区，总面积为 34.6 万公顷。

1992 年 11 月至 2001 年 12 月，19 个省级自然保护区建设途径可分为 4 种：一是由县级自然保护区直接晋升为省级自然保护区。如荣成成山头省级自然保护区从 1992 年 12 月建立的县级自然保护区直接于 2002 年 12 月晋升为省级自然保护区。二是由县级自然保护区先晋升为市级自然保护区，再由市级自然保护区晋升为省级自然保护区。如龙口之莱山省级自然保护区、海阳招虎山省级自然保护区、栖霞牙山省级自然保护区、招远罗山省级自然保护区和牟平嵛山省级自然保护区 5 个自然保护区均是先由县级自然保护区晋升为市级自然保护区，再由市级自然保护区晋升为省级自然保护区。三是由市级自然保护区晋升为省级自然保护区。如烟台沿海防护林省级自然保护区、徂徕山省级自然保护区、泰山省级自然保护区、莱州大基山省级自然保护区和平阴大寨山省级自然保护区 5 个自然保护区均由市级自然保护区晋升为省级自然保护区。四是不经过县级和市级自然保护区而直接建立省级自然保护区。如马谷山地质遗迹省级自然保护区、青州仰天山省级自然保护区、临沂大青山省级自然保护区、济南张夏-崮山华北寒武系标准剖面地质遗迹省级自然保护区、庙岛群岛海豹省级自然保护区、胶州艾山地质遗迹省级自然保护区、浮来山地质遗迹省级自然保护区和青岛大公岛岛屿生态系统省级自然保护区 8 个自然保护区均是直接建立的省级自然保护区。

1992 年 12 月至 2001 年 10 月，市级自然保护区建设步伐加快。先后建立了日照市前三岛市级自然保护区、莱城华山林场市级自然保护区、栖霞崮山市级自然保护区、十八盘市级自然保护区、峄山市级自然保护区、东平湖湿地市级自然保护区、东平腊山市级自然保护区、柳埠市级自然保护区、莘县马西林场市级自然保护区、冠县西沙河林场市级自然保护区和高唐县清平林场市级自然保护区 11 个市级自然保护区，总面积达 11.1 万公顷。其中，日照市前三岛市级自然保护区、柳埠市级自然保护区、莘县马西林场市级自然保护区、冠县西沙河林场市级自然保护区和高唐县清平林场市级自然保护区 5 个市级自然保护区未经过县级自然保护区的建设过程而直接建立市级自然保护区，莱城华山林场市级自然保护区、栖霞崮山市级自然保护区、十八盘市级自然保护区、峄山市级自然保护区、东平湖湿地市级自然保护区和东平腊山市级自然保护区 6 个自然保护区均由县级自然保护区晋升为市级自然保护区。

1992 年至 2000 年 12 月，县级自然保护区建设达到了高潮。先后建立了博兴县引黄济青渠首鸟类县级自然保护区、郯城银杏县级自然保护区、苍山县文峰山县级自然保护区、苍山县抱犊崮县级自然保护区、苍山县大宗山县级自然保护区、沂水县沂河县级自然保护区、五彩山县级自然保护区、会宝岭水库县级自然保护区、蒙山森林生态县级自然保护区、北大山森林县级自然保护区和鼻子山森林县级自然保护区 11 个县级自然保护区，总面积为 7.5 万公顷。

第三阶段为稳定发展阶段(2002～2007 年)。这一阶段，我省自然保护区建设发展速度依然比较快，但更加注重自然保护区建设的数量增长与质量效益。2002～2007 年，建设了 20 个自然保护区，保护区总面积为 11.5 万公顷。全省自然保护区建设总面积达到最高，为 108.7 万公顷。2002～2007 年山东省自然保护区建设情况如表 3-1-3 所示。

表 3-1-3　　2002～2007 年山东省自然保护区建设情况

序号	保护区名称	始建时间	始建级别	面积(公顷)
1	海阳千里岩岛海洋生态系统省级自然保护区	2002.01	省级	1 823
2	峄城石榴园省级自然保护区	2002.01	省级	4 642
3	新泰太平山省级自然保护区	2002.02	省级	3 733
4	胶南灵山岛省级自然保护区	2002.12	省级	3 283
5	崆峒列岛省级自然保护区	2003.03	省级	7 690
6	枣庄抱犊崮省级自然保护区	2003.03	省级	3 500
7	烟台福山银湖湿地省级自然保护区	2003.06	县级	8 426
8	莱山围子山省级自然保护区	2005.12	县级	603
9	龙口黄水河河口湿地省级自然保护区	2006.02	县级	1 028
10	大泽山省级自然保护区	2006.11	省级	9 645
11	龙口大飘山省级自然保护区	2006.12	县级	2 326
12	莱阳老寨山省级自然保护区	2000.12	县级	2 909
13	莱阳五龙河湿地省级自然保护区	2007.04	县级	1 825
14	青岛文昌鱼水生野生动物市级自然保护区	2004.08	市级	6 181
15	东阿县鱼山市级自然保护区	2004.09	市级	5 333
16	阳谷县景阳冈市级自然保护区	2004.09	市级	47
17	山东莱州湾湿地市级自然保护区	2005.02	县级	34 000
18	烟台市大沽夹河湿地市级自然保护区	2005.03	市级	10 585
19	莒南马鬐山市级自然保护区	2005.12	市级	4 210
20	临沭苍马山市级自然保护区	2005.12	市级	3 000

2002 年 1 月至 2007 年 4 月，先后建立了海阳千里岩岛海洋生态系统省级自然保护区、峄城石榴园省级自然保护区、新泰太平山省级自然保护区、胶南灵山岛省级自然保护区、崆峒列岛省级自然保护区、枣庄抱犊崮省级自然保护区、烟台福山银湖湿地省级自然保护区、莱山围子山省级自然保护区、龙口黄水河河口湿地省级自然保护区、大泽山省级自然保护区、龙口大飘山省级自然保护区、莱阳老寨山省级自然保护区和莱阳五龙河湿地省级自然保护区 13 个省级自然保护区，其总面积为 5.1 万公顷。其中，海阳千里岩岛海洋生态系统省级自然保护区、峄城石榴园省级自然保护区、新泰太平山省级自然保护区、胶南灵山岛省级自然保护区、崆峒列岛省级自然保护区、枣庄抱犊崮省级自然保护区、大泽山省级自然保护区 7 个自然保护区直接批建省级自然保护区，烟台福山银湖湿地省级自然保护区、莱山围子山省级自然保护区、龙口大飘山省级自然保护区、莱阳老寨山省级自然保护区和莱阳五龙河湿地省级自然保护区 5 个自然保护区经历了县级自然保护区、市级自然保护区和省级自然保护区的建设历程，龙口黄水河河口湿地省级自然保护区由 2006 年 2 月建立的县级自然保护区于 2009 年 8 月直接晋升为省级自然保护区。

2004 年 8 月至 2005 年 12 月，先后建立了青岛文昌鱼水生野生动物市级自然保护区、东阿县鱼山市级自然保护区、阳谷县景阳冈市级自然保护区、山东莱州湾湿地市级自然保护区、烟台市大沽夹河湿地市级自然保护区、莒南马鬐山市级自然保护区和临沭苍马山市级自然保护区 7 个市级自然保护区，其总面积为 6.3 万公顷。其中，青岛文昌鱼水生野生动物市级自然保护区、东阿县鱼山市级自然保护区、阳谷县景阳冈市级自然保护区、烟台市大沽夹河湿地市级自然保护区、莒南马鬐山市级自然保护区和临沭苍马山市级自然保护区 6 个市级自然保护区直接批建，山东莱州湾湿地市级自然保护区由 2005 年建立的县级自然保护区于 2006 年 4 月晋升为市级自然保护区。

2002～2007 年，我省 13 个自然保护区调整了面积。蓬莱艾山省级自然保护区、山东南四湖省级自然保护区、原山省级自然保护区、鲁山省级自然保护区、烟台沿海防护林省级自然保护区、徂徕山省级自然保护区、莱州大基山省级自然保护区、北大山森林县级自然保护区和鼻子山森林县级自然保护区 9 个自然保护区面积有所增加，增加面积为 4.9 万公顷。山东荣成大天鹅国家级自然保护区、栖霞牙山省级自然保护区、海阳招虎山省级自然保护区和招远罗山省级自然保护区 4 个保护区面积有所减少，减少面积达 6.3 万公顷。13 个自然保护区面积调整后，减少了 1.4 万公顷。详见表 3-1-4。

表 3-1-4　　2002～2007 年山东省各级自然保护区面积调整情况

序号	保护区名称	调整时间	调整后面积（公顷）	面积变化量（公顷）
1	山东荣成大天鹅国家级自然保护区	2006.07	1 675	－8 825
2	蓬莱艾山省级自然保护区	2002.05	10 046	4 713
3	栖霞牙山省级自然保护区	2002.11	17 900	－49 433
4	山东南四湖省级自然保护区	2003.06	127 547	7 547

续表

序号	保护区名称	调整时间	调整后面积（公顷）	面积变化量（公顷）
5	原山省级自然保护区	2006.06	13 914	9 247
6	鲁山省级自然保护区	2006.06	13 070	8 403
7	烟台沿海防护林省级自然保护区	2006.06	23 407	6 707
8	徂徕山省级自然保护区	2006.11	10 915	1 865
9	海阳招虎山省级自然保护区	2006.12	7 061	−3 606
10	莱州大基山省级自然保护区	2007.04	8 753	2 723
11	招远罗山省级自然保护区	2007.11	10 094	−1 256
12	北大山森林县级自然保护区	2004.11	6 600	3 600
13	鼻子山森林县级自然保护区	2004.11	7 100	4 100

第四阶段为调整提高阶段（2008～2016 年）。这一阶段，我省印发了《山东省自然保护区发展规划（2008～2020 年）》，国家发布实施了《关于做好自然保护区管理有关工作的通知》（国办发〔2010〕63 号）和《国家级自然保护区调整管理规定》（国函〔2013〕129 号）等一系列法律法规文件，以加强自然保护区建设和管理。我省自然保护区建设进入了调整提高阶段。2008～2016 年，我省新建自然保护区 2 个，面积为 958.5 公顷。11 个自然保护区调整面积，山东昆嵛山国家级自然保护区、滨州贝壳堤岛与湿地国家级自然保护区、烟台福山银湖湿地省级自然保护区、招远罗山省级自然保护区、烟台沿海防护林省级自然保护区、牟平嵛山省级自然保护区、荣成成山头省级自然保护区、蓬莱艾山省级自然保护区和山东莱州湾湿地市级自然保护区 9 个自然保护区面积有所减少，减少面积为 8.1 万公顷；莱山围子山省级自然保护区和大泽山省级自然保护区 2 个自然保护区面积则有所增加，增加面积为 2 044.3 公顷。调整后 11 个自然保护区面积总体减少了 7.9 万公顷。2008～2016 年山东省自然保护区面积调整变化情况如表 3-1-5 所示。

表 3-1-5　　2008～2016 年山东省自然保护区面积调整情况

序号	保护区名称	调整时间	调整后面积（公顷）	面积变化量（公顷）
1	山东昆嵛山国家级自然保护区	2008.01	15 417	−9 089
2	滨州贝壳堤岛与湿地国家级自然保护区	2011.03	43 542	−36 939
3	烟台福山银湖湿地省级自然保护区	2008.06	6 043	−2 383
4	莱山围子山省级自然保护区	2008.12	2 509	1 906

续表

序号	保护区名称	调整时间	调整后面积（公顷）	面积变化量（公顷）
5	招远罗山省级自然保护区	2009.12	9 480	−614
6	烟台沿海防护林省级自然保护区	2011.04	22 777	−630
7	牟平嵛山省级自然保护区	2011.12	1 485	−10 329
8	荣成成山头省级自然保护区	2012.10	6 015	−351
9	蓬莱艾山省级自然保护区	2015.11	9 825	−222
10	大泽山省级自然保护区	2016.01	9 783	138
11	山东莱州湾湿地市级自然保护区	2009.02	13 975	−20 025

二、自然保护区级别发展变化

截至 2016 年，山东省已建设 7 个国家级自然保护区、38 个省级自然保护区、19 个市级自然保护区和 12 个县级自然保护区。从 1980 年至 2016 年的 36 年间，山东省 35 个自然保护区级别发生变化，其中，6 个自然保护区晋升为国家级自然保护区，22 个自然保护区晋升为省级自然保护区，7 个县级自然保护区晋升为市级自然保护区。1980～2016 年山东省自然保护区级别变化状况见表 3-1-6 和图 3-1-2。

表 3-1-6 1980～2016 年山东省自然保护区级别变化统计表

序号	保护区名称	当前级别	始建时间	始建级别	晋升市级时间	晋升省级时间	晋升国家级时间
1	山东长岛国家级自然保护区	国级	1982.03	省级			1988.05
2	山东荣成大天鹅国家级自然保护区	国级	1985.12	县级	1992.12	2000.03	2007.04
3	山东黄河三角洲国家级自然保护区	国级	1990.12	市级		1991.11	1992.10
4	马山国家级自然保护区	国级	1993.01	县级		1993.09	1994.04
5	山东昆嵛山国家级自然保护区	国级	1999.03	市级		2000.06	2008.01
6	滨州贝壳堤岛与湿地国家级自然保护区	国级	1999.10	县级		2002.01	2006.09
7	青岛崂山省级自然保护区	省级	1982.03	市级		2000.11	
8	山东南四湖省级自然保护区	省级	1982.03	县级	1996.06	2003.06	
9	鲁山省级自然保护区	省级	1986.08	市级		2006.06	
10	原山省级自然保护区	省级	1986.08	市级		2006.06	
11	蓬莱艾山省级自然保护区	省级	1989.03	县级	1999.12	2002.05	
12	荣成成山头省级自然保护区	省级	1992.12	县级		2002.12	

续表

序号	保护区名称	当前级别	始建时间	始建级别	晋升市级时间	晋升省级时间	晋升国家级时间
13	海阳招虎山省级自然保护区	省级	1996.06	县级	2001.12	2006.12	
14	龙口之莱山省级自然保护区	省级	1997.01	市级		2002.12	
15	栖霞牙山省级自然保护区	省级	1997.07	县级	2002.11	2003.05	
16	烟台沿海防护林省级自然保护区	省级	1998.06	市级		2006.06	
17	徂徕山省级自然保护区	省级	1999.11	市级		2006.11	
18	泰山省级自然保护区	省级	1999.11	市级		2006.02	
19	莱州大基山省级自然保护区	省级	1999.12	市级		2007.11	
20	招远罗山省级自然保护区	省级	2001.03	县级	2002.12	2007.11	
21	牟平嵛山省级自然保护区	省级	2001.09	县级	2002.12	2012.11	
22	平阴大寨山省级自然保护区	省级	2001.10	市级		2010.09	
23	烟台福山银湖湿地省级自然保护区	省级	2003.06	县级	2007.01	2008.11	
24	莱山围子山省级自然保护区	省级	2005.12	县级	2008.12	2009.12	
25	龙口黄水河河口湿地省级自然保护区	省级	2006.02	县级		2009.08	
26	龙口大飘山省级自然保护区	省级	2006.12	县级	2010.01	2010.09	
27	莱阳老寨山省级自然保护区	省级	2007.01	市级		2007.11	
28	莱阳五龙河湿地省级自然保护区	省级	2007.04	县级	2008.04	2013.03	
29	莱城华山林场市级自然保护区	市级	1994.08	县级	2013.11		
30	栖霞崮山市级自然保护区	市级	1999.07	县级	2002.11		
31	十八盘市级自然保护区	市级	1999.10	县级	2003.06		
32	峄山市级自然保护区	市级	1999.10	县级	2003.06		
33	东平湖湿地市级自然保护区	市级	2000.05	县级	2003.12		
34	东平腊山市级自然保护区	市级	2000.05	县级	2002.11		
35	山东莱州湾湿地市级自然保护区	市级	2005.02	县级	2006.04		

国家级自然保护区数量发展历程变化不大。从 1980 年至 2008 年的 28 年间，山东省累计建设了 7 个国家级自然保护区，其中 6 个自然保护区通过晋级成为国家级自然保护区。1980 年 1 月建立了山东山旺古生物化石国家级自然保护区，这是山东省第一个自然保护区，也是山东省第一个国家级自然保护区。1982 年 3 月建立了山东长岛省级自然保护区，为我省第一个省级自然保护区，1988 年 5 月山东长岛自然保护区由省级自然保护区晋升为国家级自然保护区，成为我省第二个国家级自然保护区。山东黄河三角洲国家级自然保护区和山东昆嵛山国家级自然保护区建设经历了由市级自然保护区晋升为省

级自然保护区，再晋升为国家级自然保护区的过程。1991 年 11 月，山东黄河三角洲自然保护区由市级自然保护区晋升为省级自然保护区；1992 年 10 月，晋升为国家级自然保护区，为我省第三个国家级自然保护区。2000 年 6 月，山东昆嵛山自然保护区由市级晋升为省级自然保护区；2008 年 1 月，晋升为国家级自然保护区。山东荣成大天鹅国家级自然保护区则经历了县级、市级、省级和国家级自然保护区的发展过程：1992 年 12 月，山东荣成大天鹅自然保护区由县级自然保护区晋升为市级自然保护区；2000 年 3 月，晋升为省级自然保护区；2007 年4 月，晋升为国家级自然保护区。马山国家级自然保护区和滨州贝壳堤岛与湿地国家级自然保护区建设则经历了县级、省级和国家级自然保护区的发展过程：1993 年 9 月，马山自然保护区由县级自然保护区直接晋升为省级自然保护区；1994 年 4 月，晋升为国家级自然保护区。2002 年 1 月，无棣贝壳堤岛与湿地自然保护区由县级自然保护区晋升为省级自然保护区；2004 年 2 月，更名为“滨州贝壳堤岛与湿地省级自然保护区”；2006 年 2 月，晋升为国家级自然保护区。

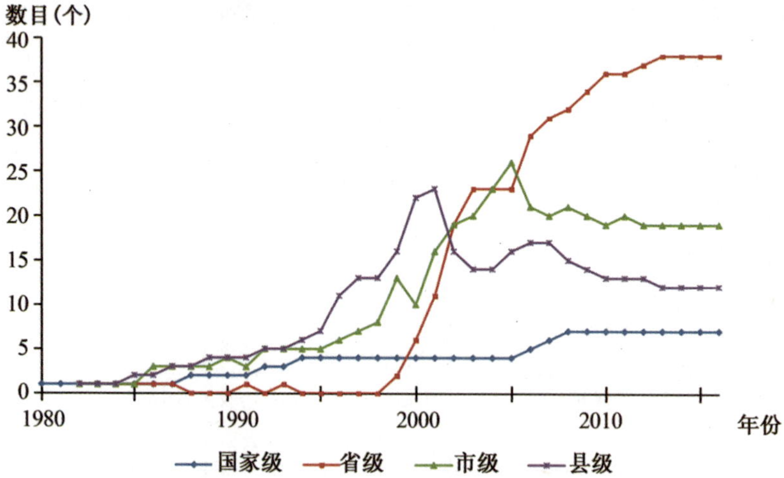

图 3-1-2 1980～2016 年山东省各级自然保护区数量变化

省级自然保护区数量发展历程变化较大。从 1982 年至 2007 年的 25 年间，山东省累计建设了 38 个省级自然保护区。其中，22 个自然保护区由县级或市级自然保护区晋升为省级自然保护区。2000 年 11 月，青岛崂山市级自然保护区晋升为省级自然保护区。2002 年，蓬莱艾山市级自然保护区、荣成成山头县级自然保护区和龙口之莱山市级自然保护区 3 个自然保护区晋升为省级自然保护区。2003 年，栖霞牙山市级自然保护区和南四湖市级自然保护区 2 个自然保护区晋升为省级自然保护区。2006 年，泰山市级自然保护区、原山市级自然保护区、鲁山市级自然保护区、烟台沿海防护林市级自然保护区、徂徕山市级自然保护区和海阳招虎山市级自然保护区 6 个自然保护区晋升为省级自然保护区。2007 年，莱州大基山市级自然保护区、招远罗山市级自然保护区和莱阳老寨山市级自然保护区 3 个自然保护区晋升为省级自然保护区。2008 年，烟台福山银湖湿地自然保护区晋升为省级自然保护区。2009 年，龙口黄水河河口湿地县级自然保护区和莱山围子山市级自然保护区 2 个自然保护区晋升为省级自然保护区。2010 年，平阴大寨山市级自然保护区和龙口大飘山县级自然保护区 2 个自然保护区晋升为省级自然保护区。2012 年,牟平嵛山自然保护区晋升为省级自然保护区。2013 年,莱阳五龙口湿地自然保护区晋升为省级自然保护区。

22 个自然保护区晋升为省级自然保护区的途径分为 3 类:一是由市级自然保护区晋升为省级自然保护区。如青岛崂山省级自然保护区、鲁山省级自然保护区、原山省级自然保护区、龙口之莱山省级自然保护区、烟台沿海防护林省级自然保护区、徂徕山省级自然保护区、泰山省级自然保护区、莱州大基山省级自然保护区、平阴大寨山省级自然保护区和莱阳老寨山省级自然保护区 10 个自然保护区均是由市级自然保护区晋升为省级自然保护区。二是由县级和市级自然保护区晋升为省级自然保护区。如山东南四湖省级自然保护区、蓬莱艾山省级自然保护区、海阳招虎山省级自然保护区、栖霞牙山省级自然保护区、招远罗山省级自然保护区、牟平嵛山省级自然保护区、烟台福山银湖湿地省级自然保护区、莱山围子山省级自然保护区、龙口大飘山省级自然保护区和莱阳五龙河湿地省级自然保护区 10 个自然保护区经历了县级、市级和省级自然保护区的发展历程。三是由县级自然保护区直接晋升为省级自然保护区。如荣成成山头省级自然保护区和龙口黄水河河口湿地省级自然保护区 2 个自然保护区由县级自然保护区直接晋升为省级自然保护区。

市级自然保护区数量变化波动较大。从 1992～2013 年的 21 年间,山东省累计建设了 19 个市级自然保护区,其中,7 个自然保护区通过晋级成为市级自然保护区。2002 年,栖霞崮山县级自然保护区、东平腊山县级自然保护区 2 个自然保护区晋升为市级自然保护区。2003 年,十八盘县级自然保护区、峄山县级自然保护区和东平湖县级自然保护区 3 个自然保护区晋升为市级自然保护区。2006 年,山东莱州湾湿地县级自然保护区晋升为市级自然保护区。2013 年莱城华山林场自然保护区晋升为市级自然保护区。

三、自然保护区类型发展变化

从 1980 年至 2016 年的 36 年间,山东省建设森林生态类自然保护区 43 个、湿地类自然保护区 11 个、海洋海岸类自然保护区 7 个、野生动物类自然保护区 5 个、野生植物类自然保护区 3 个、古生物遗迹类自然保护区 1 个和地质遗迹类自然保护区 6 个。

自 1982 年至 2016 年的 34 年间,山东省建设森林生态类自然保护区 43 个,面积为 32.2 万公顷。1994～2001 年是森林生态类自然保护区建设快速发展时期。这一时期,建立了森林生态类自然保护区 28 个,其中,包括 12 个省级自然保护区、9 个市级自然保护区和 7 个县级自然保护区,总面积为 20.2 万公顷。2002～2011 年,森林生态类自然保护区的建设进入稳定发展的阶段,保护区数量仍在增长,但总体面积未出现明显波动。这一时期建立了 10 个自然保护区,保护区面积 3.8 万公顷。2006 年是山东省森林生态自然保护区面积的鼎盛时期,保护区达到了 34.2 万公顷,随后缓慢下降。至 2011 年,保护区面积稳定在 32.2 万公顷。山东省森林生态类自然保护区发展变化状况见图 3-1-3。

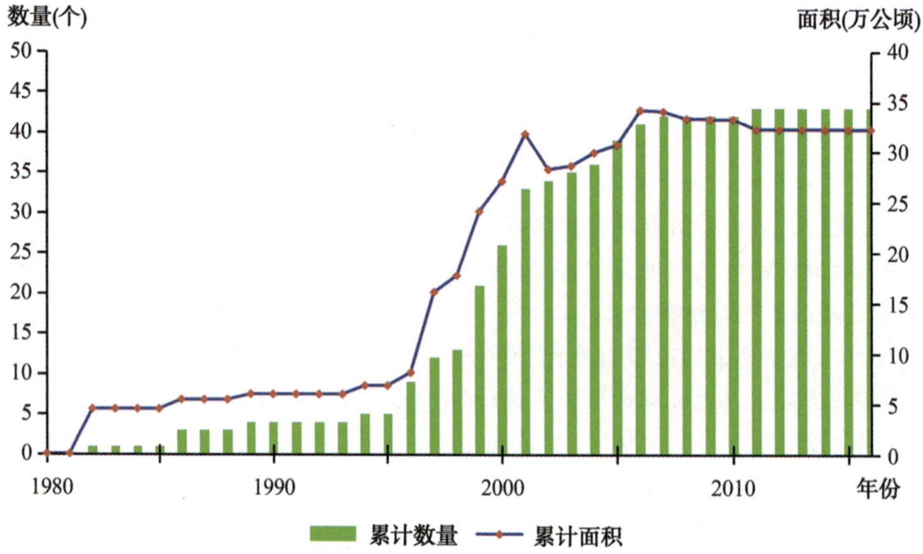

图 3-1-3 山东省森林生态类自然保护区数量及面积变化

1982 年建立了山东省第一个森林生态类自然保护区——青岛崂山省级自然保护区，面积 4.5 万公顷。崂山是我省暖温带落叶阔叶林植被发育最典型、植物种类组成最复杂的区域，其主要保护对象为森林生态系统和野生动植物。

1986～1989 年，相继建立了原山省级自然保护区、鲁山省级自然保护区和蓬莱艾山省级自然保护区 3 个省级自然保护区，面积分别为 1.4 万公顷、1.3 万公顷和 1.0 万公顷。原山省级自然保护区和鲁山省级自然保护区主要保护对象均是以油松、侧柏温性针叶林和栎类落叶阔叶林为主的森林生态系统，蓬莱艾山省级自然保护区主要保护对象是以赤松、麻栎、紫椴为代表的森林生态系统和鸟类。

1994～2001 年开始建设的森林生态类省级自然保护区，包括山东昆嵛山国家级自然保护区、海阳招虎山省级自然保护区、龙口之莱山省级自然保护区、栖霞牙山省级自然保护区、烟台沿海防护林省级自然保护区、青州仰天山省级自然保护区、泰山省级自然保护区、徂徕山省级自然保护区、莱州大基山省级自然保护区、临沂大青山省级自然保护区、招远罗山省级自然保护区、牟平嵛山省级自然保护区和平阴大寨山省级自然保护区 13 个自然保护区，其主要保护对象典型性、代表性明显。山东昆嵛山国家级自然保护区典型植被是以栎类为主的落叶阔叶林和以赤松为特色的针叶林，赤松天然林是我国分布面积最大、保护最为完整的地带性针叶林生态系统，为我国赤松地理分布区最典型的群落，栎类天然落叶阔叶林是暖温带最典型的原生植被类型。海阳招虎山省级自然保护区、龙口之莱山省级自然保护区、栖霞牙山省级自然保护区、莱州大基山省级自然保护区、招远罗山省级自然保护区和牟平嵛山省级自然保护区等自然保护区均分布有大面积的赤松天然林。泰山省级自然保护区是暖温带落叶阔叶林区域的典型代表，生物多样性丰富。徂徕山省级自然保护区分布有大面积的华北地区特有的油松林和暖温带落叶阔叶林的典型代表栎类。青州仰天山省级自然保护区的天然次生杂木林集中了同纬度地区绝大多数植物类型，是鲁中地区天然杂木林的典型代表。

1994～2001 年开始建设的森林生态类市级自然保护区，包括莱城华山林场市级自然保护区、栖霞崮山市级自然保护区、十八盘市级自然保护区、峄山市级自然保护区、东平腊山市级自然保护区、柳埠市级自然保护区、冠县西沙河林场市级自然保护区、高唐县清平林场市级自然保护区和莘县马西林场市级自然保护区 9 个自然保护区。莱城华山林场市级自然保护区于 2013 年晋升为市级自然保护区，是山东省建立时间最短的市级自然保护区，也是莱芜市唯一的一个自然保护区。栖霞崮山市级自然保护区的主要保护对象为赤松天然次生林，栖霞崮山奇峰怪岭，悬崖峭壁，景色优美，素有“齐鲁小黄山”之誉。十八盘市级自然保护区以刺槐林和赤松林为主要保护对象，是邹城重要水源涵养区。峄山市级自然保护区花岗岩侵蚀地貌独特，自然景观优美，有“岱南奇观”“邹鲁秀灵”之誉。东平腊山市级自然保护区古树名木众多，森林覆盖率高达 85%以上。柳埠市级自然保护区以油松林为主的温性针叶林和地带性落叶阔叶林为主要保护对象。冠县西沙河林场市级自然保护区、高唐县清平林场市级自然保护区和莘县马西林场市级自然保护区是聊城市政府于 2001 年 10 月批准成立的市级自然保护区，主要保护对象是毛白杨林、加拿大杨林和刺槐林。

1994～2001 年开始建设的森林生态类县级自然保护区，包括苍山县抱犊崮县级自然保护区、苍山县大宗山县级自然保护区、苍山县文峰山县级自然保护区、五彩山县级自然保护区、蒙山森林生态县级自然保护区、北大山县级自然保护区和鼻子山县级自然保护区7 个县级自然保护区。这 7 个县级自然保护区均分布在临沂市，是临沂市具有重要保护区价值的区域。

2002～2011 年建立的省级自然保护区，包括新泰太平山省级自然保护区、枣庄抱犊崮省级自然保护区、莱山围子山省级自然保护区、大泽山省级自然保护区、龙口大飘山省级自然保护区和莱阳老寨山省级自然保护区 6 个省级自然保护区。新泰太平山省级自然保护区主要保护对象为以赤松为主的森林生态系统。枣庄抱犊崮省级自然保护区主要保护对象是以侧柏、刺槐为主的森林生态系统。莱山围子山省级自然保护区主要保护对象为以赤松、楸树为主的森林生态系统。大泽山省级自然保护区分布有大面积以赤松为主的针叶林，是中国赤松原生地和天然分布中心。龙口大飘山省级自然保护区以赤松天然林为主要保护对象。莱阳老寨山省级自然保护区主要保护对象为天然赤松林、森林生态系统及野生动植物资源。

2002～2011 年建立的市级自然保护区，包括东阿县鱼山市级自然保护区、莒南马鬐山市级自然保护区、临沭苍马山市级自然保护区和长清大峰山市级自然保护区 4 个市级自然保护区。东阿县鱼山市级自然保护区是东阿县重要的水源涵养区、防洪调蓄和水源供给区域，是东阿县的生态屏障。莒南马鬐山市级自然保护区和临沭苍马山市级自然保护区自然景色优美，生物多样性丰富。长清大峰山市级自然保护区分布有发育良好的以侧柏林为主的森林生态系统，是山东侧柏分布最为集中、生长最好的区域之一。

从 1982 年至 2013 年的 31 年间，山东省建设湿地类自然保护区 11 个，面积为 38.2

万公顷。山东黄河三角洲国家级自然保护区是山东省唯一一个河口湿地类国家级自然保护区。黄河三角洲是我国温带最广阔、最完整、最年轻的湿地，2013 年 10 月被列入国际重要湿地名录。1990 年 12 月，东营市人民政府批准建立山东黄河三角洲市级自然保护区，1991 年晋升为省级自然保护区，1992 年晋升为国家级自然保护区，面积为 15.3 万公顷，主要保护对象为黄河河口湿地和珍稀濒危鸟类。山东省第一个内陆湿地类自然保护区是山东南四湖省级自然保护区。南四湖是我国淮河以北地区面积最大的淡水湖。1982 年建立了山东南四湖县级自然保护区，1996 年 6 月晋升为市级自然保护区，2003 年晋升为省级自然保护区，2006 年自然保护区范围进行了调整，面积 127 546.7 公顷，主要保护对象为湿地生态系统和珍稀濒危鸟类。银湖，即门楼水库，因湖水如银而得名，是烟台市最大的湿地，也是烟台市重要水源地。2008 年 11 月建立了烟台福山银湖湿地省级自然保护区，面积为 6 043.4 公顷。2009 年 8 月建立了龙口黄水河河口湿地省级自然保护区，面积为1 028 公顷，其主要保护对象为河口湿地生态系统和珍稀鸟类资源。2013 年 3 月建立了莱阳五龙河湿地省级自然保护区，面积为 1 824.5 公顷。2003～2010 年，东平湖市级自然保护区、山东莱州湾市级自然保护区和烟台市大沽夹河湿地市级自然保护区 3 个市级自然保护区建立，面积分别为 25 928 公顷、13 975 公顷和 10 585 公顷。1989 年、1996 年和 2000 年分别建立了泉林水体自然保护区、沂水县沂河自然保护区和会宝岭水库自然保护区 3 个县级自然保护区，面积分别为 270 公顷、4 万公顷和 1 800 公顷。山东省湿地类自然保护区发展变化状况见图 3-1-4。

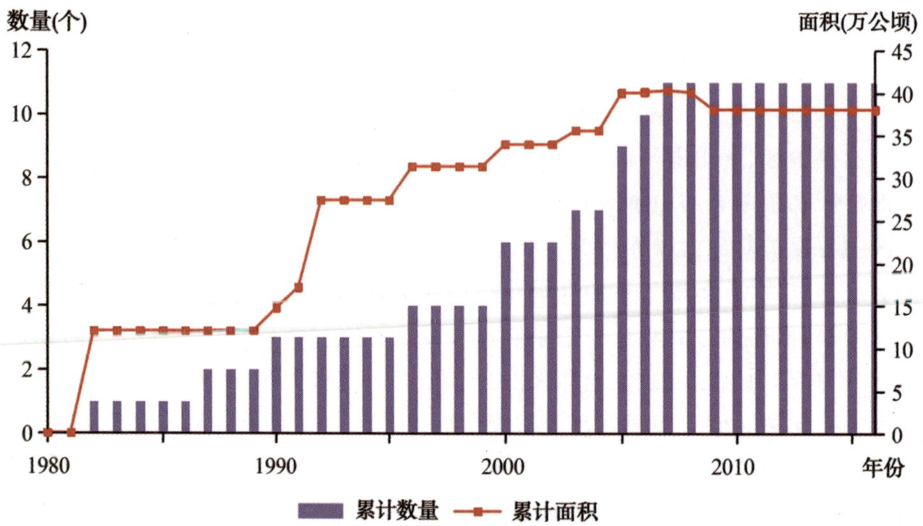

图 3-1-4 山东省湿地类自然保护区数量及面积变化

自 1992 年至 2012 年的 20 年间，山东省建立海洋海岸类自然保护区 7 个，面积 9.9 万公顷。2006 年 9 月建立了滨州贝壳堤岛与湿地国家级自然保护区，面积 8.1 万公顷，2011 年 3 月面积调整为 4.5 万公顷，主要保护对象为贝壳堤岛与滨海湿地，保护区内典型的贝壳滩脊湿地是世界罕见的滩脊湿地海岸之一，在长度和贝壳含量方面均居首位，为罕见的贝壳岛链，是珍贵的海洋自然遗产。2001 年 12 月建立了青岛大公岛岛屿生态系统省级自然保护区，面积 1 603 公顷，主要保护对象是岛陆与海洋生态系统，重点保护珍稀鸟类、皱纹盘鲍、刺参等海珍品。2002 年建立了荣成成山头自然保护区、海阳千里岩岛自然保护区和胶南灵山岛自然保护区 3 个省级自然保护区，面积分别为 6 366 公顷、1 823 公顷和 3 283 公顷，其中 2012 年 10 月成山头自然保护区面积调整为 6 015 公顷。荣成成山头省级自然保护区集海湾、海岸、泻湖、岛屿和古沉积地质遗迹于一体，构成了国内罕见的海洋生态系统。海阳千里岩岛自然保护区主要保护对象是以海豚、皱纹盘鲍、刺参等海珍品为重点的海洋生态系统。胶南灵山岛自然保护区以海洋生物资源为主要保护对象。2003 年建立了崆峒列岛省级自然保护区，面积为 7 690 公顷，是刺参、皱纹盘鲍和紫石房蛤等野生种质资源的集中产地，岛上分布有蝮蛇 2 000 余条，有山东省"蛇岛"之称。1992 年 12 月建立了日照市前三岛市级自然保护区，面积为 4.1 万公顷，主要保护对象为青岛文昌鱼、海参、鲍鱼、海胆等海洋鱼类。山东省海洋海岸类自然保护区发展变化状况见图 3-1-5。

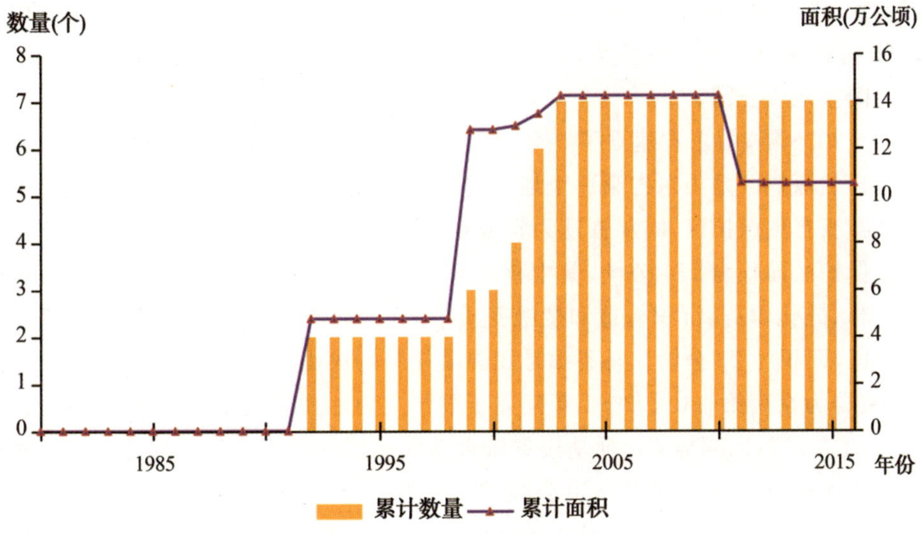

图 3-1-5 山东省海洋海岸类自然保护区数量及面积变化

1982～2004 年，山东省建立了 5 个野生动物类自然保护区，面积为 18.6 万公顷。1982 年 3 月建立了山东省第一个鸟类自然保护区——山东长岛自然保护区，面积为 5 015 公顷，主要保护对象是鹰、隼等猛禽和候鸟，车由岛栖息着数以万计的各种鸟类，被誉为"万鸟岛"。1985 年 12 月建立了山东省第二个鸟类自然保护区——山东荣成大天鹅自然保护区，面积为 1 675 公顷，是我国最大的大天鹅集中越冬栖息地，主要保护对象为大天鹅等珍稀濒危鸟类和滨海湿地生态系统。1992 年建立了博兴县引黄济青渠首鸟类自然保护区，面积为 360 公顷，主要保护对象为鸟类。2001 年 6 月建立了山东省第一个以海洋哺乳动物为主要保护对象的自然保护区——庙岛群岛自然保护区，面积为 17.3 万公顷，主要保护对象为斑海豹。庙岛群岛自然保护区是我国斑海豹天然的集中栖息地。2004 年 8 月建立了山东省第一个以海洋鱼类为保护对象的自然保护区——青岛文昌鱼水生野生动物自然保护区，面积为 6 181 公顷，主要保护对象为国家二级保护水生野生动物文昌鱼。

1995～2004 年，山东省建立了 3 个野生植物类自然保护区，面积为1 0871.7 公顷。1995 年 10 月建立了郯城县银杏县级自然保护区，面积为 5 880 公顷，1999 年 12 月，面积调整为6 183 公顷，主要保护对象为银杏。银杏是植物界的“活化石”，郯城县分布有树龄在 300 年以上的银杏 2 万多棵，具有“银杏之乡”的美誉。2002 年 1 月建立了峄城石榴园省级自然保护区，面积为 4 642 公顷，主要保护对象为石榴种质资源遗传多样性。峄城石榴园是目前我国最大的石榴园林，被誉为“天下第一榴园”。2004 年 9 月建立了阳谷县景阳冈市级自然保护区，面积 47 公顷，主要保护对象为森林生态系统与古树名木。

山东省唯一一个古生物遗迹类自然保护区是山东山旺古生物化石国家级自然保护区。1980 年 1 月 17 日，国务院批准建立了山东山旺古生物化石国家级自然保护区，面积为 120 公顷，主要保护对象是存有大量古生物化石的山旺组地层。山旺组地层剖面的硅藻土沉积厚度约 25 米，长 160 米，其中分布有大量古生物化石，该地层在国内外具有重要的对比意义。1999 年 10 月 18 日，山东山旺古生物化石国家级自然保护区又被国土资源部、原国家环境保护总局确立为国家地质遗迹保护区；2001 年 12 月 10 日，被国土资源部批准为国家地质公园。

1993～2008 年，山东省建立了 6 个地质遗迹类自然保护区，面积为2 491.5 公顷。马山国家级自然保护区是山东省第一个地质遗迹类自然保护区。1993 年 1 月建立了马山地质遗迹县级自然保护区，同年晋升为省级自然保护区，1994 年 4 月晋升为国家级自然保护区。保护区面积为 774 公顷，其中核心区面积 246 公顷，主要保护对象为火山岩柱状节理石林、硅化木群、沉积构造和接触变质带。1999 年 3 月建立马谷山地质遗迹省级自然保护区，面积为 20 公顷。马谷山是我国最年轻的火山，也是华北平原地区唯一露头的火山，被誉为京南第一山。2001 年建立了胶州艾山地质遗迹省级自然保护区、济南张夏-崮山华北寒武系标准剖面地质遗迹省级自然保护区和浮来山地质遗迹省级自然保护区 3 个自然保护区，面积分别为 860 公顷、262 公顷和 490 公顷。胶州艾山地质遗迹省级自然保护区主要保护对象为中生代火山地质遗迹。济南张夏-崮山华北寒武系标准剖面地质遗迹省级自然保护区以寒武纪地层剖面为主要保护对象。浮来山地质遗迹省级自然保护区主要保护对象为震旦纪土门群地层、三叶虫化石带等地质遗迹。2008 年 9 月建立了龙口依岛省级自然保护区，面积为 85.5 公顷，主要保护对象为潮间带火山砾石地质景观及海岛生态系统。山东省地质遗迹类自然保护区发展变化状况见图 3-1-6。

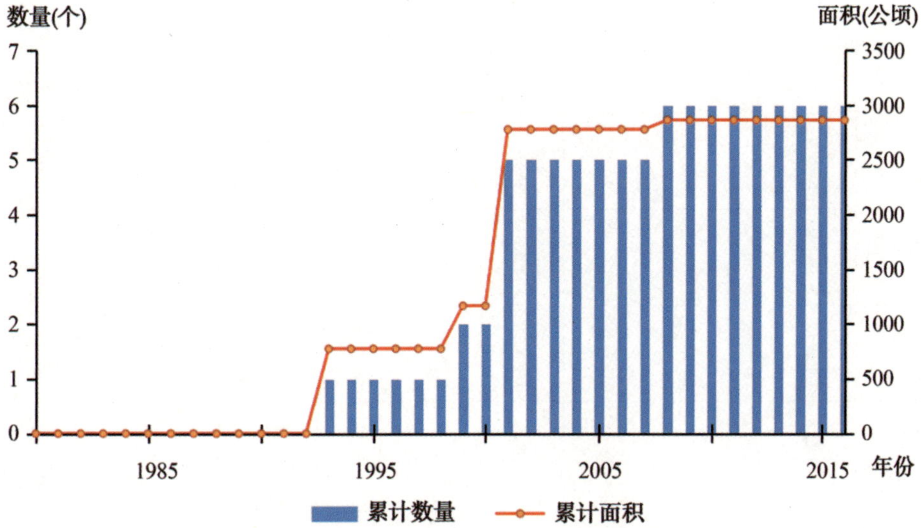

图 3-1-6　山东省地质遗迹类自然保护区数量及面积变化

第二节　自然保护区建设状况

一、自然保护区名录

编制自然保护区名录是自然保护区建设与管理的重要手段。按照《中华人民共和国自然保护区条例》第十二条规定，自然保护区的建立由县级及以上人民政府批准。县级及以上人民政府有关自然保护区建设的批文是确认自然保护区存在与否的重要依据。

自然保护区名录的编制内容既要反映自然保护区的主要特征，又要便于自然保护区的管理。基于这一认识，确定山东省自然保护区名录，主要包括编号、自然保护区名称、行政区域、面积、主要保护对象、类型、级别、始建时间、现范围批准时间和主管部门等内容。

依据各级政府的自然保护区建设批文，核定并确认每个自然保护区的行政区域位置、面积、主要保护对象、类型、级别、始建时间、现范围批准时间和主管部门，编制《山东省自然保护区名录》。如表 3-2-1 所示。

表 3-2-1　　山东省自然保护区名录(截至 2016 年底)

编号	自然保护区名称	行政区域	面积（公顷）	主要保护对象	类型	级别	始建时间	现范围批准时间	主管部门
1	山东山旺古生物化石国家级自然保护区	临朐县	120.0	古生物化石	古生物遗迹	国家级	1980.01	1980.01	国土
2	山东长岛国家级自然保护区	长岛县	5 015.2	猛禽和候鸟	野生动物	国家级	1982.03	1988.05	林业
3	山东荣成大天鹅国家级自然保护区	荣成市	1 675.0	大天鹅等珍稀濒危鸟类和湿地生态系统	野生动物	国家级	1985.12	2007.04	林业
4	山东黄河三角洲国家级自然保护区	垦利县 河口区	153 000.0	黄河口湿地和珍稀濒危鸟类	河口湿地	国家级	1990.12	2012.11	林业
5	马山国家级自然保护区	即墨市	774.0	火山岩柱状节理石林、硅化木群、沉积构造和接触变质带	地质遗迹	国家级	1993.01	1994.04	林业
6	山东昆嵛山国家级自然保护区	牟平区 文登市	15 416.5	赤松天然林	森林生态	国家级	1999.03	2008.01	林业
7	滨州贝壳堤岛与湿地国家级自然保护区	无棣县	43 541.5	贝壳堤岛、滨海湿地	海洋海岸	国家级	1999.10	2011.03	海洋
8	青岛崂山省级自然保护区	崂山区	44 855.0	森林生态系统、野生动植物和珍稀濒危物种	森林生态	省级	1982.03	2000.11	城建
9	山东南四湖省级自然保护区	微山县	127 547.0	湿地生态系统、珍稀濒危鸟类	内陆湿地	省级	1982.03	2006.03	林业
10	原山省级自然保护区	博山区	13 914.0	侧柏、栎类、油松森林植被和动植物资源	森林生态	省级	1986.08	2006.06	林业
11	鲁山省级自然保护区	博山区	13 070.0	森林生态系统	森林生态	省级	1986.08	2006.06	林业
12	蓬莱艾山省级自然保护区	蓬莱市	9 824.6	森林生态系统和鸟类	森林生态	省级	1989.03	2015.11	林业
13	荣成成山头省级自然保护区	荣成市	6 015.4	海洋和海岸生态系统、海湾生态系统、海岛生态系统	海洋海岸	省级	1992.12	2012.10	海洋

续表

编号	自然保护区名称	行政区域	面积（公顷）	主要保护对象	类型	级别	始建时间	现范围批准时间	主管部门
14	海阳招虎山省级自然保护区	海阳市	7 061.0	赤松天然次生林、珍稀濒危动植物资源	森林生态	省级	1996.06	2006.12	林业
15	龙口之莱山省级自然保护区	龙口市	10 227.0	天然赤松林和野生动植物资源	森林生态	省级	1997.01	2002.12	林业
16	栖霞牙山省级自然保护区	栖霞市	17 900.0	森林及野生动植物	森林生态	省级	1997.07	2003.05	林业
17	烟台沿海防护林省级自然保护区	烟台市	22 777.2	防护林生态系统	森林生态	省级	1998.06	2011.04	林业
18	马谷山地质遗迹省级自然保护区	无棣县	20.0	地质遗迹	地质遗迹	省级	1999.03	1999.03	国土
19	青州仰天山省级自然保护区	青州市	3 000.0	森林生态系统	森林生态	省级	1999.10	1999.10	林业
20	徂徕山省级自然保护区	岱岳区 新泰市	10 915.0	华北地区特有的油松林和暖温带阔叶林	森林生态	省级	1999.11	2006.11	林业
21	泰山省级自然保护区	泰安市	11 892.0	森林生态系统	森林生态	省级	1999.11	2006.02	林业
22	莱州大基山省级自然保护区	莱州市	8 753.0	赤松天然次生林及针阔混交林	森林生态	省级	1999.12	2007.11	林业
23	临沂大青山省级自然保护区	费县	4 000.0	森林生态系统	森林生态	省级	2000.12	2000.12	林业
24	招远罗山省级自然保护区	招远市	9 479.6	赤松森林生态系统	森林生态	省级	2001.03	2009.12	林业
25	济南张夏-崮山华北寒武系标准剖面地质遗迹省级自然保护区	长清区	262.0	寒武纪地层结构	地质遗迹	省级	2001.04	2001.04	国土
26	庙岛群岛海豹省级自然保护区	长岛县	173 100.0	斑海豹	野生动物	省级	2001.06	2001.06	环保
27	牟平嵛山省级自然保护区	牟平区	1 485.2	森林生态系统及野生动植物	森林生态	省级	2001.09	2012.11	林业
28	胶州艾山地质遗迹省级自然保护区	胶州市	860.0	地质遗迹	地质遗迹	省级	2001.10	2001.10	城建
29	平阴大寨山省级自然保护区	平阴县	1 200.0	侧柏、落叶阔叶林	森林生态	省级	2001.10	2010.09	林业

续表

编号	自然保护区名称	行政区域	面积（公顷）	主要保护对象	类型	级别	始建时间	现范围批准时间	主管部门
30	浮来山地质遗迹省级自然保护区	莒县	490.0	震旦纪土门群地层、三叶虫化石带等地质遗迹	地质遗迹	省级	2001.11	2001.11	国土
31	青岛大公岛岛屿生态系统省级自然保护区	崂山区	1 603.0	海洋与岛屿生态系统	海洋海岸	省级	2001.12	2001.12	海洋
32	峄城石榴园省级自然保护区	峄城区	4 642.0	石榴种质资源	野生植物	省级	2002.01	2002.01	其他
33	海阳千里岩岛海洋生态系统省级自然保护区	海阳市	1 823.0	海洋生态系统	海洋海岸	省级	2002.01	2002.01	海洋
34	新泰太平山省级自然保护区	新泰市	3 733.3	森林生态系统	森林生态	省级	2002.02	2002.02	林业
35	胶南灵山岛省级自然保护区	胶南市	3 283.2	海洋生态系统及海珍品	海洋海岸	省级	2002.12	2002.12	海洋
36	枣庄抱犊崮省级自然保护区	山亭区	3 500.0	森林生态系统及珍稀动植物	森林生态	省级	2003.03	2003.03	林业
37	崆峒列岛省级自然保护区	芝罘区	7 690.0	海洋生态系统及海珍品	海洋海岸	省级	2003.03	2003.03	海洋
38	烟台福山银湖湿地省级自然保护区	福山区	6 043.4	湿地生态系统、森林生态系统、珍稀濒危鸟类	内陆湿地	省级	2003.06	2008.11	林业
39	莱山围子山省级自然保护区	莱山区	2 509.0	赤松天然次生林、楸树、森林生态系统及野生动植物	森林生态	省级	2005.12	2009.12	林业
40	龙口黄水河河口湿地省级自然保护区	龙口市	1 027.9	河口湿地生态系统和珍稀鸟类资源	内陆湿地	省级	2006.02	2009.08	林业
41	大泽山省级自然保护区	平度市	9 783.0	森林生态系统及野生动植物资源	森林生态	省级	2006.11	2016.01	林业
42	龙口大飘山省级自然保护区	龙口市	2 326.0	天然赤松林、野生动植物	森林生态	省级	2006.12	2010.09	林业
43	莱阳老寨山省级自然保护区	莱阳市	2 908.5	天然赤松林，森林生态系统及野生动植物资源	森林生态	省级	2007.01	2007.11	林业
44	莱阳五龙河湿地省级自然保护区	莱阳市	1824.5	湿地生态系统	内陆湿地	省级	2007.04	2013.03	林业

续表

编号	自然保护区名称	行政区域	面积（公顷）	主要保护对象	类型	级别	始建时间	现范围批准时间	主管部门
45	龙口依岛省级自然保护区	龙口市	85.5	火山砾石地质景观，海岛与潮间带生态系统	地质遗迹	省级	2008.09	2008.09	其他
46	日照市前三岛市级自然保护区	岚山区岚山头街道	41 200.0	文昌鱼、海参、鲍鱼、海胆等海洋鱼类	海洋海岸	市级	1992.12	1992.12	海洋
47	莱城华山林场市级自然保护区	莱城区	8 600.0	森林生态系统	森林生态	市级	1994.08	2013.11	林业
48	栖霞崮山市级自然保护区	栖霞市	1 800.0	赤松天然次生林	森林生态	市级	1999.07	2002.11	林业
49	十八盘市级自然保护区	田黄镇	3 000.0	稀有树种和水源涵养	森林生态	市级	1999.10	2003.06	林业
50	峄山市级自然保护区	峄山镇	5 000.0	森林生态系统	森林生态	市级	1999.10	2003.06	城建
51	东平湖湿地市级自然保护区	东平镇等9个乡镇	25 928.0	湿地生态系统，野生动植物资源	内陆湿地	市级	2000.05	2003.12	林业
52	东平腊山市级自然保护区	东平县	2 804.0	濒危植物、鸟类、两栖类动物	森林生态	市级	2000.05	2002.11	林业
53	柳埠市级自然保护区	历城区	3 420.0	油松林及其生态系统	森林生态	市级	2001.10	2001.10	林业
54	冠县西沙河林场市级自然保护区	冠县西沙河林场	11 200.0	毛白杨林、加拿大杨林	森林生态	市级	2001.10	2001.10	林业
55	高唐县清平林场市级自然保护区	清平镇	4 200.0	毛白杨林、杂交杨林、刺槐林	森林生态	市级	2001.10	2001.10	林业
56	莘县马西林场市级自然保护区	大王寨乡	3 800.0	森林生态系统	森林生态	市级	2001.10	2001.10	林业
57	青岛文昌鱼水生野生动物市级自然保护区	青岛市	6 181.0	文昌鱼及其生存环境	野生动物	市级	2004.08	2004.08	海洋
58	东阿县鱼山市级自然保护区	鱼山镇	5 333.0	森林植被及曹植墓历史遗迹	森林生态	市级	2004.09	2004.09	旅游
59	阳谷县景阳冈市级自然保护区	张秋镇	46.7	森林生态系统与古树名木	野生植物	市级	2004.09	2004.09	旅游

续表

编号	自然保护区名称	行政区域	面积（公顷）	主要保护对象	类型	级别	始建时间	现范围批准时间	主管部门
60	山东莱州湾湿地市级自然保护区	莱州市	13 975.0	湿地生态系统	内陆湿地	市级	2005.02	2009.02	林业
61	烟台市大沽夹河湿地市级自然保护区	烟台市	10 585.0	湿地生态系统	内陆湿地	市级	2005.03	2010	林业
62	莒南马鬐山市级自然保护区	莒南县	4 210.0	野生动植物	森林生态	市级	2005.12	2005.12	林业
63	临沭苍马山市级自然保护区	临沭县	3 000.0	森林生态系统	森林生态	市级	2005.12	2005.12	城建
64	长清大峰山市级自然保护区	长清	873.0	森林生态系统	森林生态	市级	2011.10	2011.10	林业
65	泉林水体县级自然保护区	泉林镇	270.0	泉林泉群	内陆湿地	县级	1987.04	1989.08	其他
66	博兴县引黄济青渠首鸟类县级自然保护区	乔主镇 庞家镇	360.0	鸟类	野生动物	县级	1992	1992	林业
67	郯城县银杏县级自然保护区	新村乡等3个乡镇	6 183.0	银杏	野生植物	县级	1995.10	1999.12	林业
68	苍山县抱犊崮县级自然保护区	下村乡	600.0	生态植被、野生动物	森林生态	县级	1996.03	1996.03	农业
69	苍山县大宗山县级自然保护区	大仲村镇	1 000.0	生态植被	森林生态	县级	1996.03	1996.03	农业
70	苍山县文峰山县级自然保护区	尚岩镇	600.0	生态植被、野生动物与古建筑	森林生态	县级	1996.03	1996.03	农业
71	沂水县沂河县级自然保护区	沂水镇	40 000.0	饮用水源地	内陆湿地	县级	1996.12	1996.12	环保
72	五彩山县级自然保护区	双堠镇	2 050.0	生态植被和野生动物	森林生态	县级	1997.12	1997.12	林业
73	会宝岭水库县级自然保护区	尚岩镇	1 800.0	水源地水质	内陆湿地	县级	2000.02	2000.02	水利
74	蒙山森林生态县级自然保护区	柏林镇等5个乡镇	16 500.0	森林生态系统	森林生态	县级	2000.11	2000.11	林业
75	北大山森林县级自然保护区	依汶镇	6 600.0	生态植被、野生动物	森林生态	县级	2000.12	2004.11	农业
76	鼻子山森林县级自然保护区	张庄镇	7 100.0	生态植被、野生动物	森林生态	县级	2000.12	2004.11	农业

《山东省自然保护区名录》中各项内容的确定原则和方法如下：

(1)自然保护区排序原则：自然保护区排序先按照国家级、省级、市级和县级自然保护区的级别排序，同一级别的自然保护区按照始建时间的先后顺序排序。为了便于作图，在书中用编号代表自然保护区在图中的名称。

(2)自然保护区名称：自然保护区命名按照《中华人民共和国自然保护区条例》的规定，采用“地名＋保护对象＋保护区级别”的三名制命名法，统一规范自然保护区的名称。

(3)自然保护区行政区域范围：对国家级自然保护区和省级自然保护区填写所在的县级行政区名称，对市级和县级自然保护区填写所在的县和乡(镇)名称。

(4)自然保护区面积：按照自然保护区建立、晋升或调整的批准文件，以最新批准文件中的面积数据为准，核实确定各个自然保护区的面积。

(5)主要保护对象：力求用简单、准确的语言，总结提炼出反映自然保护区最重要的保护对象。

(6)自然保护区类型和级别：按照《自然保护区类型与级别划分原则》(GB/T 14529-93)的规定，确定自然保护区的类型和级别。

(7)始建时间：始建时间是自然保护区最初建立时的时间，按照自然保护区初始建设批文的时间填写。

(8)现范围批准时间：现范围批准时间是自然保护区当前范围的批准时间，按照自然保护区最新批准文件的时间填写。

(9)主管部门：按自然保护区当前实际管理部门填写。

关于山东省自然保护区的数量和面积过去有不同的说法。有的统计资料指出，至2007年底，山东省已建自然保护区75个，面积为109.7万公顷；到2009年底，山东省已建自然保护区数量85个，面积为113.3万公顷。另有统计资料显示，至2007年底，山东省已建自然保护区数量76个，面积为124.2万公顷；到2009年底，山东省已建自然保护区数量达84个，面积为113.2万公顷。

调查统计结果表明，截至2016年底，山东省建有自然保护区76个，面积为100.9万公顷，其中陆域面积为73.2万公顷，海域面积为27.8万公顷。自然保护区陆域面积占全省陆地总面积的4.6%。

山东省自然保护区分为国家级、省级、市级和县级4个级别。国家级自然保护区7个，面积为22.0万公顷；省级自然保护区38个，面积为55.1万公顷；市级自然保护区19个，面积为15.5万公顷；县级自然保护区12个，面积为8.3万公顷。国家级、省级、市级和县级自然保护区的数量分别占全省自然保护区总数的9.2%、50.0%、25.0%和15.8%，其面积分别占全省自然保护区总面积的21.7%、54.7%、15.4%和8.2%。显然，山东省自然保护区不论是在数量上还是在面积上均以省级自然保护区为主。

二、自然保护区面积

1. 自然保护区面积分布特点

自然保护区面积的大小是衡量自然保护区建设水平的一项重要指标。自然保护区按面积大小可分为小型(小于等于100公顷)、中小型(101～1 000公顷)、中型(1 001～10 000公顷)、中大型(10 001～100 000公顷)、大型(100 001～1 000 000公顷)和特大型(大于100万公顷)6个类型。山东省自然保护区面积调查统计成果详见表3-2-2。

表 3-2-2　山东省自然保护区面积调查统计表

序号	自然保护区名称	面积（公顷）	功能区面积（公顷）			功能区面积占保护区面积比例（%）		
			核心区	缓冲区	实验区	核心区	缓冲区	实验区
1	山东山旺古生物化石国家级自然保护区	120.0	120.0			100.0		
2	山东长岛国家级自然保护区	5 015.2	1 333.8		3 681.4	26.6		73.4
3	山东荣成大天鹅国家级自然保护区	1 675.0	668.0	628.0	379.0	39.9	37.5	22.6
4	山东黄河三角洲国家级自然保护区	153 000.0	59 419.0	11 233.0	82 348.0	38.8	7.4	53.8
5	马山国家级自然保护区	774.0	246.0		528.0	31.8		68.2
6	山东昆嵛山国家级自然保护区	15 416.5	6 486.0	4 481.0	4 449.5	42.1	29.0	28.9
7	滨州贝壳堤岛与湿地国家级自然保护区	43 541.5	15 547.3	13 559.3	14 435.0	35.7	31.1	33.2
8	青岛崂山省级自然保护区	44 855.0	7 467.0	8 888.0	28 500.0	16.6	19.8	63.5
9	山东南四湖省级自然保护区	127 547.0	45 107.0	40 359.0	42 081.0	35.4	31.6	33.0
10	原山省级自然保护区	13 914.0	4 878.8	4 484.9	4 550.3	35.1	32.2	32.7
11	鲁山省级自然保护区	13 070.0	4 300.0	4 195.5	4 574.5	32.9	32.1	35.0
12	蓬莱艾山省级自然保护区	9 824.6	3 424.6	2 628.2	3 771.8	34.9	26.8	38.3
13	荣成成山头省级自然保护区	6 015.4	2 142.0	1 806.0	2 067.4	35.6	30.0	34.4
14	海阳招虎山省级自然保护区	7 061.0	906.0	1 138.0	5 017.0	12.8	16.1	71.1
15	龙口之莱山省级自然保护区	10 227.0	3 799.0	3 457.0	2 971.0	37.1	33.8	29.1
16	栖霞牙山省级自然保护区	17 900.0	6 247.1	6 157.6	5 495.3	34.9	34.4	30.7
17	烟台沿海防护林省级自然保护区	22 777.2	2 291.5	2 398.5	18 087.2	10.1	10.5	79.4
18	马谷山地质遗迹省级自然保护区	20.0	20.0			100.0		

续表

序号	自然保护区名称	面积（公顷）	功能区面积(公顷)			功能区面积占保护区面积比例(%)		
			核心区	缓冲区	实验区	核心区	缓冲区	实验区
19	青州仰天山省级自然保护区	3 000.0	1 000.0	1 200.0	800.0	33.3	40.0	26.7
20	徂徕山省级自然保护区	10 915.0	3 777.0	3 558.0	3 580.0	34.6	32.6	32.8
21	泰山省级自然保护区	11 892.0	4 911.0	2 563.0	4 418.0	41.3	21.6	37.1
22	莱州大基山省级自然保护区	8 753.0	3 089.0	2 912.8	2 751.2	35.3	32.3	31.4
23	临沂大青山省级自然保护区	4 000.0	950.0	800.0	2 250.0	23.7	20.0	56.3
24	招远罗山省级自然保护区	9 479.6	3 287.7	3 198.3	2 993.6	34.7	33.7	31.6
25	济南张夏-崮山华北寒武系标准剖面地质遗迹省级自然保护区	262.0		19.5	242.5		7.4	92.6
26	庙岛群岛海豹省级自然保护区	173 100.0	640.0	26 650.0	145 810.0	0.4	15.4	84.2
27	牟平嵛山省级自然保护区	1 485.2	391.9	454.9	638.4	26.4	30.6	43
28	胶州艾山地质遗迹省级自然保护区	860.0	33.0	827.0		3.8	96.2	
29	平阴大寨山省级自然保护区	1 200.0	366.0	368.4	465.6	30.5	30.7	38.8
30	浮来山地质遗迹省级自然保护区	490.0		120.0	370.0		24.5	75.5
31	青岛大公岛岛屿生态系统省级自然保护区	1 603.0	20.0		1 583.0	1.2		98.8
32	峄城石榴园省级自然保护区	4 642.0	367.0	610.0	3 665.0	7.9	13.1	79.0
33	海阳千里岩岛海洋生态系统省级自然保护区	1 823.0	52.0	207.0	1 564.0	2.8	11.4	85.8
34	新泰太平山省级自然保护区	3 733.3	1 303.0	1 251.9	1 178.4	34.9	33.5	31.6
35	胶南灵山岛省级自然保护区	3 283.2	922.6	2 129.4	231.2	28.1	64.9	7.0

续表

序号	自然保护区名称	面积（公顷）	功能区面积(公顷)			功能区面积占保护区面积比例(%)		
			核心区	缓冲区	实验区	核心区	缓冲区	实验区
36	枣庄抱犊崮省级自然保护区	3 500.0	500.0	950.0	2 050.0	14.0	27.0	59.0
37	崆峒列岛省级自然保护区	7 690.0	240.0	1 810.0	5 640.0	3.0	24.0	73.0
38	烟台福山银湖湿地省级自然保护区	6 043.4	2 075.0	1 958.0	2 010.4	34.3	32.4	33.3
39	莱山围子山省级自然保护区	2 509.0	643.6	756.0	1 109.4	25.7	30.1	44.2
40	龙口黄水河河口湿地省级自然保护区	1 027.9	272.4	355.7	399.8	26.5	34.6	38.9
41	大泽山省级自然保护区	9 783.0	3 685.0	2 850.0	3 248.0	37.7	29.1	33.2
42	龙口大飘山省级自然保护区	2 326.0	613.5	713.2	999.3	26.4	30.7	42.9
43	莱阳老寨山省级自然保护区	2 908.5	1 147.5	812.4	948.6	39.5	27.9	32.6
44	莱阳五龙河湿地省级自然保护区	1 824.5	545.1	605.9	673.5	29.9	33.2	36.9
45	龙口依岛省级自然保护区	85.5	11.2	27.5	46.8	13.1	32.2	54.7
46	日照市前三岛市级自然保护区	41 200.0	10 000.0	31 200.0		24.3	75.7	
47	莱城华山林场市级自然保护区	8 600.0						
48	栖霞崮山市级自然保护区	1 800.0	543.9	556.8	699.3	30.2	30.9	38.9
49	十八盘市级自然保护区	3 000.0	70.0	200.1	2 729.9	2.3	6.7	91.0
50	峄山市级自然保护区	5 000.0	600.0	18.0	4 382.0	12.0	0.4	87.6
51	东平湖湿地市级自然保护区	25 928.0	13 300.0	3 115.0	9 513.0	51.3	12.0	36.7
52	东平腊山市级自然保护区	2 804.0	516.1	407.2	1 880.8	18.4	14.5	67.1
53	柳埠市级自然保护区	3 420.0	430.0	360.0	2 630.0	12.6	10.5	76.9
54	冠县西沙河林场市级自然保护区	11 200.0	725.0	3 400.0	7 075.0	6.5	30.4	63.1
55	高唐县清平林场市级自然保护区	4 200.0	285.2	100.0	3 814.8	6.8	2.4	90.8

续表

序号	自然保护区名称	面积（公顷）	功能区面积（公顷）			功能区面积占保护区面积比例（%）		
			核心区	缓冲区	实验区	核心区	缓冲区	实验区
56	莘县马西林场市级自然保护区	3 800.0	726.0		3 074.0	19.1		80.9
57	青岛文昌鱼水生野生动物市级自然保护区	6 181.0	1 341.0	2 399.0	2 441.0	21.7	38.8	39.5
58	东阿县鱼山市级自然保护区	5 333.0	80.0	5 253.0		1.5	98.5	
59	阳谷县景阳冈市级自然保护区	46.7	40.0	2.2	4.5	85.7	54.7	9.6
60	山东莱州湾湿地市级自然保护区	13 975.0	5 806.0	4 532.0	3 637.0	41.6	32.4	26.0
61	烟台市大沽夹河湿地市级自然保护区	10 585.0	2 222.9	2 136.0	6 226.2	21.0	20.2	58.8
62	莒南马鬐山市级自然保护区	4 210.0	1 464.0	832.0	1 914.0	34.8	19.8	45.4
63	临沭苍马山市级自然保护区	3 000.0	789.0	1 660.0	551.0	26.3	55.3	18.4
64	长清大峰山市级自然保护区	873.0	292.0	293.0	288.0	33.4	33.6	33.0
65	泉林水体县级自然保护区	270.0						
66	博兴县引黄济清渠首鸟类县级自然保护区	360.0	210.0	60.0	90.0	58.0	17.0	25.0
67	郯城县银杏县级自然保护区	6 183.0						
68	苍山县抱犊崮县级自然保护区	600.0						
69	苍山县大宗山县级自然保护区	1 000.0						
70	苍山县文峰山县级自然保护区	600.0						
71	沂水县沂河县级自然保护区	40 000.0						
72	五彩山县级自然保护区	2 050.0						
73	会宝岭水库县级自然保护区	1 800.0						
74	蒙山森林生态县级自然保护区	16 500.0	13 200.0	3 300.0		80.0	20.0	
75	北大山森林县级自然保护区	6 600.0	2 000.0	4 600.0		30.3	69.7	
76	鼻子山森林县级自然保护区	70 100.0	2 500.0	4 600.0		35.2	64.8	

山东省自然保护区以中型和中小型自然保护区为主(见图 3-2-1)。调查统计结果表明,面积在 100 公顷以下的小型自然保护区有 3 个,分别为马谷山地质遗迹省级自然保护区、阳谷县景阳冈市级自然保护区和龙口依岛省级自然保护区,其面积分别为 20.0 公顷、46.7 公顷和 85.5 公顷。面积在 120～1 000 公顷之间的中小型自然保护区有 11 个,占山东省自然保护区总数的 14.5%。如山东山旺古生物化石国家级自然保护区、马山国家级自然保护区、胶州艾山地质遗迹省级自然保护区、长清大峰山市级自然保护区、苍山县抱犊崮县级自然保护区等自然保护区均属于中小型自然保护区。面积在 1 028～9 825 公顷之间的中型自然保护区有 42 个,占山东省自然保护区总数的 55.3%。如山东荣成大天鹅国家级自然保护区、蓬莱艾山省级自然保护区、莱阳五龙河湿地省级自然保护区、高唐县清平林场市级自然保护区、鼻子山森林县级自然保护区等自然保护区均属于中型自然保护区。面积在 10 227～44 855 公顷之间的中大型自然保护区 17 个,占自然保护区总数的 22.4%。如滨州贝壳堤岛与湿地国家级自然保护区、泰山省级自然保护区、栖霞牙山省级自然保护区、东平湖湿地市级自然保护区、山东莱州湾湿地市级自然保护区等自然保护区均属于大中型自然保护区。面积在 10 万公顷以上的大型自然保护区仅 3 个,分别为庙岛群岛海豹省级自然保护区、山东黄河三角洲国家级自然保护区和山东南四湖省级自然保护区,其面积分别为 17.3 万公顷、15.3 万公顷和12.8 万公顷。显然,山东省自然保护区主要是中型和中小型自然保护区。

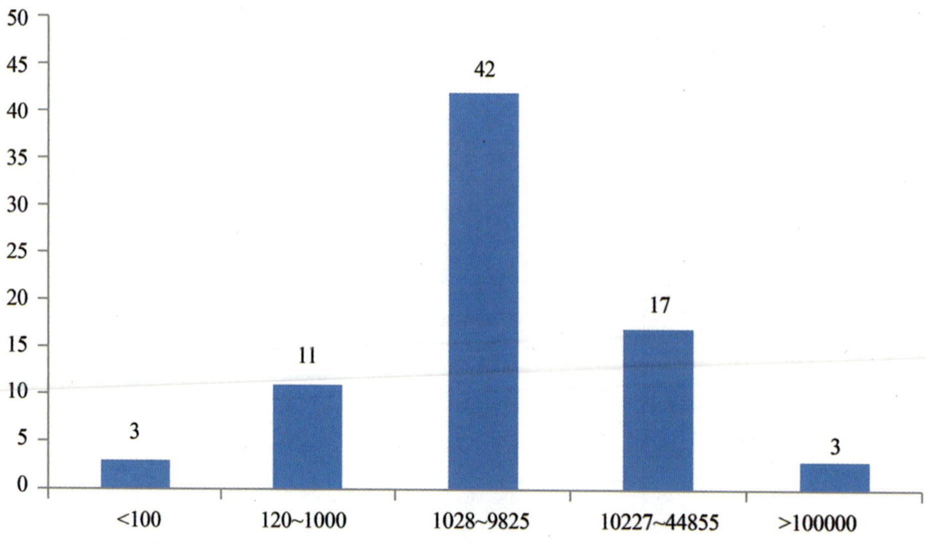

图 3-2-1 山东省自然保护区面积分布状况

2. 各级自然保护区面积

山东省国家级、省级、市级和县级自然保护区的面积构成不均一(见图 3-2-2)。国家级自然保护区以中型和大中型自然保护区占优,省级和市级自然保护区以中型自然保护区居多,县级自然保护区以中小型和中型自然保护区为主。

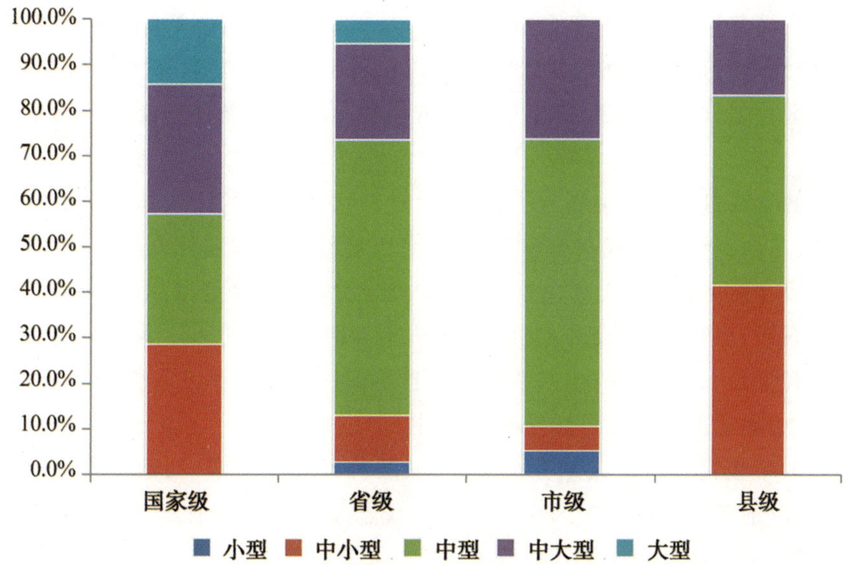

图 3-2-2　山东省不同级别的自然保护区面积分布状况

调查统计结果表明，国家级自然保护区面积属于中型和中大型自然保护区的比例均为 28.6%，属于大型和中小型自然保护区的比例分别为 14.2%和 28.6%。省级自然保护区面积属于中型自然保护区的比例为 60.5%，属于大型、大中型、中小型和小型自然保护区的比例分别为 5.3%、21%、10.5%和 2.6%。市级自然保护区面积属于中型自然保护区的比例为 63.1%，属于大中型、中小型和小型自然保护区的比例分别为 26.3%、5.3%和 5.3%。县级自然保护区面积属于中小型和中型自然保护区的比例均为 41.7%，属于大中型自然保护区的比例为 16.6%。

3. 自然保护区功能区划分状况

自然保护区可以划分为核心区、缓冲区和实验区。自然保护区内保存完好的天然状态的生态系统与珍稀濒危动植物的集中分布地，应当划为核心区，禁止任何单位和个人进入。核心区外围可以划定一定面积的缓冲区，只准进入从事科学研究观测活动。缓冲区外围划为实验区，可以进入从事科学试验、教学实习、参观考察、旅游以及驯化、繁殖珍稀濒危野生动植物等活动。自然保护区功能分区是规划建设自然保护区的核心工作。按照《国家级自然保护区总体规划大纲》(环办〔2002〕76 号)要求，自然保护区核心区面积不得低于自然保护区总面积的 1/3，实验区面积不得超过自然保护区总面积的 1/3。山东省自然保护区功能分区情况详见表 3-2-2。

山东省近 90%的自然保护区划分了功能区。表 3-2-2 调查统计结果表明，山东省 53 个自然保护区划分了核心区、缓冲区和实验区，占全省自然保护区总数的 69.7%，15 个自然保护区仅划分 2 个或 1 个功能区，占全省自然保护区总数的 19.7%，8 个自然保护区未划分功能区，占全省自然保护区总数的 10.5%。

57.1%的国家级自然保护区划分了核心区、缓冲区和实验区，分别是山东荣成大天鹅国家级自然保护区、山东黄河三角洲国家级自然保护区、山东昆嵛山国家级自然保护区和滨州贝壳堤岛与湿地国家级自然保护区；28.6%的国家级自然保护区划分了核心区和实验区，分别是山东长岛国家级自然保护区和马山国家级自然保护区；14.3%的国家级自然保护区只划分了核心区，即山东山旺古生物化石国家级自然保护区仅划分了1个核心区。

86.8%的省级自然保护区划分了核心区、缓冲区和实验区。如青岛崂山省级自然保护区、莱州大基山省级自然保护区和平阴大寨山省级自然保护区等33个自然保护区。13.2%的省级自然保护区划分了2个或1个功能区. 如济南张夏-崮山华北寒武系标准剖面地质遗迹省级自然保护区、胶州艾山地质遗迹省级自然保护区、浮来山地质遗迹省级自然保护区和青岛大公岛岛屿生态系统省级自然保护区4个省级自然保护区划分了2个功能区，马谷山地质遗迹省级自然保护区划分了1个核心区。

78.9%的市级自然保护区划分了核心区、缓冲区和实验区，如栖霞崮山市级自然保护区、东平湖湿地市级自然保护区和山东莱州湾湿地市级自然保护区等15个市级自然保护区；15.8%的市级自然保护区划分了2个功能区，分别是日照市前三岛市级自然保护区、莘县马西林场市级自然保护区和东阿县鱼山市级自然保护区3个市级自然保护区；5.2%的市级自然保护区未划分功能区，即莱城华山林场市级自然保护区未划分功能区。

8.3%的县级自然保护区划分了核心区、缓冲区和实验区，即仅有博兴县引黄济清渠首鸟类县级自然保护区划分了核心区、缓冲区和实验区；25%的县级自然保护区划分了2个功能区，分别是蒙山森林生态县级自然保护区、北大山森林县级自然保护区和鼻子山森林县级自然保护区3个自然保护区；66.7%县级自然保护区未划分功能区，分别是泉林水体县级自然保护区、郯城县银杏县级自然保护区、苍山县抱犊崮县级自然保护区、苍山县大宗山县级自然保护区、苍山县文峰山县级自然保护区、沂水县沂河县级自然保护区、五彩山县级自然保护区和会宝岭水库县级自然保护区8个县级自然保护区。

4. 自然保护区功能区面积

山东省自然保护区功能区面积差异较大(见图3-2-3)。据53个划分了核心区、缓冲区和实验区的自然保护区调查统计资料分析，核心区面积范围在52～59 419公顷之间变化，平均面积4 191公顷。核心区面积为52～1 000公顷的自然保护区29个，占53个自然保护区的比例为54.7%，面积为1 475～7 467公顷的自然保护区20个，占53个自然保护区的比例为37.7%，面积为13 300～59 419公顷的自然保护区4个，占53个自然保护区的比例为7.5%。缓冲区面积范围介于207～40 359公顷之间，平均面积3 511公顷；缓冲区面积为207～950公顷的自然保护区23个，占53个自然保护区的比例为43.4%，面积为1 138～8 888公顷的自然保护区26个，占53个自然保护区的比例为49.1%，面积为11 233～40 359公顷的自然保护区4个，占53个自然保护区的比例为7.5%。实验区面积变化范围为4.5～145 810公顷，平均面积8 495公顷；实验区面积为5～999.3公顷的自然保护区15个，占53个自然保护区的比例为28.3%，面积为1 109～9 513公顷的自然保护区32个，占53个自然保护区的比例为60.4%，面积为14 435～145 810公顷的自然保护区6个，占53个自然保护区的比例为11.3%。由上分析可知，核心区面积多在1 000 公顷以下，缓冲区面积在1 000 公顷以上的居多，实验区面积以在 1 000 公顷以上的占优。

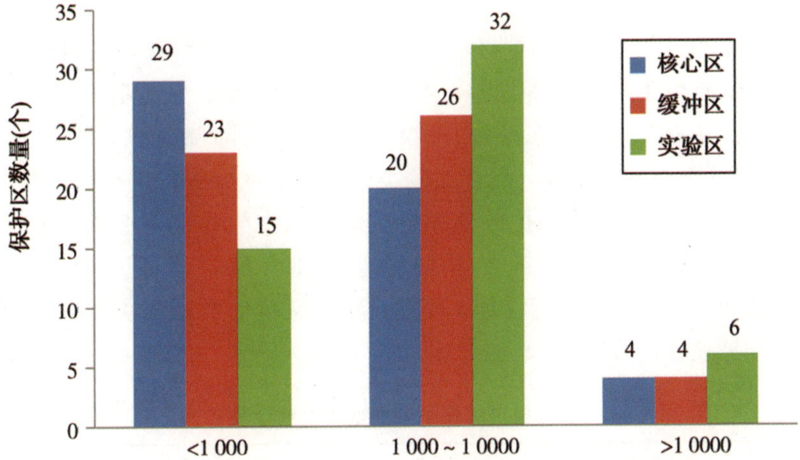

图 3-2-3　山东省自然保护区功能分区面积分布状况

山东省 50%以上的自然保护区核心区、缓冲区和实验区面积占自然保护区面积的比例在 25%～40%之间变化。据 53 个划分了核心区、缓冲区和实验区的自然保护区调查统计资料分析(见图 3-2-4)，核心区面积占自然保护区面积的比例小于 25%、介于 25%～40%和大于 40%的自然保护区数量分别为 18 个、29 个和 6 个，占 53 个自然保护区的比例分别为 34.0%、54.7%和 11.3%；缓冲区面积占自然保护区面积的比例小于 25%、介于 25%～40%和大于 40%的自然保护区数量分别为 19 个、31 个和 3 个，占 53 个自然保护区的比例分别为 38.5%、58.5%和 5.7%；实验区面积占自然保护区面积的比例小于 25%、介于 25%～40%和大于 40%的自然保护区数量分别为 4 个、27 个和 22 个，占53 个自然保护区的比例分别为 7.5%、50.9%和 41.5%。

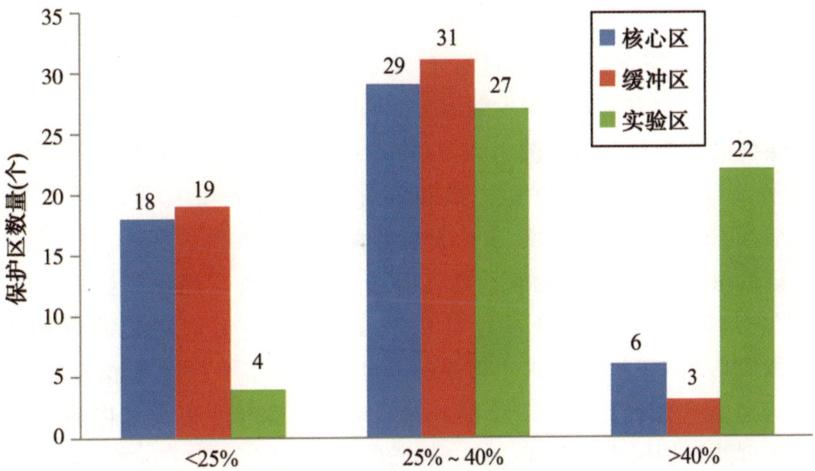

图 3-2-4　山东省自然保护区功能分区面积比例分布状况

三、自然保护区类型

1. 自然保护区类型特点

按照《自然保护区类型与级别划分原则》(GB/T14529-93)，我国的自然保护区可分为自然生态系统、野生生物和自然遗迹3类自然保护区。自然生态系统类自然保护区分为森林生态系统、草原与草甸生态系统、荒漠生态系统、内陆湿地和水域生态系统、海洋和海岸生态系统5类自然保护区。野生生物类自然保护区分为野生动物和野生植物2类自然保护区。自然遗迹类自然保护区分为地质遗迹和古生物遗迹2类自然保护区。山东省自然保护区类型包括森林生态类、内陆湿地类、海洋海岸类、野生动物类、野生植物类、地质遗迹类和古生物遗迹类等7种，涵盖了除草原草甸类和荒漠类自然保护区以外的所有类型(详见表3-2-3)。

表3-2-3 山东省自然保护区类型调查统计表

保护区类型	国家级		省级		市级		县级	
	数量(个)	面积(公顷)	数量(个)	面积(公顷)	数量(个)	面积(公顷)	数量(个)	面积(公顷)
森林生态	1	15 416.5	22	215 113.4	13	57 240.0	7	34 450.0
内陆湿地	1	153 000.0	4	136 442.8	3	50 488.0	3	42 070.0
海洋海岸	1	43 541.5	5	20 414.6	1	41 200.0		
野生动物	2	6690.2	1	173 100.0	1	6 181.0	1	360.0
野生植物			1	4 642.0	1	46.7	1	6 183.0
地质遗迹	1	774.0	5	1 717.0				
古生物遗迹	1	120.0						
合计	7	219 542.2	38	551 430.0	19	155 155.7	12	83 063.0

森林生态类和内陆湿地类自然保护区是山东省自然保护区主要类型。调查统计结果表明，山东省森林生态类自然保护区有43个，面积为32.2万公顷，占全省自然保护区总数和总面积的56.6%和31.9%；内陆湿地类自然保护区有11个，面积为38.2万公顷，占全省自然保护区总数和总面积的14.5%和37.8%；海洋海岸类自然保护区有7个，面积为10.5万公顷，占全省自然保护区总数和总面积的9.2%和10.4%；野生动物类自然保护区有5个，面积为18.6万公顷，占全省自然保护区总数和总面积的6.6%和18.4%；野生植物类自然保护区有3个，面积为1.1万公顷，占全省自然保护区总数和总面积的3.9%和1.1%；地质遗迹类自然保护区有6个，面积为2 491.5公顷，占全省自然保护区总数和总面积的7.9%和0.3%；古生物遗迹类自然保护区有1个，面积为120公顷，占全省自然保护区总数和总面积的1.3%和1.2%。显然，森林生态类和内陆湿地类自然保护区是山东省自然保护区主要类型。

2. 各级自然保护区类型特点

山东省国家级自然保护区类型包括森林生态类、内陆湿地类、海洋海岸类、野生动物类、地质遗迹类和古生物遗迹类 6 类。森林生态类、内陆湿地类和海洋海岸类国家级自然保护区各1个,分别为山东昆嵛山国家级自然保护区、山东黄河三角洲国家级自然保护区和滨州贝壳堤岛与湿地国家级自然保护区。野生动物类国家级自然保护区 2 个,分别为山东长岛国家级自然保护区和山东荣成大天鹅国家级自然保护区。地质遗迹类和古生物遗迹类国家级自然保护区各 1 个,分别是马山地质遗迹国家级自然保护区和山东山旺古生物化石国家级自然保护区。省级自然保护区包括森林生态类自然保护区 22 个,内陆湿地类自然保护区 4 个,海洋海岸类和地质遗迹类自然保护区各 5 个,野生动物类和野生植物类自然保护区各 1 个。市级和县级自然保护区类型主要以森林生态类和内陆湿地类自然保护区为主。

四、自然保护区分布

1. 自然保护区地理分布

自然保护区的分布受区域自然地理条件、资源环境状况、人口密度、城市化水平、农村发展状况等多种因素的影响。山东省独特的自然地理条件和生态系统类型,为自然保护区的建设提供了有利条件。山东省自然保护区分布状况如图 3-2-5 所示。

山东省自然保护区地理分布状况不均(见图 3-2-5)。根据山东省自然环境状况、自然资源分布特点和社会经济状况等因素,山东省自然地理环境可划分为鲁东丘陵区、鲁中南山地丘陵区、鲁西北平原区和沿海区 4 个自然地理区域。

鲁东丘陵区位于潍河、沭河以东,北、东、南三面临海,包括青岛、烟台、潍坊、威海、日照、临沂的全部或部分区域,涉及 36 个县(市、区),面积为 4.1 万平方千米。本区地貌特征以丘陵为主,地形起伏缓和,自然景观丰富多样,分布自然保护区共有 23 个,其中,国家级自然保护区2 个,省级自然保护区 18 个,市级自然保护区3 个,总面积达 202 685 公顷,占区域面积的 4.9%。鲁东丘陵区自然保护区以丘陵山区为主,保护对象以森林生态类最多。

鲁中南山地丘陵区位于山东中南部,东以胶莱河、沭河与鲁东丘陵区为界,西部大体以 200 米等高线与鲁西北平原相接,北部以黄河为界,略呈倒三角形,包括济南、淄博、泰安、临沂、枣庄市大部,莱芜全部和潍坊、济宁一部分,涉及 47 个县(市、区),总面积约为 4.7 万平方千米。本区地势全省最高,分布自然保护区 30 个,其中,国家级自然保护区 1 个,省级自然保护区 11 个,市级自然保护区 7 个,县级自然保护区 11 个,总面积为 181 054 公顷,占区域面积的 3.9%。鲁中南山地丘陵区自然保护区数量较多,级别以省级最多。

鲁西北平原区位于山东西南部、西部和北部,由黄河冲积而成,为华北平原的组成部分,包括德州、聊城、菏泽市全部,滨州、济宁市大部分和济南、淄博、枣庄、泰安市一部分,涉及 48 个县(市、区),总面积为 5.2 万平方千米。本区地势平坦,海拔高度多在 50 米以下,分布自然保护区共有 11 个,其中,国家级自然保护区 1 个,省级自然保护区 2 个,市级自然保护区 7 个,县级自然保护区 1 个,总面积为 334 609 公顷,占区域面积的 6.4%。鲁西北平原区自然保护区数量较少,级别以市、县级为主。

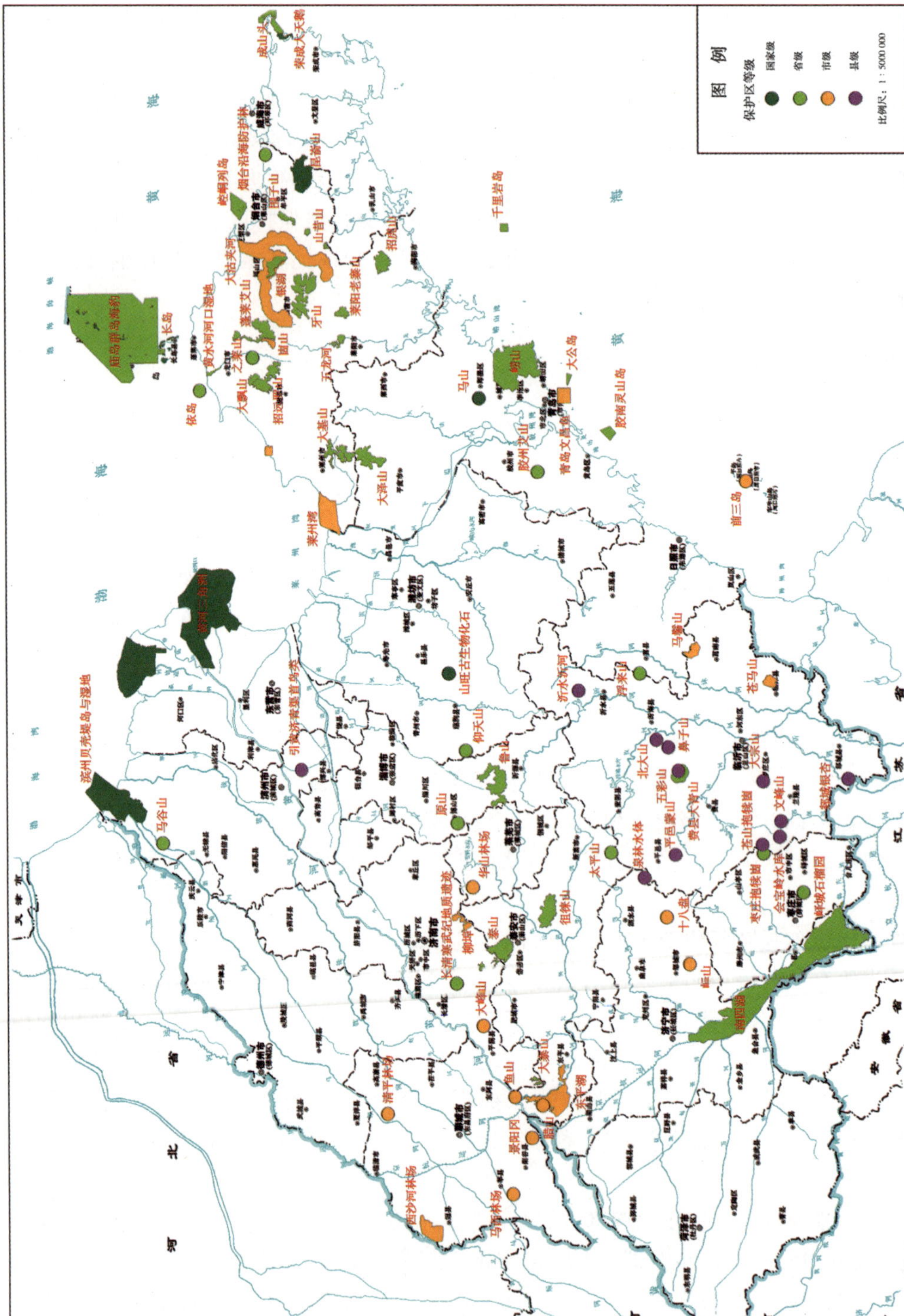

审图号：鲁SG（2018）067号

图3-2-5 山东省自然保护区分布图

沿海区包括环渤海地区和沿黄海地区，毗邻海域面积约 14 万平方千米 。本区分布海洋自然保护区 12 个，其中，国家级自然保护区 3 个，省级自然保护区 6 个，市级自然保护区3 个，总面积 299 172 公顷。沿海区自然保护区数量较少，以海洋海岸保护类型为主。

2. 自然保护区行政区域分布

山东省自然保护区行政区域分布状况差异较大(见表 3-2-4)。表 3-2-4 调查统计结果表明，在山东省 17 个城市中，济南、青岛、淄博、枣庄、东营、烟台、潍坊、济宁、泰安、威海、日照、莱芜、临沂、聊城和滨州 15 个城市均有自然保护区分布，菏泽和德州 2 个城市尚未有自然保护区。烟台市自然保护区数量 23 个，面积 33.4 万公顷，是山东省自然保护区数量最多、面积最大的城市。临沂市自然保护区数量有 13 个，仅次于烟台市，居第二位，面积为 9.4 万公顷。青岛市自然保护区数量有 7 个，居第三位，面积为 6.7 万公顷。东营和莱芜市自然保护区数量最少，均为 1 个，面积分别为 15.3 万公顷和 8 600 公顷。其他 10 个城市自然保护区数量在 2～5 之间变化，面积变化范围为 3 120～135 817 公顷。很显然，山东省 56.7%的自然保护区分布在烟台、临沂和青岛 3 城市。

山东省不同级别的自然保护区行政区域分布状况差异明显。表 3-2-4 调查统计结果表明，国家级自然保护区分布在青岛、东营、烟台、潍坊、威海和滨州 6 城市。青岛、东营、潍坊、威海和滨州各分布 1 个国家级自然保护区，分别是马山地质遗迹国家级自然保护区、山东黄河三角洲国家级自然保护区、山东山旺古生物化石国家级自然保护区、山东荣成大天鹅国家级自然保护区和滨州贝壳堤岛与湿地国家级自然保护区。烟台市分布2 个国家级自然保护区，分别是山东长岛国家级自然保护区和山东昆嵛山国家级自然保护区。68.4%的省级自然保护区分布在烟台、青岛和泰安 3 个城市。烟台市省级自然保护区数量 18 个，青岛市和泰安市省级自然保护区的数量分别为 5 个和 3 个，济南、淄博和枣庄 3 城市省级自然保护区数量均为 2 个，临沂、潍坊、济宁、威海、日照和滨州 6 城市省级自然保护区数量均为 1 个。84.2%的市级自然保护区分布在济南、烟台、济宁、泰安、聊城和临沂 6 个城市。83.3%的县级自然保护区分布在临沂市。由此可见，烟台市省级自然保护区最多，临沂市县级自然保护区最多。

3. 自然保护区类型分布

山东省不同类型的自然保护区区域分布状况不均(见表 3-2-5)。72.1%的森林生态类自然保护区分布在烟台、泰安、临沂和聊城 4 个城市。烟台市森林生态类自然保护区数量 13 个，面积 11.2 万公顷，是森林生态类自然保护区数量最多、面积最大的城市。临沂市森林生态类自然保护区数量 10 个，面积 4.6 万公顷。泰安市和聊城市森林生态类自然保护区数量均为 4 个，面积分别为 2.9 万公顷和 2.5 万公顷。济南、青岛、淄博、枣庄、潍坊、济宁和莱芜 7 个城市森林生态类自然保护区的数量为 1～3 个，面积为 3 000～54 638 公顷。

内陆湿地类自然保护区分布在东营、烟台、济宁、泰安和临沂 5 个城市。烟台市内陆湿地类自然保护区数量为 5 个，面积为 3.3 万公顷。济宁市和临沂市内陆湿地类自然保护区数量均为 2 个，面积分别为 12.8 万公顷和 4.2 万公顷。东营市和泰安市内陆湿地类自然保护区数量均为 1 个，面积分别为 15.3 万公顷和 2.6 万公顷。

表 3-2-4　山东省自然保护区区域分布状况调查统计表

城市	数量(个)					面积(公顷)				
	国家级	省级	市级	县级	合计	国家级	省级	市级	县级	合计
济南	0	2	2	0	4	0	1 462	4 293	0	5 755
青岛	1	5	1	0	7	774	60 384	6 181	0	67 339
淄博	0	2	0	0	2	0	26 984	0	0	26 984
枣庄	0	2	0	0	2	0	8 142	0	0	8 142
东营	1	0	0	0	1	153 000	0	0	0	153 000
烟台	2	18	3	0	23	20 432	286 845	26 360	0	333 637
潍坊	1	1	0	0	2	120	3 000	0	0	3 120
济宁	0	1	2	1	4	0	127 547	8 000	270	135 817
泰安	0	3	2	0	5	0	26 540	28 732	0	55 272
威海	1	1	0	0	2	1 675	6 015	0	0	7 690
日照	0	1	1	0	2	0	490	41 200	0	41 690
莱芜	0	0	1	0	1	0	0	8 600	0	8 600
临沂	0	1	2	10	13	0	4 000	7 210	82 433	93 643
聊城	0	0	5	0	5	0	0	24 580	0	24 580
滨州	1	1	0	1	3	43 542	20	0	360	43 922
合计	7	38	19	12	76	219 542	551 430	155 156	83 063	1 009 191

表 3-2-5 山东省各类自然保护区区域分布状况调查统计表

城市	数量(个)								面积(公顷)							
	森林生态	内陆湿地	海洋海岸	野生动物	野生植物	地质遗迹	古生物遗迹	合计	森林生态	内陆湿地	海洋海岸	野生动物	野生植物	地质遗迹	古生物遗迹	合计
济南	3	0	0	0	0	1	0	4	5 493	0	0	0	0	262	0	5 755
青岛	2	0	2	1	0	2	0	7	54 638	0	4 886	6 181	0	1 634	0	67 339
淄博	2	0	0	0	0	0	0	2	26 984	0	0	0	0	0	0	26 984
枣庄	1	0	0	0	1	0	0	2	3 500	0	0	0	4 642	0	0	8 142
东营	0	1	0	0	0	0	0	1	0	153 000	0	0	0	0	0	153 000
烟台	13	5	2	2	0	1	0	23	112 468	33 456	9 513	178 115	0	86	0	333 637
潍坊	1	0	0	0	0	0	1	2	3 000	0	0	0	0	0	120	3 120
济宁	2	2	0	0	0	0	0	4	8 000	127 817	0	0	0	0	0	135 817
泰安	4	1	0	0	0	0	0	5	29 344	25 928	0	0	0	0	0	55 272
威海	0	0	1	1	0	0	0	2	0	0	6 015	1 675	0	0	0	7 690
日照	0	0	1	0	0	1	0	2	0	0	41 200	0	0	490	0	41 690
莱芜	1	0	0	0	0	0	0	1	8 600	0	0	0	0	0	0	8 600
临沂	10	2	0	0	1	0	0	13	45 660	41 800	0	0	6 183	0	0	93 643
聊城	4	0	0	0	1	0	0	5	24 533	0	0	0	47	0	0	24 580
滨州	0	0	1	1	0	1	0	3	0	0	43 542	360	0	20	0	43 922
合计	43	11	7	5	3	6	1	76	316 641	229 001	258 589	186 331	5 927	2 406	120	1 009 191

海洋海岸类自然保护区分布在青岛、烟台、威海、日照和滨州 5 个城市。青岛和烟台海洋海岸类自然保护区数量均为 2 个，面积分别为 4 886 公顷和 9 513 公顷。威海、日照和滨州海洋海岸类自然保护区数量均为 1 个，面积分别为 6 015 公顷、41 200 公顷和 43 542公顷。

野生动物类自然保护区分布在青岛、烟台、威海和滨州 4 城市。烟台市野生动物自然类保护区数量为 2 个，面积为 18 万公顷。青岛、威海和滨州野生动物类自然保护区数量均为 1 个，面积分别为 6 181 公顷、1 675 公顷和 360 公顷。

野生植物类自然保护区分布在枣庄、临沂和聊城 3 个城市，分布数量均为 1 个，面积分别为 4 642 公顷、6 183 公顷和 47 公顷。地质遗迹类自然保护区分布在济南、青岛、烟台、日照和滨州 5 城市。青岛市地质遗迹类自然保护区 2 个，面积为 1 634 公顷。济南、烟台、日照和滨州 4 城市地质遗迹类自然保护区数量均为 1 个，面积分别为 262 公顷、86 公顷、490 公顷和 20 公顷。1 个古生物遗迹类自然保护区分布在潍坊，面积 120 公顷。

4. 自然保护区部门分布

山东省自然保护区部门分布差异较大(见表 3-2-6)。《中华人民共和国自然保护区条例》规定，我国自然保护区实行综合管理与分部门管理相结合的管理体制。环境保护行政主管部门负责自然保护区的综合管理，林业、农业、国土、水利、海洋等有关行政主管部门在各自的职责范围内，主管有关的自然保护区。调查统计结果表明，山东省自然保护区隶属林业、环保、海洋、国土、水利、农业、城建、旅游等多个部门，但以林业部门主管的自然保护区数量最多、面积最大。林业部门主管的自然保护区包括 5 个国家级、25 个省级、13 个市级和 4 个县级自然保护区，自然保护区数量达 47 个，面积为 60 万公顷，分别占全省自然保护区总数和面积的 58.9%和 58.4%。海洋部门主管的自然保护区包括 1 个国家级、5 个省级和 2 个市级自然保护区，自然保护区数量为 8 个，面积 11 万公顷，分别占全省自然保护区总数和面积的 10.5%和 11.0%。环保、国土、水利、农业、城建、旅游等部门主管的自然保护区数量在 1～5 个之间变化，面积在 892～213 100 公顷之间波动。

表 3-2-6　　山东省自然保护区隶属情况统计表

主管部门	数量(个)					面积(公顷)				
	国家级	省级	市级	县级	合计	国家级	省级	市级	县级	合计
环保	0	1	0	1	2	0	173 100	0	40 000	213 100
林业	5	25	13	4	47	175 881	306 701	94 395	25 093	602 070
国土	1	3	0	0	4	120	772	0	0	892
海洋	1	5	2	0	8	43 542	20 415	47 381	0	111 337
水利	0	0	0	1	1	0	0	0	1 800	1 800
农业	0	0	0	5	5	0	0	0	15 900	15 900
城建	0	2	2	0	4	0	45 715	8 000	0	53 715
旅游	0	0	2	0	2	0	0	5 380	0	5 380
其他	0	2	0	1	3	0	4 728	0	270	4 998
合计	7	38	19	12	76	219 542	551 800	155 156	83 063	1 009 191

第三节 自然保护区管理状况

一、自然保护区管理机构

1. 自然保护区管理机构设置状况

设置自然保护区管理机构是加强自然保护区建设和管理的组织保障。《中华人民共和国自然保护区条例》规定，有关自然保护区行政主管部门应当在自然保护区内设立专门的管理机构，配备专业技术人员，负责自然保护区的具体管理工作。《国家级自然保护区规范化建设和管理导则（试行）》（环函〔2009〕195 号）和《山东省省级自然保护区规范化建设和管理导则（试行）》（鲁环函〔2013〕161 号）均要求，自然保护区应设置独立的管理机构，其内设科室应满足各项工作需要，并有明确的职能和责任。

山东省自然保护区管理机构可分为专门管理机构和代管机构 2 类。山东省自然保护区管理机构设置状况如表 3-3-1 和图 3-3-1 所示。调查统计结果表明，山东省 44 个自然保护区设置了专门的管理机构，占山东省自然保护区总数的 57.9%，如山东黄河三角洲国家级自然保护区管理局、平阴大寨山省级自然保护区管理处、东平湖湿地市级自然保护区管理局等；32 个自然保护区尚未设置专门的管理机构，占山东省自然保护区总数的 42.1%，其管理工作由地方政府或者相关管理部门代管，如胶南灵山岛省级自然保护区由胶南市积米崖港区管理委员会代管，日照市前三岛市级自然保护区由日照市岚山区渔业技术推广站代管，郯城县银杏县级自然保护区由郯城县森林植物检疫病虫害防治站代管等。由此可见，加强自然保护区管理机构建设应是进一步提高自然保护区管理效能的一项重要任务。

表 3-3-1 山东省自然保护区管理机构设置情况调查统计表

自然保护区		国家级	省级	市级	县级	合计
管理机构	专门管理机构	7	30	4	3	44
	代管机构		8	15	9	32
单位性质	行政单位		2			2
	参公单位	1				1
	事业单位	6	35	19	10	70
	其他单位		1		2	3
单位级别	正处	2	4	2		8
	副处	3	19	1	2	25
	正科		5	10	1	16
	副科	2	3	2	1	8
	其他		7	4	8	19

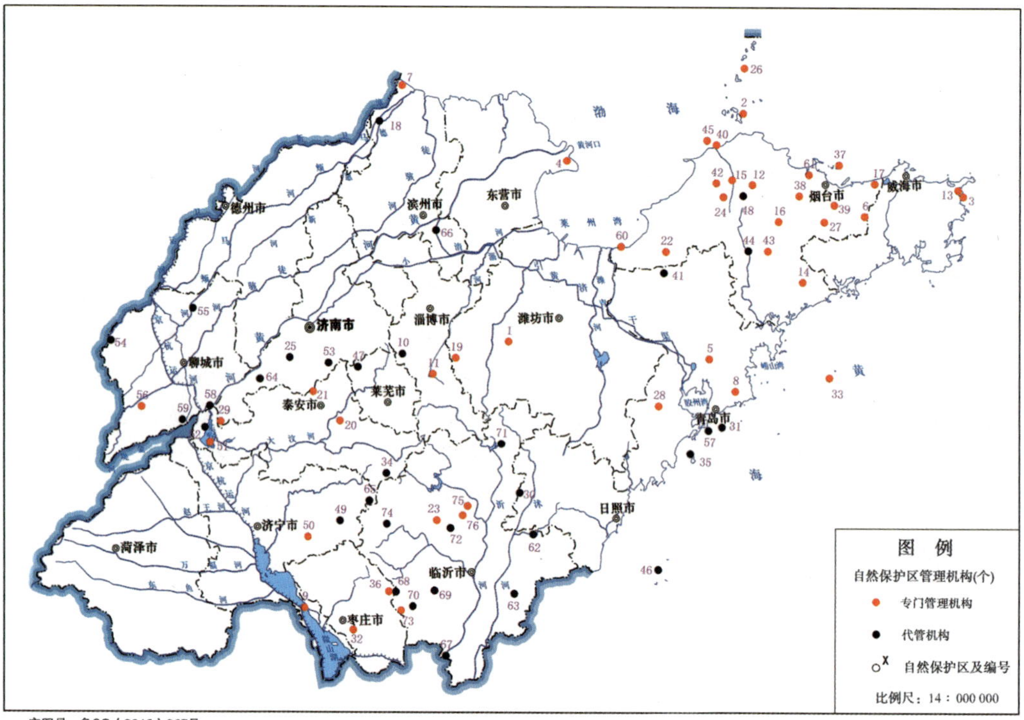

审图号：鲁SG（2018）067号

图 3-3-1 山东省自然保护区管理机构设置状况

国家级、省级、市级和县级自然保护区管理机构设置状况差异较大。调查统计结果表明(见表 3-3-1)，7 个国家级自然保护区均设立了专门的管理机构，自然保护区专门管理机构设置率达 100%；38 个省级自然保护区的专门管理机构设置率为 78.9%，尚有 21.1%的省级自然保护区未设置专门的管理机构；79%的市级自然保护区缺乏专门的管理机构，仅有 21%的市级自然保护区设置了专门的管理机构；75%的县级自然保护区未设置专门的管理机构，县级自然保护区专门管理机构设置率仅为 25%。很明显，市级和县级自然保护区管理机构不健全是制约市级和县级自然保护区管理效能的重要因素。

2. 自然保护区管理单位的性质与级别

山东省自然保护区管理单位的性质可分为行政单位、参照公务员管理单位、事业单位和其他单位 4 类。调查统计结果表明(见表 3-3-1)，山东省自然保护区管理单位的性质 92.1%为事业单位，2.6%为行政单位，1.3%为参照公务员管理单位，3.9%为其他管理单位。国家级、省级、市级和县级自然保护区管理单位属于事业单位的比例分别为 85.7%、92.1%、100%和 83.3%。如山东省昆嵛山国家级自然保护区管理局、枣庄抱犊崮省级自然保护区管委会和莘县马西林场自然保护区管理站等均属于事业单位，平度市大泽山省级自然保护区管理委员会的性质属于行政单位，山东荣成大天鹅国家级自然保护区管理处的性质为参照公务员管理单位。显然，山东省自然保护区管理单位的性质以事业单位为主。

山东省自然保护区管理单位的级别可分为正处、副处、正科、副科和其他 5 个级别。

调查统计结果表明(见表 3-3-1),山东省 32.9%的自然保护区管理单位为副处级,21.5%的自然保护区管理单位为正科级,正处和副科级别的管理单位比例均为 10.5%,其他级别的管理单位比例为 25%。如山东黄河三角洲国家级自然保护区管理局、徂徕山省级自然保护区管理局的级别均为正处级,滨州贝壳堤岛与湿地国家级自然保护区管理局、淄博市鲁山自然保护区管理局的级别为副处级,庙岛群岛海豹省级自然保护区管理处、烟台福山银湖湿地省级自然保护区管理处的级别为正科级,临朐县山旺国家级自然保护区管理处、即墨市马山国家级自然保护区管理处的级别为副科级。可见,山东省自然保护区管理单位的级别以副处级单位和正科级单位居多。

国家级、省级、市级和县级自然保护区管理单位的级别差异较大。国家级自然保护区管理单位级别以处级为主。山东黄河三角洲国家级自然保护区管理局和山东昆嵛山国家级自然保护区管理局均为正处级,山东长岛国家级自然保护区管理局、山东荣成大天鹅国家级自然保护区管理处和滨州贝壳堤岛与湿地国家级自然保护区管理局均为副处级,即墨市马山国家级自然保护区管理处和山东山旺古生物化石国家级自然保护区管理处均为副科级。正处级、副处级和副科级管理单位的比例分别为 28.6%、42.8%和 28.6%。省级自然保护区以副处级居多。50%的省级自然保护区为副处级管理单位,省级自然保护区正处级和副科级管理单位的比例分别为 7.9%和 5.3%。市级自然保护区以正科级比例高。83.3%的市级自然保护区为正科级管理单位,市级自然保护区为正处级和副科级管理单位的比例均为 16.7%。

3. 自然保护区管理机构内设科室

山东省自然保护区专门管理机构依据工作需要设置了办公室、保护科、科研科、宣教科、管理站等内部科室。如山东荣成大天鹅国家级自然保护区管理处设立了办公室、保护管理科、科研科、天鹅湖管理站、烟墩角管理站 5 个正科级内部机构。滨州贝壳堤岛与湿地国家级自然保护区管理局下设了行政管理科(办公室)、科研宣教科、资源保护管理科、大口河监管站、旺子岛监管站等副科级内部机构。济宁市南四湖省级自然保护区管理局和东平湖湿地市级自然保护区管理局均设置了办公室、管理科、经营科、计财科、鸟类环志站、科研站和野生动植物繁育救护中心等内部机构。

二、自然保护区人员配置

1. 自然保护区人员配置要求

自然保护区人员配置是加强自然保护区建设和管理的必要条件。《国家级自然保护区规范化建设和管理导则(试行)》(环函〔2009〕195 号)和《山东省省级自然保护区规范化建设和管理导则(试行)》(鲁环函〔2013〕161 号)均要求,自然保护区人员数量要能够满足保护和管理的需要,自然保护区行政管理人员一般不超过 20%,技术人员不低于 30%,其他人员不能超过 20%。

2. 自然保护区人员编制状况

山东省 50%以上的自然保护区人员编制为 3～30 人。据 69 个自然保护区调查资料统计，山东省自然保护区人员编制总量3 551人，人员编制变化范围为0～576人，平均人员编制为51.5人。7.2%的自然保护区没有人员编制，如峄城石榴园省级自然保护区、栖霞崮山市级自然保护区、青岛文昌鱼水生野生动物市级自然保护区、阳谷县景阳冈市级自然保护区、博兴县引黄济青渠首鸟类自然保护区5个自然保护区人员编制均为0；56.6%的自然保护区人员编制为3～30人，如山东山旺古生物化石国家级自然保护区、山东昆嵛山国家级自然保护区、山东南四湖省级自然保护区、东阿县鱼山市级自然保护区等39个自然保护区人员编制均在30人以下；14.5%的自然保护区人员编制为31～50人，如蓬莱艾山省级自然保护区、栖霞牙山省级自然保护区、临沂大青山省级自然保护区、东平腊山市级自然保护区等10个自然保护区；8.7%的自然保护区人员编制为51～100人，如泰山省级自然保护区、浮来山地质遗迹省级自然保护区、大泽山省级自然保护区、莘县马西林场市级自然保护区、冠县西沙河林场市级自然保护区和蒙山森林生态县级自然保护区；8.7%的自然保护区人员编制为101～260人，如山东黄河三角洲国家级自然保护区、峄山市级自然保护区、东平湖湿地市级自然保护区等6个自然保护区，4.3%的自然保护区人员编制在260人以上，如青岛崂山省级自然保护区人员编制达576人，徂徕山省级自然保护区人员编制为428人，鲁山省级自然保护区人员编制为348人。山东省自然保护区人员编制分布状况见图3-3-2。

山东省近60%的自然保护区人员编制集中在省级自然保护区。据69个自然保护区调查资料统计表明(见表3-3-2)，国家级自然保护区人员编制总量245人，人员编制变化范围为7～134人，平均人员编制为35人；省级自然保护区人员编制总量2 127人，人员编制数量在0～576人之间变化，人员编制平均62.6人；市级自然保护区人员编制总量707人，人员编制数量在0～136人之间变化，人员编制平均41.6人；县级自然保护区人员编制总量472人，人员编制数量在0～260人之间变化，人员编制平均42.9人。国家级、省级、市级和县级自然保护区人员编制总量分别占自然保护区人员编制总量的6.9%、59.9%、19.9%和13.3%。显然，自然保护区人员编制主要分布在省级自然保护区。

表3-3-2　山东省自然保护区管理机构人员配置情况调查统计表

自然保护区	人员编制	现有人员	技术员	临时人员
国家级	245	362	156	111
省级	2 127	2 068	555	474
市级	707	635	201	45
县级	472	687	96	97
合计	3 551	3 752	1 008	727

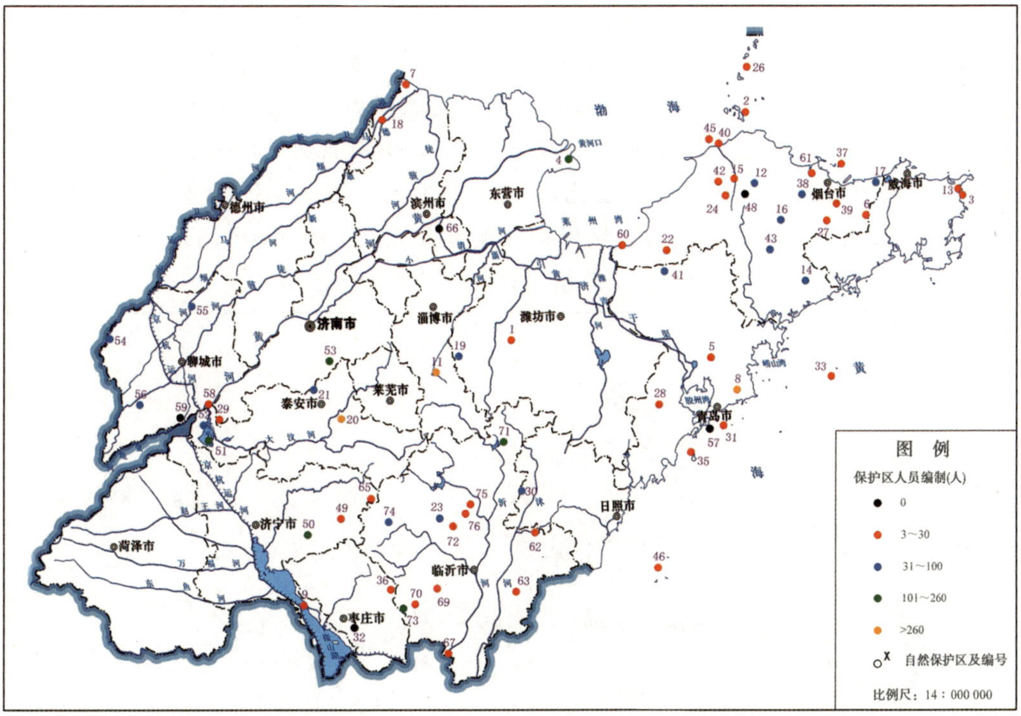

审图号：鲁SG（2018）067号

图 3-3-2 山东省自然保护区人员编制分布状况

3. 自然保护区现有人员状况

山东省 60%以上的自然保护区现有人员数量在 2～30 人之间波动变化。据 69 个自然保护区调查资料统计，山东省自然保护区现有人员总量 3 752 人，现有人员数量变化范围为 0～576 人，现有人员平均数量为 54.4 人。2.9%的自然保护区现有人员数量为 0，它们是胶南灵山岛省级自然保护区和莒南马鬐山市级自然保护区；62.3%的自然保护区现有人员数量为 2～30 人，如山东荣成大天鹅国家级自然保护区、马山国家级自然保护区、山东南四湖省级自然保护区、莱山围子山省级自然保护区、山东莱州湾湿地市级自然保护区、苍山县文峰山县级自然保护区等 43 个自然保护区均在 30 人以下；11.6%的自然保护区现有人员数量为 31～50 人，如青州仰天山省级自然保护区、烟台福山银湖湿地省级自然保护区、东平腊山市级自然保护区、高唐县清平林场市级自然保护区等 8 个自然保护区；11.6%的自然保护区现有人员数量为 51～100 人，如栖霞牙山省级自然保护区、浮来山地质遗迹省级自然保护区、枣庄抱犊崮省级自然保护区、柳埠市级自然保护区、冠县西沙河林场市级自然保护区等 8 个自然保护区；8.7%的自然保护区现有人员数量为 101～250 人，如山东黄河三角洲国家级自然保护区、鲁山省级自然保护区、峄城石榴园省级自然保护区、峄山市级自然保护区等 6 个自然保护区；2.9%的自然保护区现有人员数量 250 人以上，如青岛崂山省级自然保护区和徂徕山省级自然保护区现有人员数量分别为 416 人和 576 人。山东省自然保护区现有人员数量分布状况如图 3-3-3 所示。

山东省 55%的自然保护区现有人员数量分布在省级自然保护区(见表 3-3-2)。据 69

个自然保护区调查资料统计，国家级自然保护区现有人员总量 362 人，现有人员数量为 13～224 人，平均数量为 51.7 人；省级自然保护区现有人员总量 2 068 人，现有人员数量在 0～276 人之间变化，平均数量为 60.8 人；市级自然保护区现有人员总量 635 人，现有人员数量在 0～130 人之间变化，平均数量为 37.4 人；县级自然保护区现有人员总量 687 人，现有人员数量在 5～246 人之间变化，平均数量为 62.5 人；国家级、省级、市级和县级自然保护区现有人员总量分别占自然保护区现有人员总量的 9.6%、55.1%、16.9% 和 18.3%。显然，自然保护区现有人员总量以省级自然保护区居多。

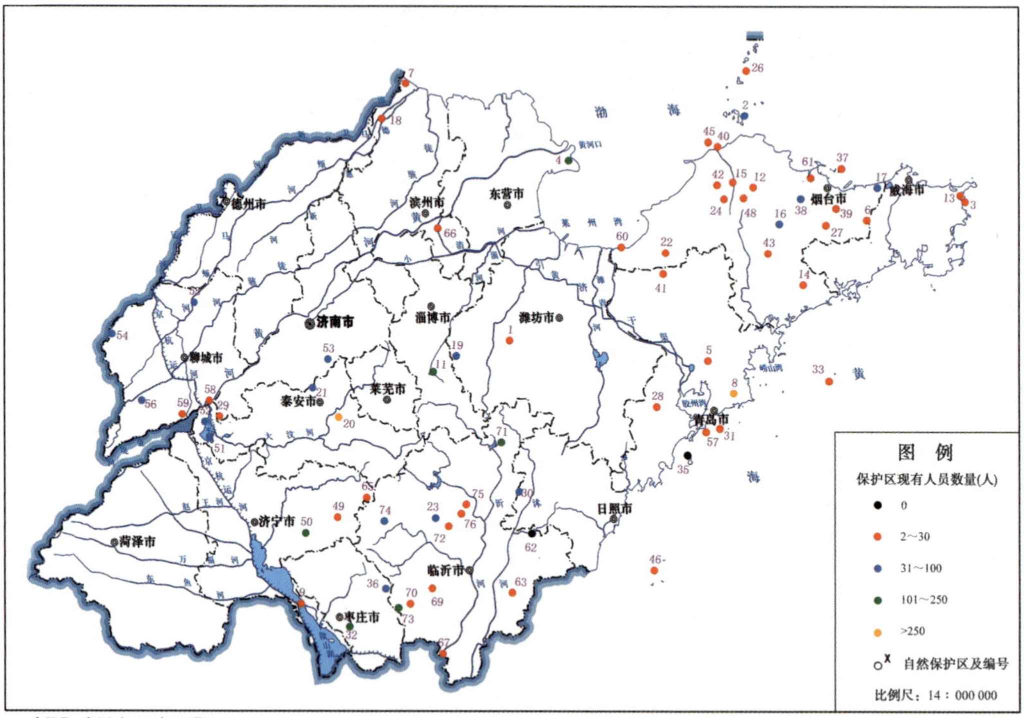

审图号：鲁SG（2018）067号

图 3-3-3　山东省自然保护区现有人员数量分布状况

4. 自然保护区技术人员状况

山东省 50%以上的自然保护区人员技术人员比例在 30%以上（见图 3-3-4）。据 69 个自然保护区调查资料统计，山东省自然保护区技术人员总量 1 008 人，占自然保护区现有人员总量的 26.9%。18.8%的自然保护区技术人员比例为 0，如滨州贝壳堤岛与湿地国家级自然保护区、招远罗山省级自然保护区、胶南灵山岛省级自然保护区、莱阳老寨山省级自然保护区等 13 个自然保护区均缺乏技术人员；28.9%的自然保护区技术人员比例在 30%以下，如马山国家级自然保护区、栖霞牙山省级自然保护区、浮来山地质遗迹省级自然保护区、冠县西沙河林场市级自然保护区等 20 个自然保护区技术人员比例均低于 30%；15.9%的自然保护区技术人员比例为 30%～40%，如蓬莱艾山省级自然保护区、徂徕山省级自然保护区、胶州艾山地质遗迹省级自然保护区、临沭苍马山市级自然保护区等 11 个自然保护区；36.2%的自然保护区技术人员比例在 40%以上，如荣成成山头省级自然保护区、海阳招虎山省级自然保护区、烟台福山银湖湿地省级自然保护区、崆峒列岛省级自然保护区等25个自然保护区。

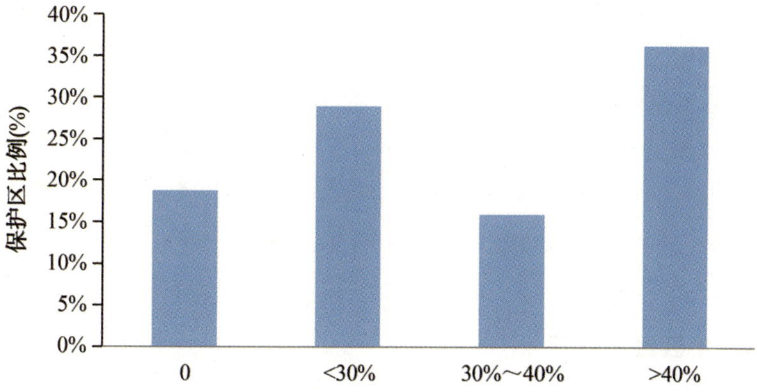

图3-3-4　山东省自然保护区技术人员分布比例状况

70%以上的国家级自然保护区技术人员比例在40%以上。国家级自然保护区技术人员总量156人，占现有人员总量的43.1%，技术人员数量在0～102人之间变化，平均数量为22.3人。滨州贝壳堤岛与湿地国家级自然保护区缺乏技术人员，马山国家级自然保护区技术人员比例仅为12%，尚未达到国家级自然保护区技术人员比例不低于30%的要求；山东山旺古生物化石国家级自然保护区、山东长岛国家级自然保护区、山东荣成大天鹅国家级自然保护区、山东黄河三角洲国家级自然保护区和山东昆嵛山国家级自然保护区5个国家级自然保护区技术人员比例为40%～86.7%。

50%以上的省级自然保护区技术人员比例在30%以下。省级自然保护区技术人员总量555人，占现有人员总量的26.8%，技术人员数量在0～156人之间变化，平均数量为16.3人。23.5%的省级自然保护区缺乏技术人员，29.4%的省级自然保护区技术人员比例低于30%，17.6%的省级自然保护区技术人员比例为30%～40%，29.4%的省级自然保护区技术人员比例在40%以上。

60%以上的市级自然保护区技术人员比例高于30%。市级自然保护区技术人员总量201人，占现有人员总量的31.6%，技术人员数量在0～44人之间变化，平均数量为11.8人。17.6%的市级自然保护区缺乏技术人员，17.6%的市级自然保护区技术人员比例低于30%，23.5%的市级自然保护区技术人员比例为30%～40%，41%的市级自然保护区技术人员比例在40%以上。

35%以上的县级自然保护区技术人员比例高于40%。县级自然保护区技术人员总量96人，占现有人员总量的13.9%，技术人员数量在0～56人之间变化，平均数量为8.7人。9.1%的县级自然保护区缺乏技术人员，54.5%的县级自然保护区技术人员比例低于30%，36.4%的县级自然保护区技术人员比例大于40%。

5. 自然保护区临时人员状况

山东省55%以上的自然保护区没有临时人员。据69个自然保护区调查资料统计，山东省自然保护区临时人员总量727人，占现有人员总量的19.4%。56.5%的自然保护区临时人员数量为0,27.5%的自然保护区临时人员数量为2～10人,15.9%的自然保护区临时人员变化范围为15～170人。

65%的自然保护区临时人员分布在省级自然保护区。国家级自然保护区临时人员数量111人,占临时人员总量的15.2%,临时人员数量在0～98人之间变化,平均数量为15.8人。省级自然保护区临时人员数量474人,占临时人员总量的65.2%,临时人员数量在0～170人之间变化,平均数量为13.9人。市级自然保护区临时人员数量45人,占临时人员总量的6.2%,临时人员数量在0～10人之间变化,平均数量为2.6人。县级自然保护区临时人员数量47人,占临时人员总量的13.3%,临时人员数量在0～42人之间变化,平均数量为8.8人。

三、自然保护区经费状况

1. 自然保护区经费投入要求

自然保护区经费投入是加强自然保护区建设与管理的经济保障。《中华人民共和国自然保护区条例》规定,管理自然保护区所需经费,由自然保护区所在地的县级以上地方人民政府安排。国家对国家级自然保护区的管理,给予适当的资金补助。《国家级自然保护区规范化建设和管理导则(试行)》(环函〔2009〕195号)和《山东省省级自然保护区规范化建设和管理导则(试行)》(鲁环函〔2013〕161号)均要求,自然保护区基础设施建设经费、管理运行费用、人员工资有固定来源,能够基本保证日常管护工作需要。《关于贯彻落实国办发〔2010〕63号文件进一步加强自然保护区管理工作的通知》(鲁政办发〔2011〕42号)要求,各级政府要高度重视自然保护区管理工作,把自然保护区的发展纳入当地国民经济和社会发展规划,保障其基本建设、保护管理、科研、宣教和监测经费。国家级自然保护区除国家给予资金补助外,山东省政府有关部门和保护区所在地政府在政策和经费上也应给予支持。从2012年起,省财政设立省级自然保护区专项资金,并视财力情况适时增加。市、县级自然保护区的建设和管理经费参照国家级、省级自然保护区予以保障。

2. 自然保护区事业经费来源

山东省自然保护区事业经费主要来源是财政拨款。据山东省66个自然保护区调查资料统计,66.7%的自然保护区事业经费来源于财政拨款,如山东山旺古生物化石国家级自然保护区、滨州贝壳堤岛与湿地国家级自然保护区、泰山省级自然保护区、东平湖湿地市级自然保护区等自然保护区;13.6%的自然保护区事业经费依靠自收自支或自筹,如枣庄抱犊崮省级自然保护区、浮来山地质遗迹省级自然保护区、峄城石榴园省级自然保护区、峄山市级自然保护区等自然保护区;19.7%的自然保护区没有事业经费来源,如鲁山省级自然保护区、烟台沿海防护林省级自然保护区、崆峒列岛省级自然保护区、莘县马西林场市级自然保护区等自然保护区。

国家级、省级、市级和县级自然保护区事业经费来源状况不均一。100%的国家级自然保护区事业经费来源于财政拨款。26.5%的省级自然保护区事业经费来源于财政拨款，8.8%的省级自然保护区事业经费依靠自收自支或自筹，14.7%的省级自然保护区无事业经费。37.5%的市级自然保护区事业经费来源于财政拨款，25%的市级自然保护区事业经费依靠自收自支或自筹，37.5%的市级自然保护区无事业经费。55.6%的县级自然保护区事业经费来源于财政拨款，22.2%的县级自然保护区事业经费依靠自收自支或自筹，22.2%的县级自然保护区无事业经费。

3. 自然保护区事业经费状况

山东省自然保护区事业经费多在50万元以下。据山东省66个自然保护区调查资料统计，34.8%的自然保护区缺乏事业经费，如招远罗山省级自然保护区、莱阳老寨山省级自然保护区、柳埠市级自然保护区事业经费为0；12.1%的自然保护区事业经费为1万～10万元，如山东长岛国家级自然保护区、庙岛群岛海豹省级自然保护区和临沭苍马山市级自然保护区事业经费分别为3万元、2.1万元和6万元；25.8%的自然保护区事业经费为11万～50万元，如山东山旺古生物化石国家级自然保护区、栖霞牙山省级自然保护区和临沂大青山省级自然保护区事业经费分别为16万元、45万元和44万元；13.6%的自然保护区事业经费为51万～100万元，如山东荣成大天鹅国家级自然保护区、徂徕山省级自然保护区和胶南灵山岛省级自然保护区事业经费分别为70万元、63.9万元和100万元；13.6%的自然保护区事业经费在100万元以上，如山东黄河三角洲国家级自然保护区、蓬莱艾山省级自然保护区和东平湖湿地市级自然保护区事业经费分别为426万元、126万元和450万元。显然，事业经费在50万元以下的自然保护区比例达到72.7%。山东省自然保护区事业经费分布状况如图3-3-5所示。

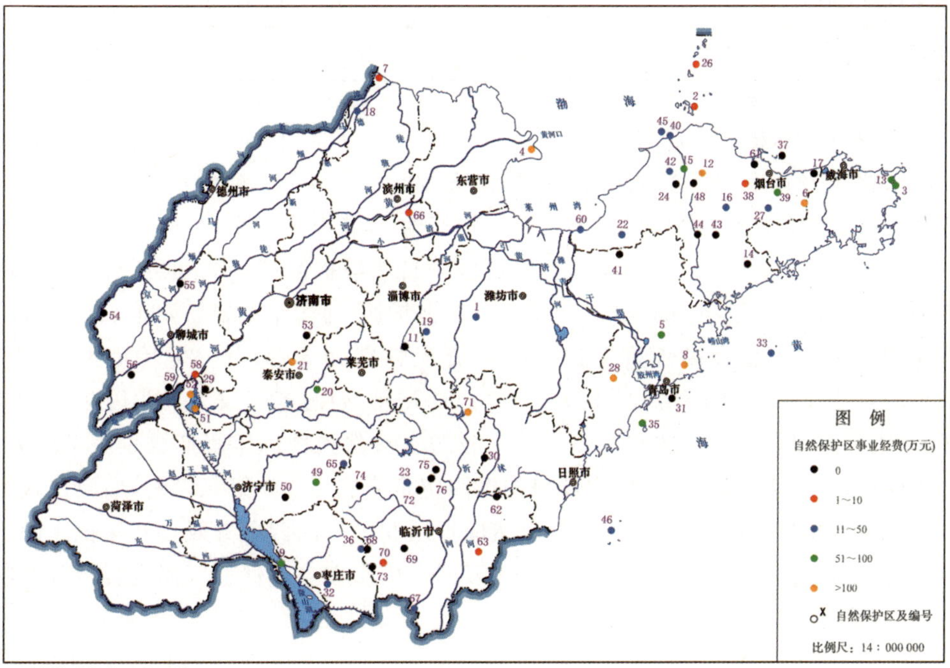

审图号：鲁SG［2018］067号

图3-3-5　山东省自然保护区事业经费分布状况

山东省自然保护区事业经费以省级自然保护区居多(见表 3-3-3)。国家级自然保护区事业经费 769 万元,变化范围为 3 万～426 万元,事业经费平均为 109.9 万元;省级自然保护区事业经费 13 411 万元,变化范围为 0～12 000 万元,事业经费平均 394.4 万元;市级自然保护区事业经费 773 万元,变化范围为 0～450 万元,事业经费平均为 48.3 万元;县级自然保护区事业经费 354 万元,变化范围为 0～300 万元,事业经费平均为 39.6 万元。国家级、省级、市级和县级自然保护区人员事业经费分别占自然保护区事业经费总量的 5.0%、87.6%、5.0% 和 2.3%。

表 3-3-3 山东省自然保护区经费状况调查统计表

自然保护区	国家级	省级	市级	县级
事业经费数量(万元)	769	13 411	773	354
现有固定资产(万元)	4 770	85 316	8 805	25 910
国家投入基建资金(万元)	5 435	1 032	7 050	500
地方投入基建资金(万元)	1 528	1 083	1 420	8 650
生态工程国家投入资金(万元)	820	468	501	60
生态工程地方配套投入资金(万元)	1 650	1 998	810	30
旅游实际年接待人数(万人)	61	859	242	72
旅游全口径年收入(万元)	1 278	104 920	2 893	1 355
旅游可支配年收入(万元)	75	37 617	1 153	744

4. 自然保护区固定资产状况

山东省 60%以上的自然保护区固定资产在 100 万元以上。据山东省 66 个自然保护区调查资料统计,13.6%的自然保护区固定资产为 0,如海阳招虎山省级自然保护区、招远罗山省级自然保护区、柳埠市级自然保护区等自然保护区;27.3%的自然保护区固定资产为 5 万～100 万元,如莱州人基山省级自然保护区、海阳千里岩岛海洋生态系统省级自然保护区和十八盘市级自然保护区固定资产分别为 50 万元、20 万元和 86 万元;30.3%的自然保护区固定资产为 110 万～1 000 万元,如山东荣成大天鹅国家级自然保护区、马山国家级自然保护区和龙口之莱山省级自然保护区固定资产分别为 700 万元、983 万元和 1 000 万元;27.3%的自然保护区固定资产在 1 000 万元以上,如山东黄河三角洲国家级自然保护区、青岛崂山省级自然保护区和山东南四湖省级自然保护区固定资产分别为 1 612 万元、50 000 万元和 1 033 万元。山东省自然保护区固定资产分布状况如图 3-3-6 所示。

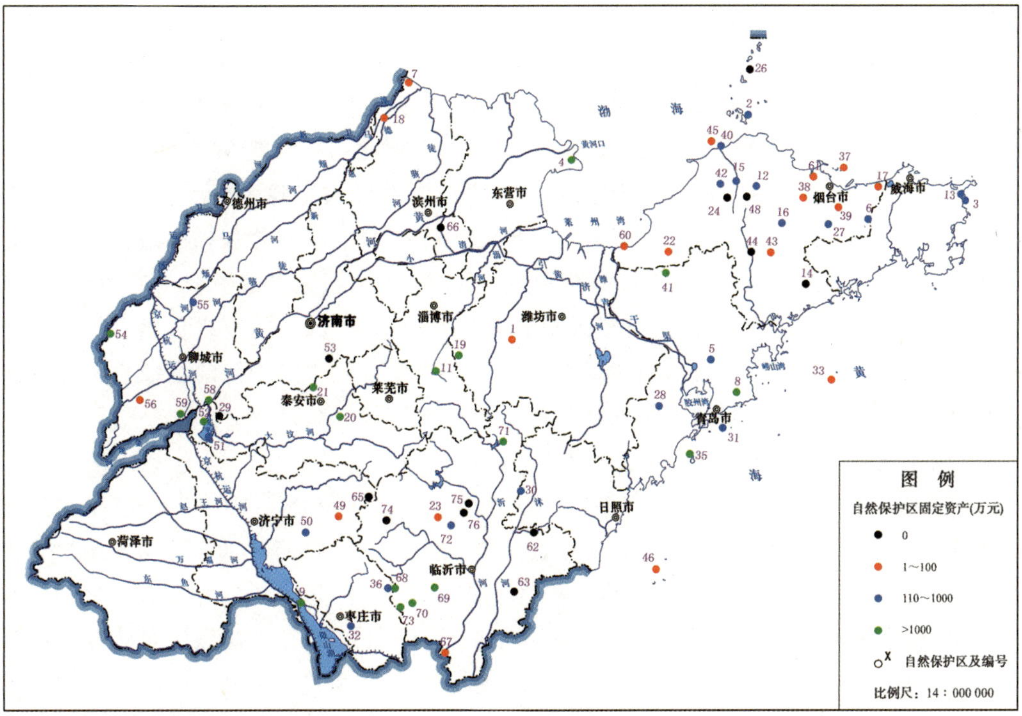

审图号：鲁SG（2018）067号

图 3-3-6　山东省自然保护区固定资产分布状况

山东省自然保护区固定资产以省级自然保护区居多(见表 3-3-3)。国家级自然保护区固定资产 4 770 万元,变化范围为 46 万～1 612 万元,固定资产平均为 681 万元;省级自然保护区固定资产 85 316 万元,变化范围为 0～50 000 万元,固定资产平均为 2 585 万元;市级自然保护区固定资产 8 805 万元,变化范围为 0～2 508 万元,固定资产平均为 550 万元;县级自然保护区固定资产 25 910 万元,变化范围为 0～9 400 万元,固定资产平均为 2 879 万元。国家级、省级、市级和县级自然保护区固定资产分别占自然保护区固定资产总量的 3.8%、68.4%、7.1% 和 20.8%。

5. 自然保护区基建资金投入状况

山东省 75%以上的自然保护区缺乏国家投入基建资金。据山东省 66 个自然保护区调查资料统计,自然保护区国家投入基建资金总量 14 017 万元,75.8%的自然保护区缺乏国家投入基建资金,24.2%的自然保护区拥有国家投入基建资金。自然保护区国家投入基建资金为 9 万～6 000 万元,15.2%的自然保护区国家投入基建资金在 500 万元以下,9.1%的自然保护区国家投入基建资金在 500 万元以上。57.1%的国家级自然保护区拥有国家投入基建资金,国家投入基建资金为 600 万～3 600 万元。7.9%的省级自然保护区拥有国家投入基建资金,国家投入基建资金为 5 万～573 万元。36.8%的市级自然保护区拥有国家投入基建资金,国家投入基建资金变化范围为 50 万～6 000 万元。8.3%的县级自然保护区拥有国家投入基建资金,国家投入基建资金为 500 万元。

山东省 47%的自然保护区拥有地方投入基建资金。据山东省 66 个自然保护区调查资料统计，地方投入基建资金总量 12 681 万元，53％的自然保护区无地方投入基建资金，25.8％的自然保护区地方投入基建资金为 20 万～300 万元，15.2％的自然保护区地方投入基建资金为 390 万～1 000 万元，6.1％的自然保护区地方投入基建资金在 1 000 万元以上。57.1％的国家级自然保护区拥有地方投入基建资金，地方投入基建资金为 100 万～930 万元。36.8％的省级自然保护区缺乏地方投入基建资金，26.3％的省级自然保护区地方投入基建资金为 30 万～230 万元，10.5％的省级自然保护区地方投入基建资金为 400 万～1 000 万元，13.2％的省级自然保护区地方投入基建资金在 1 000 万元以上。63.2％的市级自然保护区地方投入基建资金为 0，仅有 21％的市级自然保护区拥有地方投入基建资金，其地方投入基建资金为20 万～600 万元。33.3％的县级自然保护区拥有地方投入基建资金，其地方投入基建资金为 50 万～8 000 万元。

6. 自然保护区生态工程投入资金状况

山东省 75％以上的自然保护区缺乏生态工程国家投入资金。据山东省 66 个自然保护区调查资料统计，生态工程国家投入资金总量 1 849 万元，75.7％的自然保护区缺乏生态工程国家投入资金，18.2％的自然保护区生态工程国家投入资金为 6 万～85 万元，6.1％的自然保护区生态工程国家投入资金为 110 万～420 万元。国家级自然保护区生态工程国家投入资金总量 820 万元，占生态工程国家投入资金总量的 44.3％，71.4％的国家级自然保护区生态工程国家投入资金为 0，仅有 28.6％的国家级自然保护区拥有生态工程国家投入资金。省级自然保护区生态工程国家投入资金总量 468 万元，占生态工程国家投入资金总量的 25.3％，65.8％的省级自然保护区生态工程国家投入资金为 0，13.2％的省级自然保护区生态工程国家投入资金为 6 万～50 万元，10.5％的省级自然保护区生态工程国家投入资金为 51 万～110 万元。市级自然保护区生态工程国家投入资金总量 501 万元，占生态工程国家投入资金总量的 27.1％，63.2％的市级自然保护区生态工程国家投入资金为 0，15.8％的市级自然保护区生态工程国家投入资金为 10 万～80 万元，5.3％的市级自然保护区生态工程国家投入资金在 100 万元以上。66.7％的县级自然保护区生态工程国家投入资金为 0，仅有 1 个县级自然保护区生态工程国家投入资金在 60 万元。

山东省 70％以上的自然保护区缺乏生态工程地方配套投入资金。据山东省 66 个自然保护区调查资料统计，自然保护区生态工程地方配套投入资金 4 488 万元，72.7％的自然保护区缺乏生态工程地方配套投入资金，13.6％的自然保护区生态工程地方配套投入资金为 2 万～85 万元，10.6％的自然保护区生态工程地方配套投入资金为 180 万～1 200万。

国家级自然保护区生态工程地方配套投入资金 1 650 万元，占生态工程地方配套投入资金总量的 36.8％，71.4％的国家级自然保护区生态工程地方配套投入资金为 0，仅有 28.6％的国家级自然保护区拥有生态工程地方配套投入资金。省级自然保护区生态工程地方配套投入资金 1 998 万元，占生态工程地方配套投入资金总量的 44.5％，57.9％的省级自然保护区生态工程地方配套投入资金为 0，18.4％的省级自然保护区生态工程地方配套投入资金为 2 万～85 万元，15.8%的省级自然保护区生态工程地方配套投入资金为 200 万～500 万元。市级自然保护区生态工程地方配套投入资金 810 万元，占生态工程地方配套投入资金总量的 40.5%，68.4%的市级自然保护区生态工程地方配套投入资金为 0，仅有 15.8%的自然保护区生态工程地方配套投入资金为 30 万～600 万元。66.7%的县级自然保护区生态工程地方配套投入资金为 0，仅有 1 个县级自然保护区生态工程地方配套投入资金 30 万元。

7. 自然保护区旅游收入状况

山东省自然保护区旅游实际年接待人数多在 50 万人以下。据山东省 35 个自然保护区调查资料统计，自然保护区旅游实际年接待总人数 1 234 万人，30 个自然保护区旅游实际年接待人数为 2 000 人至 50 万人，如山东山旺古生物化石国家级自然保护区、山东荣成大天鹅国家级自然保护区、山东黄河三角洲国家级自然保护区和山东昆嵛山国家级自然保护区等，峄城石榴园省级自然保护区、大泽山省级自然保护区和莒南马鬐山市级自然保护区 3 个自然保护区旅游实际年接待人数为 100 万～120 万人，青岛崂山省级自然保护区和泰山省级自然保护区 2 个自然保护区旅游实际年接待人数分别为 200 万人和 330 万人。国家级自然保护区旅游实际年接待人数 61 万人，占自然保护区旅游实际年接待总人数的 4.9%，省级自然保护区旅游实际年接待人数859 万人，占自然保护区旅游实际年接待总人数的 69.6%，市级自然保护区旅游实际年接待人数 242 万人，占自然保护区旅游实际年接待总人数的 19.6%，县级自然保护区旅游实际年接待人数 72 万人，占自然保护区旅游实际年接待总人数的 5.9%。

山东省 47%的自然保护区旅游全口径年收入为 0。据山东省 66 个自然保护区调查资料统计，47%的自然保护区旅游全口径年收入为 0，18.2%的自然保护区旅游全口径年收入为 3 万～30 万元，13.6%的自然保护区旅游全口径年收入为100 万～350 万元，12.1%的自然保护区旅游全口径年收入为 500 万～800 万元，9.1%的自然保护区旅游全口径年收入在 1 200 万元以上。国家级自然保护区旅游全口径年收入 1 278 万元，占自然保护区旅游全口径年收入总量的 1.2%，28.6%的国家级自然保护区旅游全口径年收入为 0，28.6%的国家级自然保护区旅游全口径年收入为15 万～20 万元，42.8%的国家级自然保护区旅游全口径年收入为 307 万～600 万元。省级自然保护区旅游全口径年收入 104 920 万元，占自然保护区旅游全口径年收入总量的 95%，44.1%的省级自然保护区旅游全口径年收入为 0，17.6%的省级自然保护区旅游全口径年收入为 20 万～30 万元，14.7%的省级自然保护区旅游全口径年收入为 100 万～300 万元，11.8%的省级自然保护区旅游全口径年收入为 500 万～800 万元，11.8%的省级自然保护区旅游全口径年收入为 12 000 万～40 000 万元。

山东省近 60%的自然保护区旅游可支配年收入为 0。据山东省 66 个自然保护区调查资料统计，59.1%的自然保护区旅游可支配年收入为 0，25.8%的自然保护区旅游可支配年收入为 3 万～100 万元，10.6%的自然保护区旅游可支配年收入为 130 万～800 万元，4.5%的自然保护区旅游可支配年收入为 10 000 万～14 000 万元。国家级自然保护区旅游可支配年收入 75 万元，占自然保护区旅游可支配年收入总量的 0.2％。71.4％的国家级自然保护区旅游可支配年收入为 0，28.6％的国家级自然保护区旅游可支配年收入为 15 万～60 万元。省级自然保护区旅游可支配年收入 37 617 万元，占自然保护区旅游可支配年收入总量的 95％。50％的省级自然保护区旅游可支配年收入为 0，26.3％的省级自然保护区旅游可支配年收入为 10 万～100 万元，18.4％的省级自然保护区旅游可支配年收入为 130 万～14 000 万元。市级自然保护区旅游可支配年收入 1 153 万元，占自然保护区旅游可支配年收入总量的 2.9％。63.2％的市级自然保护区旅游可支配年收入为 0，21％的市级自然保护区旅游可支配年收入为 3 万～800 万元。县级自然保护区旅游可支配年收入 744 万元，占自然保护区旅游可支配年收入总量的 1.9％。41.7％的县级自然保护区旅游可支配年收入为 0，33.3％县级自然保护区旅游可支配年收入为 3.5 万～650 万元。

四、自然保护区综合科学考察报告和总体规划编制状况

自然保护区综合科学考察报告是自然保护区自然环境、生物多样性、自然遗迹和周边社区等资源环境状况的客观反映。自然保护区总体规划是制订自然保护区年度计划和规划期间的保护区建设工作依据。编制自然保护区综合科学考察报告和总体规划是自然保护区建设与管理的一项基础工作。《国家级自然保护区规范化建设和管理导则（试行）》（环函〔2009〕195 号）和《山东省省级自然保护区规范化建设和管理导则（试行）》（鲁环函〔2013〕161 号）均要求，自然保护区应经常性开展科学考察和专项调查，尤其是对主要保护对象的调查，要对区内的生物多样性进行编目和详细记录，做到资源本底清楚。每十年至少开展一次综合科学考察，编制科考报告。自然保护区至少每十年编制一次总体规划。自然保护区的各项基础设施建设应符合总体规划要求。《中华人民共和国自然保护区条例》规定，自然保护区管理机构或者该自然保护区行政主管部门应当组织编制自然保护区的建设规划，按照规定的程序纳入国家的、地方的或者部门的投资计划，并组织实施。

山东省近 40％的自然保护区编制了综合科学考察报告。根据山东省 76 个自然保护区调查资料统计，39.5％的自然保护区编制了综合科学考察报告，60.5％的自然保护区未编制综合科学考察报告。国家级、省级和市级自然保护区编制综合科学考察报告的比例分别为 85.7％、57.9％和 10.5％，未编制综合科学考察报告的比例分别为 14.3％、42.1％和 89.5％。县级自然保护区均未编制综合科学考察报告。山东省自然保护区综合科学考察报告编制状况如表 3-3-4 所示。

山东省 38％的自然保护区编制了总体规划。根据山东省 76 个自然保护区调查资料统计，38.2％的自然保护区编制了总体规划，61.8％的自然保护区未编制总体规划。国家级、省级和市级自然保护区编制总体规划的比例分别为 85.7％、50％和 21.1％，未编制总体规划的比例分别为 14.3％、50％和 78.9％。县级自然保护区均未编制总体规划。山东省自然保护区总体规划编制状况如表 3-3-4 所示。

表 3-3-4　山东省自然保护区综合科学考察报告和总体规划编制状况调查统计表

自然保护区	国家级	省级	市级	县级
编制综合科学考察报告的自然保护区数量(个)	6	22	2	0
编制总体规划的自然保护区数量(个)	6	19	4	0

第四节　自然保护区基础设施建设

一、自然保护区管护设施建设状况

1. 自然保护区管护设施建设要求

自然保护区管护设施包括保护管理站、界碑、界桩、交通设施、巡护执法设备、防火设施设备等。按照《国家级自然保护区规范化建设和管理导则(试行)》(环函〔2009〕195 号)和《山东省省级自然保护区规范化建设和管理导则(试行)》(鲁环函〔2013〕161 号)的要求，自然保护区应设立保护管理站，其数量要满足管理的要求。单个保护管理站的建筑面积一般不超过 300 平方米。自然保护区应设置界碑、界桩、瞭望塔，配备必要的交通工具等基础设施。

2. 自然保护区保护管理站建设状况

山东省近 65%的自然保护区建有保护管理站，保护管理站的数量在 1～13 个之间变化。根据山东省 63 个自然保护区调查资料统计，自然保护区保护管理站总量 189 个。34.9%的自然保护区保护管理站数量为 0，如海阳招虎山省级自然保护区、胶南灵山岛省级自然保护区和莱阳五龙河湿地省级自然保护区等；58.7%的自然保护区保护管理站数量为 1～7 个，如山东黄河三角洲国家级自然保护区、青岛崂山省级自然保护区和山东南四湖省级自然保护区等；7.9%的自然保护区保护管理站数量变化范围为 10～13 个，如青州仰天山省级自然保护区、冠县西沙河林场市级自然保护区和高唐县清平林场市级自然保护区等。山东省自然保护区保护管理站分布状况如图 3-4-1 所示。

山东省自然保护区保护管理站主要分布在省级自然保护区(见表 3-4-1)。根据山东省 63 个自然保护区调查资料统计，国家级、省级、市级和县级自然保护区保护管理站数量分别为 23 个、111 个、50 个和 5 个，分别占自然保护区保护管理站总数的 12.2%、58.7%、26.5%和 2.6%。85.7%的国家级自然保护区建有保护管理站，数量为 2～7 个，只有山东山旺古生物化石国家级自然保护区没有保护管理站。18.8%的省级自然保护区保护管理站数量为 0，71.2%的省级自然保护区保护管理站数量为 1～7 个，9.5%的省级自然保护区保护管理站数量为 10～12 个。46.1%的市级自然保护区保护管理站数量为 0，40%的市级自然保护区保护管理站数量为 1～7 个，13.3%的市级自然保护区保护管理站数量为 11～13 个。80%的县级自然保护区保护管理站数量为 0，20%的县级自然保护区保护管理站数量为 1～3 个。

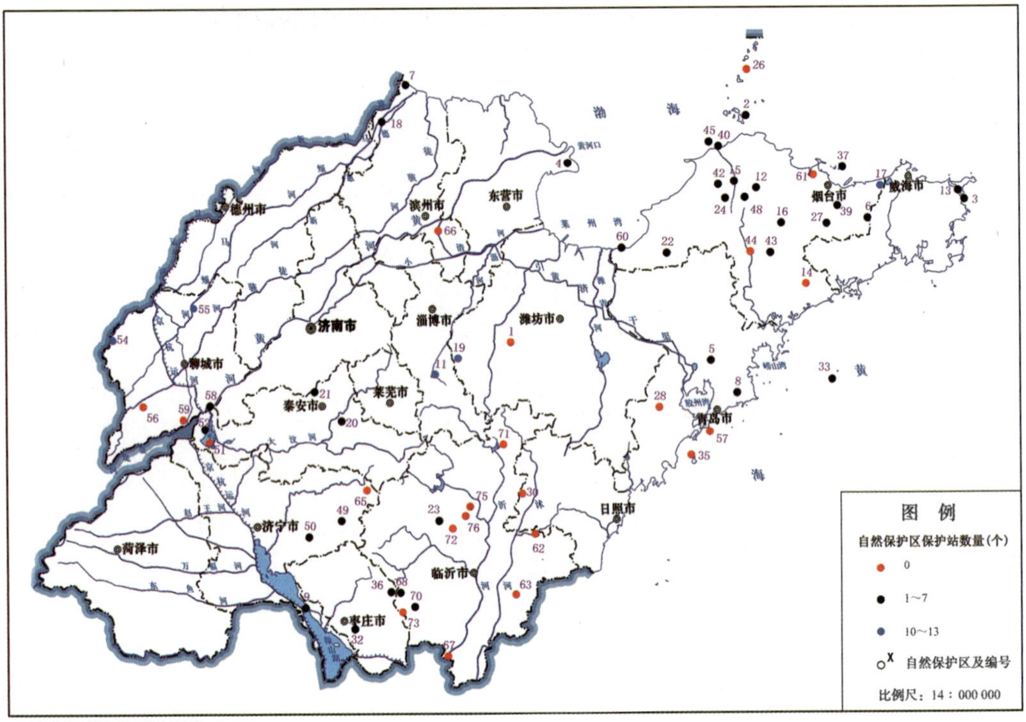

审图号：鲁SG（2018）067号

图 3-4-1 山东省自然保护区保护管理站分布状况

山东省 41 个自然保护区建有保护管理站 176 个，保护管理站总面积为 44 527 平方米，单个保护管理站平均面积为 253 平方米。国家级、省级、市级和县级自然保护区单个保护管理站平均面积分别为 162.3 平方米、273.7 平方米、113.7 平方米和 1 600 平方米。78%的自然保护区单个保护管理站平均面积在 300 平方米以下，22%的自然保护区单个保护管理站平均面积在 300 平方米以上。

表 3-4-1　山东省自然保护区管护设施状况调查统计表

自然保护区	国家级	省级	市级	县级
保护管理站数量(个)	23	109	40	4
保护管理站建筑面积(平方米)	3 733	29 830	4 564	6 400
界碑数量(个)	128	626	650	20
界桩数量(个)	792	4 102	1 580	1 176
汽车数量(个)	56	114	14	13
船只数量(个)	4	4	0	3
摩托车数量(个)	9	243	37	16
瞭望塔数量(个)	17	111	16	4

2. 自然保护区界碑建设状况

山东省 50%的自然保护区建有界碑，界碑数量多在 10 个以下。根据山东省 63 个自然保护区调查资料统计，自然保护区界碑总量 1 424 个，其数量范围为 0～360 个。49.2%的自然保护区界碑数量为 0，如马山国家级自然保护区、莱州大基山省级自然保护区和栖霞崮山市级自然保护区等；30.2%的自然保护区界碑数量为 1～10 个，如山东荣成大天鹅国家级自然保护区、山东昆嵛山国家级自然保护区和徂徕山省级自然保护区等；14.3%的自然保护区界碑数量为 12～80 个，如山东黄河三角洲国家级自然保护区、滨州贝壳堤岛与湿地国家级自然保护区和峄城石榴园省级自然保护区等；6.3%的自然保护区界碑数量为 150～360 个，如青州仰天山省级自然保护区、峄山市级自然保护区和东平腊山市级自然保护区等。山东省自然保护区界碑分布状况见图 3-4-2。

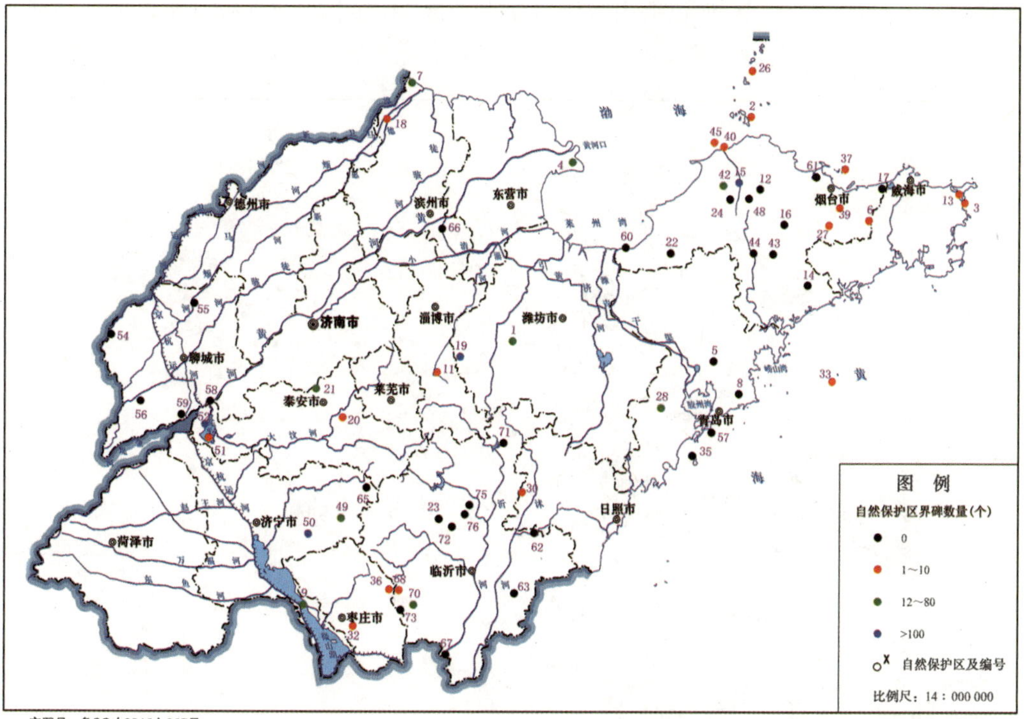

审图号：鲁SG（2018）067号

图 3-4-2　山东省自然保护区界碑分布状况

山东省自然保护区界碑主要分布在省级自然保护区和市级自然保护区(见表 3-4-1)。根据山东省 63 个自然保护区调查资料统计，国家级、省级、市级和县级自然保护区界碑数量分别为 128 个、626 个、650 个和 20 个，分别占自然保护区界碑总量的 9.0%、44.0%、45.6%和 1.4%。85.7%的国家级自然保护区建有界碑，其数量范围为 2～60 个，只有马山国家级自然保护区没有界碑。35.5%的省级自然保护区没有界碑，45.2%的省级自然保护区界碑数量为 1～10 个，12.9%的省级自然保护区界碑数量为12～40 个，6.5%的省级自然保护区界碑数量为 150～300 个。73.3%的市级自然保护区没有界碑，6.7%的市级自然保护区，即 1 个市级自然保护区界碑数量为 10 个，20%的市级自然保护区界碑数量为 80～360 个。80%的县级自然保护区没有界碑，20%的县级自然保护区界碑数量为 8～12 个。

3. 自然保护区界桩建设状况

山东省 55%的自然保护区建有界桩，界桩数量多在 100 个以下。根据山东省 63 个自然保护区调查资料统计，自然保护区界桩总量 7 650 个，其数量范围为 0～2 000 个。44.4%的自然保护区界桩数量为 0，如栖霞牙山省级自然保护区、莱州大基山省级自然保护区和浮来山地质遗迹省级自然保护区等；33.3%的自然保护区界桩数量为 4～100 个，如山东昆嵛山国家级自然保护区、荣成成山头省级自然保护区和泰山省级自然保护区等；17.5%的自然保护区界桩数量为 102～450 个，如山东黄河三角洲国家级自然保护区、滨州贝壳堤岛与湿地国家级自然保护区和龙口之莱山省级自然保护区等；4.8%自然保护区界桩数量为 900～2 000 个，如徂徕山省级自然保护区、山东南四湖省级自然保护区和博兴县引黄济青渠首鸟类县级自然保护区等。山东省自然保护区界桩分布状况见图 3-4-3。

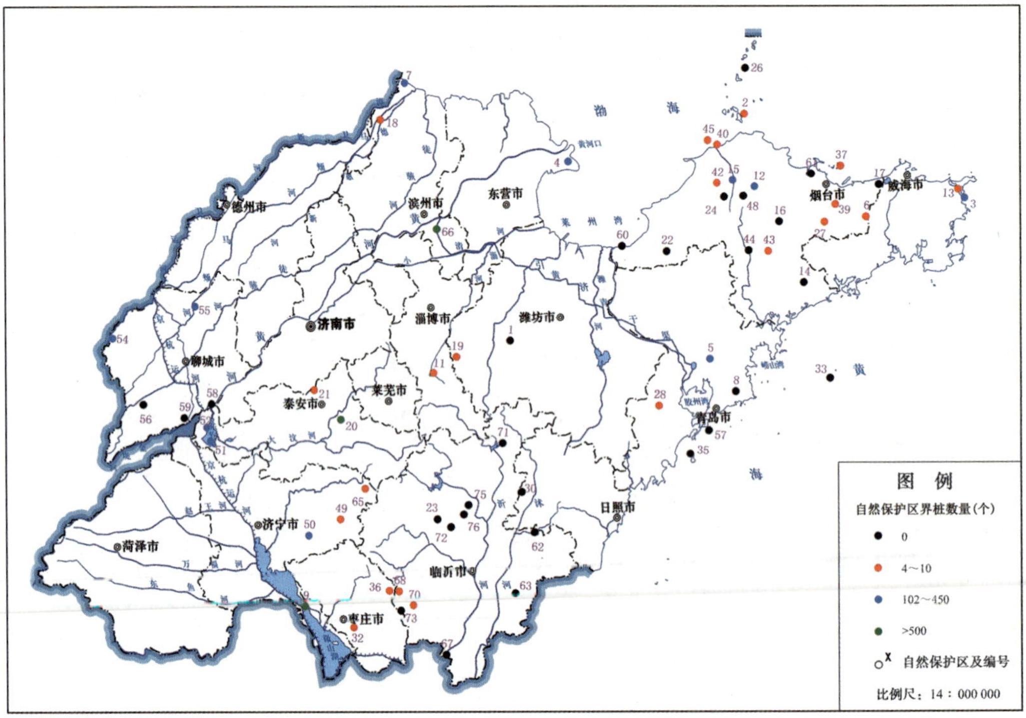

审图号：鲁SG（2018）067号

图 3-4-3 山东省自然保护区界桩分布状况

山东省自然保护区界桩以省级自然保护区数量最多(见表 3-4-1)。根据山东省 63 个自然保护区调查资料统计，国家级、省级、市级和县级自然保护区界桩数量分别为 792 个、4 102 个、1 580 个和 1 176 个，分别占自然保护区界桩总量的 10.4%、53.6%、20.7%和 15.4%。14.3%的国家级自然保护区没有界桩，即只有山东山旺古生物化石国家级自然保护区没有界桩，57.1%的国家级自然保护区界桩数量为 10～110 个，28.6%的国家级自然保护区界桩数量为 200～360 个；38.7%的省级自然保护区没有界桩，51.6%的省级自然保护区界桩数量为 4～120 个，9.7%的省级自然保护区界桩数量为 300～2 000 个；60%的市级自然保护区没有界桩，40%的市级自然保护区界桩数量为 100～450 个；60%的县级自然保护区没有界桩，30%的县级自然保护区界桩数量为 26～100 个，10%的县级自然保护区界桩数量为 1 000 个，即博兴县引黄济青渠首鸟类县级自然保护区界桩数量达 1 000 个。

4. 自然保护区交通工具配备状况

山东省 60%以上的自然保护区拥有汽车，汽车拥有量多为 1～2 辆。根据山东省 63 个自然保护区调查资料统计，自然保护区拥有汽车 197 辆，其数量范围为 0～45 辆。36.5%的自然保护区汽车拥有量为 0，如山东山旺古生物化石国家级自然保护区、鲁山省级自然保护区和莱州大基山省级自然保护区等；41.3%的自然保护区汽车拥有量为 1～2 辆，如山东荣成大天鹅国家级自然保护区、滨州贝壳堤岛与湿地国家级自然保护区和山东南四湖省级自然保护区等；17.5%的自然保护区汽车拥有量变化范围为3～10 辆，如蓬莱艾山省级自然保护区、栖霞牙山省级自然保护区和峄山市级自然保护区等；4.8%的自然保护区汽车拥有量为 23～45 辆，如山东黄河三角洲国家级自然保护区、泰山省级自然保护区和徂徕山省级自然保护区等。山东省自然保护区汽车分布状况如图 3-4-4 所示。

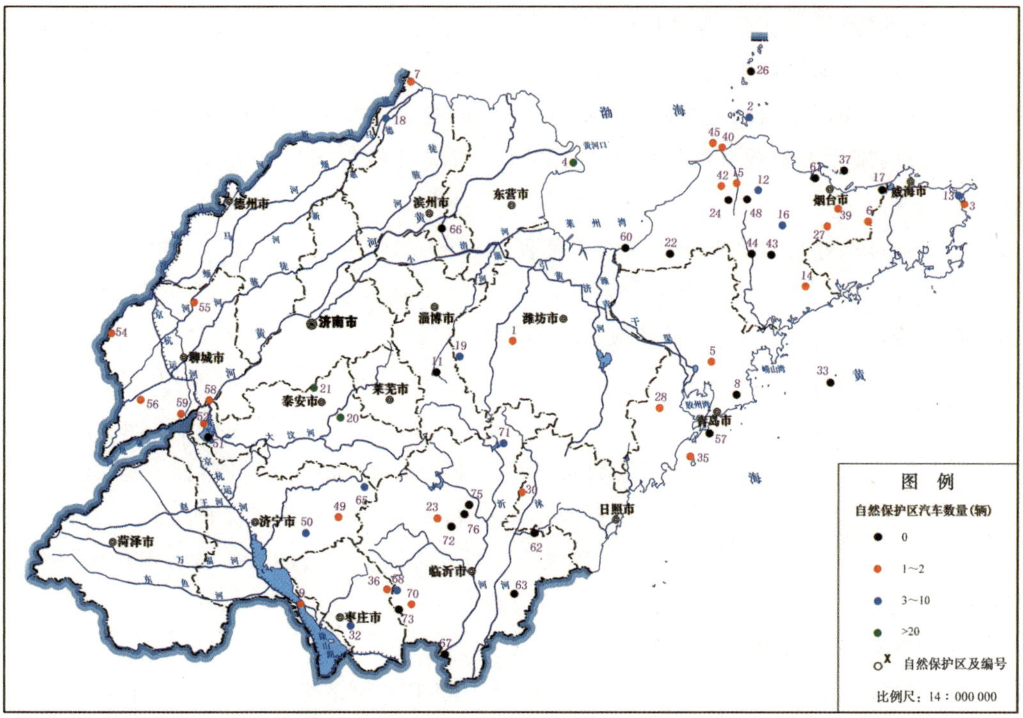

审图号：鲁SG（2018）067号

图 3-4-4　山东省自然保护区汽车分布状况

山东省自然保护区汽车数量以省级自然保护区最多(见表 3-4-1)。根据 63 个自然保护区调查资料统计，国家级、省级、市级和县级自然保护区汽车数量分别为 56 辆、114 辆、14 辆和 13 辆，分别占自然保护区汽车总量的 28.4%、57.9%、7.1%和 6.6%。71.4%的国家级自然保护区拥有 1～2 辆汽车，28.6%的国家级自然保护区拥有 4～45 辆汽车；32.2%的省级自然保护区汽车数量为 0，41.9%的省级自然保护区汽车数量为1～2 辆，19.4%的省级自然保护区汽车数量为 3～9 辆，6.5%的省级自然保护区拥有 23～45 辆汽车；46.7%的市级自然保护区汽车数量为 0，46.6%的市级自然保护区拥有 1～2 辆汽车，6.7%的市级自然保护区汽车数量为 5 辆；60%的县级自然保护区汽车数量为 0，10%的县级自然保护区汽车数量为 1 辆，30%的县级自然保护区拥有 3～5 辆汽车。

山东省 9.5%的自然保护区拥有船只。根据 63 个自然保护区调查资料统计，山东省自然保护区拥有 11 只船，90.5%的自然保护区没有船只，仅有 9.5%的自然保护区拥有船只。山东黄河三角洲国家级自然保护区和滨州贝壳堤岛与湿地国家级自然保护区各有 2 只船，崆峒列岛省级自然保护区拥有 2 只船，龙口黄水河河口湿地省级自然保护区和龙口依岛省级自然保护区各有 1 只船，沂水县沂河县级自然保护区拥有3 只船。

山东省近 35%的自然保护区拥有摩托车。根据 63 个自然保护区调查资料统计，山东省自然保护区拥有摩托车 305 辆，其数量范围为 0～187 辆。65.1%的自然保护区摩托车数量为 0，如山东山旺古生物化石国家级自然保护区、荣成成山头省级自然保护区和招远罗山省级自然保护区等；22.2%的自然保护区拥有 1～5 辆摩托车，如滨州贝壳堤岛与湿地国家级自然保护区、胶南灵山岛省级自然保护区和枣庄抱犊崮省级自然保护区等；6.3%的自然保护区拥有 6～10 辆摩托车，如青州仰天山省级自然保护区、徂徕山省级自然保护区和冠县西沙河林场市级自然保护区等；6.3%自然保护区拥有 12～187 辆摩托车，如栖霞牙山省级自然保护区、东平腊山市级自然保护区和苍山县抱犊崮县级自然保护区等。

山东省自然保护区摩托车以省级自然保护区数量居多(见表 3-4-1)。根据 63 个自然保护区调查资料统计，国家级、省级、市级和县级自然保护区摩托车数量分别为 9 辆、243 辆、37 辆和 16 辆，分别占自然保护区摩托车总量的 3.0%、79.7%、12.1%和 5.2%。42.9%的国家级自然保护区没有摩托车，57.1%的国家级自然保护区摩托车数量为 1～4 辆；58.1%的省级自然保护区没有摩托车，38.7%的省级自然保护区拥有1～10辆摩托车，3.2%的省级自然保护区摩托车数量为 187 辆；73.3%的市级自然保护区没有摩托车，13.3%的市级自然保护区拥有摩托车 1～9 辆，13.3%市级自然保护区拥有摩托车数量为 12～15 辆；90%的县级自然保护区没有摩托车，仅有 10%的县级自然保护区摩托车数量为 16 辆。

5. 自然保护区瞭望塔建设状况

山东省 80%以上的自然保护区建有瞭望塔，瞭望塔数量多为 1～3 个。根据63 个自然保护区调查资料统计，山东省自然保护区建有瞭望塔 148 个，瞭望塔数量范围为0～19 个。16.2%的自然保护区未有瞭望塔，如山东山旺古生物化石国家级自然保护区、马山国家级自然保护区和崆峒列岛省级自然保护区等；46.0%的自然保护区瞭望塔数量为 1～3 个，如山东昆嵛山国家级自然保护区、荣成成山头省级自然保护区和莱山围子山省级自然保护区等；14.3%的自然保护区瞭望塔数量为 4～10 个，如蓬莱艾山省级自然保护区、枣庄抱犊崮省级自然保护区和冠县西沙河林场市级自然保护区等；3.2%的自然保护区瞭望塔数量范围为 14～19 个，如栖霞牙山省级自然保护区和泰山省级自然保护区等。山东省自然保护区瞭望塔分布状况如图 3-4-5 所示。

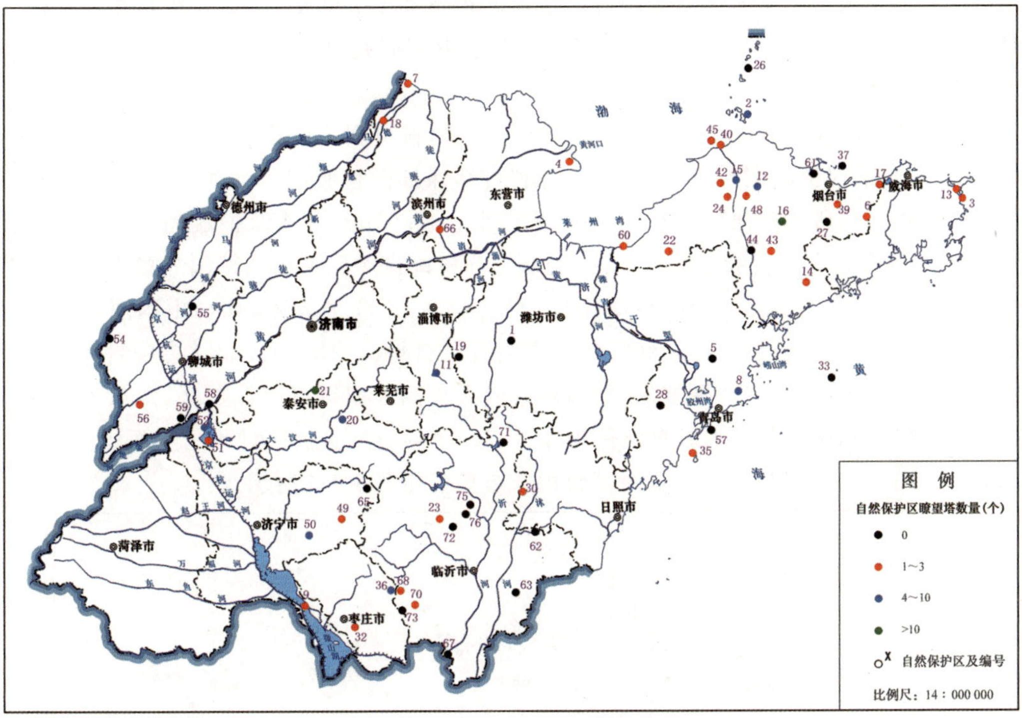

审图号：鲁SG（2018）067号

图 3-4-5　山东省自然保护区瞭望塔分布状况

山东省 75%的自然保护区瞭望塔分布在省级自然保护区(见表 3-4-1)。根据山东省 63 个自然保护区调查资料统计，国家级、省级、市级和县级自然保护区瞭望塔数量分别为 17 个、111 个、16 个和 4 个，分别占自然保护区瞭望塔总量的 11.5%、75%、10.8%和 2.7%。28.6%的国家级自然保护区瞭望塔数量为 0,57.1%的国家级自然保护区瞭望塔数量为 1～3 个，14.3%的国家级自然保护区瞭望塔数量为 7 个；22.6%的省级自然保护区瞭望塔数量为 0,51.6%的省级自然保护区瞭望塔数量为 1～3 个，19.4%的省级自然保护区瞭望塔数量为 4～10 个，6.5%的省级自然保护区瞭望塔数量范围为 14～19 个。53.3%的市级自然保护区瞭望塔数量为 0,33.3%的市级自然保护区瞭望塔数量为 1～3 个，13.3%的市级自然保护区瞭望塔数量为 4 个；70%的县级自然保护区瞭望塔数量为 0,30%的县级自然保护区瞭望塔数量为 1～2 个。

二、自然保护区科研监测设施建设状况

1. 自然保护区科研监测设施建设要求

自然保护区科研监测设施包括科研用房、监测站点、科研设备、物种数据库、GIS、网站等。按照《国家级自然保护区规范化建设和管理导则(试行)》(环函〔2009〕195 号)和

《山东省省级自然保护区规范化建设和管理导则(试行)》(鲁环函〔2013〕161 号)的要求，自然保护区可建科研中心。国家级自然保护区科研中心建筑面积以 100～500 平方米为宜，省级自然保护区科研中心建筑面积以 80～180 平方米为宜。自然保护区可设置监测站(点)。国家级自然保护区监测站(点)建筑面积不大于 200 平方米，省级自然保护区监测站(点)建筑面积一般不大于 100 平方米。自然保护区应建立物种数据库和网站。

2. 自然保护区科研用房建设状况

山东省 50%以上的自然保护区拥有科研用房，科研用房面积多为 20～200 平方米。根据 63 个自然保护区调查资料统计，山东省自然保护区科研用房面积 8 634 平方米，单个自然保护区科研用房面积为 0～1 000 平方米。47.6%的自然保护区拥有科研用房面积为 0，如海阳招虎山省级自然保护区、崆峒列岛省级自然保护区和莱阳老寨山省级自然保护区等；23.5%的自然保护区科研用房面积为 20～100 平方米，如马山国家级自然保护区、栖霞牙山省级自然保护区和临沂大青山省级自然保护区等；7.9%的自然保护区科研用房面积介于 300～900 平方米，如山东荣成大天鹅国家级自然保护区、山东南四湖省级自然保护区和蓬莱艾山省级自然保护区等；3.2%的自然保护区科研用房面积大于 900 平方米。山东省自然保护区科研用房面积分布状况如图 3-4-6 所示。

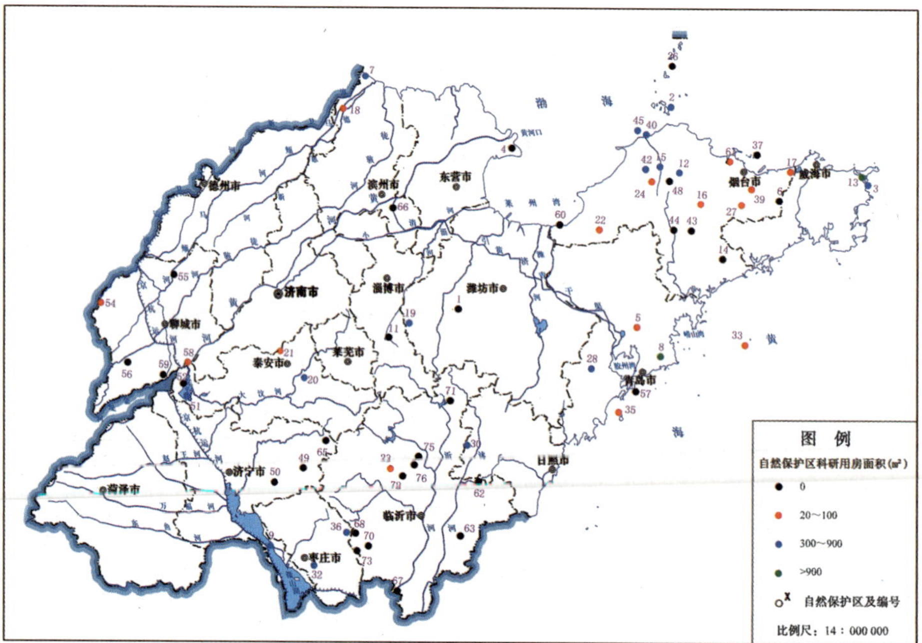

审图号：鲁SG〔2018〕067号

图 3-4-6 山东省自然保护区科研用房面积分布状况

山东省自然保护区科研用房面积主要分布在省级自然保护区(见表 3-4-2)。根据 63 个自然保护区调查资料统计，国家级、省级和市级自然保护区科研用房面积分别为 1 107 平方米、7 195 平方米和 332 平方米，分别占自然保护区科研用房总面积的 12.8%、83.3%和 3.8%，县级自然保护区科研用房面积为 0。42.9%的国家级自然保护区科研用房面积为 0，28.6%的国家级自然保护区科研用房面积为 100～200 平方米，28.6%的国家级自然保护区科研用房面积介于307～500平方米；19.4%的省级自然保护区科研用房面积为0，35.5%的省级自然保护区科研用房面积为20～100平方米，9.7%的省级自然保护区科研用房面积介于120～200平方米，35.5%的省级自然保护区科研用房面积为300～1 000平方米；73.3%的市级自然保护区科研用房面积为0，26.7%的市级自然保护区科研用房面积为30～150平方米。

表3-4-2　　山东省自然保护区科研监测设施状况调查统计表

自然保护区	国家级	省级	市级	县级
科研用房面积（平方米）	1 107	7 195	332	0
监测站点数量（个）	26	192	36	9
价值5万元以上的设备数量（台、套）	9	38	0	0
物种数据库（个）	0	8	2	1
GIS（个）	0	1	0	0
网站（个）	2	13	4	0

3. 自然保护区监测站点建设状况

山东省55%以上的自然保护区建有监测站点，监测站点数量多在5个以下。根据63个自然保护区调查资料统计，山东省自然保护区监测站点总量263个，单个自然保护区监测站点数量范围为0～39个。44.4%的自然保护区没有监测站点，如滨州贝壳堤岛与湿地国家级自然保护区、临沂大青山省级自然保护区和莱阳五龙河湿地省级自然保护区等；30.2%的自然保护区监测站点数量为1～5个，如山东荣成大天鹅国家级自然保护区、泰山省级自然保护区和龙口黄水河河口湿地省级自然保护区等；12.7%的自然保护区监测站点数量为6～10个，如山东长岛国家级自然保护区、栖霞牙山省级自然保护区和莱州大基山省级自然保护区等；12.7%的自然保护区监测站点数量为11～39个，如山东昆嵛山国家级自然保护区、蓬莱艾山省级自然保护区和青州仰天山省级自然保护区等。山东省自然保护区监测站点分布状况如图3-4-7所示。

山东省自然保护区监测站点以省级自然保护区居多（见表3-4-2）。根据63个自然保护区调查资料统计，国家级、省级、市级和县级自然保护区监测站点数量分别为26个、192个、36个和9个，分别占自然保护区监测站点总量的9.9%、73.0%、13.7%和3.4%。28.6%的国家级自然保护区监测站点数量为0，42.9%的国家级自然保护区监测站点数量为1～3个，28.6%的国家级自然保护区监测站点数量为10～11个；32.3%的省级自然保护区监测站点数量为0，32.3%的省级自然保护区监测站点数量为1～5个，19.4%的省级自然保护区监测站点数量为6～10个，16.1%的省级自然保护区监测站点数量为11～39个；53.3%的市级自然保护区监测站点数量为0，33.3%的市级自然保护区监测站点数量为1～4个，13.3%的市级自然保护区监测站点数量为11～13个；80%的县级自然保护区监测站点数量为0，20%的县级自然保护区监测站点数量为3～6个。

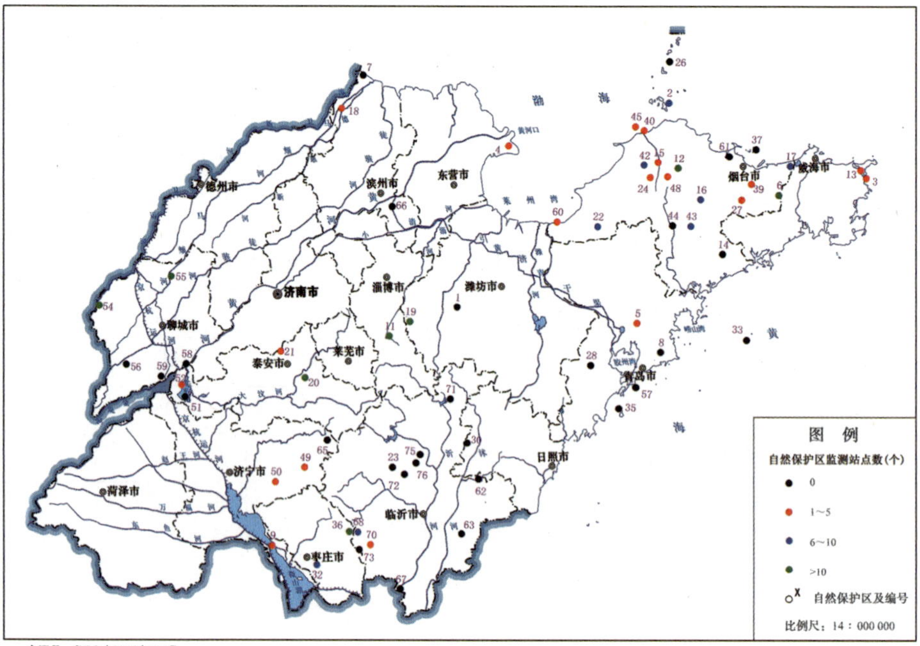

审图号：鲁SG（2018）067号

图 3-4-7 山东省自然保护区监测站点分布状况

4. 自然保护区科研设备状况

山东省近 20%的自然保护区拥有价值在 5 万元以上的设备，设备数量多为 1～5 台(套)。根据 63 个自然保护区调查资料统计，山东省自然保护区拥有价值在5 万元以上的设备 47 台(套)，其数量变化为 0～10 台(套)。81%的自然保护区没有价值在 5 万元以上的设备，如山东长岛国家级自然保护区、滨州贝壳堤岛与湿地国家级自然保护区和山东南四湖省级自然保护区等；15.9%的自然保护区价值在 5 万元以上的设备数量为 1～5 台(套)，如山东荣成大天鹅国家级自然保护区、山东昆嵛山国家级自然保护区和青州仰天山省级自然保护区等；3.2%的自然保护区价值在 5 万元以上的设备数量为 6～10 台(套)，如山东黄河三角洲国家级自然保护区和马谷山地质遗迹省级自然保护区等。

山东省仅有国家级和省级自然保护区拥有价值在 5 万元以上的设备，市级和县级自然保护区没有价值在 5 万元以上的设备(见表 3-4-2)。根据 63 个自然保护区调查资料统计，国家级和省级自然保护区价值在 5 万元以上的设备数量分别为 9 台(套)和 38 台(套)，分别占自然保护区价值在 5 万元以上的设备数量总量的 19.1%和 80.9%。57.1%的国家级自然保护区没有价值在 5 万元以上的设备，42.9%的国家级自然保护区拥有价值在 5 万元以上的设备数量为 1～6 台(套)；71%的省级自然保护区没有价值在 5 万元以上的设备，29%的省级自然保护区拥有价值在 5 万元以上的设备数量为 1～10 台(套)。

山东省约 17%的自然保护区建立了物种数据库。根据 63 个自然保护区调查资料统计，山东省 82.5%的自然保护区尚未建立物种数据库，仅有 17.5%的自然保护区建立了物种数据库，它们是：青岛崂山省级自然保护区、山东南四湖省级自然保护区、栖霞牙山省级自然保护区、临沂大青山省级自然保护区、牟平嵛山省级自然保护区、莱山围子山省级自然保护区、龙口黄水河河口湿地省级自然保护区、龙口依岛省级自然保护区、栖霞崮山市级自然保护区、莒南马髻山市级自然保护区和博兴县引黄济青渠首鸟类县级自然保护区11个自然保护区。

山东省仅有1个自然保护区建有地理信息系统(GIS)。根据63个自然保护区调查资料统计,山东省98.4%的自然保护区未建立地理信息系统(GIS),1.6%的自然保护区建立了地理信息系统(GIS),即仅有莱山围子山省级自然保护区建立了地理信息系统。

山东省约30%的自然保护区建有网站。根据63个自然保护区调查资料统计,69.8%的自然保护区未建网站,仅有30.2%的自然保护区建有网站。山东黄河三角洲国家级自然保护区和山东昆嵛山国家级自然保护区2个国家级自然保护区建有网站,青岛崂山省级自然保护区、山东南四湖省级自然保护区、蓬莱艾山省级自然保护区、徂徕山省级自然保护区等13个省级自然保护区建有网站,峄山市级自然保护区、冠县西沙河林场市级自然保护区、高唐县清平林场市级自然保护区和山东莱州湾湿地市级自然保护区4个市级自然保护区建有网站。

三、自然保护区宣传教育设施建设状况

1. 自然保护区宣传教育设施要求

自然保护区宣传教育设施主要包括宣教用房和宣传牌。按照《国家级自然保护区规范化建设和管理导则(试行)》(环函〔2009〕195号)和《山东省省级自然保护区规范化建设和管理导则(试行)》(鲁环函〔2013〕161号)的要求,自然保护区可建立宣教场馆。年实际接待参观人次在5万以上的国家级自然保护区,可设置宣教中心,其建筑面积以500～2 000平方米为宜,年实际接待参观人次在1万以上的国家级自然保护区,可设置宣教馆,其建筑面积不大于500平方米,其他国家级自然保护区可在管理局内设置宣教室,其建筑面积不大于100平方米。年实际接待参观人次在3万以上的省级自然保护区,可设置宣教中心,其建筑面积以200～800平方米为宜,年实际接待参观人次在1万～3万的省级自然保护区,可设置宣教馆,其建筑面积不大于200平方米,其他省级自然保护区可在管理局内设置宣教室,其建筑面积不大于100平方米。自然保护区应在道路出入口、居民点等人为活动频繁处,或根据管理需要,设立宣传牌,宣传相关法律、法规、政策以及注意事项,介绍自然保护区的名称、范围、主要保护对象、保护意义、保护要求等内容。

2. 自然保护区宣教用房建设状况

山东省近48%的自然保护区拥有宣教用房,宣教用房面积多在100平方米以下。根据63个自然保护区调查资料统计,山东省自然保护区宣教用房面积9 981平方米,单个自然保护区宣教用房面积为0～2 706平方米。52.4%的自然保护区没有宣教用房,如海阳招虎山省级自然保护区、莱州大基山省级自然保护区和莱阳老寨山省级自然保护区等;20.6%的自然保护区宣教用房面积为20～100平方米,如马谷山地质遗迹省级自然保护区、青州仰天山省级自然保护区和招远罗山省级自然保护区等;11.1%的自然保护区宣教用房面积为120～200平方米,如山东南四湖省级自然保护区、荣成成山头省级自

然保护区和栖霞牙山省级自然保护区等；11.1%的自然保护区宣教用房面积范围为220～500平方米，如滨州贝壳堤岛与湿地国家级自然保护区、蓬莱艾山省级自然保护区和泰山省级自然保护区等；4.8%的自然保护区宣教用房面积为500～2 706平方米，如山东黄河三角洲国家级自然保护区、青岛崂山省级自然保护区和徂徕山省级自然保护区等。山东省自然保护区宣教用房分布状况如图3-4-8所示。

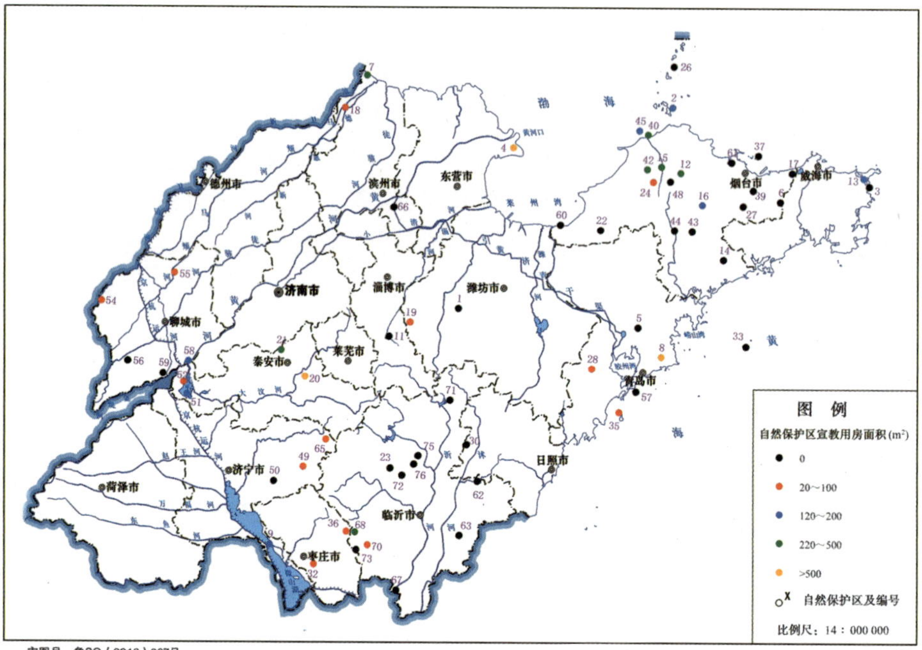

审图号：鲁SG（2018）067号

图3-4-8 山东省自然保护区宣教用房分布状况

山东省自然保护区宣教用房主要分布在省级自然保护区。根据63个自然保护区调查资料统计，国家级、省级、市级和县级自然保护区宣教用房面积分别为3 126平方米、6 020平方米、425平方米和410平方米，分别占自然保护区宣教用房总面积的31.3%、60.3%、4.3%和4.1%。57.1%的国家级自然保护区宣教用房面积为0，28.6%的国家级自然保护区宣教用房面积为200～220平方米，14.3%的国家级自然保护区宣教用房面积为2 706平方米。41.9%的省级自然保护区宣教用房面积为0，35.5%的省级自然保护区宣教用房面积为20～200平方米，16.1%的省级自然保护区宣教用房面积为220～500平方米，6.5%的省级自然保护区宣教用房面积为1 000～2 000平方米。60%的市级自然保护区宣教用房面积为0，40%的市级自然保护区宣教用房面积为40～120平方米。70%的县级自然保护区宣教用房面积为0，20%的县级自然保护区宣教用房面积为30～60平方米，10%的县级自然保护区宣教用房面积为320平方米。

3. 自然保护区宣传标牌建设状况

山东省65%以上的自然保护区拥有宣传标牌，宣传标牌的数量多为2～40个。根据63个自然保护区调查资料统计，山东省自然保护区建有宣传标牌2 027个，其数量变化范围为0～300个。33.3%的自然保护区未建宣传标牌，如海阳招虎山省级自然保护区、庙岛群岛海豹省级自然保护区和崆峒列岛省级自然保护区等；46%的自然保护区宣传标牌数量为 2～40 个，如山东山旺古生物化石国家级自然保护区、山东荣成大天鹅国家级自然保护区和泰山省级自然保护区等；12.7%的自然保护区宣传标牌数量为 56～100 个，如马山国家级自然保护区、青州仰天山省级自然保护区和胶州艾山地质遗迹省级自然保护区等；7.9%的自然保护区宣传标牌数量为 120～300 个，如龙口之莱山省级自然保护区、栖霞牙山省级自然保护区和徂徕山省级自然保护区等。山东省自然保护区宣传标牌分布状况如图 3-4-9 所示。

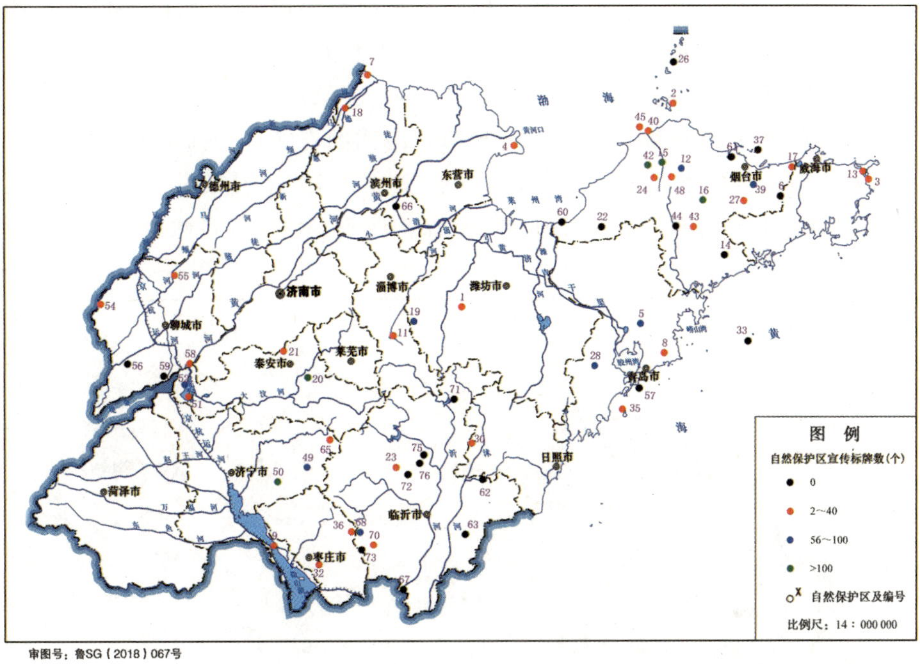

图 3-4-9 山东省自然保护区宣传标牌分布状况

山东省自然保护区宣传标牌主要分布在省级自然保护区。根据 63 个自然保护区调查资料统计，国家级、省级、市级和县级自然保护区宣传标牌数量分别为 99 个、1 250 个、546 个和 132 个，分别占自然保护区宣传标牌总数的 4.9%、61.7%、26.9%和 6.5%。14.3%的国家级自然保护区没有宣传标牌，71.4%的国家级自然保护区宣传标牌为 4～10个，14.3%的国家级自然保护区宣传标牌数量为 1 个。19.4%的省级自然保护区没有宣传标牌，54.8%的省级自然保护区宣传标牌数量为 2～40 个，12.9%的省级自然保护区宣传标牌数量为 56～100 个，12.9%的省级自然保护区宣传标牌数量为 120～200 个。46.7%的市级自然保护区没有宣传标牌，46.7%的市级自然保护区宣传标牌数量为 6～90 个，6.7%的市级自然保护区宣传标牌数量为 300 个。70%的县级自然保护区没有宣传标牌，30%的县级自然保护区宣传标牌数量为16～96个。

四、自然保护区办公设施建设状况

办公用房是自然保护区的主要办公设施。按照《国家级自然保护区规范化建设和管理导则(试行)》(环函〔2009〕195 号)和《山东省省级自然保护区规范化建设和管理导则(试行)》(鲁环函〔2013〕161 号)的要求，自然保护区应建设适当的办公及附属设施。编制定员每人平均建筑面积不大于 18 平方米。

山东省约 85%的自然保护区拥有办公用房，办公用房面积多为 20～1 600 平方米。根据 63 个自然保护区调查资料统计，山东省自然保护区办公用房面积 59 001 平方米，单个自然保护区办公用房面积为 0～6 940 平方米。15.9%的自然保护区办公用房面积为 0，如庙岛群岛海豹省级自然保护区、青岛文昌鱼水生野生动物市级自然保护区和莒南马鬐山市级自然保护区等；36.5%的自然保护区办公用房面积为 20～500 平方米，如莱州大基山省级自然保护区、胶州艾山地质遗迹省级自然保护区和十八盘市级自然保护区等；34.9%的自然保护区办公用房面积为 545～1 600 平方米，如山东长岛国家级自然保护区、山东黄河三角洲国家级自然保护区和山东南四湖省级自然保护区等；12.7%的自然保护区办公用房面积为 2 500～6 940 平方米，如山东山旺古生物化石国家级自然保护区、青岛崂山省级自然保护区和泰山省级自然保护区等。山东省自然保护区办公用房面积分布状况如图 3-4-10 所示。

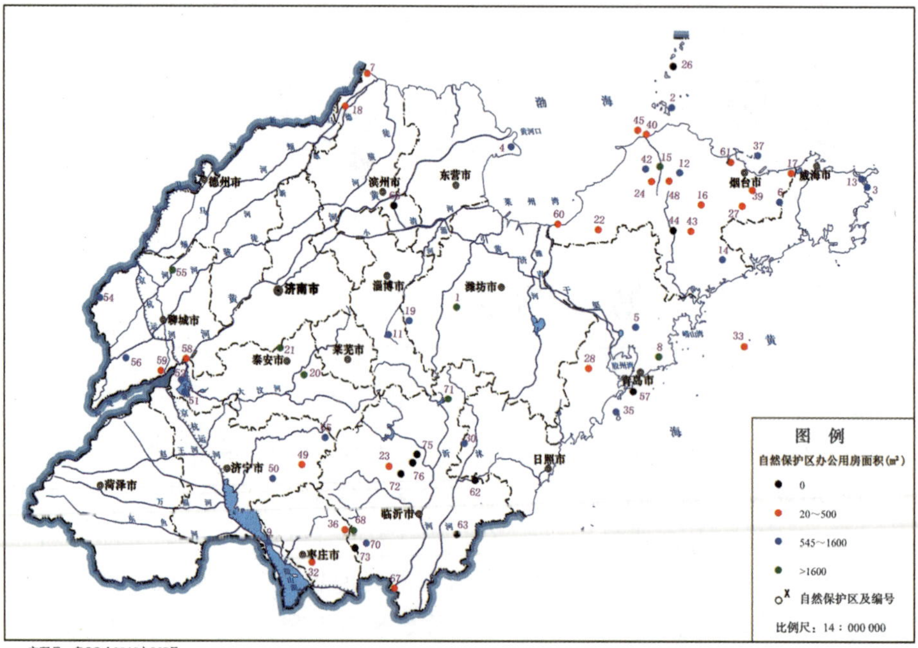

审图号：鲁SG（2018）067号

图 3-4-10 山东省自然保护区办公用房面积分布状况

山东省自然保护区办公用房面积以省级自然保护区居多。根据 63 个自然保护区调查资料统计，国家级、省级、市级和县级自然保护区办公用房面积分别为 8 835 平方米、31 044 平方米、9 712 平方米和 9 410 平方米，分别占自然保护区办公用房总面积的 15.0%、52.6%、16.5%和 15.9%。85.7%的国家级自然保护区办公用房面积为 500～1464 平方米，14.3%的国家级自然保护区办公用房面积为 3 600 平方米。6.5%的省级自然保护区办公用房面积为 0，48.4%的省级自然保护区办公用房面积为 20～500 平方米，22.6%的省级自然保护区办公用房面积600～1 000平方米之间，22.6%的省级自然保护区办公用房面积为1 200～6 940平方米。20%的市级自然保护区办公用房面积为0，40%的市级自然保护区办公用房面积为36～420平方米，40%的市级自然保护区办公用房面积为800～2 580平方米。50%的县级自然保护区办公用房面积为0，30%的县级自然保护区办公用房面积为100～1 200平方米，20%的县级自然保护区办公用房面积为2 710～4 800平方米。

山东省自然保护区编制定员人均办公用房面积为17.4平方米。根据49个自然保护区调查资料统计，55.1%的自然保护区编制定员人均办公用房面积为0.6～20.6平方米，22.4%的自然保护区编制定员人均办公用房面积为25～50平方米，24.5%的自然保护区编制定员人均办公用房面积为65～150平方米，2%的自然保护区编制定员人均办公用房面积为514.3平方米。

第五节 自然保护区土地权属

一、自然保护区功能区土地权属状况

1. 自然保护区土地权属管理要求

自然保护区土地权属是影响自然保护区管理效能的重要因素。由于自然保护区是在强大的人口资源压力和抢救性保护政策下建立起来的，部分自然保护区土地确权工作滞后，土地权属不清，影响了自然保护区的管理。按照《国家级自然保护区规范化建设和管理导则(试行)》(环函〔2009〕195号)和《山东省省级自然保护区规范化建设和管理导则(试行)》(鲁环函〔2013〕161号)的要求，自然保护区土地权属应明确清晰、没有纠纷。自然保护区管理机构应尽可能拥有自然保护区核心区的土地或水域使用权。未取得土地或水域使用权的，自然保护区管理机构应与使用权人签有协议，规定土地或水域使用方向以及有利于保护的生产方式。分析评估自然保护区土地权属状况一般采用自然保护区国有土地、集体土地和保护区拥有管理权的土地面积等指标。

2. 自然保护区功能区土地权属状况

山东省70%以上的自然保护区土地权属清晰。根据73个自然保护区调查资料统计，山东省53个自然保护区土地权属清晰，占调查统计自然保护区总数的72.6%。自然保护区国有土地分布在37个核心区、24个缓冲区和22个实验区，其面积分别为95 625公顷、69 825公顷和109 757公顷。自然保护区集体土地分布在25个核心区、27个缓冲区和32个实验区，其面积分别为91 553公顷、94 309公顷和165 942公顷。自然保护区拥有管理权的土地分布在42个核心区、33个缓冲区和34个实验区，其面积分别为87 635公顷、620 681公顷和106 230公顷。自然保护区核心区、缓冲区和实验区的国有土地、集体土地与拥有管理权的土地分布状况详见表3-5-1。

表 3-5-1　　山东省自然保护区土地权属状况调查统计表

自然保护区	国有土地		集体土地		保护区拥有管理权的土地	
	数量(个)	面积(公顷)	数量(个)	面积(公顷)	数量(个)	面积(公顷)
核心区	37	95 625	25	91 553	42	87 635
缓冲区	24	69 825	27	94 309	33	62 069
实验区	22	109 757	32	165 942	34	106 230

3. 自然保护区核心区土地权属状况

37 个自然保护区核心区分布有国有土地。据调查，37 个自然保护区核心区国有土地面积 95 625 公顷，单个自然保护区核心区国有土地分布面积为 7～40 693 公顷。21.6%的自然保护区核心区国有土地分布面积为 7～80 公顷，如荣成成山头省级自然保护区、胶州艾山地质遗迹省级自然保护区和莱阳老寨山省级自然保护区等；48.6%的自然保护区核心区国有土地分布面积为 120～1 000 公顷，如蓬莱艾山省级自然保护区、栖霞牙山省级自然保护区和招远罗山省级自然保护区等；18.9%的自然保护区核心区国有土地分布面积为 1 464～4 911 公顷，如烟台福山银湖湿地省级自然保护区、莒南马鬐山市级自然保护区和大泽山省级自然保护区等；10.8%的自然保护区核心区国有土地分布面积在5 806～40 693 公顷之间，如山东黄河三角洲国家级自然保护区、青岛崂山省级自然保护区和山东莱州湾湿地市级自然保护区等。山东省自然保护区核心区国有土地分布状况如图 3-5-1 所示。

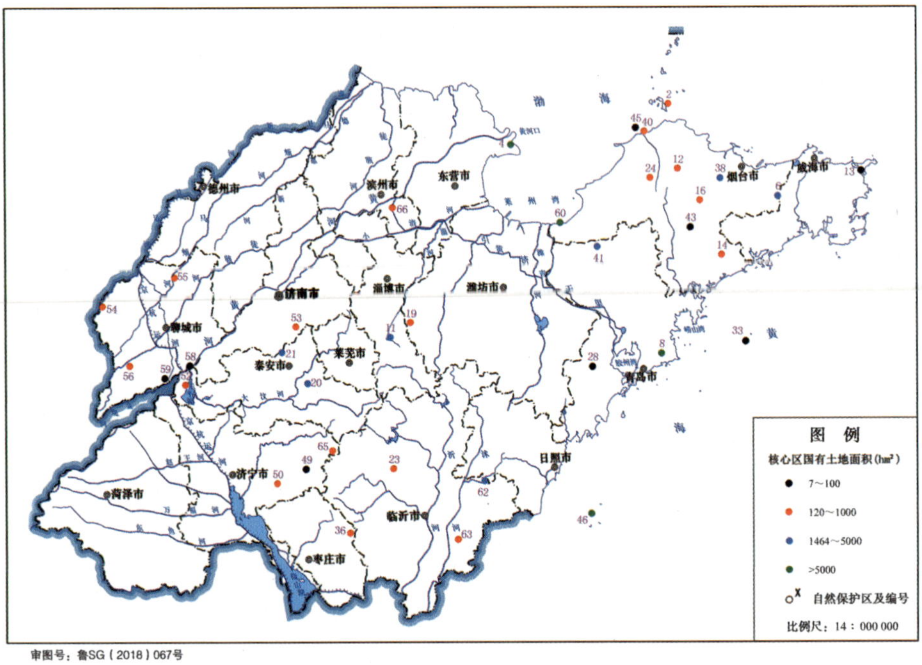

图 3-5-1　山东省自然保护区核心区国有土地分布状况

25 个自然保护区核心区分布有集体土地。据调查，25 个自然保护区核心区集体土地面积为 91 553 公顷，单个自然保护区核心区集体土地分布面积为 15～45 107 公顷。8%的自然保护区核心区集体土地分布面积为 15～20 公顷，即阳谷县景阳冈市级自然保护区和马谷山地质遗迹省级自然保护区；48%的自然保护区核心区集体土地分布面积为 150～644 公顷，如海阳招虎山省级自然保护区、徂徕山省级自然保护区和胶南灵山岛省级自然保护区等；36%的自然保护区核心区集体土地分布面积为 1 058～3 799 公顷，如山东昆嵛山国家级自然保护区、龙口之莱山省级自然保护区和莱州大基山省级自然保护区等；12%的自然保护区核心区集体土地分布面积为 5 664～45 107 公顷，如山东南四湖省级自然保护区、栖霞牙山省级自然保护区和东平湖湿地市级自然保护区等。山东省自然保护区核心区集体土地分布状况如图 3-5-2 所示。

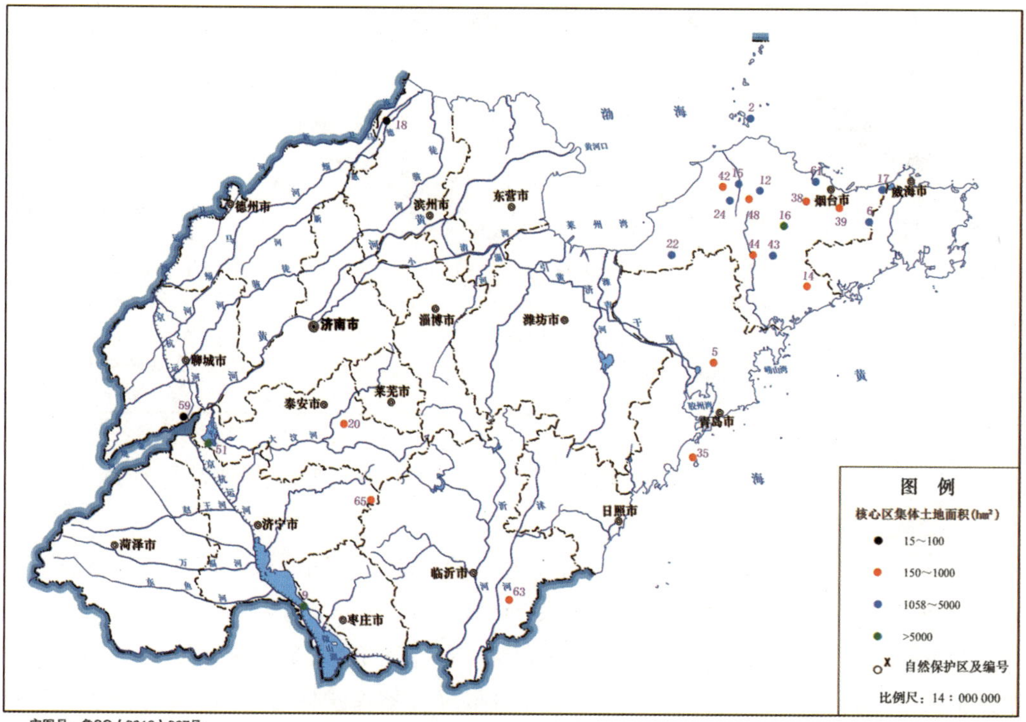

审图号：鲁SG（2018）067号

图 3-5-2　山东省自然保护区核心区集体土地分布状况

42 个自然保护区核心区分布拥有管理权的土地。据调查，42 个自然保护区核心区拥有管理权的土地面积为 87 635 公顷，单个自然保护区核心区拥有管理权的土地面积为 11～18 726 公顷。19.0%的自然保护区核心区拥有管理权的土地面积为11～83 公顷，如胶州艾山地质遗迹省级自然保护区、海阳千里岩岛省级自然保护区和龙口依岛省级自然保护区等；47.6%的自然保护区核心区拥有管理权的土地面积为120～950 公顷，如山东山旺古生物化石国家级自然保护区、马山国家级自然保护区和海阳招虎山省级自然保护区等；21.4%的自然保护区核心区拥有管理权的土地面积为1 147～4 911 公顷，如蓬莱艾山省级自然保护区、泰山省级自然保护区和烟台福山银湖湿地省级自然保护区等；

11.9%的自然保护区核心区拥有管理权的土地面积为5 664～18 726 公顷，如山东黄河三角洲国家级自然保护区、山东昆嵛山国家级自然保护区和栖霞牙山省级自然保护区等。山东省自然保护区核心区拥有管理权的土地面积分布状况如图 3-5-3 所示。

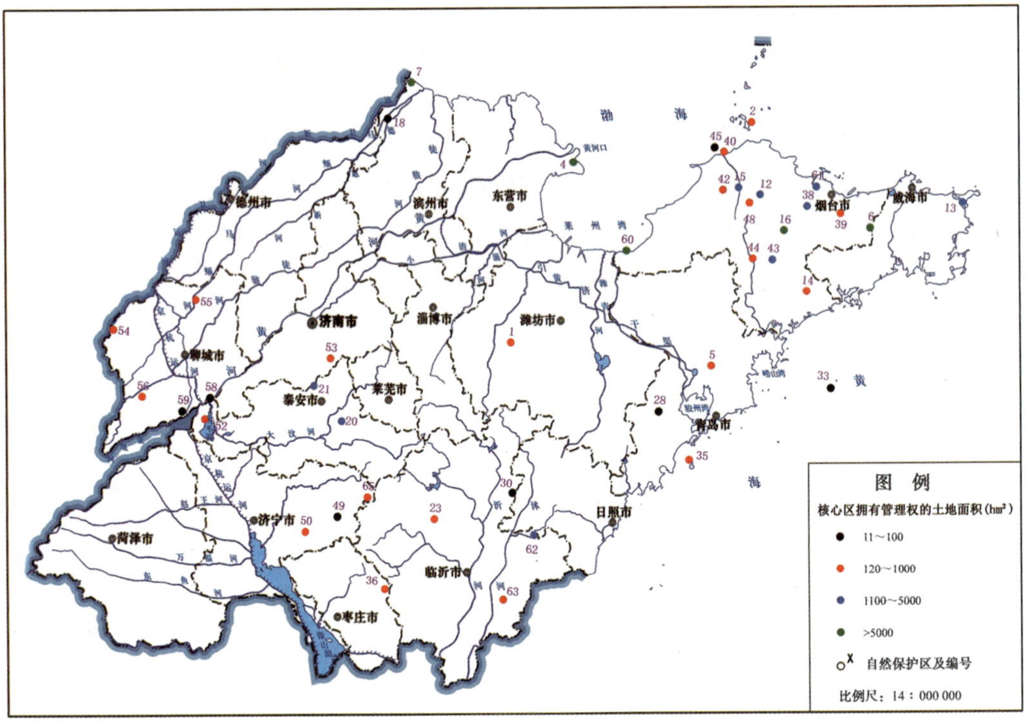

审图号：鲁SG（2018）067号

图 3-5-3 山东省自然保护区核心区拥有管理权的土地面积分布状况

4. 自然保护区缓冲区土地权属状况

24 个自然保护区缓冲区分布有国有土地。据调查，24 个自然保护区缓冲区国有土地面积为 69 825 公顷，单个自然保护区缓冲区国有土地分布面积为 18～31 200 公顷。25%的自然保护区缓冲区国有土地分布面积为 18～100 公顷，如浮来山地质遗迹省级自然保护区、莱阳老寨山省级自然保护区和峄山市级自然保护区等；37.5%的自然保护区缓冲区国有土地分布面积为 165～832 公顷，如枣庄抱犊崮省级自然保护区、烟台福山银湖湿地省级自然保护区和十八盘市级自然保护区等；25%的自然保护区缓冲区国有土地分布面积为 1 140～4 532 公顷，如山东昆嵛山国家级自然保护区、青州仰天山省级自然保护区和徂徕山省级自然保护区等；12.5%的自然保护区缓冲区国有土地分布面积为 8 888～31 200 公顷，如山东黄河三角洲国家级自然保护区、青岛崂山省级自然保护区和日照市前三岛市级自然保护区等。山东省自然保护区缓冲区国有土地面积分布状况如图 3-5-4 所示。

27 个自然保护区缓冲区分布有集体土地。据调查，27 个自然保护区缓冲区集体土地面积为 94 309 公顷，单个自然保护区缓冲区集体土地分布面积为 2～40 359 公顷。3.7%的自然保护区缓冲区集体土地分布面积为 2.2 公顷，即阳谷县景阳冈市级自然保护区；33.3%的自然保护区缓冲区集体土地分布面积为 354～800 公顷，如临沂大青山省级自然保护区、枣庄抱犊崮省级自然保护区和莱山围子山省级自然保护区等；51.9%的自然保护区缓冲区集体土地分布面积为 1 068～4 196 公顷，如山东昆嵛山国家级自然保护区、蓬莱艾山省级自然保护区和海阳招虎山省级自然保护区等；11.1%的自然保护区缓冲区集体土地分布面积为 5 253～40 359 公顷，如山东南四湖省级自然保护区、栖霞牙山省级自然保护区和东阿县鱼山市级自然保护区等。山东省自然保护区缓冲区集体土地面积分布状况如图 3-5-5 所示。

33 个自然保护区缓冲区分布拥有管理权的土地。据调查，33 个自然保护区缓冲区拥有管理权的土地面积为 62 069 公顷，单个自然保护区缓冲区拥有管理权的土地分布面积为 2～13 559 公顷。12.1%的自然保护区缓冲区拥有管理权的土地分布面积为 2～92 公顷，如浮来山地质遗迹省级自然保护区、龙口依岛省级自然保护区和峄山市级自然保护区等；42.4%的自然保护区缓冲区拥有管理权的土地分布面积为180～950 公顷，如枣庄抱犊崮省级自然保护区、莱山围子山省级自然保护区和龙口黄水河河口湿地省级自然保护区等；39.4%的自然保护区缓冲区拥有管理权的土地分布面积为 1 086～4 532 公顷，如山东黄河三角洲国家级自然保护区、山东昆嵛山国家级自然保护区和海阳招虎山省级自然保护区等；6.1%的自然保护区缓冲区拥有管理权的土地分布面积为6 157～1 356 公顷，如滨州贝壳堤岛与湿地国家级自然保护区和栖霞牙山省级自然保护区等。山东省自然保护区缓冲区拥有管理权的土地面积分布状况如图 3-5-6 所示。

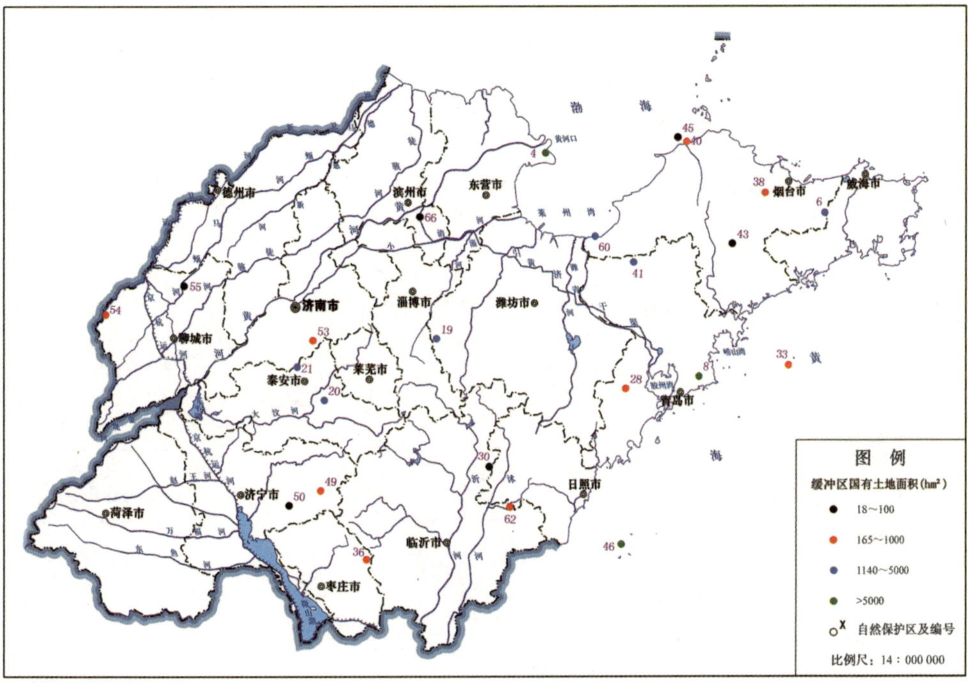

审图号：鲁SG（2018）067号

图 3-5-4　山东省自然保护区缓冲区国有土地面积分布状况

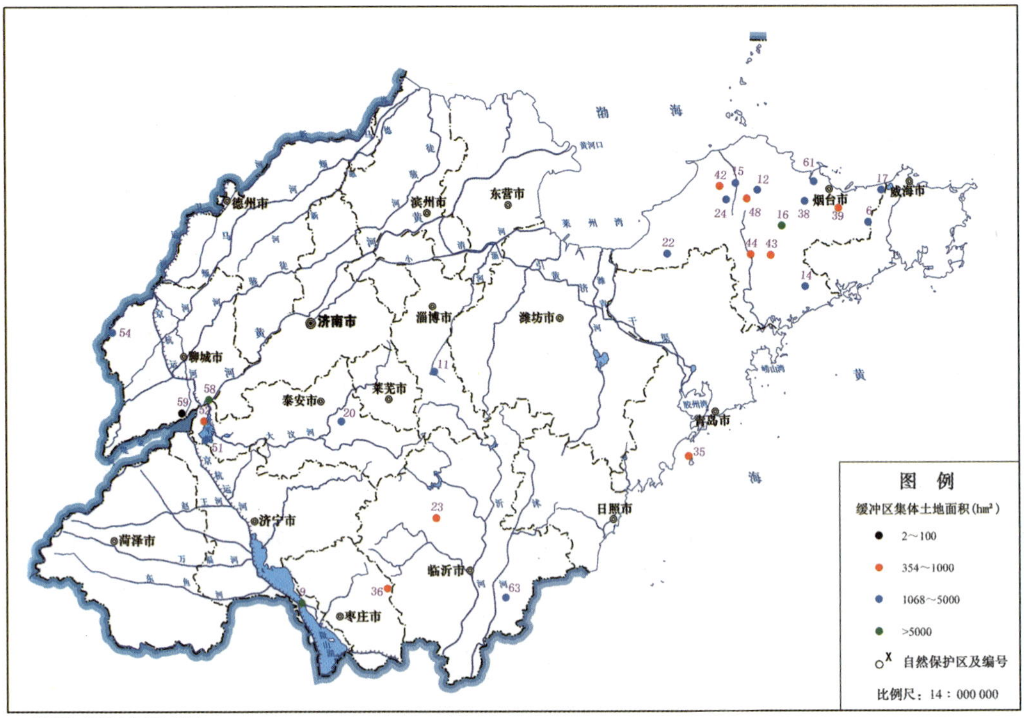

审图号：鲁SG（2018）067号

图 3-5-5 山东省自然保护区缓冲区集体土地面积分布状况

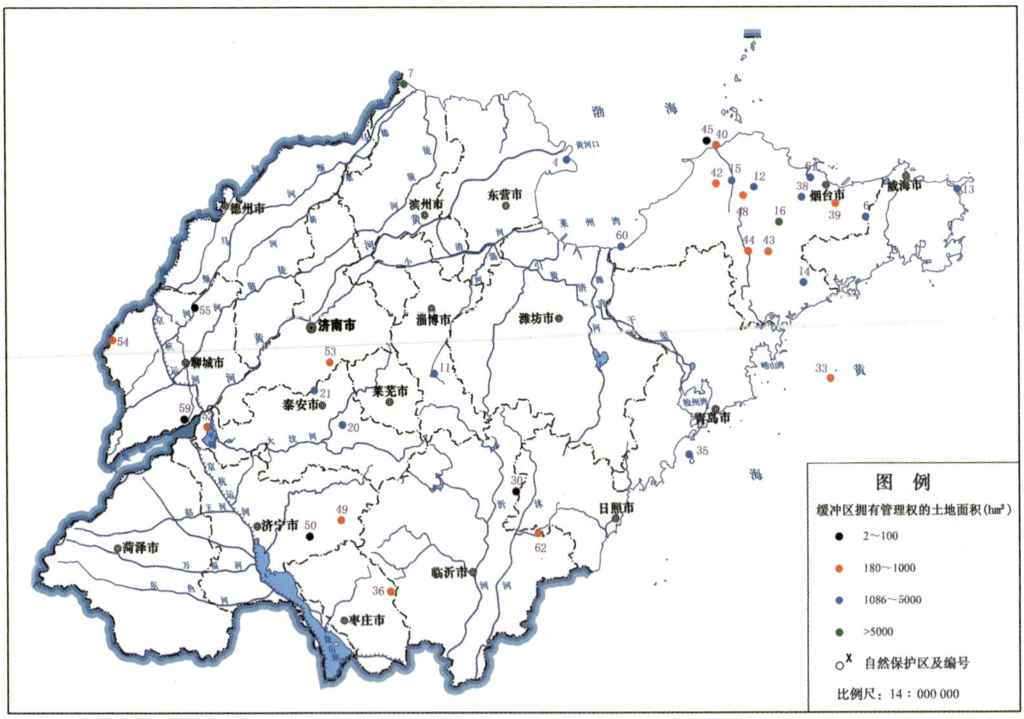

审图号：鲁SG（2018）067号

图 3-5-6 山东省自然保护区缓冲区拥有管理权的土地面积分布状况

5. 自然保护区实验区土地权属状况

22 个自然保护区实验区分布有国有土地。据调查，22 个自然保护区实验区国有土地面积为 109 757 公顷，单个自然保护区实验区国有土地分布面积为 45～82 349 公顷。18.2%的自然保护区实验区国有土地分布面积为 45～90 公顷，如栖霞牙山省级自然保护区、莱阳老寨山省级自然保护区和龙口依岛省级自然保护区等；36.4%的自然保护区实验区国有土地分布面积为 120～800 公顷，如山东昆嵛山国家级自然保护区、青州仰天山省级自然保护区和莱州大基山省级自然保护区等；40.1%的自然保护区实验区国有土地分布面积为 1 122～4 418 公顷，如徂徕山省级自然保护区、泰山省级自然保护区和海阳千里岩岛省级自然保护区等；4.5%的自然保护区实验区国有土地分布面积为 82 348 公顷，即山东黄河三角洲国家级自然保护区。山东省自然保护区实验区国有土地面积分布状况如图 3-5-7 所示。

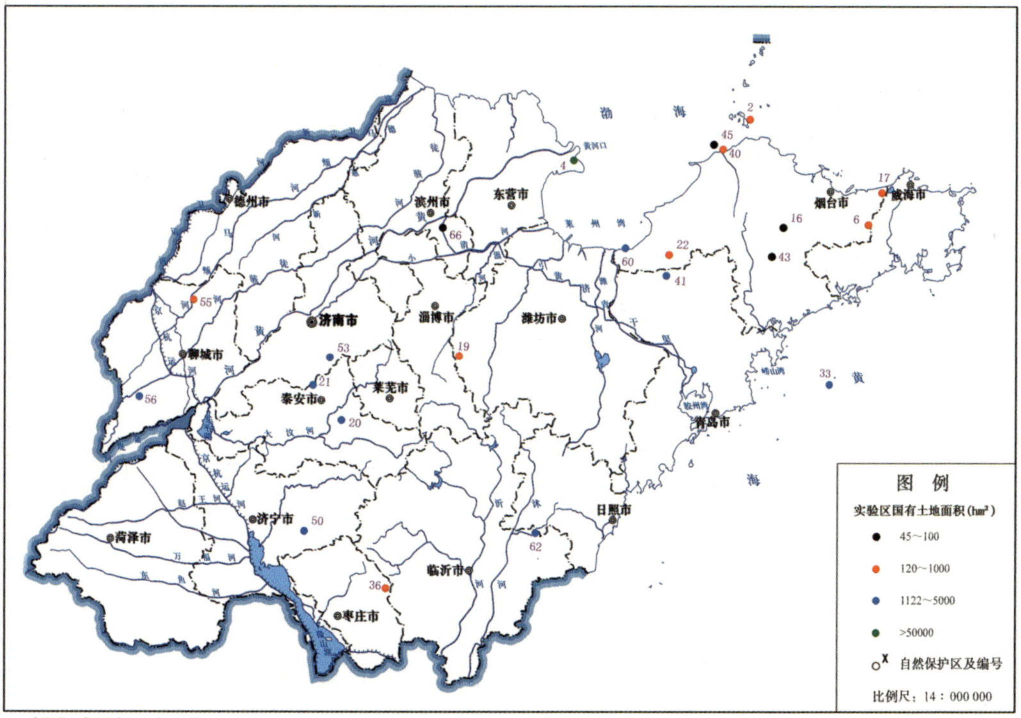

审图号：鲁SG（2018）067号

图 3-5-7 山东省自然保护区实验区国有土地面积分布状况

32 个自然保护区实验区分布有集体土地。据调查，32 个自然保护区实验区集体土地面积为 165 942 公顷，单个自然保护区实验区集体土地分布面积为 4～42 081 公顷。34.4%的自然保护区实验区集体土地分布面积为 4～1 000 公顷，如马山国家级自然保护区、胶南灵山岛省级自然保护区和枣庄抱犊崮省级自然保护区等；40.6%的自然保护区实验区集体土地分布面积变化范围为 1 100～4 575 公顷，如蓬莱艾山省级自然保护区、龙口之莱山省级自然保护区和徂徕山省级自然保护区等；15.6%的自然保护区实验区集体分布土地面积变化范围为 5 017～9 513 公顷，如栖霞牙山省级自然保护区、东平湖湿地市级自然保护区和冠县西沙河林场市级自然保护区等；9.4%的自然保护区实验区集体土地分布面积为16 816～42 081 公顷，如青岛崂山省级自然保护区、山东南四湖省级自然保护区等。山东省自然保护区实验区集体土地面积分布状况如图 3-5-8 所示。

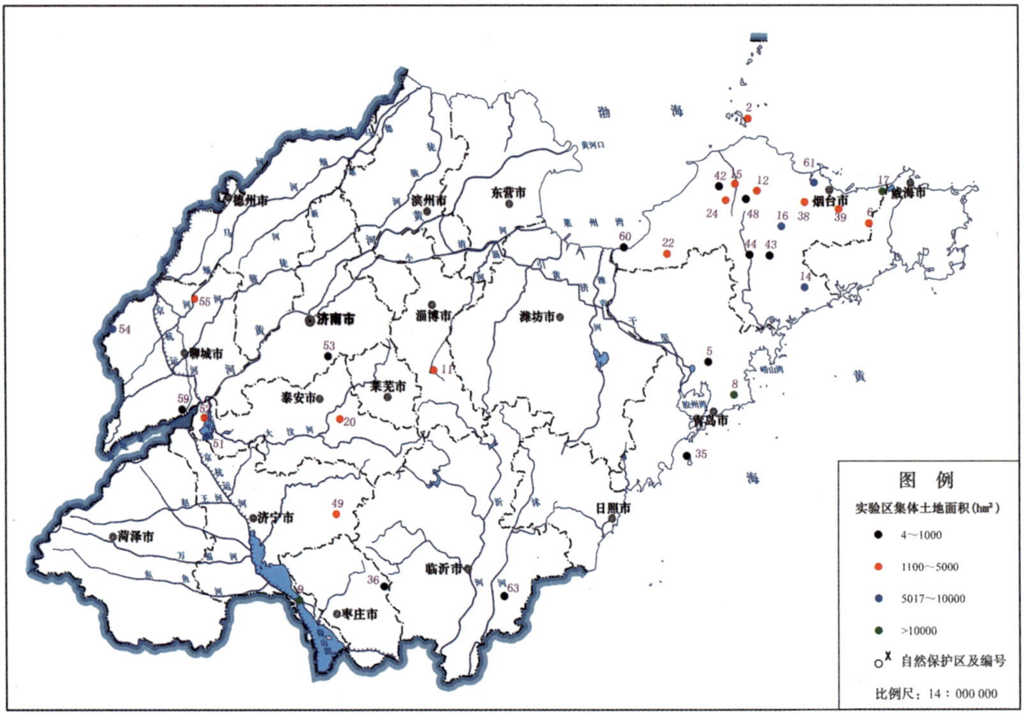

审图号：鲁SG（2018）067号

图 3-5-8　山东省自然保护区实验区集体土地面积分布状况

34 个自然保护区实验区拥有管理权的土地分布。据调查，34 个自然保护区实验区拥有管理权的土地面积为 106 230 公顷，单个自然保护区实验区拥有管理权的土地面积为4～31 735 公顷。5.9%的自然保护区实验区拥有管理权的土地面积为4～47 公顷，如龙口依岛省级自然保护区、山东莱州湾湿地市级自然保护区等；38.2%的自然保护区实验区拥有管理权的土地面积为 120～1 000 公顷，如莱州大基山省级自然保护区、浮来山地质遗迹省级自然保护区和枣庄抱犊崮省级自然保护区等；41.2%的自然保护区实验区拥有管理权的土地面积为 1 110～4 575 公顷，如山东黄河三角洲国家级自然保护区、山东昆嵛山国家级自然保护区和荣成成山头省级自然保护区等；14.7%的自然保护区实验区拥有管理权的土地面积为 5 020～31 740 公顷，如滨州贝壳堤岛与湿地国家级自然保护区、海阳招虎山省级自然保护区和烟台市大沽夹河湿地市级自然保护区等。山东省自然保护区实验区拥有管理权的土地面积分布状况如图 3-5-9 所示。

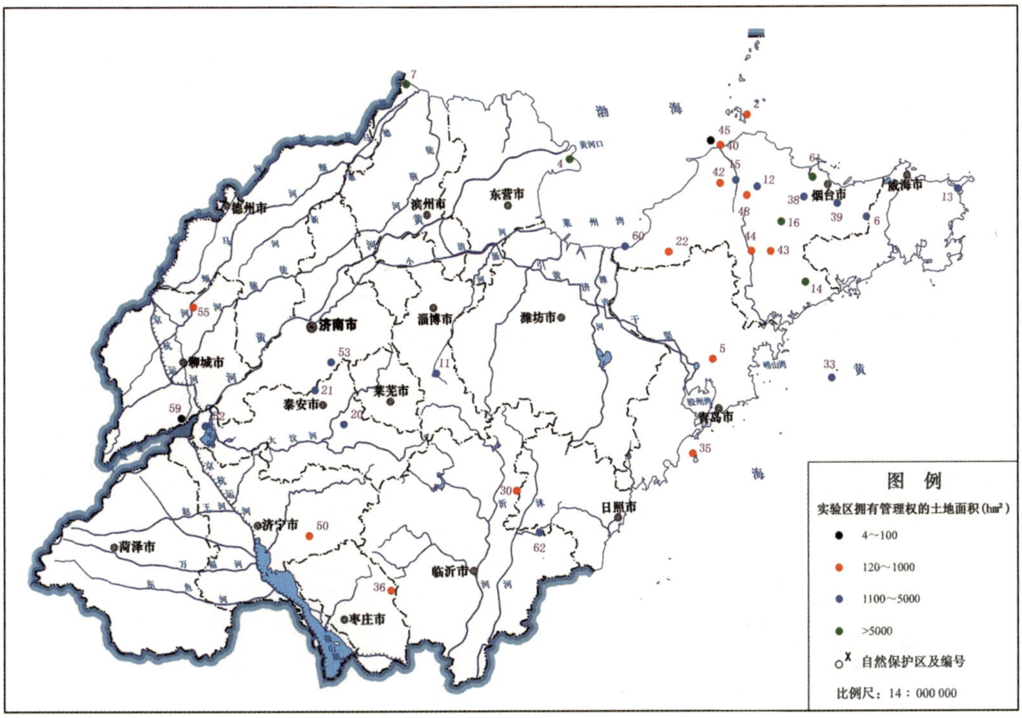

审图号：鲁SG（2018）067号

图 3-5-9　山东省自然保护区实验区拥有管理权的土地面积分布状况

二、各级自然保护区土地权属状况

山东省 85%的国家级自然保护区土地权属清晰，土地权属以国有土地为主。山东省 57 个土地权属清晰的自然保护区调查统计资料表明(见表 3-5-1)，6 个国家级自然保护区土地权属清晰，占全省国家级自然保护区总数的 85.7%。6 个国家级自然保护区核心区、缓冲区和实验区的面积分别为 83 152 公顷、29 273 公顷和 105 442 公顷。国家级自然保护区核心区国有土地、集体土地与拥有管理权的土地面积占 6 个国家级自然保护区核心区总面积的比例分别为 52.7%、5.9%和 49.8%。缓冲区国有土地、集体土地与拥有管理权的土地面积占 6 个国家级自然保护区缓冲区总面积的比例分别为 42.3%、11.4%和 69.8%。实验区国有土地、集体土地与拥有管理权的土地面积占 6 个国家级自然保护区实验区总面积的比例分别为 78.9%、7.4%和 48.6%。

山东省 75%以上的省级自然保护区土地权属清晰，土地权属以集体土地为主。山东省 57 个土地权属清晰的自然保护区调查统计资料表明(见表 3-5-1)，29 个省级自然保护区土地权属清晰，占全省省级自然保护区总数的 76.3%。29 个省级自然保护区核心区、缓冲区和实验区的面积分别为 103 220 公顷、97 572 公顷和 143 129 公顷。省级自然保护区核心区国有土地、集体土地与拥有管理权的土地面积占 29 个省级自然保护区核心区总面积的比例分别为 29.5%、67.6%和 31.5%。缓冲区国有土地、集体土地与拥有管理权的土地面积占 29 个省级自然保护区缓冲区总面积的比例分别为 20.4%、76.5%和

33.1%。实验区国有土地、集体土地与拥有管理权的土地面积占实验区总面积的比例分别为 8.6%、86.7%和 27.4%。

表 3-5-1 山东省各级自然保护区土地权属状况调查统计表

自然保护区级别		国家级	省级	市级	县级
土地权属清晰的自然保护区数量(个)		6	29	16	2
核心区	国有土地(公顷)	43 847	30 566	20 881	330
	集体土地(公顷)	4 912	69 775	16 717	150
	拥有管理权的土地(公顷)	41 401	32 302	13 663	270
缓冲区	国有土地(公顷)	12 373	19 970	37 422	60
	集体土地(公顷)	3 341	74 618	16 350	
	拥有管理权的土地(公顷)	20 427	32 317	9 324	
实验区	国有土地(公顷)	83 223	12 329	14 115	90
	集体土地(公顷)	7 773	124 152	34 017	
	拥有管理权的土地(公顷)	51 297	39 184	15 750	

山东省 80%以上的市级自然保护区土地权属清晰,土地权属构成国有土地与集体土地比例相当。山东省 57 个土地权属清晰的自然保护区调查统计资料表明(见表 3-5-1),16 个市级自然保护区土地权属清晰,占全省市级自然保护区总数的 84.2%。16 个市级自然保护区核心区、缓冲区和实验区的面积分别为 37 598 公顷、53 772 公顷和 48 131 公顷。市级自然保护区核心区国有土地、集体土地与拥有管理权的土地面积占 16 个市级自然保护区核心区总面积的比例分别为 55.6%、44.5%和 36.3%。缓冲区国有土地、集体土地与拥有管理权的土地面积占 16 个市级自然保护区缓冲区总面积的比例分别为 69.6%、30.4%和 17.3%。实验区国有土地、集体土地与拥有管理权的土地面积占 16 个市级自然保护区实验区总面积的比例分别为 29.3%、70.7%和 32.7%。

山东省 16%的县级自然保护区土地权属清晰。山东省 57 个土地权属清晰的自然保护区调查统计资料表明(见表 3-5-1),2 个县级自然保护区土地权属清晰,占县级自然保护区总数的 16.7%。2 个县级自然保护区核心区、缓冲区和实验区的面积分别为 480 公顷、60 公顷和 90 公顷。核心区国有土地、集体土地与拥有管理权的土地面积占 2 个县级自然保护区核心区总面积的比例分别为 68.8%、31.3%和 56.3%。缓冲区国有土地占缓冲区总面积的比例为 100%,实验区国有土地面积占实验区总面积的比例为 100%。

三、各类自然保护区土地权属状况

山东省近 79%的森林生态类自然保护区土地权属清晰,土地权属以集体土地为主。山东省 57 个土地权属清晰的自然保护区调查统计资料表明(见表 3-5-2),30 个森林生态类自然保护区土地权属清晰,占全省森林生态类自然保护区总数的 78.9%。30 个森林生态类自然保护区核心区、缓冲区、实验区的面积分别为 77 860 公顷、66 931 公顷和 126 765 公顷。森林生态类自然保护区核心区国有土地、集体土地与拥有管理权的土地面积占 30 个森林生态类自然保护区核心区面积的比例分别为 46.6%、36.5%和 49.1%。缓冲区国有土地、集体土地与拥有管理权的土地面积占 30 个森林生态类自然保护区缓冲区总面积的比例分别为 31.5%、68.7%和 49.3%。实验区国有土地、集体土地与拥有管理权的土地面积占 30 个森林生态类自然保护区实验区总面积的比例分别为 17.5%、79.3%和 33.6%。

山东省 80%以上的内陆湿地类自然保护区土地权属清晰，土地权属以国有土地为主。山东省 57 个土地权属清晰的自然保护区调查统计资料表明(见表 3-5-2)，9 个内陆湿地类自然保护区土地权属清晰，占全省内陆湿地类自然保护区总数的 81.8%。9 个内陆湿地类自然保护区核心区、缓冲区、实验区的面积分别为 128 747 公顷、64 295 公顷和 146 889 公顷。内陆湿地类自然保护区核心区国有土地、集体土地与拥有管理权的土地面积占 9 个内陆湿地类自然保护区核心区面积的比例分别为 45.6%、47.8%和 23.2%。缓冲区国有土地、集体土地与拥有管理权的土地面积占 9 个内陆湿地类自然保护区缓冲区面积的比例分别为 25.4%、74.6%和 18.6%。实验区国有土地、集体土地与拥有管理权的土地面积占 9 个内陆湿地类自然保护区实验区面积的比例分别为 58.3%、41.7%和 30%。

山东省 70%上的海洋海岸类自然保护区土地权属清晰，土地权属以拥有管理权的土地居多。山东省 57 个土地权属清晰的自然保护区调查统计资料表明(见表 3-5-2)，5 个海洋海岸类自然保护区土地权属清晰，占全省海洋海岸类自然保护区总数的 71.4%。5 个海洋海岸类自然保护区核心区、缓冲区、实验区的面积分别为 28 612 公顷、48 901 公顷和18 298 公顷。海洋海岸类自然保护区核心区国有土地、集体土地与拥有管理权的土地面积占 5 个海洋海岸类自然保护区核心区总面积的比例分别为 35.4%、0.6%和 65.2%。缓冲区国有土地、集体土地与拥有管理权的土地面积占 5 个海洋海岸类自然保护区缓冲区总面积的比例分别为 64.2%、0.7%和 34.7%。实验区国有土地、集体土地与拥有管理权的土地面积占 5 个海洋海岸类自然保护区实验区总面积的比例分别为 8.5%、1.2%和 98.8%。

山东省 80%上的地质遗迹类自然保护区土地权属清晰，土地权属以集体土地为主。山东省 57 个土地权属清晰的自然保护区调查统计资料表明(见表 3-5-2)，5 个地质遗迹类自然保护区土地权属清晰，占全省地质遗迹类自然保护区总数的 83.3%。5 个地质遗迹类自然保护区核心区、缓冲区、实验区的面积分别为 676 公顷、975 公顷和 945 公顷。地质遗迹类自然保护区核心区国有土地、集体土地与拥有管理权的土地面积占 5 个地质遗迹类自然保护区核心区土地面积的比例分别为 4.2%、39.3%和 72.9%。缓冲区国有土地、集体土地与拥有管理权的土地面积占 5 个地质遗迹类自然保护区缓冲区面积的比例分别为 97.1%、0%和 12.3%。实验区国有土地、集体土地与拥有管理权的土地面积占5 个地质遗迹类自然保护区实验区土地面积的比例分别为 5%、55.9%和 86.5%。

表 3-5-2　山东省各类自然保护区土地权属情况统计表

自然保护区类型	土地权属清晰的自然保护区数量(个)	核心区			缓冲区			实验区		
		国有土地(公顷)	集体土地(公顷)	拥有管理权的土地(公顷)	国有土地(公顷)	集体土地(公顷)	拥有管理权的土地(公顷)	国有土地(公顷)	集体土地(公顷)	拥有管理权的土地(公顷)
森林生态	30	36 320	23 433	38 226	21 057	46 013	32 991	22 209	100 466	42 616
内陆湿地	9	58 691	61 600	29 917	16 355	47 940	11 975	85 698	61 191	43 995
海洋海岸	5	10 059	130	18 664	31 407	355	16 982	1 564	231	18 084
野生动物	2	485	1 059	275	60			239	3 521	149
野生植物	1	25	15	40		2	2		5	5
地质遗迹	5	44	266	266	947		120	47	528	817
古生物遗迹				120						

第六节 自然保护区人口

一、自然保护区人口数量与分布

自然保护区人类活动是影响自然保护区建设与管理效能的重要因素。按照《中华人民共和国自然保护区条例》规定，核心区内禁止任何单位和个人进入，缓冲区内只准进入从事科研观测活动，实验区内开展的开发建设活动，不得影响其功能、破坏其自然资源或景观。表征自然保护区人口状况的指标主要是自然保护区核心区、缓冲区和实验区的户籍人口数量，以及与自然保护区有直接关系人口数量。与自然保护区有直接关系人口数量是指不在自然保护区内居住，但在自然保护区内拥有林地、土地权属的人口数量。

山东省37个自然保护区有人口分布，自然保护区户籍人口数量多在200～4 000人之间变化。根据山东省53个自然保护区调查统计资料，16个自然保护区人口分布数量为0，37个自然保护区有人口分布，分别占山东省自然保护区总数的21.1%和48.7%。自然保护区户籍人口总量为40.4万人。40%以上的自然保护区户籍人口数量在4 000人以下。自然保护区户籍人口数量为200～110 000人。23个自然保护区户籍人口数量为200～4 000人，占山东省有人口分布的自然保护区总数的62.2%，如山东荣成大天鹅国家级自然保护区、山东黄河三角洲国家级自然保护区和海阳招虎山省级自然保护区等；4个自然保护区户籍人口数量为6 326～7 590人，占山东省有人口分布的自然保护区总数的10.8%，如山东昆嵛山国家级自然保护区、胶州艾山地质遗迹省级自然保护区和东平腊山市级自然保护区等；9个自然保护区户籍人口数量为10 080～58 157人，占山东省有人口分布的自然保护区总数的24.3%，如滨州贝壳堤岛与湿地国家级自然保护区、蓬莱艾山省级自然保护区和莒南马鬐山市级自然保护区等；1个自然保护区户籍人口数量达110 000人，占山东省有人口分布的自然保护区总数的2.7%，即东阿县鱼山市级自然保护区。山东省自然保护区人口数量与分布统计结果如图3-6-1所示。

山东省自然保护区户籍人口密度多在100人/平方千米以下。根据山东省37个自然保护区人口调查统计资料，21个自然保护区户籍人口密度为1～100人/平方千米，占有人口分布的自然保护区总数的56.8%，如山东黄河三角洲国家级自然保护区、山东昆嵛山国家级自然保护区和山东南四湖省级自然保护区等；10个自然保护区户籍人口密度为117～858人/平方千米，占全省有人口分布的自然保护区总数的27.0%，如山东长岛国家级自然保护区、蓬莱艾山省级自然保护区和莱山围子山省级自然保护区；6个自然保护区户籍人口密度为1 111～3 600人/平方千米，占全省有人口分布的自然保护区总数的16.2%，如博兴县引黄济青渠首鸟类县级自然保护区、苍山县抱犊崮县级自然保护区和苍山县文峰山县级自然保护区等。山东省自然保护区户籍人口密度分布状况如图3-6-2所示。

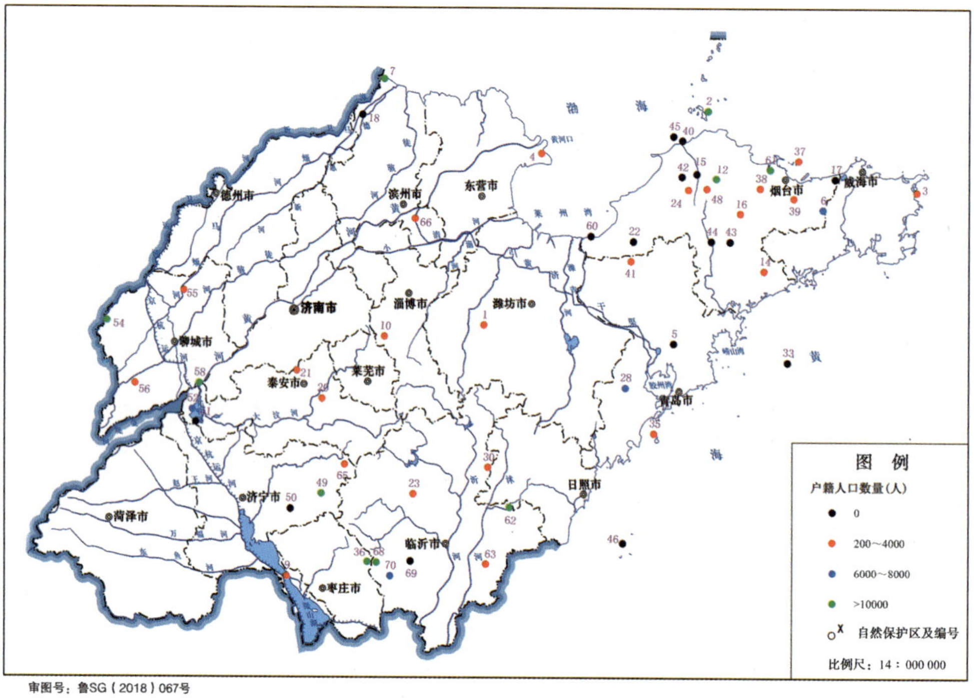

审图号：鲁SG（2018）067号

图 3-6-1 山东省自然保护区人口数量与分布状况

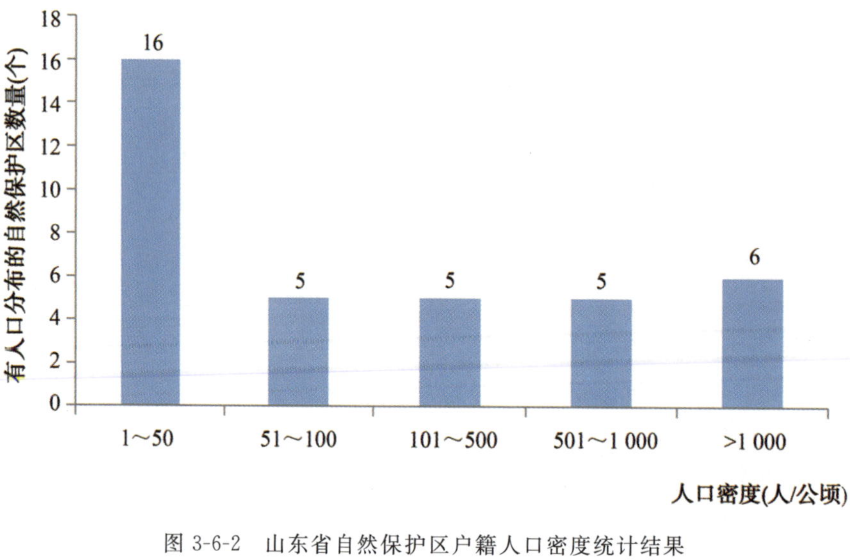

图 3-6-2 山东省自然保护区户籍人口密度统计结果

二、自然保护区功能区人口状况

山东省自然保护区人口主要分布在缓冲区和实验区，核心区相对较少。核心区、缓冲区和实验区的户籍人口数量分别为 5.2 万人、18.1 万人和 17.1 万人，分别占自然保护区户籍人口总数的 12.8%、44.9%和 42.4%。山东省自然保护区功能区户籍人口数量统计情况如图 3-6-3 所示。

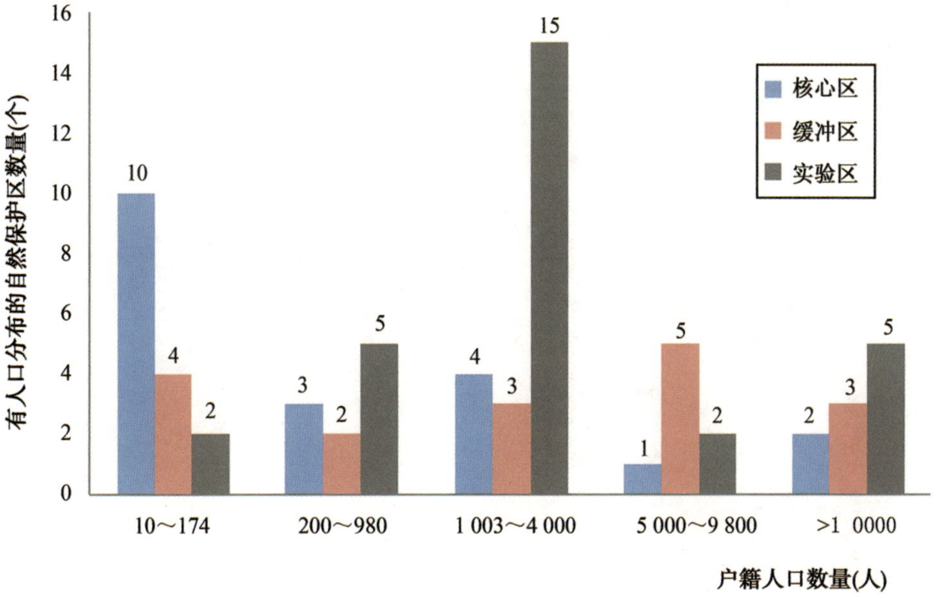

图 3-6-3　山东省自然保护区功能区户籍人口数量统计结果

山东省近 38%的自然保护区核心区有人口分布，户籍人口数量多在 580 人以下。根据山东省 53 个自然保护区调查统计资料，33 个自然保护区核心区无人口分布，20 个自然保护区核心区有人口分布，分别占山东省自然保护区总数的 43.4%和 26.3%。自然保护区核心区户籍人口数量为 10～25 123 人。13 个自然保护区核心区户籍人口数量为 10～580 人，占有人口分布的自然保护区总数的 48.1%，如徂徕山省级自然保护区、临沂大青山省级自然保护区和招远罗山省级自然保护区等；5 个自然保护区核心区户籍人口数量为 1 500～6 700 人，占有人口分布的自然保护区总数的 13.5%，如胶州艾山地质遗迹省级自然保护区、泉林水体县级自然保护区和苍山县抱犊崮县级自然保护区等；东阿县鱼山市级自然保护区和山东长岛国家级自然保护区 2 个自然保护区核心区户籍人口数量分别达到 10 000 人和 25 123 人，二者占有人口分布的自然保护区总数的 5.4%。山东省自然保护区核心区户籍人口数量与分布状况如图 3-6-4 所示。

山东省约 30%的自然保护区缓冲区有人口分布，户籍人口数量多为 1 000～10 000 人。根据山东省 53 个自然保护区调查统计资料，36 个自然保护区缓冲区无人口分布，17 个自然保护区缓冲区有人口分布，分别占山东省自然保护区总数的 47.4%和 22.4%。自然保护区缓冲区户籍人口数量为 85～100 000 人。6 个自然保护区缓冲区户籍人口数量为 85～760 人，占有人口分布的自然保护区总数的 16.2%，如浮来山地质遗迹省级自然保护区、胶南灵山岛省级自然保护区和十八盘市级自然保护区等；8 个自然保护区缓冲区户籍人口数量为 1 180～9 800 人，占有人口分布的自然保护区总数的 21.6%，如滨州贝壳堤岛与湿地国家级自然保护区、蓬莱艾山省级自然保护区和枣庄抱犊崮省级自然保护区等；冠县西沙河林场市级自然保护区、东阿县鱼山市级自然保护区和苍山县抱犊崮县级自然保护区 3 个自然保护区缓冲区户籍人口数量分别为 20 000 人、100 000 人和

14 900人，三者占有人口分布的自然保护区总数的 8.1%。山东省自然保护区缓冲区户籍人口数量与分布状况如图 3-6-5 所示。

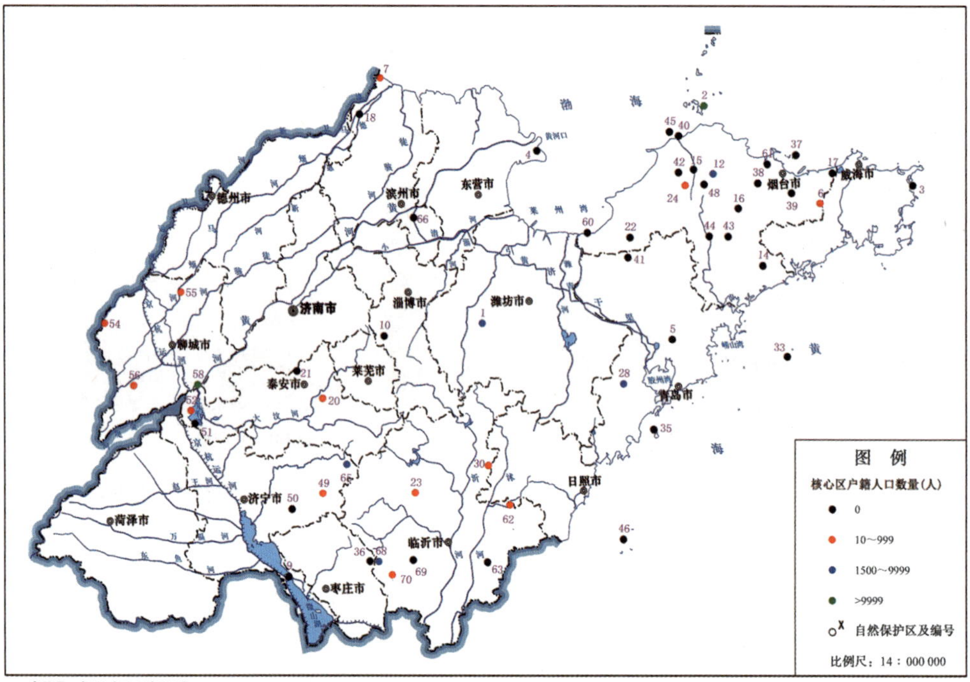

审图号：鲁SG（2018）067号

图 3-6-4 山东省自然保护区核心区户籍人口数量与分布状况

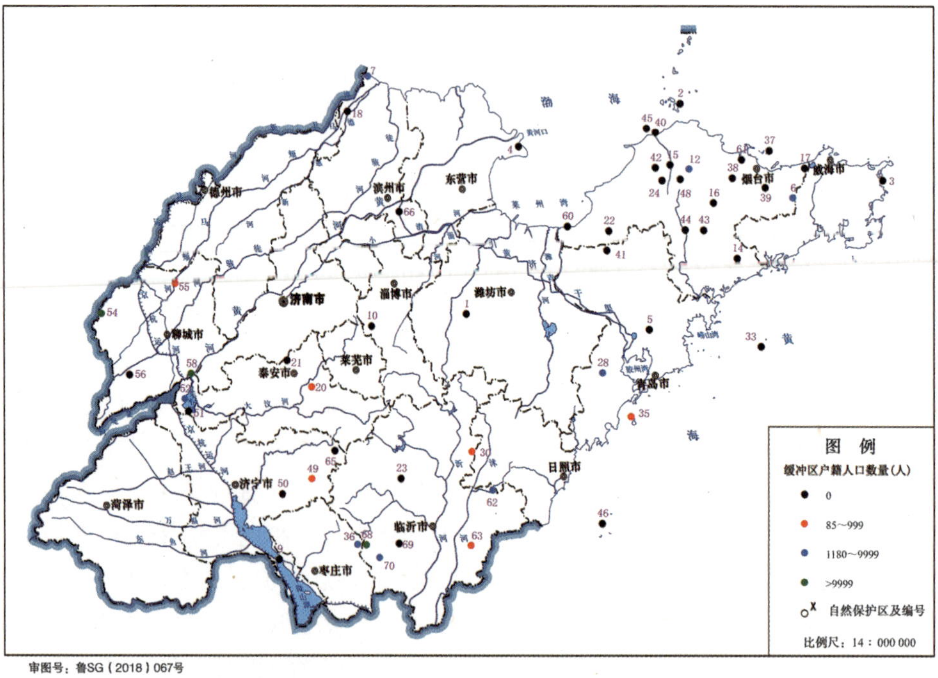

审图号：鲁SG（2018）067号

图 3-6-5 山东省自然保护区缓冲区户籍人口数量与分布状况

山东省近55%的自然保护区实验区有人口分布，户籍人口数量多为1 000～6 700人。根据山东省53个自然保护区调查统计资料，24个自然保护区实验区无人口分布，29个自然保护区实验区有人口分布，分别占山东省自然保护区总数的31.6%和38.1%。自然保护区实验区户籍人口数量为86～38 000人。7个自然保护区实验区户籍人口数量为86～980人，占有人口分布的自然保护区总数的18.9%，如泰山省级自然保护区、烟台福山银湖湿地省级自然保护区和高唐县清平林场市级自然保护区等；17个自然保护区实验区户籍人口数量变化范围为1 003～6 683人，占有人口分布的自然保护区总数的45.9%，如山东黄河三角洲国家级自然保护区、滨州贝壳堤岛与湿地国家级自然保护区和招远罗山省级自然保护区等；5个自然保护区实验区户籍人口数量为12 000～38 000人，占有人口分布的自然保护区总数的13.5%，如山东长岛国家级自然保护区、枣庄抱犊崮省级自然保护区和栖霞崮山市级自然保护区等。山东省自然保护区实验区户籍人口数量与分布状况如图3-6-6所示。

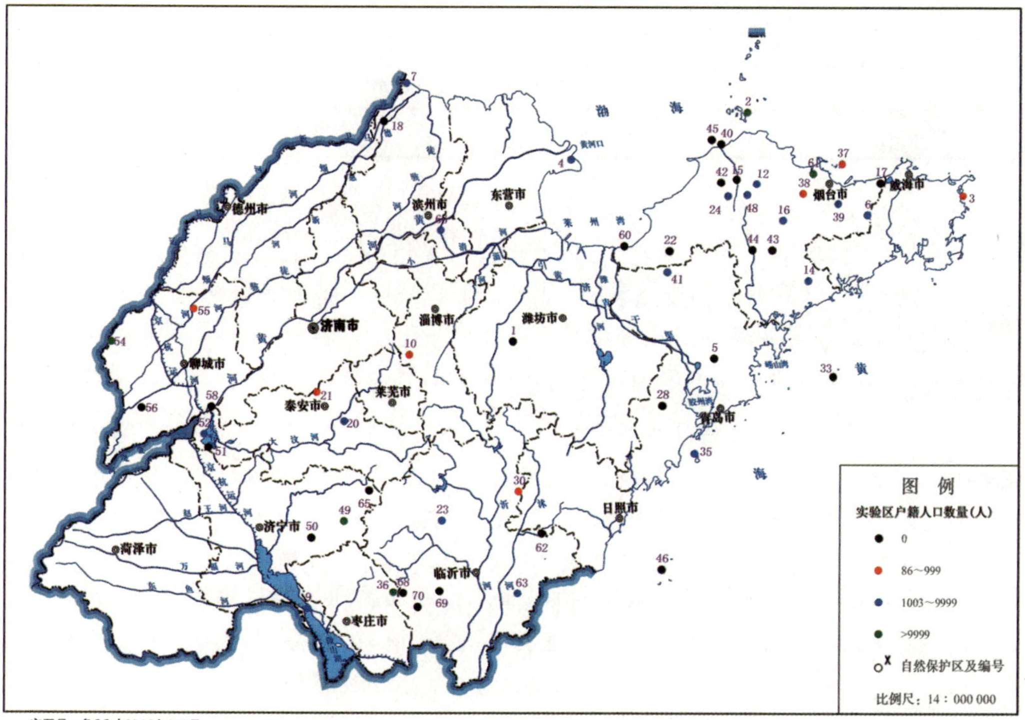

审图号：鲁SG（2018）067号

图3-6-6　山东省自然保护区实验区户籍人口数量与分布状况

三、各级自然保护区人口数量与分布

山东省近58%的自然保护区人口分布在市级自然保护区。37个有人口分布的自然保护区调查统计数据显示（见表3-6-1），国家级、省级、市级和县级自然保护区户籍人口数量分别为64 370人、70 950人、232 348人和36 324人，分别占自然保护区户籍人口总量的15.9%、17.6%、57.5%和9.0%。造成市级自然保护区人口分布较多的原因是东阿县鱼山市级自然保护区、冠县西沙河林场市级自然保护区和烟台市大沽夹河湿地市级自然保护区 3 个市级自然保护区人口较多，其人口数量分别为 11 万人、5.8 万人和 3.1 万人。这 3 个市级自然保护区的人口数量占市级自然保护区人口总数的 84.2%。

山东省近 86%的国家级自然保护区有人口分布，单个国家级自然保护区户籍人口数量为 200～12 009 人。据统计，6 个国家级自然保护区有人口分布，占国家级自然保护区总数的 85.7%，仅马山国家级自然保护区无人口分布。国家级自然保护区人口分布在 4 个核心区、2 个缓冲区和 5 个实验区。核心区、缓冲区和实验区的户籍人口数量分别占国家级自然保护区户籍人口总量的 41.7%、16.1%和 42.2%。

表 3-6-1　　山东省各级自然保护区人口数量调查统计表

自然保护区级别	有人口分布的自然保护区数量(个)	户籍人口数量(人)			
		自然保护区	核心区	缓冲区	实验区
国家级	6	64 370	26 837	10 346	27 187
省级	17	70 950	3 812	16 459	50 679
市级	10	232 348	11 002	131 957	89 389
县级	4	36 324			

山东省近 45%的省级自然保护区有人口分布，单个省级自然保护区户籍人口数量为 216～23 773 人。据统计，17 个省级自然保护区有人口分布，21 个省级自然保护区无人口分布，分别占省级自然保护区总数的 44.7%和 55.3%。省级自然保护区人口分布在 6 个核心区、6 个缓冲区和 16 个实验区。核心区、缓冲区和实验区户籍人口数量分别占省级自然保护区户籍人口总量的 5.4%、23.2%和 71.4%。

山东省超过 50%的市级自然保护区有人口分布，单个市级自然保护区户籍人口数量在 201～110 000 人之间变化。据统计，10 个市级自然保护区有人口分布，9 个市级自然保护区无人口分布，分别占市级自然保护区总数的 52.6%和 47.4%。市级自然保护区人口分布在 7 个核心区、7 个区缓冲区和 7 个实验区。核心区、缓冲区和实验区的户籍人口数量分别占市级自然保护区户籍人口总量的 4.7%、56.8%和 38.5%。

山东省 4 个县级自然保护区有人口分布，占县级自然保护区总数的 33.3%。单个县级自然保护区户籍人口数量在 3 134～21 600 人之间变化。

四、各类自然保护区人口数量与分布

山东省 70%以上的自然保护区人口分布在森林生态类自然保护区。37 个有人口分布的自然保护区调查统计数据显示(见表 3-6-2)，23 个森林生态类、5 个内陆湿地类、3 个海洋海岸类、3 个野生动物类、2 个地质遗迹类和 1 个古生物遗迹类自然保护区有人口分布，其户籍人口数量分别为 29.4 万人、3.9 万人、1.5 万人、4.7 万人、6 787 人和 1 500 人，分别占自然保护区户籍人口总量的 72.7%、9.7%、3.8%、11.7%、1.7%和 0.4%。森林生态类自然保护区分布人口数量最多。

表 3-6-2　　山东省各类自然保护区人口数量调查统计表

自然保护区类型	有人口分布的自然保护区数量(个)	户籍人口数量(人)			
		自然保护区	核心区	缓冲区	实验区
森林生态	23	293 784	20 133	167 345	106 306
内陆湿地	5	39 278	3 134		36 144
海洋海岸	3	15 428	40	8 776	6 612
野生动物	3	47 215	25 123		22 092
地质遗迹	2	6 787	1 585	5 101	101
古生物遗迹	1	1 500			

山东省 23 个森林生态类自然保护区有人口分布，占森林生态类自然保护区总数的 53.5%。森林生态类自然保护区人口分布在 14 个核心区、13 个缓冲区和 18 个实验区，其户籍人口数量分别占森林生态类自然保护区户籍人口总量的 6.9%、57%和 36.2%。

山东省 5 个内陆湿地类自然保护区有人口分布，占内陆湿地类自然保护区总数的 45.5%。内陆湿地类自然保护区人口分布在 1 个核心区和 4 个实验区，其户籍人口数量分别占内陆湿地类自然保护区户籍人口总量的 8%和 92%。

山东省 3 个海洋海岸类自然保护区有人口分布，占海洋海岸类自然保护区总数的 42.9%。海洋海岸类自然保护区人口分布在 1 个核心区、2 个缓冲区和 3 个实验区，其户籍人口数量分别占海洋海岸类自然保护区户籍人口总量的 0.3%、56.9%和 42.9%。

在山东省 5 个野生动物类自然保护区中，山东长岛国家级自然保护区、山东荣成大天鹅国家级自然保护区和博兴县引黄济青渠首鸟类县级自然保护区 3 个野生动物类自然保护区有人口分布。山东长岛国家级自然保护区核心区与实验区户籍人口数量分别为 25 123 人和 17 892 人。山东荣成大天鹅国家级自然保护区实验区户籍人口数量 200 人。博兴县引黄济青渠首鸟类县级自然保护区实验区户籍人口数量 4 000 人。核心区和实验区户籍人口数量分别占野生动物类自然保护区户籍人口总量的 53.2%和 46.8%。

在山东省 6 个地质遗迹类自然保护区中，只有胶州艾山地质遗迹省级自然保护区和浮来山地质遗迹省级自然保护区 2 个地质遗迹类自然保护区有人口分布，其户籍人口数量分别为 6 500 人和 287 人。山东山旺古生物化石国家级自然保护区是山东省唯一的一个古生物遗迹类自然保护区，其户籍人口分布数量为 1 500 人。

五、与保护区有直接关系人口数量与分布

山东省 29 个自然保护区存在与保护区有直接关系人口，与保护区有直接关系人口数量多为 36～53 000人。根据 53 个自然保护区调查统计资料，山东省 24 个自然保护区不存在与保护区有直接关系人口，29 个自然保护区存在与保护区有直接关系人口，分别占

山东省自然保护区总数的 45.7%和 54.3%。与保护区有直接关系人口数量为 173 万人。

与保护区有直接关系人口数量为 36～579 584 人。12 个自然保护区与保护区有直接关系人口数量为 36～8 800 人，占与保护区有直接关系人口的自然保护区数量的 41.4%，如山东昆嵛山国家级自然保护区、徂徕山省级自然保护区和栖霞崮山市级自然保护区等；13 个自然保护区与保护区有直接关系人口数量为 12 000～53 000 人，占与保护区有直接关系人口的自然保护区数量的 44.8%，如山东南四湖省级自然保护区、泰山省级自然保护区和烟台市大沽夹河湿地市级自然保护区等；4 个自然保护区与保护区有直接关系人口数量为 100 000～579 584 人，占与保护区有直接关系人口的自然保护区数量的 13.8%，如烟台沿海防护林省级自然保护区、莱阳五龙河湿地省级自然保护区、日照市前三岛市级自然保护区和东平湖湿地市级自然保护区等 4 个自然保护区周围分布有 135 万与保护区有直接关系人口，占与保护区有直接关系人口总数的 77.8%。山东省与保护区有直接关系人口数量与分布状况如图 3-6-7 所示。

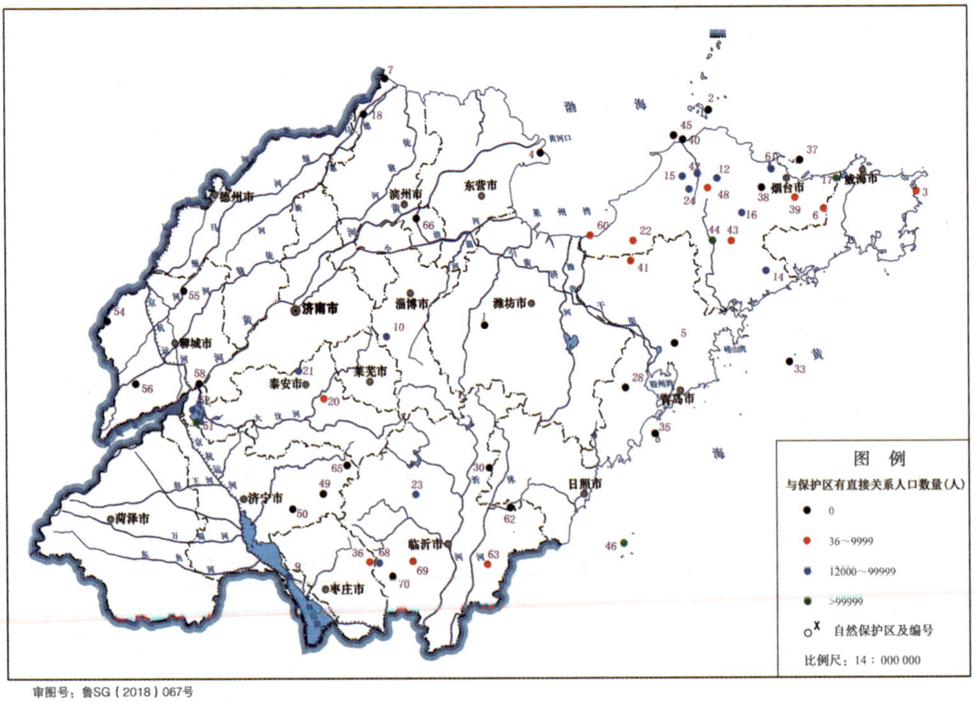

审图号：鲁SG（2018）067号

图 3-6-7 山东省与保护区有直接关系人口数量与分布状况

第七节 自然保护区国家重点保护物种状况

一、自然保护区国家重点保护野生动植物概况

1. 国家重点保护野生动植物概况

1988 年 11 月 8 日，第七届全国人大常委会第四次会议通过的《中华人民共和国野生

动物保护法》规定，国家对野生动物实行分类分级保护，对珍贵、濒危的野生动物实行重点保护。国家重点保护的野生动物分为一级保护野生动物和二级保护野生动物。国家重点保护野生动物名录由国务院野生动物保护主管部门组织科学评估后制定，并每五年根据评估情况确定对名录进行调整。国家重点保护野生动物名录报国务院批准公布。

1989 年 1 月 14 日，原林业部和农业部发布了《中国国家重点保护野生动物名录》，其中包括国家一级保护野生动物 96 种，国家二级保护野生动物 161 种。1993 年 4 月 14 日，原林业部将《濒危野生动植物种国际贸易公约》(CITES)附录一和附录二所列非原产中国的所有野生动物，分别核准为国家一级和国家二级保护野生动物，如犀牛、食蟹猴、袋鼠、鸵鸟、非洲象、斑马等。2003 年 2 月 21 日，国家林业局发布第 7 号令，将麝科麝属所有种由国家二级保护野生动物调整为国家一级保护野生动物，以全面加强麝资源保护。1999 年 8 月 4 日，经国务院批准，原林业部和农业部发布了《国家重点保护野生植物名录(第一批)》，其中包括国家一级保护野生植物 51 种，国家二级保护野生植物 203 种。国家重点保护野生动物名录的发布是贯彻落实《中华人民共和国野生动物保护法》等法律法规的重要措施，对进一步规范野生动植物保护工作具有重要意义。建设自然保护区是强化野生动植物保护的重要手段。

2. 自然保护区国家重点保护野生动植物概况

山东省 48 个自然保护区国家重点保护物种调查统计结果表明，山东省自然保护区分布有国家重点保护野生动植物 97 种，其中，国家重点保护野生动物 90 种，包括 15 种国家一级保护野生动物和 75 种国家二级保护野生动物，占国家重点保护野生动植物种类总数的 92.8%，国家二级保护野生植物 7 种，占国家重点保护野生动植物种类总数的 7.2%。

山东省自然保护区国家重点保护野生物种分布种类不均一。据 48 个自然保护区国家重点保护物种调查统计结果，山东黄河三角洲国家级自然保护区、山东长岛国家级自然保护区、青岛崂山省级自然保护区等 7 个自然保护区国家重点保护野生物种数量为 51～65 种，山东黄河三角洲国家级自然保护区国家重点保护野生物种数量最多，为 65 种，其次是山东长岛国家级自然保护区和青岛崂山省级自然保护区，其国家重点保护物种数量均为 63 种；山东昆嵛山国家级自然保护区、山东南四湖省级自然保护区、鲁山省级自然保护区等 15 个自然保护区国家重点保护野生物种数量为 31～50 种；山东荣成大天鹅国家级自然保护区、徂徕山省级自然保护区、泰山省级自然保护区等 10 个自然保护区国家重点保护野生物种数量变化范围为 16～29 种；峄山市级自然保护区、冠县西沙河林场市级自然保护区、高唐县清平林场市级自然保护区等 16 个自然保护区国家重点保护野生物种数量为 2～6 种。山东省自然保护区国家重点保护野生物种分布状况如图 3-7-1 所示。

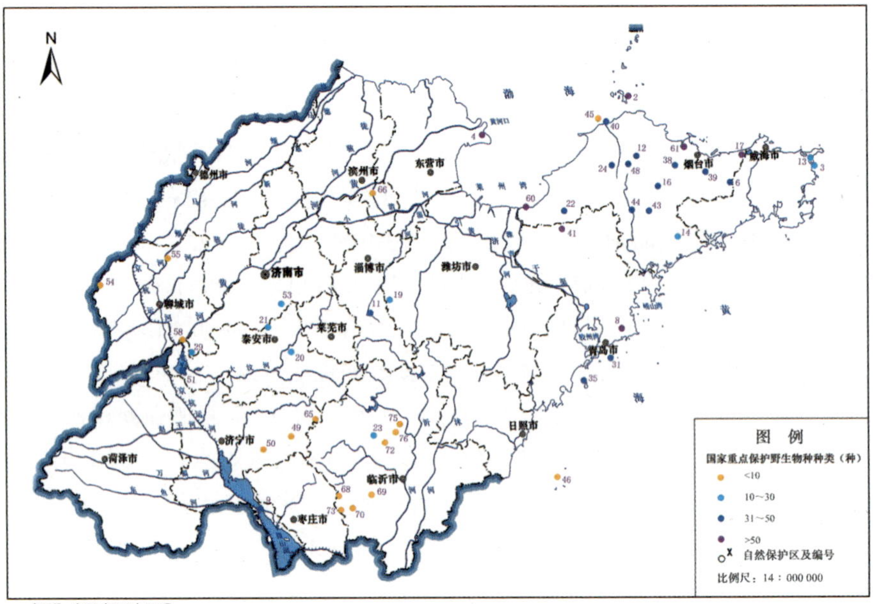

审图号：鲁SG（2018）067号

图 3-7-1　山东省自然保护区国家重点保护野生物种分布状况

二、自然保护区国家重点保护野生动物种类与分布

1. 自然保护区国家重点保护野生动物种类

山东省自然保护区国家重点保护动物分布种类相对较多。根据 48 个自然保护区国家重点保护物种调查结果统计，山东省自然保护区分布有国家重点保护动物 90 种，其中国家一级重点保护动物 15 种，国家二级重点保护动物 75 种（见表 3-7-1）。

表 3-7-1　　山东省自然保护区国家重点保护野生动物名录

保护级别	序号	中文名	学名
国家一级保护动物	1	虎头海雕（指名亚种）	*Haliaeetus pelagicus pelagicus*
	2	大鸨（*dybowskii* 亚种）	*Otis tarda dybowskii*
	3	白尾海雕（指名亚种）	*Haliaeetus albicilla albicilla*
	4	东方白鹳	*Ciconia boyciana*
	5	中华秋沙鸭	*Mergus squamatus*
	6	白肩雕	*Aquila heliaca*
	7	玉带海雕	*Haliaeetus leucoryphus*
	8	白头鹤	*Grus monacha*
	9	白枕鹤	*Grus vipio*
	10	白鹤	*Grus leucogeranus*
	11	丹顶鹤	*Grus japonensis*
	12	黑鹳	*Ciconia nigra*
	13	短尾信天翁	*Phoebastria albatrus*
	14	金雕（*daphanea* 亚种）	*Aquila chrysaetos daphanea*
	15	遗鸥	*Ichthyaetus relictus*

续表

保护级别	序号	中文名	学名
国家二级保护动物	1	松江鲈	*Trachidermus fasciatus*
	2	青岛文昌鱼	*Branchiostoma belcheri*
	3	棱皮龟	*Dermochelys coriacea*
	4	小须鲸	*Balaenoptera acutorostrata*
	5	伪虎鲸	*Pseudorca crassidens*
	6	江豚	*Neophocaena phoconoides*
	7	宽吻海豚	*Tursiops truncatus*
	8	大鵟	*Buteo hemilasius*
	9	乌雕	*Clanga clanga*
	10	灰背隼	*Falco columbarius*
	11	灰鹤(*lilfordi* 亚种)	*Grus grus lilfordi*
	12	长耳鸮(指名亚种)	*Asio otus otus*
	13	大天鹅	*Cygnus cygnus*
	14	凤头蜂鹰(*orientalis* 亚种)	*Pernis ptilorhynchus orientalis*
	15	栗鸢(指名亚种)	*Haliastur indus indus*
	16	普通鵟	*Buteo japonicus*
	17	黑翅鸢	*Elanus caeruleus*
	18	游隼(*calidus* 亚种)	*Falco peregrinus calidus*
	19	红隼(*interstinctus* 亚种)	*Falco tinnunculus interstinctus*
	20	领角鸮	*Otus lettia*
	21	雕鸮(*ussuriensis* 亚种)	*Bubo bubo ussuriensis*
	22	斑头鸺鹠	*Glaucidium cuculoides*
	23	纵纹腹小鸮(*plumipes* 亚种)	*Athene noctua plumipes*
	24	角䴙䴘(指名亚种)	*Podiceps auritus auritus*
	25	赤颈䴙䴘(*holboellii* 亚种)	*Podiceps grisegena holboellii*
	26	卷羽鹈鹕	*Pelecanus crispus*
	27	黑头白鹮	*Threskiornis melanocephalus*
	28	白琵鹭(指名亚种)	*Platalea leucorodia leucorodia*

续表

保护级别	序号	中文名	学名
国家二级保护动物	29	黑脸琵鹭	*Platalea minor*
	30	白额雁	*Anser albifrons*
	31	小天鹅(*bewickii* 亚种)	*Cygnus columbianus bewickii*
	32	疣鼻天鹅	*Cygnus olor*
	33	鸳鸯	*Aix galericulata*
	34	赤腹鹰	*Accipiter soloensis*
	35	雀鹰(*nisosimilis* 亚种)	*Accipiter nisus nisosimilis*
	36	松雀鹰	*Accipiter virgatus*
	37	日本松雀鹰	*Accipiter gularis*
	38	白尾鹞(指名亚种)	*Circus cyaneus cyaneus*
	39	白头鹞(指名亚种)	*Circus aeruginosus aeruginosus*
	40	乌灰鹞	*Circus pygargus*
	41	鹊鹞	*Circus melanoleucos*
	42	毛脚鵟(*kamtschatkensis* 亚种)	*Buteo lagopus kamtschatkensis*
	43	灰脸鵟鹰	*Butastur indicus*
	44	草原雕(指名亚种)	*Aquila nipalensis nipalensis*
	45	兀鹫	*Gyps fulvus*
	46	猎隼	*Falco cherrug*
	47	燕隼(指名亚种)	*Falco subbuteo subbuteo*
	48	沙丘鹤	*Grus canadensis*
	49	蓑羽鹤	*Grus virgo*
	50	花田鸡	*Coturnicops exquisitus*
	51	小杓鹬	*Numenius minutus*
	52	小青脚鹬	*Tringa guttifer*
	53	短耳鸮(指名亚种)	*Asio flammeus flammeus*
	54	蓝翅八色鸫	*Pitta moluccensis*
	55	仙八色鸫	*Pitta nympha*
	56	秃鹫	*Aegypius monachus*

续表

保护级别	序号	中文名	学名
国家二级保护动物	57	黄嘴白鹭	*Egretta eulophotes*
	58	黑鸢(*lineatus* 亚种)	*Milvus migrans lineatus*
	59	白腹鹞	*Circus spilonotus*
	60	红脚隼	*Falco amurensis*
	61	黄爪隼	*Falco naumanni*
	62	草鸮	*Tyto longimembris*
	63	鹰鸮(*florensis* 亚种)	*Ninox scutulata florensis*
	64	红角鸮	*Otus sunia*
	65	海鸬鹚(指名亚种)	*Phalacrocorax pelagicus pelagicus*
	66	黑颈鸬鹚	*Phalacrocorax niger*
	67	斑嘴鹈鹕	*Pelecanus philippensis*
	68	岩鹭(指名亚种)	*Egretta sacra sacra*
	69	小苇鳽	*Ixobrychus minutus*
	70	鸢	*Milvus korschun*
	71	苍鹰(*schvedowi* 亚种)	*Accipiter gentilis schvedowi*
	72	白腿小隼	*Microhierax melanoleucus*
	73	黑浮鸥(指名亚种)	*Chlidonias niger niger*
	74	灰林鸮	*Strix aluco*
	75	凤头树燕	*Hemiprocne coronata*

山东省自然保护区国家重点保护野生动物以迁徙性鸟类为主。48 个自然保护区国家重点保护物种调查统计结果表明，山东省自然保护区分布有迁徙性鸟类 83 种，占国家重点保护野生动物种类总数的 92.2%，爬行类、鱼类和海洋哺乳类等国家重点保护野生动物仅 7 种，占国家重点保护野生动物种类总数的 7.8%。

山东省国家重点保护野生动物主要由鸟类和海洋动物组成。15 种国家一级保护野生动物均为鸟类，且 75%以上为旅鸟。68 种国家二级保护野生动物为鸟类，旅鸟、留鸟、候鸟所占比例分别为 57.4%、22.0%和 20.6%。7 种国家二级保护野生动物为海洋动物，包括青岛文昌鱼(*Branchiostoma belcheri*)、松江鲈(*Trachidermus fasciatus*)、棱皮龟(*Dermochelys coriacea*)以及小须鲸(*Balaenoptera acutorostrata*)、江豚(*Neophocaena phoconoides*)等海洋哺乳动物。

2. 自然保护区国家重点保护野生动物分布

山东省自然保护区国家重点保护野生动物分布广度宽窄不一。山东省 48 个自然保护区国家重点保护物种调查统计结果表明，红隼（*interstinctus* 亚种）（*Falco tinnunculus interstinctus*）是分布范围最广的国家重点保护鸟类，在 39 个自然保护区均有分布（见图 3-7-2）。长耳鸮（指名亚种）（*Asio otus otus*）、苍鹰（*schvedowi* 亚种）（*Accipiter gentilis schvedowi*）、雀鹰（*nisosimilis* 亚种）（*Accipiter nisus nisosimilis*）和短耳鸮（指名亚种）（*Asio flammeus flammeus*）4 种习见鸟类均在 30 个以上自然保护区内有分布（见图 3-7-3～图 3-7-6）。鸢（*Milvus korschun*）、松雀鹰（*Accipiter virgatas*）等 25 种鸟类分布范围为 20～29 个自然保护区（见图 3-7-7～图 3-7-17）。大鵟（*Buteo hemilasius*）、大天鹅（*Cygnus cygnus*）、猎隼（*Falco cherrug*）等 17 种鸟类在 10～19 个自然保护区有分布。白尾海雕（指名亚种）（*Haliaeetus albicilla albicilla*）、斑嘴鹈鹕（*Pelecanus philippensis*）、黑浮鸥（指名亚种）（*Chlidonias niger niger*）等 36 种鸟类分布范围为 1～9 个自然保护区，主要为海洋鸟类，多见于沿海和海岛自然保护区。松江鲈、青岛文昌鱼、伪虎鲸（*Pseudorca crassidens*）、江豚和宽吻海豚（*Tursiops truncatus*）等国家重点保护野生动物分布范围均为 2 个自然保护区，棱皮龟和小须鲸仅在黄河三角洲国家级自然保护区有分布。

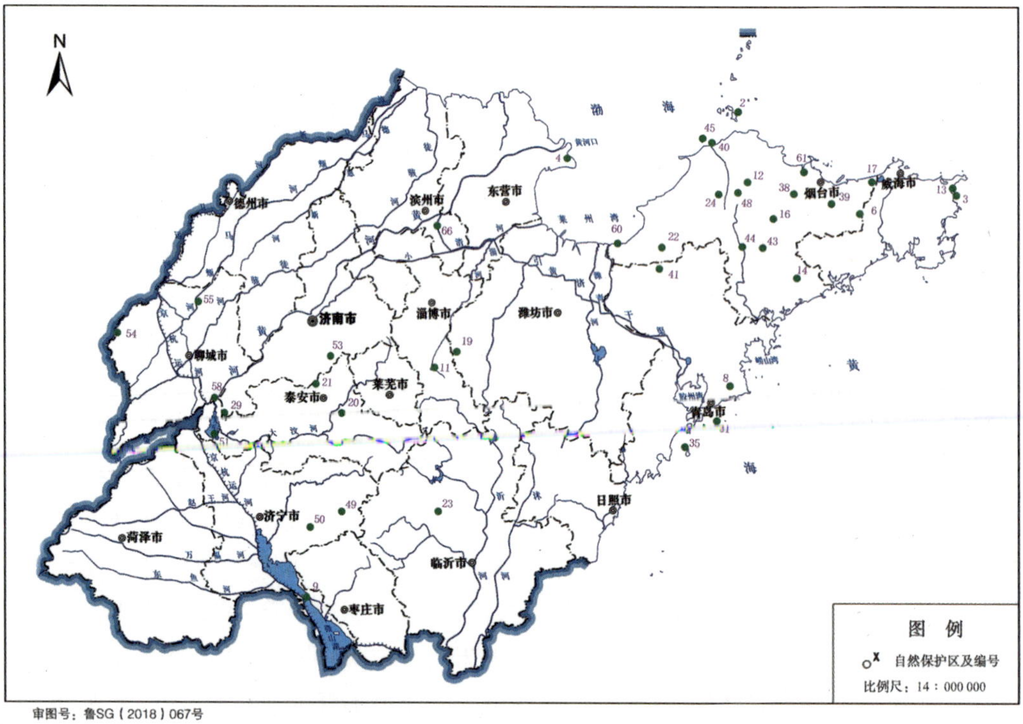

审图号：鲁SG（2018）067号

图 3-7-2 红隼（*interstinctus* 亚种）（*Falco tinnunculus interstinctus*）分布状况

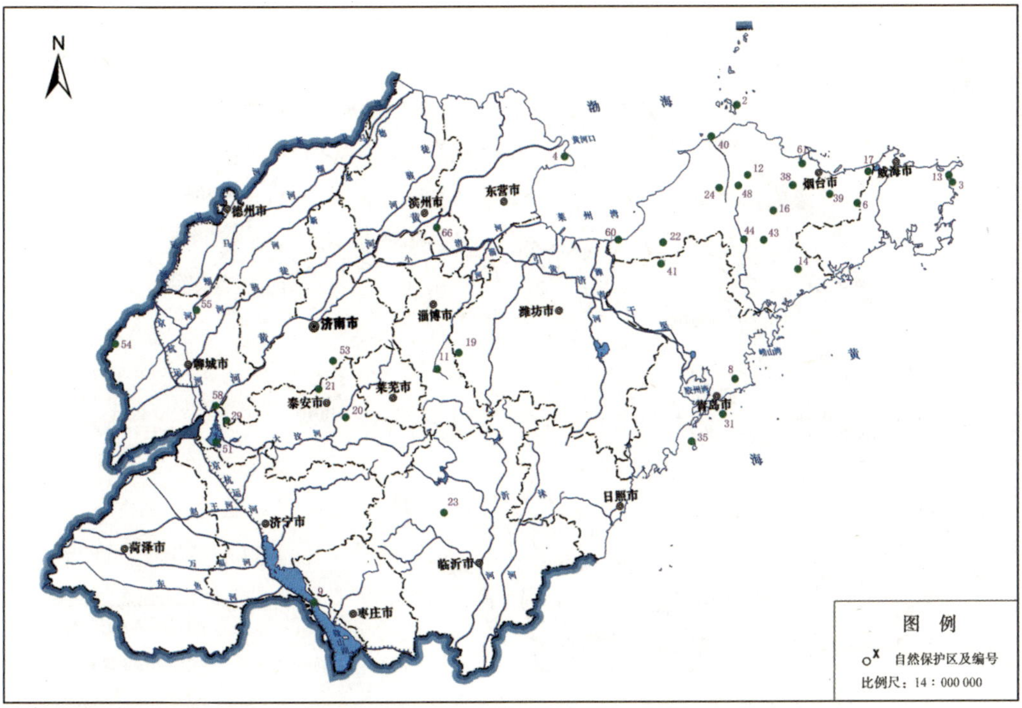

审图号：鲁SG（2018）067号

图 3-7-3 长耳鸮(指名亚种)(*Asio otus otus*)分布状况

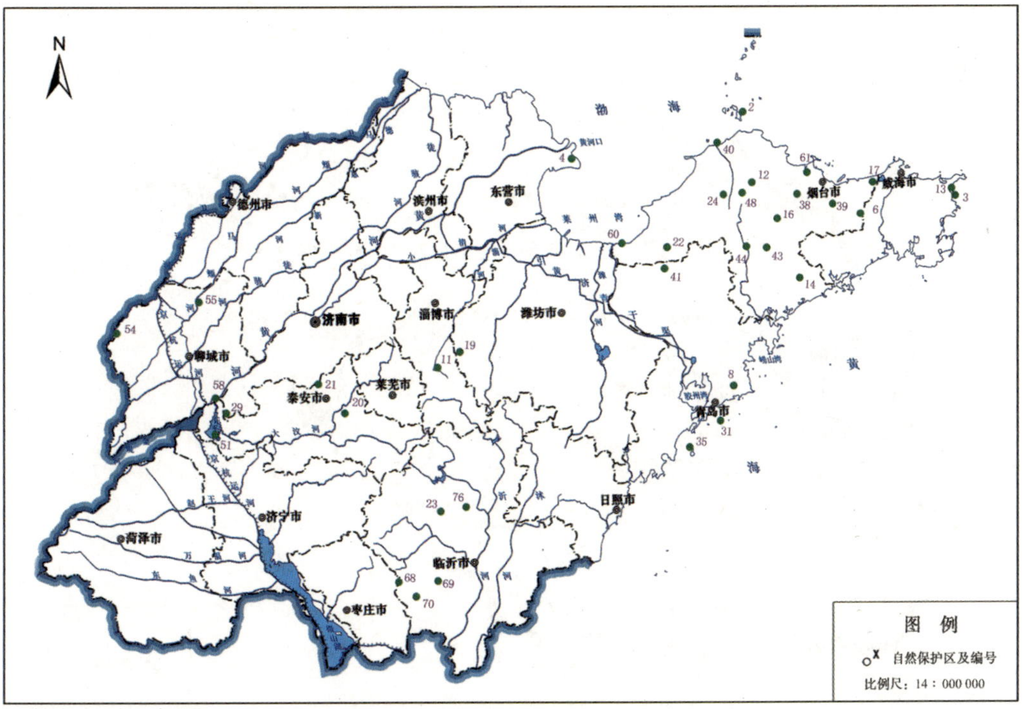

审图号：鲁SG（2018）067号

图 3-7-4 苍鹰(*schvedowi* 亚种)(*Accipiter gentilis schvedowi*)分布状况

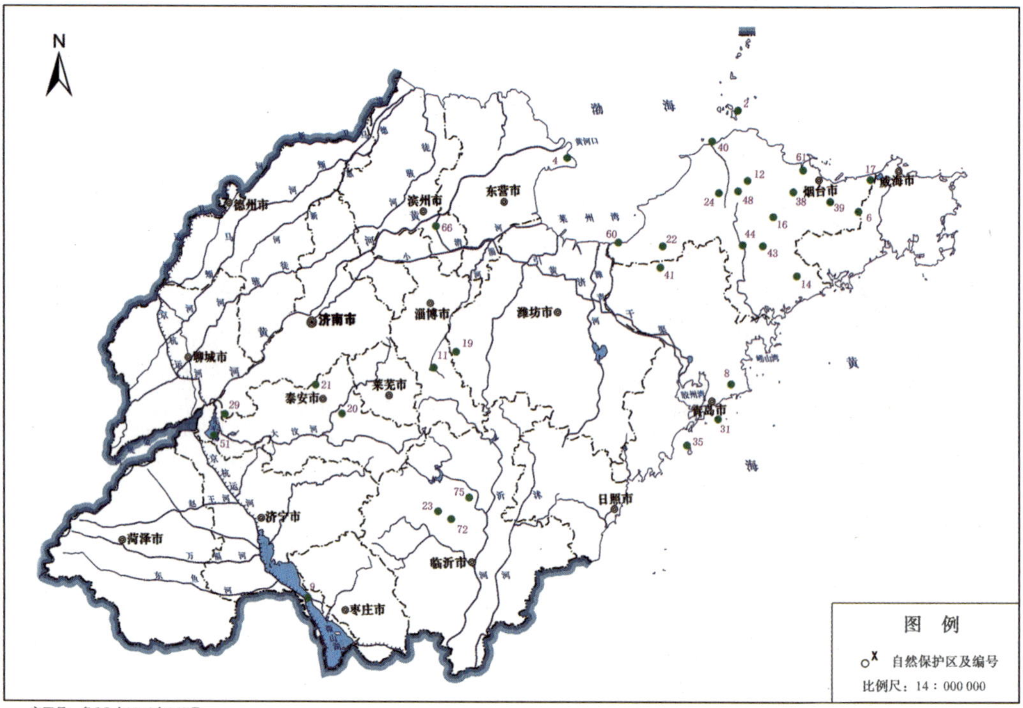

审图号：鲁SG（2018）067号

图 3-7-5　雀鹰（*nisosimilis* 亚种）（*Accipiter nisus nisosimilis*）分布状况

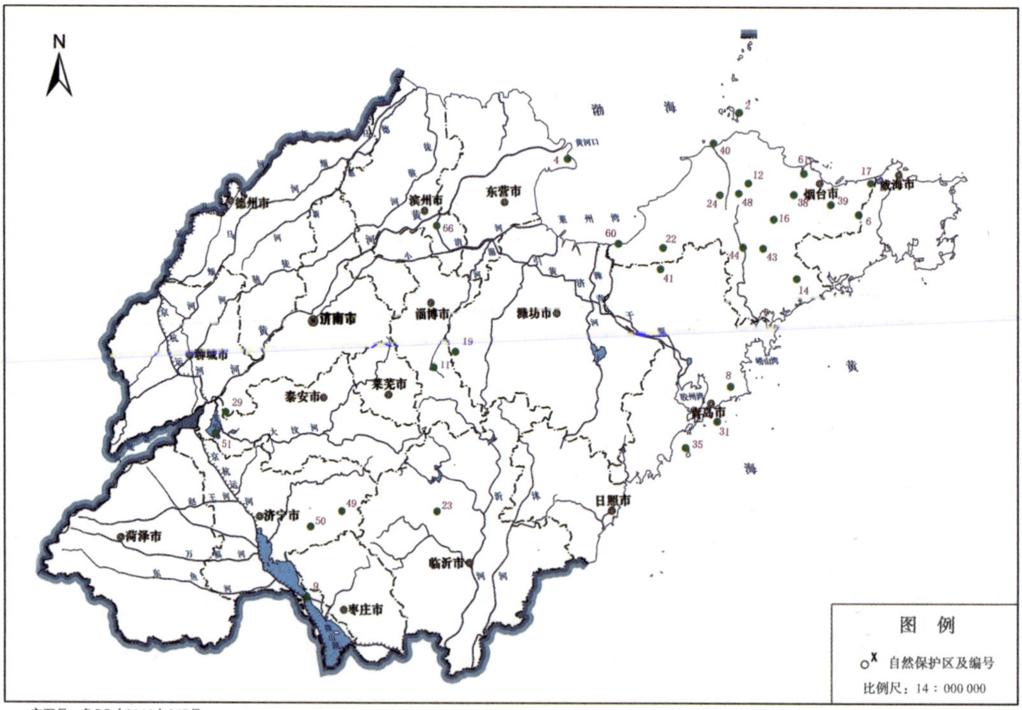

审图号：鲁SG（2018）067号

图 3-7-6　短耳鸮（指名亚种）（*Asio flammeus flammeus*）分布状况

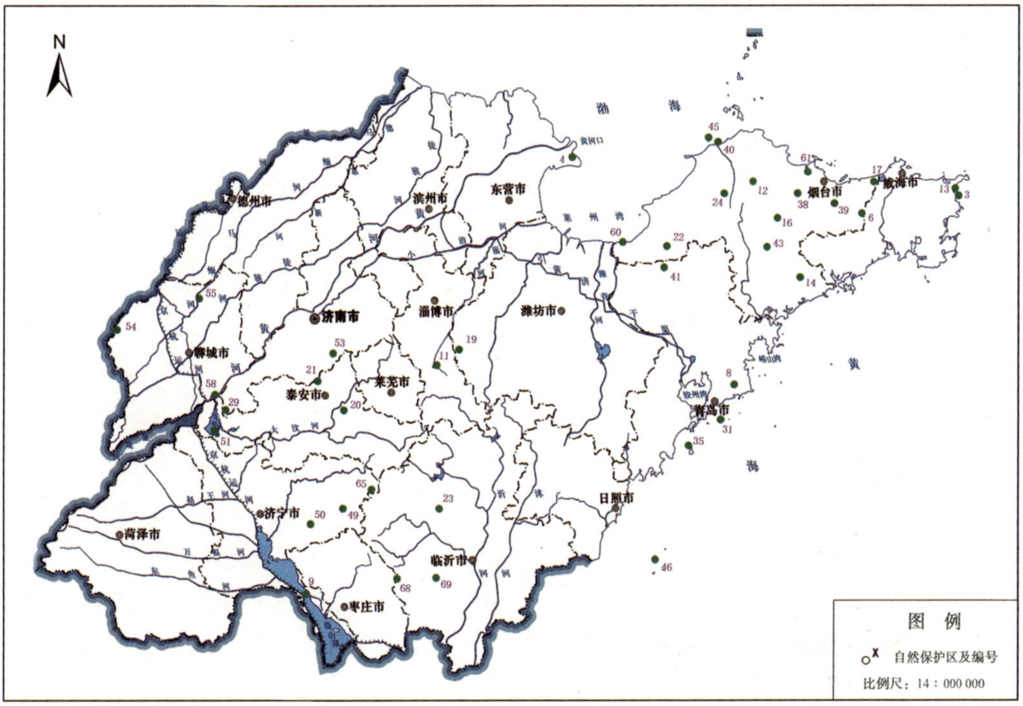

审图号：鲁SG（2018）067号

图 3-7-7 鸢(*Milvus korschun*)分布状况

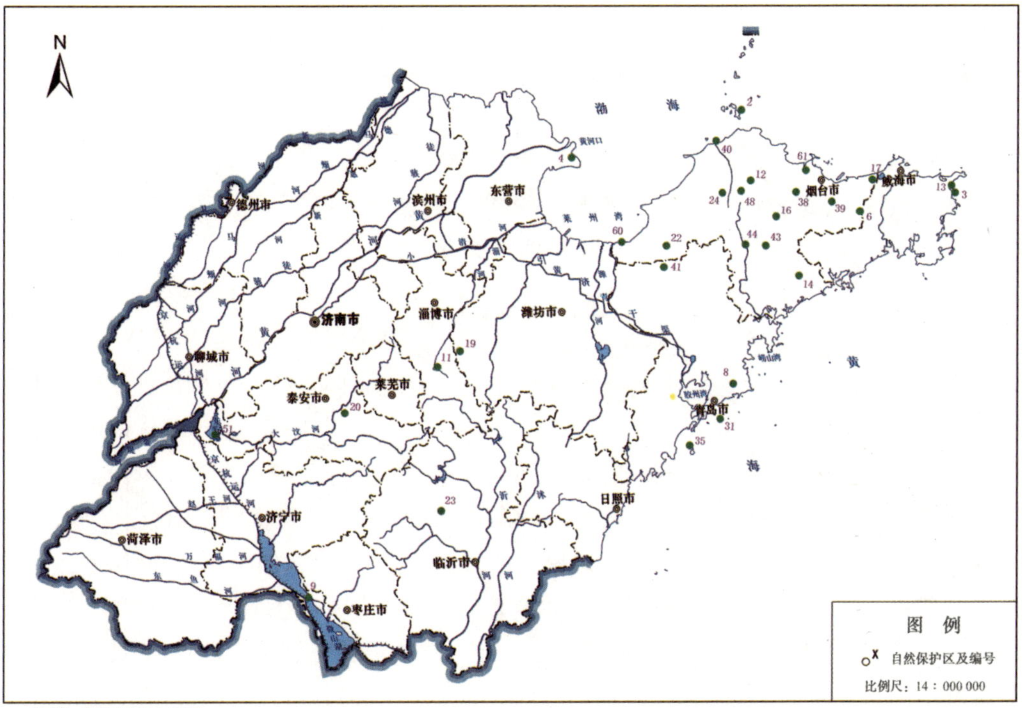

审图号：鲁SG（2018）067号

图 3-7-8 松雀鹰(*Accipiter virgatus*)分布状况

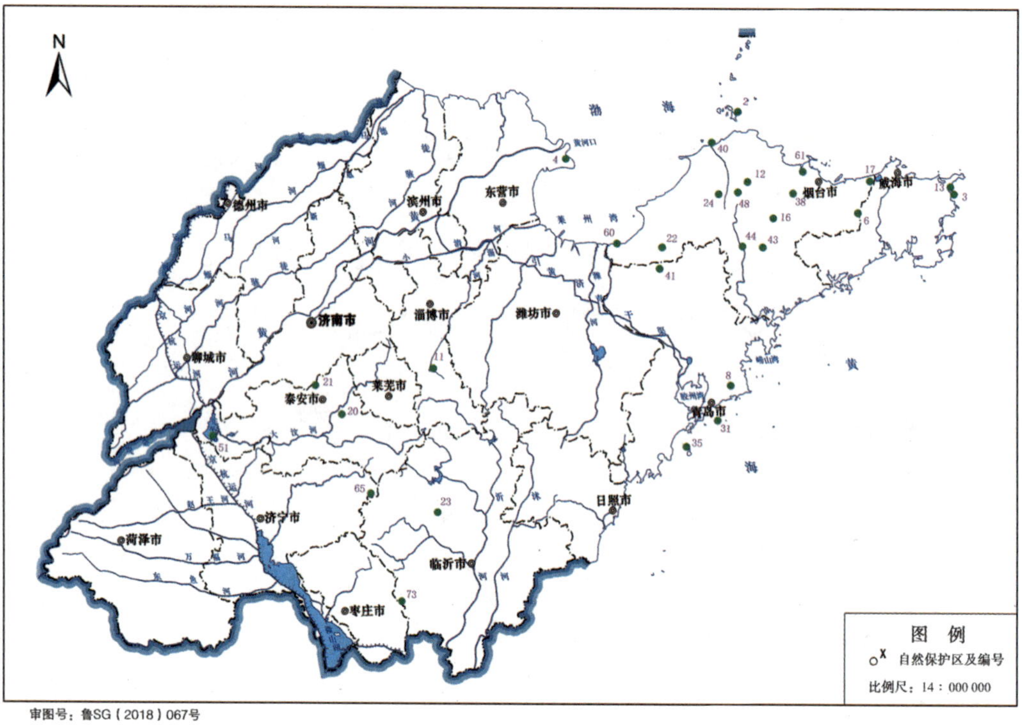

审图号：鲁SG〔2018〕067号

图 3-7-9 鸳鸯(*Aix galericulata*)分布状况

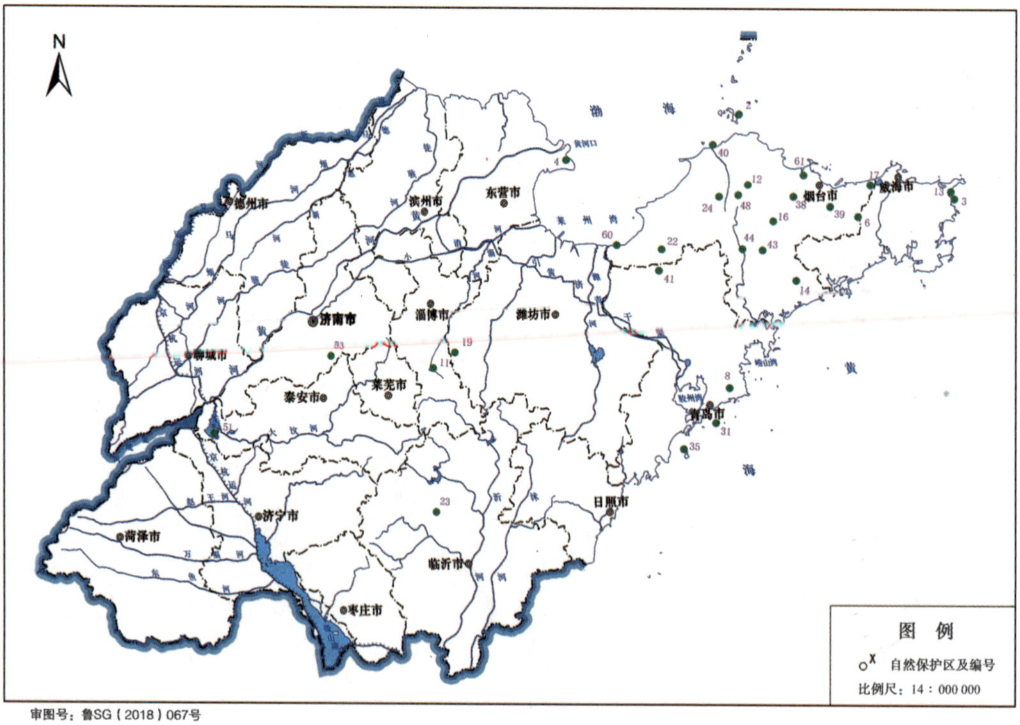

审图号：鲁SG〔2018〕067号

图 3-7-10 灰背隼(*Falco columbarius*)分布状况

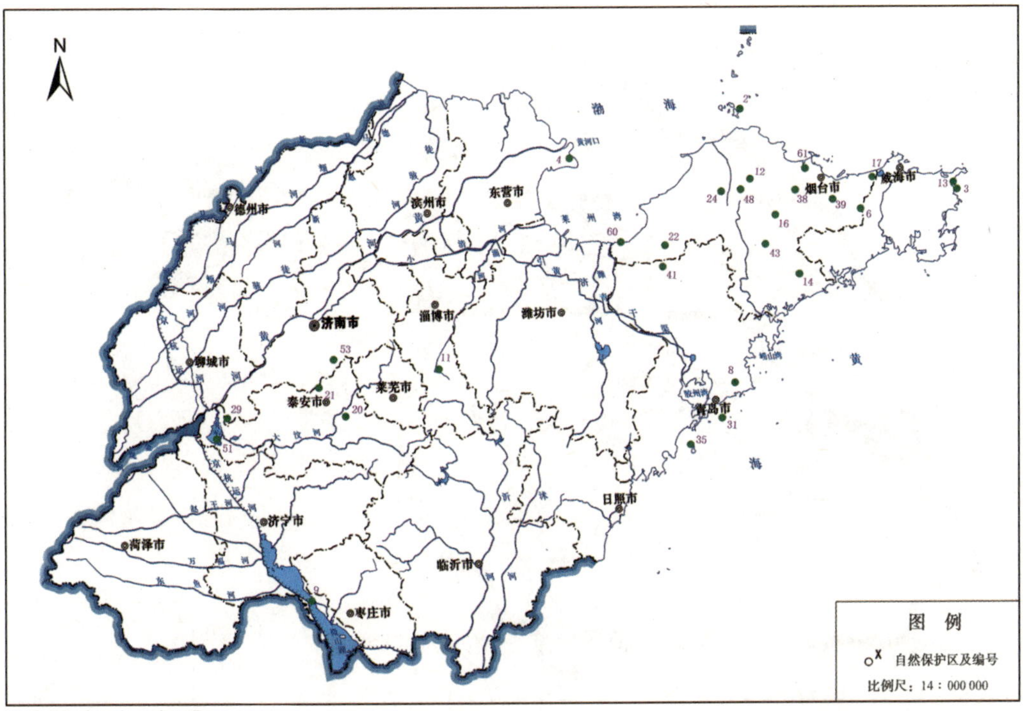

审图号：鲁SG（2018）067号

图 3-7-11　纵纹腹小鸮（*plumipes* 亚种）（*Athene noctua plumipes*）分布状况

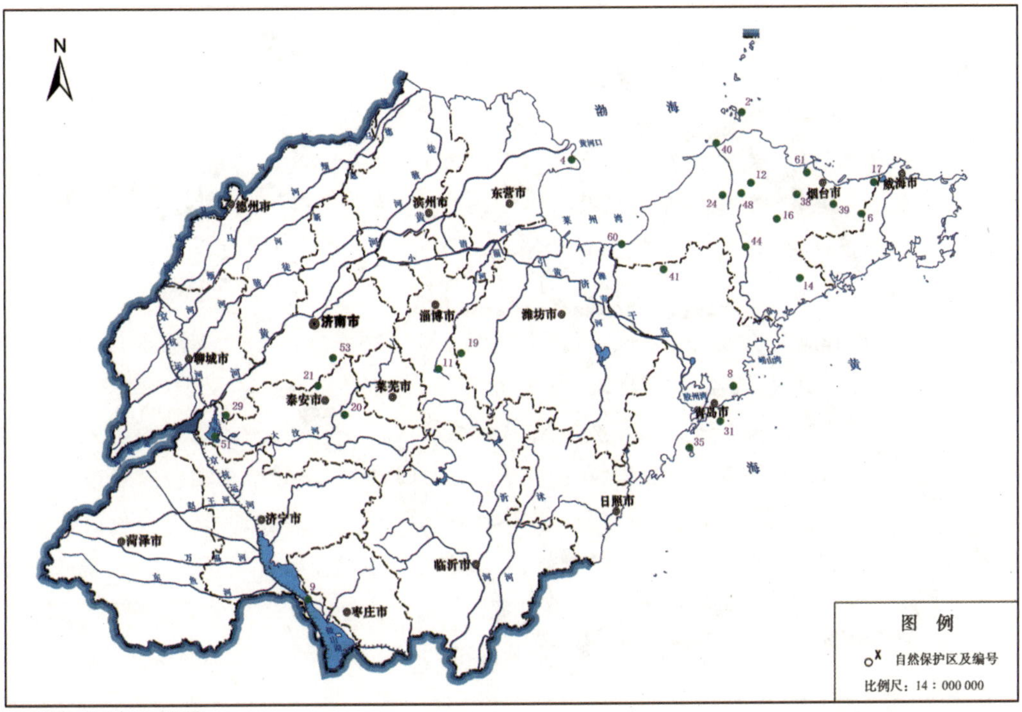

审图号：鲁SG（2018）067号

图 3-7-12　红脚隼（*Falco amurensis*）分布状况

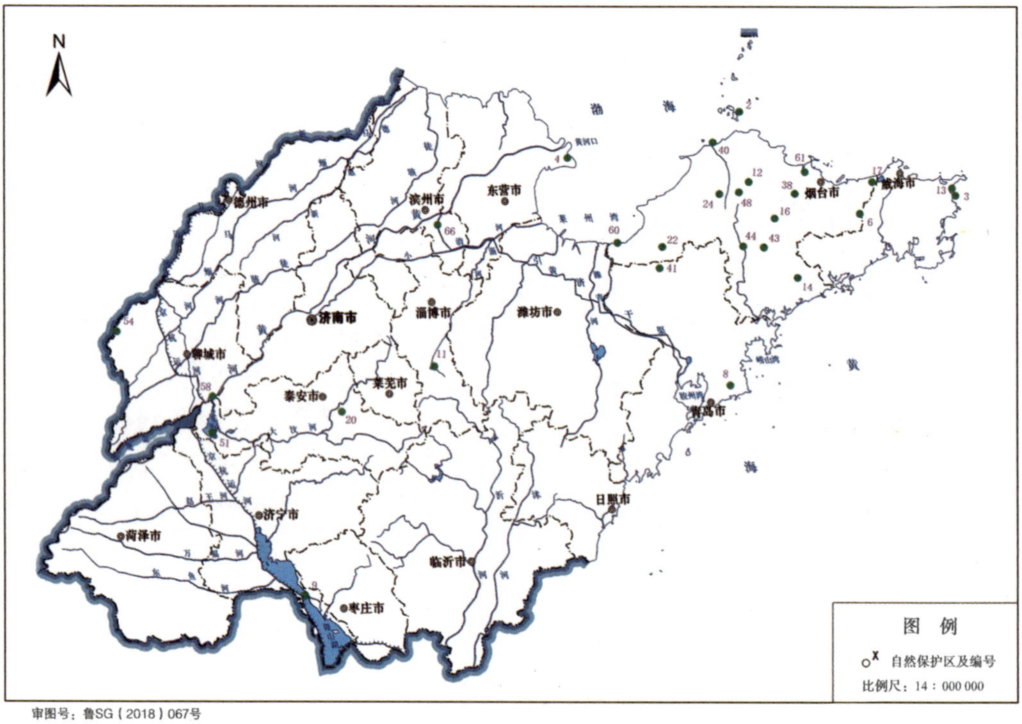

图 3-7-13 灰鹤(*lilfordi* 亚种)(*Grus grus lilfordi*)分布状况

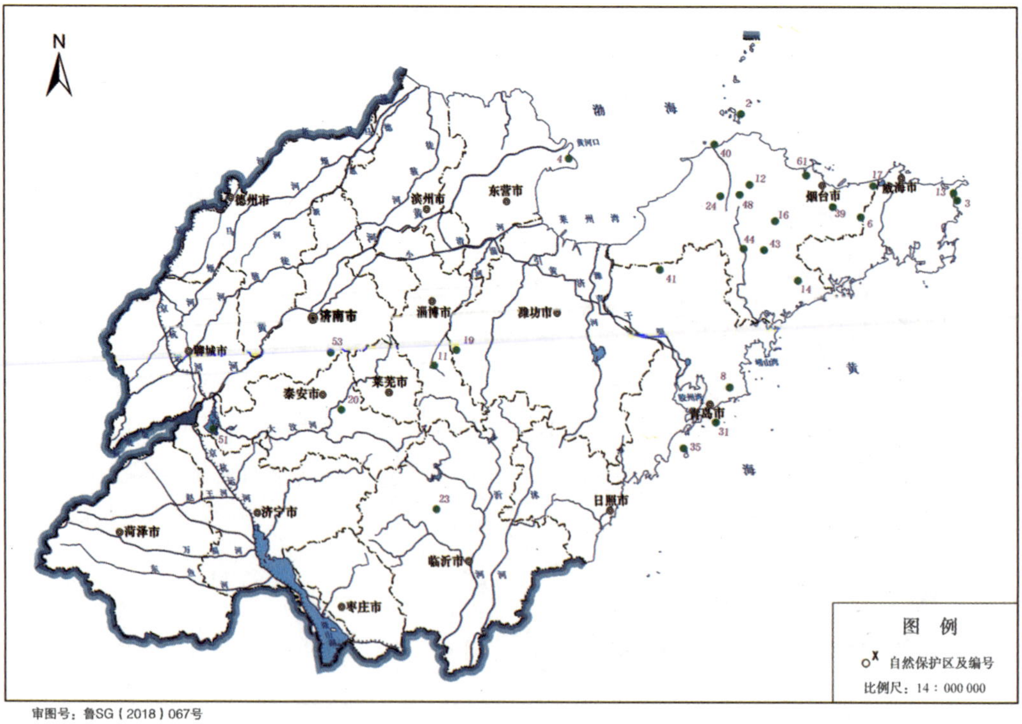

图 3-7-14 金雕(*daphanea* 亚种)(*Aquila chrysaetos daphanea*)分布状况

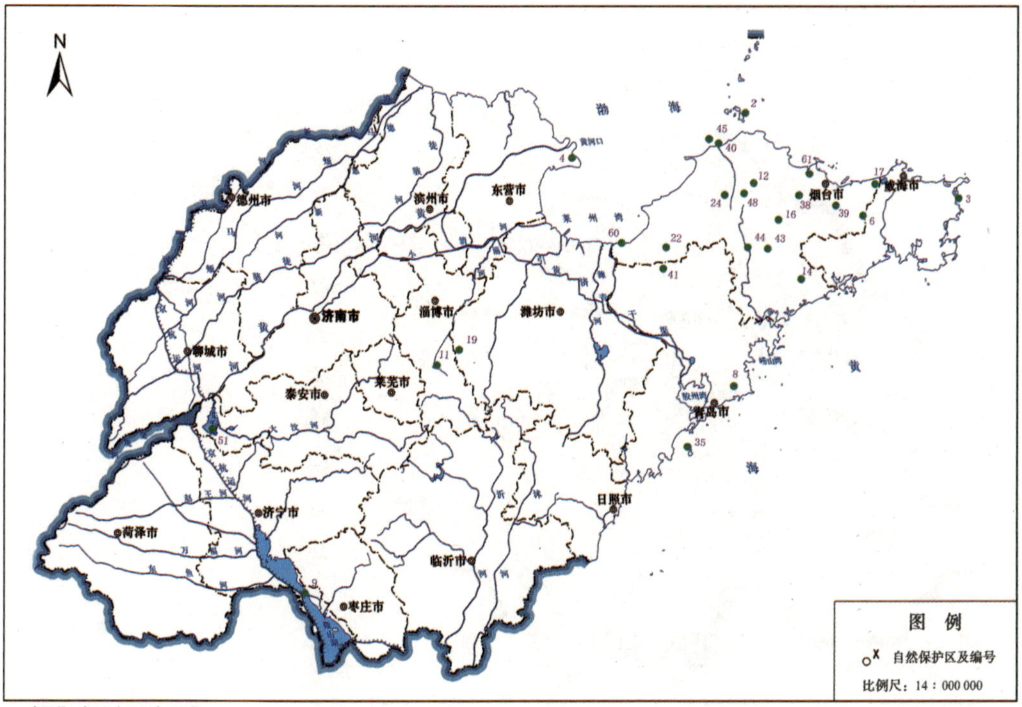

审图号：鲁SG（2018）067号

图 3-7-15　燕隼(指名亚种)(*Falco subbuteo subbuteo*)分布状况

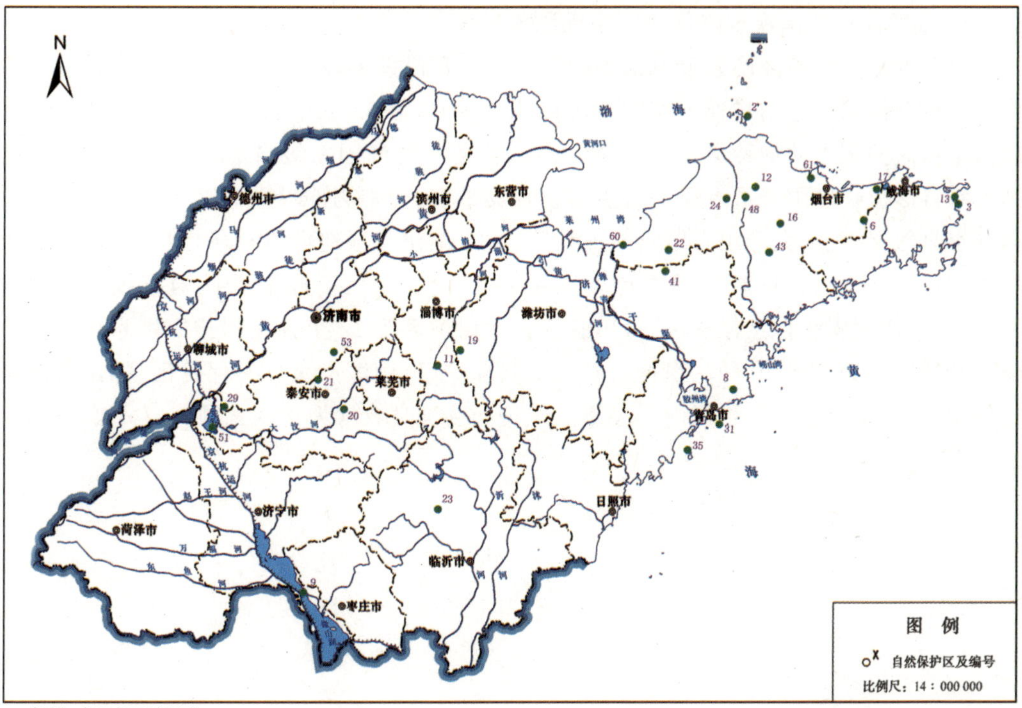

审图号：鲁SG（2018）067号

图 3-7-16　雕鸮(*ussuriensis* 亚种)(*Bubo bubo ussuriensis*)分布状况

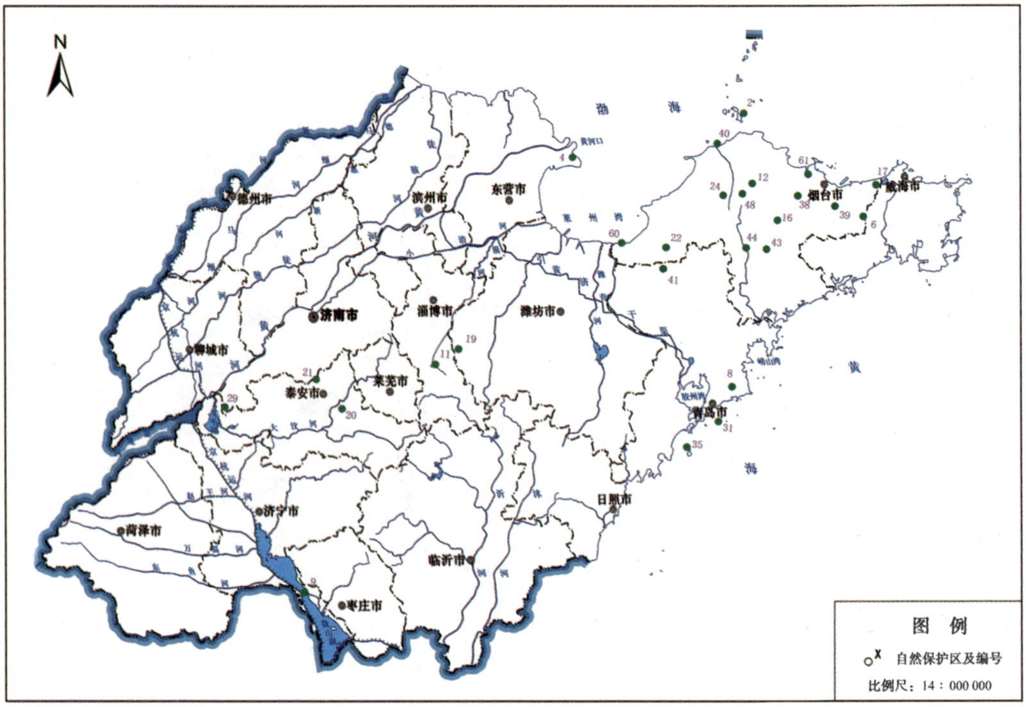

审图号：鲁SG（2018）067号

图 3-7-17　领角鸮(*Otus lettia*)分布状况

3. 自然保护区国家重点保护野生动物丰富度

山东省自然保护区国家重点保护野生动物丰富度差异较大。山东省 48 个自然保护区国家重点保护野生动物种类调查统计结果表明(见图 3-7-18 和表 3-7-2)，自然保护区国家重点保护野生动物种类 1～64 种。山东黄河三角洲国家级自然保护区和山东长岛国家级自然保护区国家重点保护野生动物种类最多，分别为 64 种和 62 种。山东昆嵛山国家级自然保护区、大泽山省级自然保护区、山东莱州湾湿地市级自然保护区等 12 个自然保护区国家重点保护野生动物种类为 41～60 种。山东荣成大天鹅国家级自然保护区、山东南四湖省级自然保护区、鲁山省级自然保护区等 12 个自然保护区国家重点保护野生动物种类为 20～40 种。徂徕山省级自然保护区、柳埠市级自然保护区、峄山市级自然保护区等 22 个自然保护区内国家重点保护动物种类数量为 1～19 种。

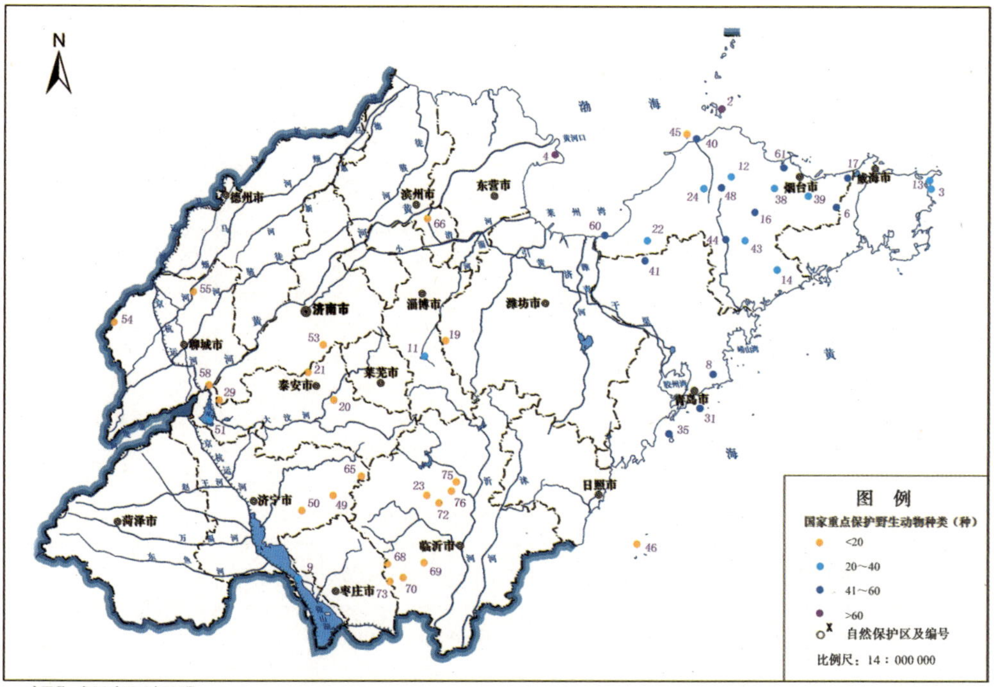

审图号：鲁SG（2018）067号

图 3-7-18　山东省自然保护区国家重点保护野生动物种类分布状况

表 3-7-2　　山东省自然保护区国家重点保护野生动物分布状况调查统计表

序号	中文名	学名	分布的自然保护区数
1	普通鵟	*Buteo japonicus*	25
2	白额雁	*Anser albifrons*	25
3	白尾鹞(指名亚种)	*Circus cyaneus cyaneus*	25
4	游隼(*calidus* 亚种)	*Falco peregrinus calidus*	25
5	中华秋沙鸭	*Mergus squamatus*	24
6	红角鸮	*Otus sunia*	24
7	鹊鹞	*Circus melanoleucos*	23
8	鹰鸮(*florensis* 亚种)	*Ninox scutulata florensis*23	
9	大鸨(*dybowskii* 亚种)	*Otis tarda dybowskii*	23
10	黄嘴白鹭	*Egretta eulophotes*	22
11	凤头蜂鹰(*orientalis* 亚种)	*Pernis ptilorhynchus orientalis*	21

续表

序号	中文名	学名	分布的自然保护区数
12	赤腹鹰	*Accipiter soloensis*	21
13	小杓鹬	*Numenius minutus*	20
14	大鵟	*Buteo hemilasius*	19
15	灰脸鵟鹰	*Butastur indicus*	19
16	斑头鸺鹠	*Glaucidium cuculoides*	19
17	白鹤	*Grus leucogeranus*	18
18	白头鹞(指名亚种)	*Circus aeruginosus aeruginosus*	18
19	角鸊鷉(指名亚种)	*Podiceps auritus auritus*	17
20	草鸮	*Tyto longimembris*	17
21	栗鸢(指名亚种)	*Haliastur indus indus*	17
22	丹顶鹤	*Grus japonensis*	16
23	大天鹅	*Cygnus cygnus*	16
24	秃鹫	*Aegypius monachus*	16
25	黑鹳	*Ciconia nigra*	14
26	白肩雕	*Aquila heliaca*	14
27	猎隼	*Falco cherrug*	13
28	毛脚鵟(*kamtschatkensis* 亚种)	*Buteo lagopus kamtschatkensis*	12
29	黄爪隼	*Falco naumanni*	11
30	海鸬鹚(指名亚种)	*Phalacrocorax pelagicus pelagicus*	10
31	小天鹅(*bewickii* 亚种)	*Cygnus columbianus bewickii*	10
32	乌灰鹞	*Circus pygargus*	9
33	短尾信天翁	*Phoebastria albatrus*	9
34	白尾海雕(指名亚种)	*Haliaeetus albicilla albicilla*	9

续表

序号	中文名	学名	分布的自然保护区数
35	兀鹫	*Gyps fulvus*	8
36	白琵鹭(指名亚种)	*Platalea leucorodia leucorodia*	7
37	斑嘴鹈鹕	*Pelecanus philippensis*	7
38	东方白鹳	*Ciconia boyciana*	6
39	蓑羽鹤	*Grus virgo*	6
40	白枕鹤	*Grus vipio*	6
41	黑脸琵鹭	*Platalea minor*	5
42	小青脚鹬	*Tringa guttifer*	5
43	疣鼻天鹅	*Cygnus olor*	5
44	草原雕(指名亚种)	*Aquila nipalensis nipalensis*	5
45	蓝翅八色鸫	*Pitta moluccensis*	5
46	白头鹤	*Grus monacha*	5
47	黑鸢(*lineatus* 亚种)	*Milvus migrans lineatus*	5
48	灰林鸮	*Strix aluco*	5
49	赤颈䴙䴘(*holboellii* 亚种)	*Podiceps grisegena holboellii*	4
50	花田鸡	*Coturnicops exquisitus*	4
51	黑浮鸥(指名亚种)	*Chlidonias niger niger*	3
52	乌雕	*Clanga clanga*	3
53	松江鲈	*Trachidermus fasciatus*	2
54	宽吻海豚	*Tursiopstruncatus*	2
55	江豚	*Neophocaena phoconoides*	2
56	岩鹭(指名亚种)	*Egretta sacra sacra*	2
57	小苇鳽	*Ixobrychus minutus*	2
58	白腹鹞	*Circus spilonotus*	2
59	遗鸥	*Ichthyaetus relictus*	2

续表

序号	中文名	学名	分布的自然保护区数
60	虎头海雕(指名亚种)	*Haliaeetus pelagicus pelagicus*	2
61	玉带海雕	*Haliaeetus leucoryphus*	2
62	青岛文昌鱼	*Branchiostoma belcheri*	2
63	伪虎鲸	*Pseudorca crassidens*	2
64	小须鲸	*Balaenoptera acutorostrata*	1
65	棱皮龟	*Dermochelys coriacea*	1
66	日本松雀鹰	*Accipiter gularis*	1
67	黑颈鸬鹚	*Phalacrocorax niger*	1
68	黑翅鸢	*Elanus caeruleus*	1
69	白腿小隼	*Microhierax melanoleucus*	1
70	凤头树燕	*Hemiprocne coronata*	1
71	黑头白鹮	*Threskiornis melanocephalus*	1
72	沙丘鹤	*Grus canadensis*	1
73	卷羽鹈鹕	*Pelecanus crispus*	1
74	仙八色鸫	*Pitta nympha*	1

三、自然保护区国家重点保护野生植物种类与分布

1. 自然保护区国家重点保护野生植物种类

山东省自然保护区国家重点保护野生植物分布种类相对较少。山东省48个自然保护区国家重点保护物种调查统计结果表明，山东省自然保护区分布有国家重点保护野生植物7种，均为国家二级保护野生植物，它们分别是：中华结缕草(*Zoysia sinica*)、野大豆(*Glycine soja*)、紫椴(*Tilia amurensis*)、珊瑚菜(*Glehnia littoralis*)、黄檗(*Phellodendron amurense*)、水曲柳(*Fraxinus mandshurica*)和莲(*Nelumbo nucifera*)。

山东省部分引种栽培植物属国家重点保护物种，并且分布范围较广，有的甚至已在自然保护区内形成稳定群落结构，对区域生态环境具有重要影响。如郯城县银杏县级自然保护区内有百年以上的银杏(*Ginkgo biloba*)树 2.5 万株，分布有树龄 2 000 余年的华夏银杏第一雄树。水杉(*metasequoia glyptostroboides*)、红松(*Pinus koraiensis*)等适应性较强的树种也已被广泛引种栽培，并形成一定规模。本书仅统计分析国家重点保护野生植物，而对引种栽培的国家重点保护植物不做具体的统计分析。

2. 自然保护区国家重点保护野生植物分布

山东省自然保护区国家重点保护野生植物分布广度宽窄不一。野大豆分布在 33 个自然保护区，是分布最广的国家重点保护野生植物(见图 3-7-19)。野大豆适应能力很强，多缠绕于挺水植物或小灌木上，但是容易遭受砍伐、放牧等人为干扰，所以在自然保护区内多是零散分布。山东省最大的野大豆分布区位于黄河三角洲国家级自然保护区，其保护也已经得到极大的重视，保护区管理站采取了多项措施确保野生大豆种质资源得以有效保护与繁衍。中华结缕草分布在 27 个自然保护区(见图 3-7-20)。中华结缕草具有耐湿、耐旱、耐盐碱的特性，根系发达，生长匍匐性好，主要生长在丘陵地区，多被用作草坪。

紫椴分布在 13 个自然保护区。紫椴是重要的用材树种，也是蜜源植物，具有较大的药用价值和观赏价值，因此遭受破坏的程度较严重，在各保护区内零星分布，仅在蓬莱艾山省级自然保护区内尚有野生紫椴林分布，已被作为该保护区的主要保护对象加以保护。珊瑚菜分布在 7 个自然保护区。珊瑚菜为药用植物，其根为常用药材北沙参，多生于海边沙滩，过去由于生长珊瑚菜的沙滩被挖掘，导致其生境破坏，加之药农采挖，致使其野生资源不断减少。莲、黄檗、水曲柳分布范围较狭窄，均为 7 个或 8 个自然保护区。

3. 自然保护区国家重点保护野生植物丰富度

山东省自然保护区国家重点保护野生植物丰富度差异较大。山东省 48 个自然保护区国家重点保护野生植物物种调查统计结果表明(见图 3-7-21)，37 个自然保护区分布有国家重点保护野生植物，其物种种类为 1～6 种。蓬莱艾山省级自然保护区和泰山省级自然保护区 2 个自然保护区国家重点保护野生植物种类最多，均为 6 种；山东昆嵛山国家级自然保护区、栖霞牙山省级自然保护区、栖霞崮山市级自然保护区、烟台沿海防护林省级自然保护区和徂徕山省级自然保护区 5 个自然保护区国家重点保护野生植物分布种类均为 5 种；青岛崂山省级自然保护区、烟台市大沽夹河湿地市级自然保护区和柳埠市级自然保护区 3 个自然保护区国家重点保护野生植物分布种类均为 4 种；山东荣成大天鹅国家级自然保护区、山东南四湖省级自然保护区、鲁山省级自然保护区等 8 个自然保护区国家重点保护野生植物分布种类均为 3 种；海阳招虎山省级自然保护区、莱州大基山省级自然保护区、平阴大寨山省级自然保护区等 10 个自然保护区国家重点保护野生植物分布种类均为 2 种；山东长岛国家级自然保护区、峄山市级自然保护区、苍山县文峰山县级自然保护区等 7 个自然保护区国家重点保护野生植物分布种类均为 1 种。

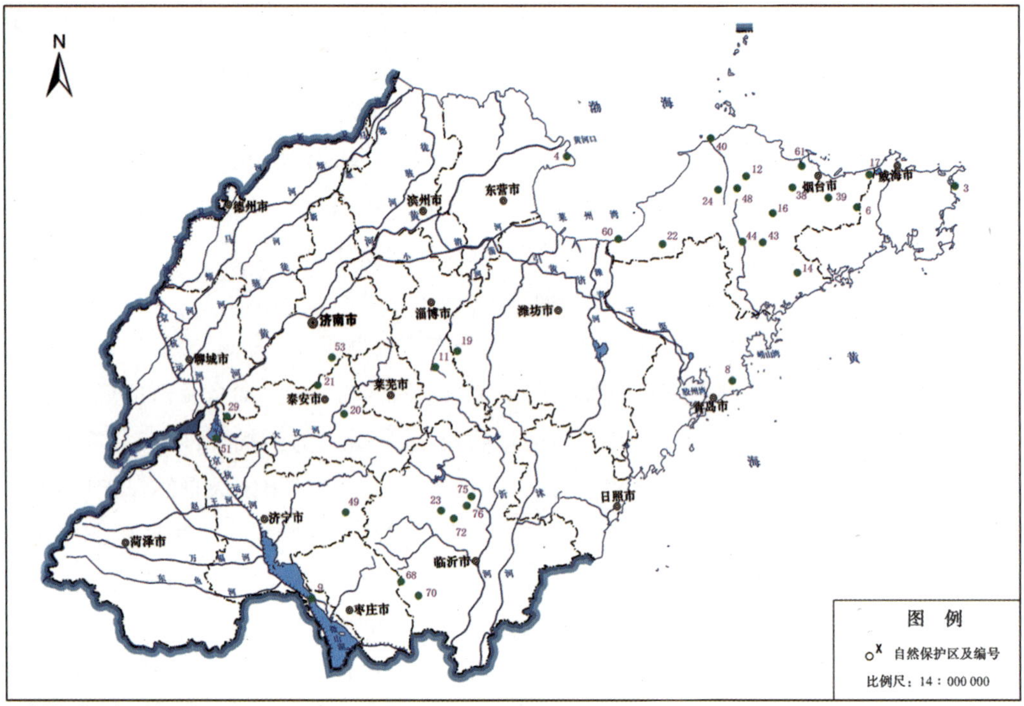

审图号：鲁SG（2018）067号

图 3-7-19 山东省自然保护区野大豆(*Glycine soja*)分布状况

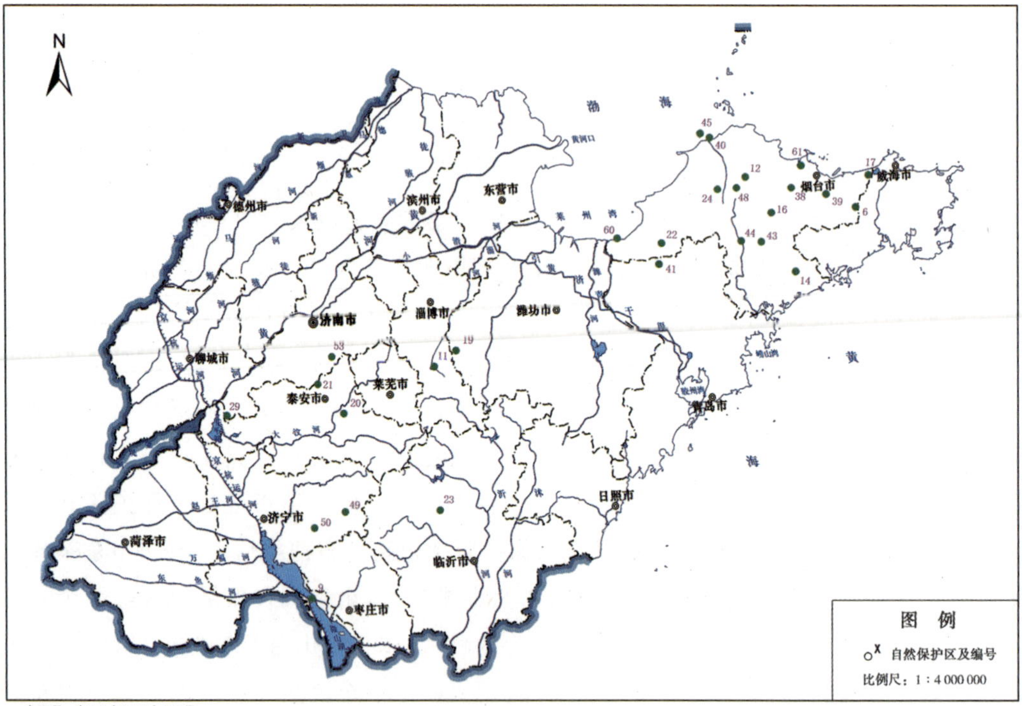

审图号：鲁SG（2018）067号

图 3-7-20 山东省自然保护区中华结缕草(*Zoysia sinica*)分布状况

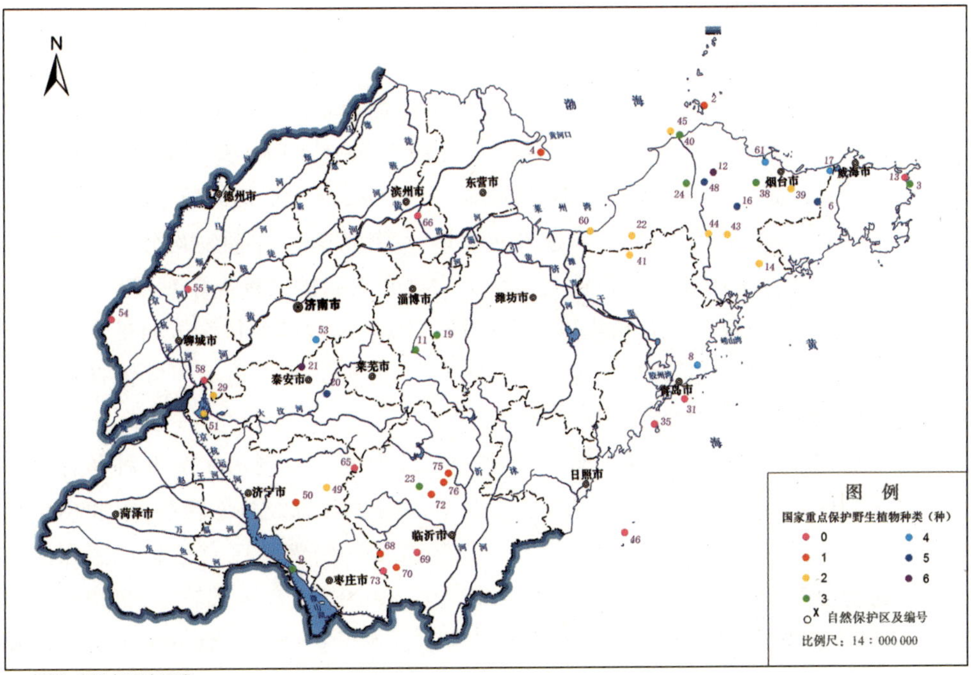

审图号：鲁SG（2018）067号

图 3-7-21　山东省自然保护区国家重点保护野生植物种类分布状况

四、各级自然保护区国家重点保护野生动植物种类与分布

山东省各级自然保护区国家重点保护野生动植物种类调查统计结果如表 3-7-3 所示。4 个国家级自然保护区分布有重点保护野生动物 79 种、重点保护野生植物 7 种，分别占国家重点野生保护动物和植物总数的 85.9%和 100%；24 个省级自然保护区分布有重点保护野生动物 78 种、重点保护野生植物 7 种，分别占国家重点野生保护动物和植物总数的 84.8%和 100%；12 个市级自然保护区分布有重点保护野生动物 67 种、重点保护野生植物 7 种，分别占国家重点野生保护动物和植物总数的 72.8%和 100%；8 个县级自然保护区分布有重点保护野生动物 10 种、重点保护野生植物 1 种，分别占国家重点野生保护动物和植物总数的 10.9%和 14.3%。可见，国家重点保护野生动植物主要分布在国家级和省级自然保护区，市级和县级自然保护区国家重点保护野生动植物分布相对较少。

表 3-7-3　　山东省各级自然保护区国家重点保护野生动植物种类调查统计表

自然保护区级别	自然保护区数量	重点保护野生植物物种数	重点保护野生动物物种数	
			国家一级	国家二级
国家级	4	7	14	65
省级	24	7	14	64
市级	12	7	11	56
县级	8	1	1	9

山东黄河三角洲国家级自然保护区、山东长岛国家级自然保护区、山东昆嵛山国家级自然保护区和山东荣成大天鹅国家级自然保护区 4 个国家级自然保护区国家重点保护野生动植物种类相对丰富。国家重点保护野生动物以山东黄河三角洲国家级自然保护区和山东长岛国家级自然保护区种类最多，分别为 64 种和 62 种，部分海鸟或一些在内陆地区不常见的迁徙性鸟类，如黑翅鸢(*Elanus caeruleus*)、玉带海雕(*Haliaeetus leucoryphus*)、遗鸥(*Ichthyaetus relictus*)以及棱皮龟、小须鲸等海洋动物均分布于此。山东昆嵛山国家级自然保护区和山东荣成大天鹅国家级自然保护区种类相对较少，分别有 44 种和 24 种。国家二级保护野生植物以山东昆嵛山国家级自然保护区分布最多，有 5 种；其次为山东荣成大天鹅国家级自然保护区，有 3 种；山东黄河三角洲国家级自然保护区和山东长岛国家级自然保护区分别仅生长有 1 种。

省级自然保护区国家重点保护野生动物分布种类变化范围为 4～59 种。青岛崂山省级自然保护区、大泽山省级自然保护区、烟台沿海防护林省级自然保护区、胶南灵山岛省级自然保护区和莱阳五龙河湿地省级自然保护区 5 个沿海地区自然保护区国家重点保护野生动物分布种类较为丰富，均在 45 种以上。泰山省级自然保护区、徂徕山省级自然保护区、临沂大青山省级自然保护区等 6 个内陆自然保护区国家重点保护野生动物分布数量明显较少，均在 20 种以下。省级自然保护区国家重点保护野生植物分布种类为 2～6 种。泰山省级自然保护区和蓬莱艾山省级自然保护区国家重点保护野生植物分布种类 6 种，徂徕山省级自然保护区和牙山省级自然保护区国家重点保护野生植物分布种类 5 种，鲁山省级自然保护区、海阳招虎山省级自然保护区、峄山市级自然保护区等 17 个自然保护区国家重点保护野生植物分布种类为 1～4 种。

市级自然保护区国家重点保护野生动物分布种类变化范围为 1～51 种，但区域分布差异较大。烟台市大沽夹河湿地市级自然保护区、莱州湾湿地市级自然保护区、栖霞崮山市级自然保护区等半岛地区的自然保护区国家重点保护野生动物种类均在 40 种以上，峄山市级自然保护区、柳埠市级自然保护区、五彩山县级自然保护区等鲁中南内陆地区的自然保护区国家重点保护野生动物种类均在 15 种以下，东平湖湿地市级自然保护区分布有国家重点保护野生动物种类 36 种，主要为水鸟。8 个市级自然保护区分布有国家重点保护野生植物，其分布种类变化范围为 1～5 种。栖霞崮山市级自然保护区分布有国家重点保护野生植物 5 种，烟台市大沽夹河湿地市级自然保护区和柳埠市级自然保护区 2 个自然保护区分布有国家重点保护野生植物 4 种，十八盘市级自然保护区、东平湖湿地市级自然保护区和山东省莱州湾湿地市级自然保护区 3 个自然保护区分布有国家重点保护野生植物 2 种，峄山市级自然保护区分布有国家重点保护野生植物 1 种。

县级自然保护区国家重点保护野生动物分布较少，国家重点保护野生动物种类数为 1～5 种，而且多为国家二级保护野生动物，以鸱鸮科、隼科鸟类为主。县级自然保护区仅在苍山县抱犊崮县级自然保护区、苍山县文峰山县级自然保护区、五彩山县级自然保护区、北大山森林县级自然保护区和鼻子山森林县级自然保护区 5 个自然保护区分布有野大豆 1 种国家重点保护野生植物。

五、各类自然保护区国家重点保护野生动植物种类与分布

山东省各类自然保护区国家重点保护野生动植物种类调查统计结果如表 3-7-4 所示。30 个森林生态类自然保护区分布有重点保护野生动物 69 种、重点保护野生植物 7 种，分别占国家重点野生保护动物和植物总数的 75%和 100%。10 个内陆湿地类自然保护区分布有重点保护野生动物 81 种、重点保护野生植物 5 种，分别占国家重点野生保护动物和植物总数的 88%和 71.4%。4 个海洋海岸类自然保护区分布有重点保护野生动物 61 种，占国家重点野生保护动物总数的 66.3%。3 个野生动物类自然保护区分布有重点保护野生动物 63 种、重点保护野生植物 3 种，分别占国家重点野生保护动物和植物总数的 68.5%和 42.3%。1 个地质遗迹类自然保护区分布有重点保护野生动物 4 种、重点保护野生植物 2 种，分别占国家重点野生保护动物和植物总数的 4.3%和 28.3%。显然，自然保护区国家重点保护野生动植物主要分布在森林生态类和内陆湿地类自然保护区。

森林生态类自然保护区分布有国家重点保护野生动物 69 种，包括国家一级保护野生动物 12 种和国家二级保护动物 57 种。森林生态类自然保护区国家重点保护野生动物种类为 1～59 种。青岛崂山省级自然保护区、烟台沿海防护林省级自然保护区和大泽山省级自然保护区 3 个自然保护区国家重点保护野生动物种类为 50～59 种，山东昆嵛山国家级自然保护区、栖霞牙山省级自然保护区和栖霞崮山市级自然保护区 3 个自然保护区国家重点保护野生动物种类变化范围为 40～45 种，鲁山省级自然保护区、蓬莱艾山省级自然保护区、莱州大基山省级自然保护区、招远罗山省级自然保护区和莱阳老寨山省级自然保护区 5 个自然保护区国家重点保护野生动物种类为 30～39 种，海阳招虎山省级自然保护区、青州仰天山省级自然保护区、徂徕山省级自然保护区、泰山省级自然保护区等 8 个自然保护区国家重点保护野生动物种类为 10～29 种，东阿县鱼山市级自然保护区、冠县西沙河林场市级自然保护区、高唐县清平林场市级自然保护区、柳埠市级自然保护区等 11 个自然保护区国家重点保护野生动物种类为 1～5 种。25 个森林生态类自然保护区分布有国家重点保护野生植物，国家重点保护野生植物种类为 1～6 种。山东昆嵛山国家级自然保护区、蓬莱艾山省级自然保护区、栖霞牙山省级自然保护区等7 个自然保护区国家重点保护野生植物种类为 5～6 种，青岛崂山省级自然保护区、鲁山省级自然保护区、青州仰天山省级自然保护区等 6 个自然保护区国家重点保护野生植物种类为 3～4 种，大泽山省级自然保护区、莱阳老寨山省级自然保护区、峄山市级自然保护区等 12 个自然保护区国家重点保护野生植物种类为 1～2 种。

表 3-7-4　　山东省各类自然保护区国家重点保护动植物物种种类调查统计表

自然保护区类型	自然保护区数量	重点保护野生植物物种数	重点保护野生动物物种数	
			国家一级	国家二级
森林生态	30	7	12	57
内陆湿地	10	5	13	68

续表

自然保护区类型	自然保护区数量	重点保护野生植物物种数	重点保护野生动物物种数	
			国家一级	国家二级
海洋海岸	4	0	12	49
野生动物	3	3	12	51
地质遗迹	1	2	0	4

内陆湿地类自然保护区分布有国家重点保护野生动物 81 种，包括国家一级保护野生动物 13 种，国家二级保护野生动物 68 种。内陆湿地类自然保护区国家重点保护野生动物种类为 1～64 种。山东黄河三角洲国家级自然保护区和烟台市大沽夹河湿地市级自然保护区国家重点保护野生动物种类较为丰富，分别为 64 种和 51 种。山东南四湖省级自然保护区、莱阳五龙河湿地省级自然保护区、山东莱州湾湿地市级自然保护区、东平湖湿地市级自然保护区等 6 个自然保护区国家重点保护野生动物种类为 28～49 种。泉林水体县级自然保护区和会宝岭水库县级自然保护区国家重点保护野生动物种类分别为 2 种和 1 种。内陆湿地类自然保护区分布有国家重点保护野生植物 5 种，分别为野大豆、中华结缕草、紫椴、珊瑚菜和莲。烟台市大沽夹河湿地市级自然保护区国家重点保护野生植物种类最多，为 4 种。烟台福山银湖湿地省级自然保护区、龙口黄水河河口湿地省级自然保护区和南四湖省级自然保护区国家重点保护野生植物种类均为 3 种。莱阳五龙河湿地省级自然保护区、莱州湾湿地市级自然保护区和东平湖湿地市级自然保护区国家重点保护野生植物种类均为 2 种。山东黄河三角洲国家级自然保护区和会宝岭水库县级自然保护区国家重点保护野生植物种类均为 1 种。

海洋海岸类自然保护区分布有国家重点保护野生动物 61 种，包括 12 种国家一级保护野生动物和 49 种国家二级保护野生动物。胶南灵山岛省级自然保护区国家重点保护野生动物种类最多，其国家重点保护野生动物种类为 47 种，青岛大公岛岛屿与生态系统省级自然保护区国家重点保护野生动物种类次之，其国家重点保护野生动物种类为 45 种，荣成成山头省级自然保护区和日照市前三岛市级自然保护区国家重点保护野生动物种类分别为 25 种和 6 种。4 个海洋海岸类自然保护区内未见国家重点保护野生植物分布。

野生动物类自然保护区分布有国家重点保护野生动物 63 种，包括国家一级保护野生动物 12 种，国家二级保护野生动物 51 种，分布在山东长岛国家级自然保护区、山东荣成大天鹅国家级自然保护区和博兴县引黄济青渠首鸟类县级自然保护区 3 个自然保护区。山东长岛国家级自然保护区国家重点保护野生动物种类最为丰富，为 62 种；山东荣成大天鹅国家级自然保护区和博兴县引黄济青渠首鸟类县级自然保护区国家重点保护野生动物种类分别为 24 种和 5 种。山东长岛国家级自然保护区、山东荣成大天鹅国家级自然保护区和博兴县引黄济青渠首鸟类县级自然保护区 3 个野生动物类自然保护区分布有国家重点保护野生植物 3 种，分别为野大豆、珊瑚菜和莲。

地质遗迹类自然保护区仅有龙口依岛省级自然保护区分布有国家重点保护野生动植物。龙口依岛省级自然保护区分布有猎隼、燕隼(*subbuteo* 亚种)(*Falco subbuteo subbuteo*)、红隼(*interstinctus* 亚种)和白尾鹞(指名亚种)(*Circus cyaneus cyaneus*)4 种国家重点保护野生动物,以及中华结缕草和珊瑚菜 2 种国家重点保护野生植物。

第四章　自然保护区简介

山东省自然保护区包括7个国家级自然保护区、38个省级自然保护区、19个市级自然保护区和12个县级自然保护区。本章编写了76个自然保护区简介，其内容涉及自然保护区的位置、建设历程、范围与功能分区、主要保护对象及其特点、自然环境特征、生态系统类型、高等动植物种类、国家重点保护动植物、特有物种、濒危物种、自然保护区建设意义、功能区划图和景观照片等。因技术原因，所示图例排在各节最后。

第一节　国家级自然保护区简介

一、山东山旺古生物化石国家级自然保护区

山东山旺古生物化石国家级自然保护区位于山东省临朐县城东约22千米处山旺村，地理位置为东经118°42′52″～118°43′47″，北纬36°32′32″～36°33′20″。

保护区于1980年1月17日经国务院批准（国办函字〔80〕2号）建立，面积120公顷（见图4-1-1）。1999年10月18日被国土资源部和国家环境保护总局批准（国土资函〔1999〕550号）为国家地质遗迹保护区。2001年12月10日被国土资源部批准为国家地质公园，面积为130公顷。主要保护对象为赋存有大量古生物化石的山旺组地层（见图4-1-2）。

保护区地处鲁中南山地丘陵区东北边缘，临朐新生代山间断陷盆地内，地层由硅藻土页岩组成，海拔高度100～450米。本区气候属于暖温带大陆性季风气候，年平均气温12.4℃，年均降水量为712毫米，集中于6、7、8三个月。山旺化石形成于距今1 800万年前的中新世，当时山旺一带为一片湖泊，现称“山旺湖”，当时气候温暖湿润，水中生长着大量硅藻及其他水生植物，陆上亚热带落叶或常绿阔叶混生林繁茂，许多动物栖息其间。随着火山的喷发，硅藻沉积以及频繁的洪泛事件的发生，大量的动植物被带进湖中，并被迅速埋藏而得到完好的保存成为化石。山旺组地层岩性为砂砾岩夹硅藻土页岩、油页岩、玄武岩，总厚度113米。山旺化石主要保存于山旺组硅藻土层中。硅藻土沉积厚度约为25米，长160米，硅藻土页岩薄如纸张，稍加风化即层层翘起，宛若书页，被喻为“万卷书”。

山旺化石种类繁多，门类齐全，保存完整，被誉为“化石宝库”。目前，山旺组地层已发现的化石多达10多个门类600多种，其中有1/3是已灭绝的属种。植物化石中有藻类、苔藓、蕨类、裸子植物、被子植物，以植物的枝叶最多，花、果实、种子保存完好，其中有

亚热带的榕树和樟树。植物中藻类数量最多，有近100种，其他植物有46科98属155种。动物化石包括昆虫、蜘蛛、鱼类、两栖类、爬行类、鸟类及哺乳类动物。昆虫化石翅脉清晰，保存完整，有的还保存着绚丽的色彩。目前，已研究鉴定的有46科100属182种。1978年发现的近无角犀骨架化石，是我国发现的第一具中新世完整的犀牛骨架。发现的长颈鹿—三角原古鹿和东方祖熊的骨架是迄今世界上保存最好的标本，由40多个柄杯鹿骨架组成了极为壮观的柄杯鹿群。鸟类化石中"山旺山东鸟"的出土，是我国首次发现的完整的鸟类骨架，这样完好的鸟类化石标本在世界上也是罕见的，它的发现填补了我国第三纪鸟类化石的空白。无脊椎动物以昆虫为最多，不但种类丰富，而且保存完整，有的个体甚至还保留着鲜艳的色彩。在已经鉴定的160种中，蚁类多达20多种。脊椎动物中，有我国特有的鱼群组合包括鲤形目、鲈形目，仅鲤科化石就有8属10种，其中5属6种为新发现，大部分已经灭绝。

山东山旺古生物化石国家级自然保护区是山东省第一个自然保护区。山旺古生物化石最早记载于1884年（光绪十年）编纂的县志中，1934年著名地质学家杨钟健先生在山旺采集到大量化石并发表研究报告。此后，中外地质学家多次在该地区进行发掘研究。山旺化石种类之多，保存之完整确属世界罕见，是珍贵而不可再生的地质遗产。山旺古生物化石对于生物进化、古地理和古气候研究具有重要的科学意义。

二、山东长岛国家级自然保护区

山东长岛国家级自然保护区位于山东省长岛县境内，地理位置为东经120°35′28″～120°56′36″，北纬37°53′38″～38°23′58″。

1982年3月，山东省人民政府印发了《批转林业厅等部门〈关于加强鸟类保护的报告〉的通知》（鲁政发〔1982〕29号），将长山列岛列为省管的自然保护区。1988年5月，国务院印发了《关于公布第二批国家级森林和野生动物类型自然保护区的通知》（国发〔1988〕30号），将长岛自然保护区列为国家级自然保护区，保护区面积为5 015.2公顷，其中核心区面积为1 333.8公顷，实验区面积为3 681.4公顷（见图4-1-4）；海岸线总长为146千米，其中陆地面积3 910公顷，湿地海域面积1 105公顷。主要保护对象为鹰、隼等猛禽和候鸟。

保护区地处山东半岛和辽东半岛之间的渤海海峡，黄海与渤海交汇处，主要由庙岛群岛的南长山岛、北长山岛、大黑山岛、小黑山岛、南隍城岛、北隍城岛、大钦岛、小钦岛、砣矶岛、庙岛、大竹山岛、小竹山岛、大高山岛、大猴矶岛、车由岛等32个岛屿组成。海岸线总长146千米，陆地面积为3 910公顷，海域面积为1 105公顷。独特的地理位置，形成了保护区以海、岛、林、鸟、鱼为特色的自然环境。长岛四面环海，海域辽阔，具有优越的海珍品养殖条件，是"中国鲍鱼之乡、扇贝之乡、海带之乡"。海岛岸线曲折，礁峻滩美，拥有九丈崖、半月湾、宝塔礁等独特的海岸地貌景观。长山列岛纵贯渤海海峡，是我国东部鸟类迁徙的必经之路，素以"候鸟旅站"著称。车由岛栖息着数以万计的各种鸟类，被誉为"万鸟岛"（见图4-1-3）。

保护区气候属暖温带大陆性季风气候，植物区系属暖温带落叶阔叶林区域。区内陆地森林覆盖率达56%，以人工林为主。区内生态系统丰富多样，拥有针叶林、阔叶林、竹林、灌丛、灌草丛、草甸、水生植被、沼泽植被8种植被型。按群系类型划分，共43种群系类型。针叶林主要是赤松林和侧柏林，阔叶林包括刺槐林、落叶阔叶杂木林、枫杨林等10种群系，竹林以淡竹林为主，灌丛主要是胡枝子灌丛和绣线菊灌丛，灌草丛包括荆条-酸枣-黄被草灌草丛、荆条-酸枣-白羊草灌草丛和黄被草-细柄草灌草丛；草甸类型较多，有结缕草草甸、狗牙根草甸、野青茅草甸、芦苇草甸等12种；水生和沼泽植被主要为浮萍-品藻群落、莲群落、芦苇沼泽、香蒲沼泽等群系类型。区内分布有高等动物405种，以鸟类为主，有350种野生鸟类在此繁衍栖息，是鸟类的乐园。国家重点保护鸟类62种，包括丹顶鹤(*Grus japonensis*)、白鹤(*Grus leucogeranus*)、黑鹳(*Ciconia nigra*)、中华秋沙鸭(*Mergus squamatus*)等9种国家一级重点保护鸟类，以及凤头蜂鹰(*Pernis ptilorhynchus orientalis*)、鸢(*Milvus korschun*)、苍鹰(*Accipiter gentilis schvedowi*)、松雀鹰(*Accipiter virgatus*)等51种国家二级重点保护鸟类。根据《IUCN物种红色名录濒危等级和标准》中的划分标准，区内分布有受威胁高等动物21种：极危1种，为白鹤；濒危2种，为黑脸琵鹭(*Platalea minor*)和丹顶鹤；易危18种，包括小菊头蝠(*Rhinolophus blythi*)、貉(*Nyctereutes procyonoides*)、鸿雁(*Anser cygnoides*)等。

保护区内维管束植物分布有151种，以菊科植物最多，为26种，常见的如野菊(*Dendranthema indicum*)、南牡蒿(*Artemisia eriopoda*)、艾(*Artemisia argyi*)等；禾本科植物14种，如芦苇(*Phragmites australis*)、鹅观草(*Roegneria kamoji*)、结缕草(*Zoysia japonica*)等，豆科和百合科植物均为11种，另外还分布有十字花科、藜科、蔷薇科等49科共89种植物。区内国家重点保护植物仅珊瑚菜1种，同时按照《IUCN物种红色名录濒危等级和标准》中的划分标准，珊瑚菜为易危物种(VU)。

山东长岛国家级自然保护区是我国唯一具有海岛独特地理条件的猛禽类自然保护区，是我国"鸟类迁徙三大通道"之一的东部鸟类迁徙通道的必经之地，是东北亚内陆和环西太平洋鸟类迁徙的重要中转站，是我国开展鸟类环志工作的重要基地，具有极为重要的保护价值和科学研究价值。

三、山东荣成大天鹅国家级自然保护区

山东荣成大天鹅国家级自然保护区位于山东半岛最东端的荣成市境内，范围涉及马山港、月湖、养鱼池湾、临洛湾及周边区域。保护区东西宽约3.9千米，南北长约14.0千米，面积为1 675公顷。地理坐标为东经122°32′40″～122°35′16″，北纬37°11′56″～37°21′20″。

1985年12月设立了荣成大天鹅自然保护区。1992年5月经威海市人民政府批准(威政函〔92〕17号)由县级自然保护区晋升为市级自然保护区，保护区面积为6 667公顷。2000年3月，山东省人民政府批准(鲁政字〔2000〕74号)建立了山东荣成大天鹅省级自然保护区，保护区面积为10 500公顷。其中，核心区面积为2 200公顷，缓冲区面积为4 200公顷，实验区面积4 100公顷。2006年7月，山东省人民政府批复了山东荣成大

天鹅自然保护区调整规划(鲁政字〔2006〕180 号),保护区面积调整为 1 675 公顷。其中,核心区面积为 668 公顷,缓冲区面积为 628 公顷,实验区面积为 379 公顷(见图 4-1-5);陆地面积为 248 公顷,滨海湿地面积为 1427 公顷(其中浅海面积为 1013 公顷)。2007 年 4 月经国务院批准(国办发〔2007〕20 号)晋升为国家级自然保护区。主要保护对象为大天鹅等珍稀濒危鸟类和湿地生态系统。

保护区在大地构造上属于华北地台的山东台背斜,陆地地貌类型以丘陵为主,海拔高度多在 300 米以下,海蚀崖、海蚀平台、海积平原、冲积平原、沙坝、泻湖等海岸地貌发育,天鹅泻湖与松埠嘴泻湖、大石泊泻湖、马家疃泻湖和筏子窝泻湖等泻湖构成了长达 10 千米的成山卫泻湖链。保护区气候属于暖温带大陆性季风气候,受海洋影响,夏无酷暑,冬少严寒,四季分明,降水集中,年平均气温为 11.1℃,是山东沿海平均气温最低的海湾之一,年平均降水量为 768.0 毫米。河流水系不发育,多季节性间歇河,源高、流短、涨快、退速,容易造成水土流失。土壤类型主要有棕壤、潮土、风沙土和盐土。

保护区内生态系统多是由灌木、草本植物和水生生物等低矮植被构成,拥有包括阔叶林、竹林、灌丛、灌草丛、草甸、水生植被和沼泽植被 7 个植被型。按群系类型分类,阔叶林主要为刺槐林和毛白杨林,草甸有狗牙根草甸、芦苇草甸、白茅草甸等 6 种群系类型,水生植被有金鱼藻-黑藻-狐尾藻群落、莲群落、眼子菜-浮叶眼子菜群落等,沼泽植被主要为芦苇沼泽、香蒲沼泽、菰沼泽等群系类型。区内植物资源十分丰富,种类繁多,拥有浮游植物 192 种,底栖植物 74 种,维管束植物 397 种。维管束植物以菊科、禾本科和豆科等草本和灌丛植物种类较多,分别为 45 种、40 种和 24 种。常见物种如苍耳(*Xanthium sibiricum*)、米口袋(*Gueldenstaedtia verna*)、马唐(*Digitaria sanguinalis*)均广泛分布于保护区内。区内分布有国家二级保护植物 3 种,分别为野大豆、珊瑚菜和莲。同时按照《IUCN 物种红色名录濒危等级和标准》中的划分标准,珊瑚菜为易危物种(VU)。另外,区内可见臭荠(*Coronopus didymus*)、野西瓜苗(*Hibiscus trionum*)、凹头苋(*Amaranthus lividus*)等 16 种外来入侵植物。

动物资源主要是底栖动物和脊椎动物。底栖动物是保护区滨海湿地生态系统中一个重要类群,分布有 215 种。野生高等动物有 203 种,包括鱼类 20 种,两栖动物 8 种,爬行动物 14 种,哺乳动物 9 种,鸟类 152 种。鱼类有马口鱼(*Opsriichtys uncirostris*)、餐条(*Hemiculter leucisculus*)、翘嘴红鲌(*Erythroculter ilishaeformis*)等;两栖动物有黑斑蛙(*Rana nigromaculata*)、花背蟾蜍(*Bufo raddei*)、金线侧褶蛙(*Pelophylax plancyi*),爬行动物有乌龟(*Chinemys reevesii*)、无蹼壁虎(*Gekko swinhonis*)、青环海蛇(*Hydrophis cyanocinctus*)等;哺乳动物有狗獾(北方亚种)(*Meles meles leptorhynchus*)、刺猬(*Erinaceus europaeus*)、草兔(*Lepus capensis*)等;鸟类多为鹭科、鸭科、鹬科、鸥科等在水域活动的迁徙性鸟类,如绿鹭(*Butorides striatus*)、鸿雁(*Anser cygnoides*)、翘嘴鹬(*Xenus cinereus*)、灰背鸥(*Larus schistisagus*)等。高等动物中包括国家重点保护野生动物 24 种:其中国家一级保护野生动物 6 种,分别为黑鹳(*Ciconia nigra*)、东方白鹳(*Ciconia boyciana*)、中华秋沙鸭(*Mergus squamatus*)、金雕(*daphanea* 亚种)(*Aquila chrysaetos daphanea*)、白头鹤(*Grus monacha*)和大鸨(*dybowskii* 亚种)(*Otis tarda dybowskii*);国家二级保护野生动物 18 种,主要为大天鹅(*Cygnus cygnus*)、白额雁(*Anser albifrons*)、小杓鹬(*Numenius minutus*)等水域性鸟类。根据《IUCN 物种红色名录濒危等级和标准》中的划分标准,区内分布有受威胁动物 14 种:极危 1 种,为青头潜鸭(*Aythya baeri*);濒危 4 种,分别为东方白鹳、中华秋沙鸭、黑脸琵鹭(*Platalea minor*)和乌龟;易危 9 种,包括白头鹤、鳖(*Trionyx sinensis*)、棕黑锦蛇(*Elaphe schrenckii*)等。

山东荣成大天鹅国家级自然保护区拥有泻湖、滩涂、河口和浅海等多种类型的滨海湿地。马山港泻湖是我国现存泻湖中保持最为完整、最为典型的泻湖,历来为海洋学者所青睐。泻湖湿地生态系统生境独特,食物丰富,是大天鹅等珍稀鸟类的理想栖息地。荣成大天鹅自然保护区是我国最大的大天鹅集中越冬栖息地,也是"世界四大天鹅栖息地"之一,每年有万余只大天鹅在这里越冬,被誉为"东方天鹅王国"。

四、山东黄河三角洲国家级自然保护区

山东黄河三角洲国家级自然保护区位于山东省垦利县、利津县和河口区境内,地理位置为东经 118°32′59″~119°20′27″,北纬 37°34′46″~38°12′19″。

1990 年 12 月,东营市人民政府批准(东政发〔1990〕99 号)建立了"黄河三角洲自然保护区",其面积为 2.67 万公顷,其中核心区为 1.0 万公顷,实验区为 1.67 万公顷。1991 年 11 月,经山东省人民政府批准(鲁政函〔91〕126 号)晋升为省级自然保护区,并将保护区定名为"东营黄河三角洲自然保护区",其面积为 5.07 万公顷,其中核心区为 1.0 万公顷。1992 年 10 月,经国务院批准(国函〔1992〕166 号)晋升为国家级自然保护区,并定名为"山东黄河三角洲自然保护区"。2001 年 8 月,国务院办公厅(国办函〔2001〕46 号)和 2002 年 3 月山东省人民政府(鲁政字〔2002〕85 号)分别批准了山东黄河三角洲国家级自然保护区功能区划调整方案,调整后自然保护区总面积为 15.3 万公顷。其中,核心区为 5.8 万公顷,缓冲区 1.3 万公顷,实验区 8.2 万公顷。2012 年 11 月,环境保护部(环办函〔2012〕1359 号)批准了山东黄河三角洲国家级自然保护区功能区划调整方案,调整后自然保护区总面积为 15.3 万公顷,其中核心区为 59 419 公顷,缓冲区为 11 233 公顷,实验区为 82 348 公顷(见图 4-1-6)。陆地面积为 8.27 万公顷,滨海湿地面积为 7.03 万公顷(其中低潮时−3 米浅海面积为32 050公顷)。2013 年 10 月,该保护区被列入国际重要湿地名录。主要保护对象为黄河口湿地生态系统和珍稀濒危鸟类(见图 4-1-7)。

保护区地处黄河入海口,北临渤海,东靠莱州湾,海岸线长 131 千米,与辽东半岛隔海相望。黄河携带大量泥沙填充渤海凹陷,不断淤积形成黄河三角洲沉积平原。自 1855 年黄河从利津县铁门关以北肖神庙注入渤海到 1976 年从恳利县清水沟入海的 121 年间,黄河在近代三角洲地区实际行水 111 年(1938~1947 年黄河由淮河入海),黄河尾闾决口改道 50 余次,其中较大改道有 11 次,每条流路行水时间长短不一,行水时间最长的为 19 年,行水时间最短的只有 3 年,平均每 10 年左右黄河尾闾就有一次较大改道。1964~1976 年,黄河入海流路为刁口河流路;现行黄河入海流路是 1976 年由刁口河道人工改道

清水沟流路入海的。黄河泥沙含量高，输沙量大。据调查，1964～1974 年的 11 年间，刁口河流路黄河来沙总量为 120.8 亿吨，淤积在陆地上的泥沙量为 27.8 亿吨，占来沙总量的 23%；淤积在近岸海域的泥沙量为 47.9 亿吨，占来沙总量的 39.7%。1976～1983 年，现行黄河入海流路黄河来沙总量为 61.1 亿吨，淤积在陆地上的泥沙量为 14.1 亿吨，占来沙总量的 23.1%；淤积在近岸海域的泥沙量为 33.7 亿吨，占来沙总量的 55.3%。黄河入海流路按照淤积、延伸、抬高、摆动、改道的规律不断演变。1855～1984 年，自然保护区海岸线淤进 52.6 千米，造陆面积 1 891 平方千米。现行黄河入海流路西河口以下段全部在自然保护区内，自 1976 年改道到 1992 年黄河造陆面积 550 平方千米，年均造陆面积 32 平方千米。黄河三角洲不断淤积，形成岗、坡、洼相间的微地貌形态。黄河三角洲地貌可分为陆上地貌、潮滩地貌和潮下带地貌 3 种地貌类型。陆上地貌主要有河成高地、微斜平地、洼地和河口沙嘴等，潮滩地貌包括高潮滩和潮间带，其地貌形态主要有贝壳及其碎屑堆积体、河口沙坝、潮水沟系与潮间分流河道等。潮下带地貌包括现行河口水下三角洲和废弃河口水下岸坡。土壤类型主要是潮土和盐土。黄河三角洲在气候上属暖温带半湿润大陆性季风气候，一年四季分明，光照充足，雨热同期，年平均气温 12℃，年平均降水量为 551 毫米。

按照《中国植被》区划，保护区为暖温带落叶阔叶林区域，暖温带北部落叶栎林亚地带，黄、海河平原栽培植被区。区内植被面积 65 319 公顷，植被覆盖率 53.7%，以自然植被为主，是中国沿海最大的海滩自然植被区。人工植被主要是人工营造的刺槐林，是中国平原地区最大的人工刺槐林。区内植物区系以温带成分为主，生态系统类型包括阔叶林、灌丛、灌草丛、草甸、水生植被和沼泽植被 6 个植被型和 24 个群系，阔叶林有刺槐林、毛白杨林、旱柳林等，灌丛主要为柽柳灌丛，灌草丛以白茅灌草丛为主，草甸是黄河三角洲自然保护区内的主要生态系统类型，包括狗牙根草甸、芦苇草甸、白茅草甸、獐毛草甸、碱蓬草甸等 10 种草甸类型，金鱼藻-黑藻-狐尾藻群落、莲群落、大米草群落等 7 种水生植被在区内有分布，沼泽植被主要为芦苇沼泽和香蒲沼泽。保护区分布有野生高等植物 58 科147 属 203 种，包括蕨类植物 2 科 2 属 2 种，裸子植物 2 科 2 属 2 种，单子叶植物 11 科 48 属 70 种，双子叶植物 43 科 95 属 130 种，以禾本科、菊科草本植物最多。区内主要植物资源有杞柳（*Salix integra*）、中亚滨藜（*Atriplex centralasiatica*）、藜（*Chenopodium album*）、翅碱蓬（*Suaeda heteroptera*）、野大豆、柽柳（*Tamarix chinensis*）等。其中中亚滨藜主要分布于保护区中部的盐碱沙荒地中；藜适应性较强，在保护区内广泛分布；翅碱蓬是陆地向海岸方向发展的先锋盐碱植物；柽柳是典型的盐生植物，是海涂营造防护林的先锋树种，也是自然保护区的重要植物资源；本区还是野大豆集中产地之一，野大豆是国家二级保护野生植物，广泛分布于黄河故道和黄河两侧。保护区内还有 15 种中国特有植物，包括皂荚（*Gleditsia sinensis*）、斑种草（*Bothriospermum chinense*）、地黄（*Rehmannia glutinosa*）等。

保护区内动物可分为陆生动物生态群和海洋动物生态群，陆生动物在中国陆地动物地理区划上属于古北界、东北亚界、华北区、黄淮平原亚区动物区系成分，是动物南北交融过渡地带，海洋动物地理区划上属于黄、渤海区动物区系成分，动物以冷温性和温水性种类占优势。区内记录野生高等动物 137 科 284 属 485 种，其中鱼类 56 科 115 属 162 种，两栖类 3 科 6 属 6 种，爬行类 6 科 8 属 8 种，哺乳类 14 科 18 属 20 种，鸟类 58 科 140 属 289 种。野生高等动物中有 28 种为受威胁物种，包括极危物种 3 种，分别为棱皮龟、青头潜鸭（*Aythya baeri*）和白鹤（*Grus leucogeranus*），濒危物种 11 种，包括松江鲈（*Trachidermus fasciatus*）、东方白鹳（*Ciconia boyciana*）、小青脚鹬（*Tringa guttifer*）等，易危物种 14 种，包括中华青鳉（*Oryzias latipes sinensis*）、卷羽鹈鹕（*Pelecanus crispus*）、小白额雁（*Anser erythropus*）等。保护区内国家重点保护野生动物 64 种，其中国家一级保护野生动物 11 种，包括东方白鹳、中华秋沙鸭（*Mergus squamatus*）、丹顶鹤（*Grus japonensis*）等，国家二级保护野生动物 53 种，包括白琵鹭（指名亚种）（*Platalea leucorodia leucorodia*）、小青脚鹬、白额雁（*Anser albifrons*）。区内有中国特有物种 20 种，包括中华青鳉、长蛇鮈（*Saurogobio dumerili*）、金线侧褶蛙（*Pelophylax plancyi*）等。高等动物中列入《濒危野生动植物种国际贸易公约》和附录的种类有 39 种。保护区内有丰富的海洋低等动物。据统计，区内有蚤类、虾蟹类等节肢动物 149 种，螺、蛤、蚌、参等软体动物 112 种。区内分布有外来入侵物种 7 种，包括 4 种植物和 3 种动物，分别为大米草（*Spartina anglica*）、反枝苋（*Amaranthus retroflexus*）、白花草木犀（*Melilotus alba*）、苦苣菜（*Sonchus oleraceus*）、美国白蛾（*Hyphantria cunea*）、褐家鼠（*Rattus novegicus*）和小家鼠（*Mus musculus*）。

黄河三角洲是世界上土地自然生长最快的新生湿地生态系统，也是我国暖温带最年轻、最广阔、保存最完整的湿地生态系统，是东北亚内陆和环西太平洋鸟类重要的“中转站”、越冬地和繁殖栖息地，具有生物资源的多样性、稀有性和生态环境新生性、脆弱性、自然性、典型性等特点，是研究河口湿地生态系统形成、演化规律的重要基地，有极其重要的保护价值、科研价值和社会生态意义。

五、马山国家级自然保护区

马山国家级自然保护区位于山东省即墨市城区西侧约 3 千米处，范围包括马山、大山、宝安山、团山和长岭 5 个山丘及周围地区。地理位置为东经 120°21′16″～120°23′02″，北纬 36°23′22″～36°24′55″。

1993 年 1 月，即墨市人民政府批准（即政发〔1993〕7 号）建立了马山县级自然保护区。1993 年 9 月，经山东省人民政府批准（鲁政函〔93〕163 号）晋升为省级自然保护区。1994 年 4 月，国务院批准（国办函〔1994〕26 号）建立了马山国家级自然保护区。保护区面积 774 公顷，其中核心区面积 246 公顷（见图 4-1-8），主要保护对象为火山岩柱状节理石林，硅化木群，沉积构造和接触变质带（见图 4-1-9）。

马山是胶莱平原上的一座孤山，由主峰马山、西峰大山、小峰宝安山、团山和长岭等四山一岭组成。马山最高点海拔 233 米，最低海拔 30 米，相对高度 200 米。马山属剥蚀平原上的残丘地貌，山体凸圆，坡度为 20°～25°。河流为季节性河流，源短流急，残丘周围的冲沟多呈"V"字形和"U"字形。保护区气候属于温带季风气候，夏无酷暑，冬无严寒，四季分明，年平均气温12.2℃，年平均降雨量776毫米。马山北坡有林地93.3公顷，以黑松、刺槐、侧柏混交林为主，南坡、东坡、西坡及山凹处，林带稀少，杂草丛生。资料记录保护区分布有高等动植物81种，其中维管束植物51种，高等动物30种。维管束植物包括裸子植物3属3种，单子叶植物7属7种，双子叶植物38属41种。区内有中国特有植物4种，如山葡萄(*Vitis amurensis*)、野百合(*Lilium brownii*)、北柴胡(*Bupleurum chinense*)等。高等动物包括鱼类6属6种，两栖类2属2种，爬行类1属1种，哺乳类7属7种，鸟类8科14种。区内分布有雕鸮(*ussuriensis* 亚种)(*Bubo bubo ussuriensis*)、斑头鸺鹠(*Glaucidium cuculoides*)、鹰鸮(*florensis* 亚种)(*Ninox scutulata florensis*)等国家二级保护动物6种。

保护区在大地构造上属于中朝准地台胶辽台隆的胶莱凹陷，其基底由太古界胶东群、元古界荆山群、粉子山群和蓬莱群等组成，盖层自下而上分别为下白垩统莱阳群、下白垩统青山群和上白垩统王氏群。胶莱凹陷的形成与发育受到沂沭断裂和五莲-即墨-牟平断裂的控制。牟平-即墨断裂带为区域内最显著的北东向断裂带，总体上呈35°方向，由一系列近平行或尖灭再现的断层构成。

在马山的西北方向为李权庄—灵山断层，走向45°，个别点见断面产状南东倾或近直立。在马山的东南方向为西温泉—沧口断裂，它是牟即断裂带内活动显著最具代表性的断裂，长44千米，宽50～100米，走向45°。七级—马山断裂带为北西走向，在七级至马山一带出露较好，主体由两条平行断层组成。该断裂带总体上呈310°，长约50千米，宽2千米。胶莱盆地燕山晚期火山活动十分强烈，主要发育时期为早白垩世晚期(青山期)。火山活动主要受盆地边界及北东向断裂控制，火山活动的类型主要是沿断裂分布的中心式喷发，形成许多大小不等的火山岩体。岩石类型分为三类：熔岩、火山碎屑岩、次火山岩。胶莱凹陷中生代火山喷发可分为两个火山喷发带：一个为诸城—莱阳火山喷发带。该带火山岩大部分分布于胶莱凹陷内，其展布受北东及北北东向断裂控制，火山活动自早白垩世至晚白垩世都有发育，其强烈活动期为早白垩世晚期。另一个是潍坊—莒县火山喷发带。火山岩的形成及分布受沂沭断裂带控制，火山活动自早白垩世至中新世。马山火山构造形成于燕山运动的早白垩世晚期(青山期)，为中心式盾状火山，溢流熔岩的火山通道被断层破坏，出露不完整，呈北西向长条状。面积1.8平方千米，岩性为粗面英安岩，垂直柱状节理发育。

马山火山岩体发育大量罕见的垂直柱状节理。垂直柱状节理主要产于已揭露的团山和长岭两座低山。节理截面多为四棱形，亦有五边形和六边形，单柱直径一般在1.0～1.5米之间，出露高度可达30米(地表以下延深可达60米)。石柱紧密相连、笔直挺拔、巍巍壮观。在安山岩中发现柱状节理在中国尚属首例，是世界柱状节理群三大奇观之一。马山出露地层为白垩系莱阳群。莱阳群地层动植物化石丰富，门类较多。马山硅化木化石分布广、数量多。已发现和保存完好的硅化木化石有20多株，已发掘最大的一株直径80cm，长14米，树节、年轮、树根等清晰可见，经鉴定为南洋杉未定种(*Araucarioxylon* sp.)。

其单体规模大，保存完整，国内罕见。由于岩浆的侵入、对围岩的烘烤等作用，在与沉积岩的接触部位发生了不同程度的变质作用，形成红褐色、褐色、黑色的接触变质带，宽度从几十厘米到1米。在火山岩中还可见砂砾岩捕虏体。

马山国家级自然保护区不仅拥有可称为“石林”的火山岩柱状节理群，而且罕见地集火山岩、沉积岩、接触变质岩、硅化木群等多种地质遗迹于一体，堪称“世界地质宝库”，具有很高的科研和旅游观赏价值，是区域古地理和古气候研究不可多得的实体资料。

六、山东昆嵛山国家级自然保护区

山东昆嵛山国家级自然保护区位于山东半岛东部牟平区和文登市境内，地理位置为东经121°37′0″～121°51′0″，北纬37°12′20″～37°18′50″。

1999年3月，烟台市人民政府批准（烟政办函〔1999〕6号）建立了昆嵛山自然保护区，面积2.4万公顷。2000年6月，经山东省人民政府同意（鲁政字〔2000〕353号）建立了山东昆嵛山省级自然保护区，保护区面积为24 506公顷。其中，核心区面积为4 342公顷，缓冲区面积为3 899公顷，实验区面积为16 265公顷。2005年5月，经省政府同意（鲁政字〔2005〕161号）调整了昆嵛山省级自然保护区面积。调整后的保护区面积为15 416.5公顷，其中核心区面积为6 486公顷，缓冲区面积为4 481公顷，实验区面积为4 449.5公顷。2008年1月，经国务院批准（国办发〔2008〕5号）晋升为国家级自然保护区。保护区面积为15 416.5公顷，其中核心区面积为6 486公顷，缓冲区面积为4 481公顷，实验区面积4 449.5公顷（见图4-1-10），主要保护对象为赤松天然林等森林生态系统及野生动植物（见图4-1-11）。

保护区位于华北地台胶东隆起区胶北古隆起的中部，晚元古代和中生代燕山晚期岩浆侵入活动，形成大面积出露的花岗岩体。昆嵛山山脉呈东南—西北走向，海拔500米以上的山峰有25座，主峰泰礴顶海拔923米，相对高差近900米，构成了山东半岛之屋脊，成为南北水系的分水岭。汉河、沁水河流向北，母猪河、黄垒河流向南，分别注入黄海。保护区气候属暖温带季风型大陆性气候，具有四季分明，季风显著，雨热同期，空气湿润，温差较小，光照充足等特点。年均气温11.9℃，年均降水984.4毫米，年均相对湿度71%，无霜期200天左右。土壤以棕壤为主，局部有少量的山顶草甸土。特殊的自然地理环境孕育了丰富的动植物资源。

保护区属泛北极植物区的中国-日本森林植物亚区，华北地区的辽东、山东半岛亚地区。区内森林面积为21 675公顷，森林覆盖率88.4%，保护区生态系统有针叶林、阔叶林、竹林、灌丛、灌草丛、草甸等9种植被型58种群系类型，针叶林有赤松林、黑松林、侧柏林等群系，阔叶林包括麻栎林、刺槐林、毛白杨林等，竹林为淡竹林，灌丛有白檀灌丛、胡枝子灌丛、绣线菊灌丛等，草甸类型有结缕草草甸、狗牙根草甸、野青茅草甸等，另外还有芦苇沼泽、香蒲沼泽以及满江红、槐叶萍群落等水生植被和沼泽植被。本区是赤松原生地和天然分布中心，有赤松天然林16 932公顷，是我国分布面积最大，保护最完整的地带性森林生态系统，为我国生物地理区的最好代表群落。由赤松、栎类、椴树等组成的针阔混交林面积 4 395 公顷，是维护保护区丰富生物多样性的基础。栎类天然落叶阔叶林 349 公顷，是华北植物区系珍贵的原生植被类型。灌草丛、草甸主要分布于 800 米以上的山顶部，面积 84 公顷。保护区记录有野生高等植物 962 种，其中苔藓植物 162 种，维管植物 112 科 414 属 800 种，为山东省植物种类最丰富的地区之一。按照《IUCN 物种红色名录濒危等级和标准》中的划分标准，高等植物中有 6 种为受威胁物种，分别为黄檗、天麻（*Gastrodia elata*）、山东万寿竹（*Disporum smilacinum*）、泰山韭（*Allium taishanense*）、黄芪（*Astragalus membranaceus*）和水曲柳，均为易危物种；国家二级保护野生植物 5 种，分别为黄檗、水曲柳、野大豆（*Glycine soja*）、中华结缕草（*Zoysia sinica*）和紫椴（*Tilia amurensis*）；保护区内有中国特有植物 102 种，如鹿蹄草（*Pyrola calliantha*）、皂荚（*Gleditsia sinensis*）、胶东桦（*Betula jiaodongensis*）等。

保护区陆栖野生动物以古北界动物为主，含有部分东洋界成分，动物群落属于暖温带森林、森林草原、农田动物群，在山东省陆栖脊椎动物地理小区区划中属胶东丘陵区。保护区记录有野生高等动物 83 科 191 属 333 种，包括鱼类 9 科 26 属 29 种，两栖类 4 科 7 属7 种，爬行类 7 科 13 属 14 种，哺乳类 11 科 22 属 25 种，鸟类 52 科 128 属 258 种。按照《IUCN 物种红色名录濒危等级和标准》中的划分标准，高等动物中有 15 种为受威胁物种，其中：极危物种 1 种，为白鹤（*Grus leucogeranus*）；濒危物种 5 种，分别为乌龟（*Chinemys reevesii*）、中华秋沙鸭（*Mergus squamatus*）、猎隼、丹顶鹤（*Grus japonensis*）、黄胸鹀（指名亚种）（*Emberiza aureola aureola*）和黄喉鹀（*ticehursti* 亚种）（*Emberiza elegans ticehursti*）；易危物种 8 种，包括鳖（*Trionyx sinensis*）、棕黑锦蛇（*Elaphe schrenckii*）、黄嘴白鹭（*Egretta eulophotes*）等。保护区内国家级保护动物 44 种，其中：国家一级 7 种，包括白肩雕（*Aquila heliaca*）、黑鹳（*Ciconia nigra*）、金雕（*daphanea* 亚种）（*Aquila chrysaetos daphanea*）等；国家二级 37 种，包括乌灰鹞（*Circus pygargus*）、鹊鹞（*Circus melanoleucos*）、大鵟（*Buteo hemilasius*）等。保护区内有中国特有动物 9 种，包括团头鲂（*Megalobrama amblycephala*）、北草蜥（*Takydromus septentrionalis*）、黄腹山雀（*Parus venustulus*）等。

山东昆嵛山国家级自然保护区是中国赤松的原生地和天然分布中心之一，是我国暖温带生物多样性最丰富的地区之一，是宝贵的天然基因库，是内容丰富的自然资源博物馆，是理想的教学与科研基地，具有极高的保护科研价值。保护区具有涵养水源、保持水土、平衡大气二氧化碳等多种生态服务功能，对于促进山东半岛蓝色经济区建设具有十分重要的意义。

七、滨州贝壳堤岛与湿地国家级自然保护区

滨州贝壳堤岛与湿地国家级自然保护区位于山东省无棣县北部渤海湾西南岸，距离滨州市区约 100 千米，北边界为 4.5 米水深线，东边界为马颊河河口—老沙头东侧—死河—傅家堡子—潮河—孙岔路至 4.5 米水深线，南边界为孙岔路—下泊头—黄瓜岭—德惠新河—孟庄子老防潮坝—大济路东侧，西边界为大济路—大口河堡北侧护岸底—漳卫新

河河道东侧至4.5米水深线。地理位置为东经117°46′58″～118°05′，北纬38°2′～38°21′。

1999年10月，无棣县人民政府批准（棣政字〔1999〕23号）建立了无棣县海洋古贝壳堤自然保护区。2002年1月，山东省人民政府批准（鲁政字〔2002〕34号）建立了无棣贝壳堤岛与湿地系统省级自然保护区。2004年2月，经山东省人民政府批准更名为滨州贝壳堤岛与湿地省级自然保护区。2006年2月，经国务院批准（国发〔2006〕9号）晋升为国家级自然保护区。2011年3月，经环保部批准对保护区范围进行了调整，保护区面积43 541.5公顷。其中，核心区面积为15 547.3公顷，缓冲区面积为13 559.3公顷，实验区面积为14 435公顷（见图4-1-12）。陆域面积为25 567公顷，海域面积为17 975公顷。主要保护对象为贝壳堤岛和滨海湿地。

保护区位于黄河三角洲平原北部沿海。区域地势低平，海拔高度2～3米，由粉沙质沙和黏土质粉沙相间组成。滨海湿地与潮滩地貌发育，主要地貌类型包括滨海缓平低地、贝壳滩地、潮上湿地、浅平洼地、潮间湿地和潮下湿地。主要土壤类型为潮土和盐土。保护区处于暖温带东亚季风大陆性半湿润气候区，四季分明，具有春干多风、夏热多雨、秋凉气爽、冬寒季长的特点，多年平均气温12.7℃，多年平均降水量552.4毫米。保护区北部为滨海浅海域，泥底水浅、风大，海水含沙量较正常海偏高，海水透明度和水色水平分布不均，表现为近岸低，外海高。潮汐属不正规半日潮，多年平均潮差221厘米。主要河流为漳卫新河、马颊河和德惠新河。保护区内分布两列古贝壳堤：第一列在埕口镇以北，位于张家山子—李家山子—下泊头—杨庄子一线，长40千米，埋深0.5～1米，贝壳层厚3～5米，形成于全新世中期，距今5 000年左右；第二列在埕口镇东北，位于大口河—旺子堡—赵砂子一线，长22千米，由40余个贝壳岛组成，岛宽100～500米，贝壳层厚3～5米，属裸露开敞型，形成于全新世晚期，距今2 000～1 500年。两列古贝壳堤与河北省的贝壳堤相连，组成的国内独有、世界罕见的贝壳滩脊海岸，与美国圣路易斯安娜州贝壳堤和南美苏里南贝壳堤并称“世界三大古贝壳堤”。滨州贝壳堤岛的形成与特定的地理环境密切相关。无棣为古九河入海之域，黄河的迁徙，海岸线的变迁，潮汐的运动，贝壳的堆积，日久积累成堤。与国内外同等类型的贝壳堤比较，滨州贝壳堤岛具有以下几个特点：一是贝壳质含量高。滨州古贝壳堤岛无论是深埋地下的还是裸露于地表的，贝壳质含量几乎达到100%，很少有其他杂质。而美国圣路易斯安娜州和南美苏里南贝壳堤的贝壳质含量仅为30%左右。二是规模大。滨州古贝壳堤岛全长62千米，贝壳总储量达3.6亿吨。三是新老贝壳堤并存。滨州贝壳堤岛不但有距今5000～2000年的古贝壳堤，而且尚有新贝壳堤生长发育。随着海水潮汐作用，贝壳堤每年增加10万吨以上，并有形成第三条贝壳堤岛的趋势。国内外其他的贝壳堤都远离海岸，没有形成新贝壳堤的可能。

滨州两列贝壳堤岛之间的湿地与潮间带湿地组成典型的贝壳滩涂湿地生态系统。资料显示：保护区近岸海域分布浮游植物53种，其中硅藻门16属47种2变种，甲藻门2属3种，金藻门1属1种；浮游动物42种，其中原生动物1种，腔肠动物6种，节肢动物33种，毛颚动物1种，被囊动物1种，其中以甲壳动物中桡足类种类最多、分布最广；底栖动物 84 种，其中腔肠动物 2 种，腕足类 2 种，多毛类 4 种，软体动物 26 种，甲壳类 25 种，棘皮动物 3 种；浅海鱼类有 85 种，虾类有 15 种，蟹类有 4 种，软体动物有 3 种。保护区有鸟类 45 种，其中留鸟 9 种，夏候鸟 18 种，冬候鸟 4 种，旅鸟 14 种。国家一级保护动物 2 种：大鸨（*dybowskii* 亚种）（*Otis tarda dybowskii*）、白头鹤（*Grus monacha*）；国家二级保护动物 3 种：大天鹅（*Cygnus cygnus*）、灰鹤（*lilfordi* 亚种）（*Grus grus lilfordi*）、短耳鸮（指名亚种）（*Asio flammeus flammeus*）。哺乳动物 6 种，两栖爬行动物 8 种。保护区植物类型少，结构简单，组成单纯，分布有落叶盐生灌丛、盐生草甸、浅水沼泽湿地植被类型，生长有各种植物共 350 种，隶属于 65 科 285 属。木本植物极其稀少，仅有的几类也只以灌木丛出现，如柽柳（*Tamarix chinensis*）、酸枣（*Ziziphus jujuba* Var. *spinosa*）等；草本植物占绝对优势，其中国家一级保护植物 1 种，即野大豆，国家二级重点保护植物有 2 种，包括罗布麻（*Apocynum venetum*）和麻黄（*Ephedra sinica*）。

滨州贝壳堤岛与湿地是世界上贝壳堤岛保存最完整、唯一新老并存的贝壳堤岛，是研究黄河变迁、海岸线变化、贝壳堤岛的形成等环境演变及湿地类型的重要基地，在我国海洋地质、生物多样性和湿地类型研究工作中占有极其重要的地位。沿海岸分布的第二列贝壳堤岛，至今仍在继续生长发育。保护区内典型的贝壳滩脊湿地是世界罕见的滩脊湿地海岸之一，在长度和贝壳含量方面均居世界首位，是罕见的贝壳岛链，是珍贵的海洋自然遗产，具有极其重要的科研和保护价值。

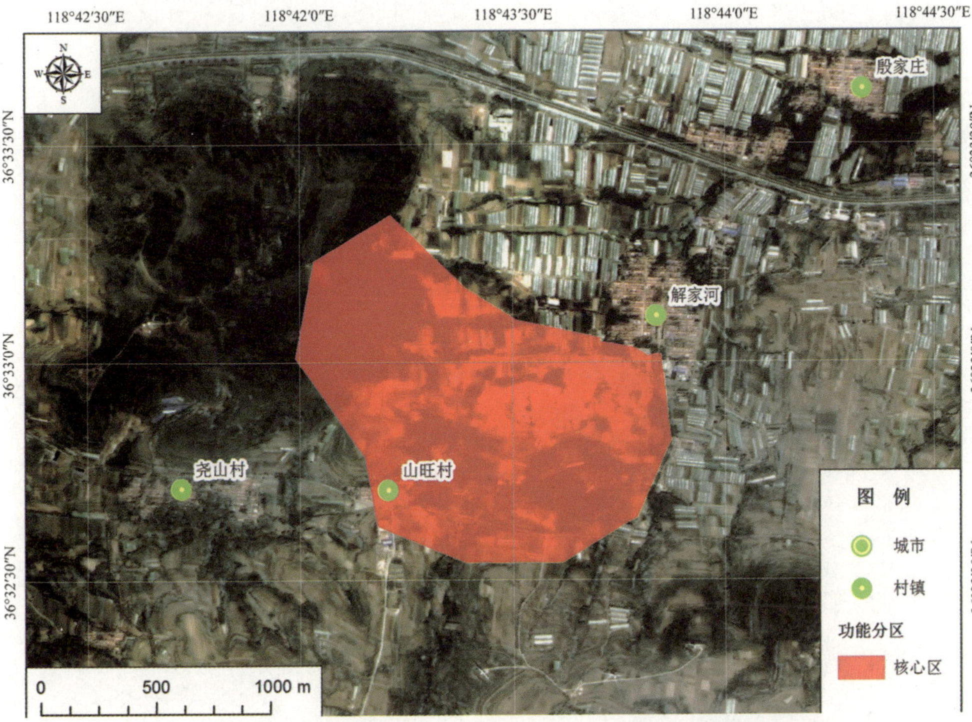

图 4-1-1 山东山旺古生物化石国家级自然保护区功能分区示意图

图 4-1-2 山旺组地层剖面

图 4-1-3 车由岛黑尾鸥鸟群

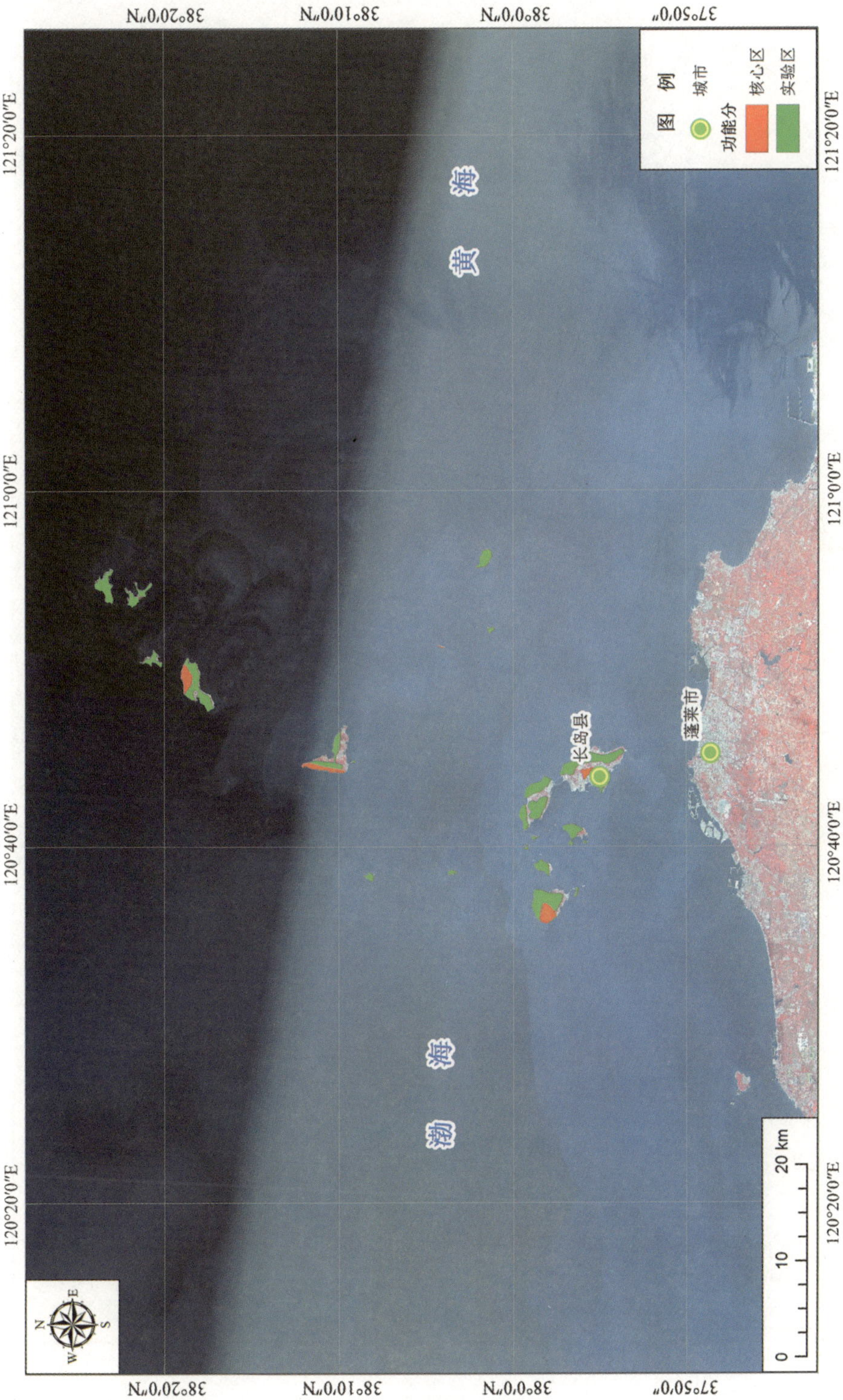

图4-1-4　山东长岛国家级自然保护区功能分区

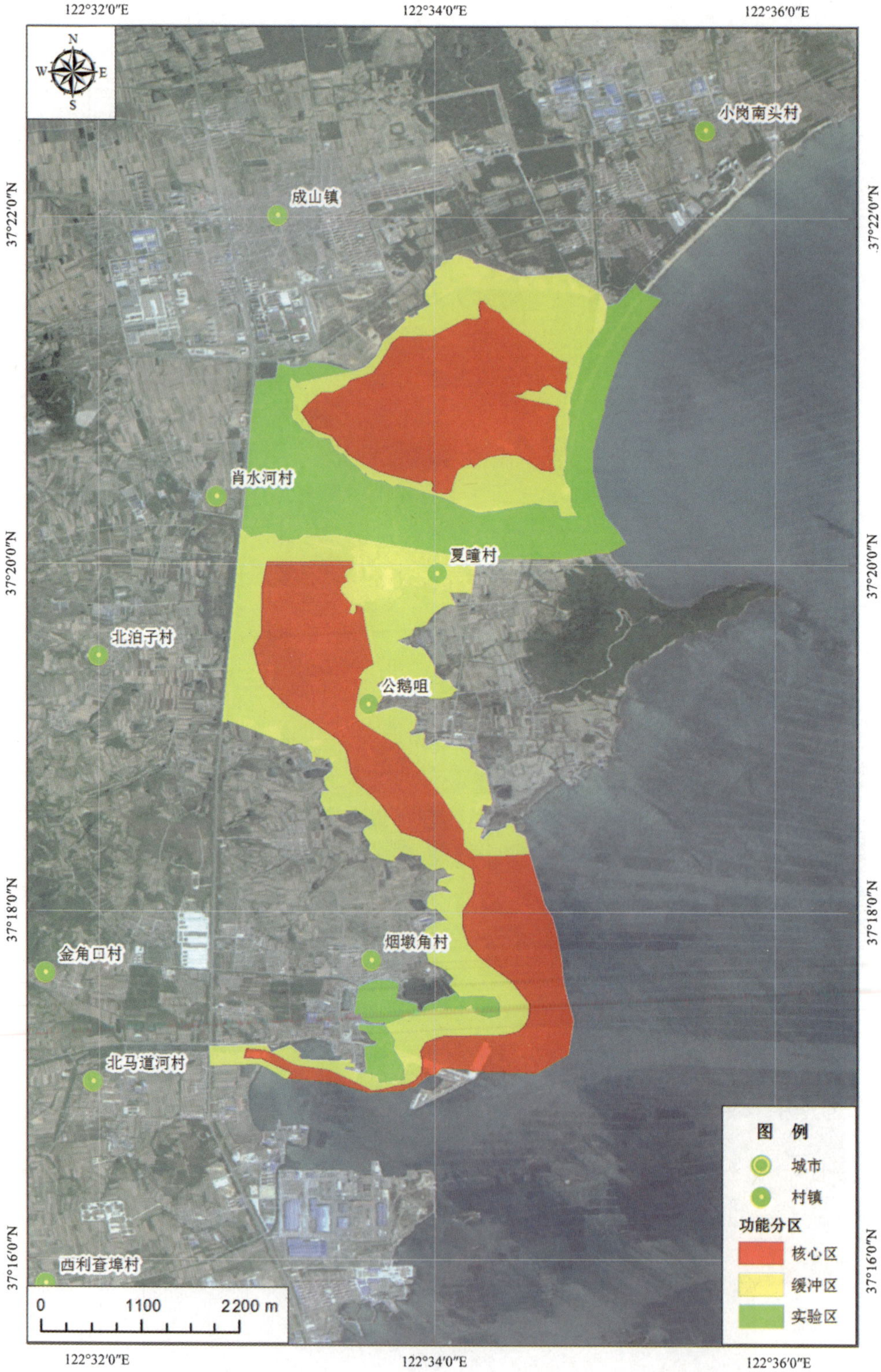

图 4-1-5 山东荣成大天鹅国家级自然保护区功能分区示意图

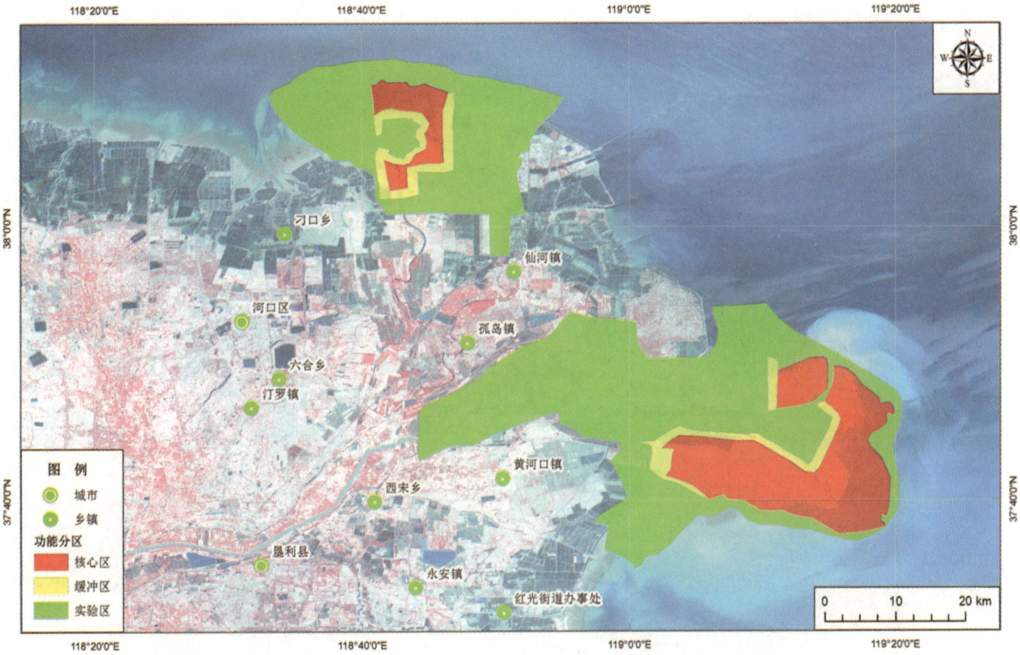

图 4-1-6 山东黄河三角洲国家级自然保护区功能分区示意图

图 4-1-7 黄河三角洲湿地

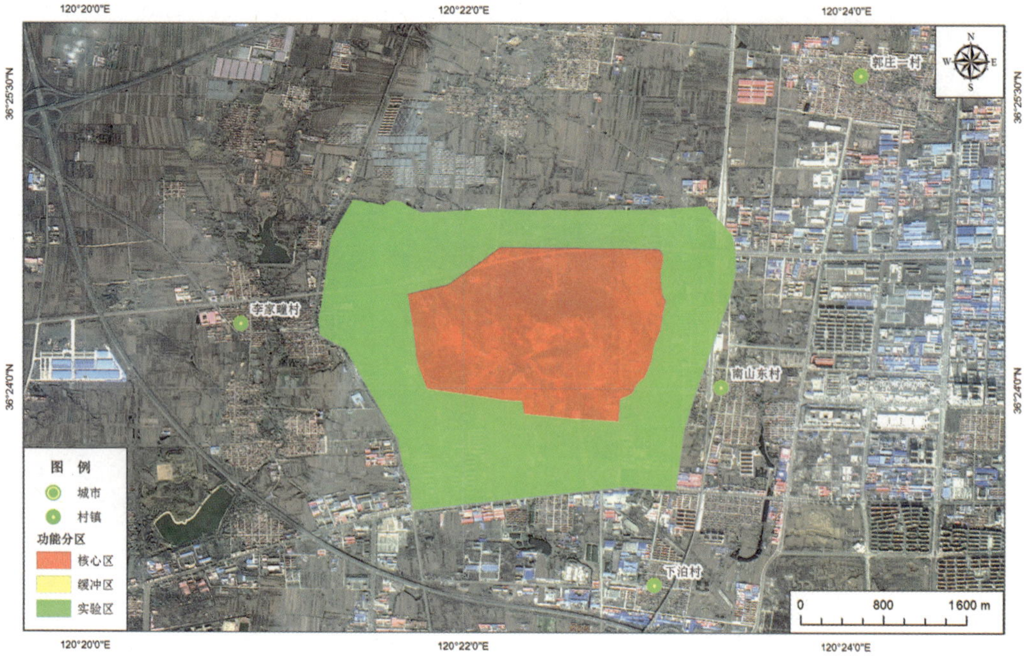

图 4-1-8 山东马山地质遗迹国家级自然保护区功能分区示意图

图 4-1-9 山东马山国家级自然保护区火山岩柱状节理

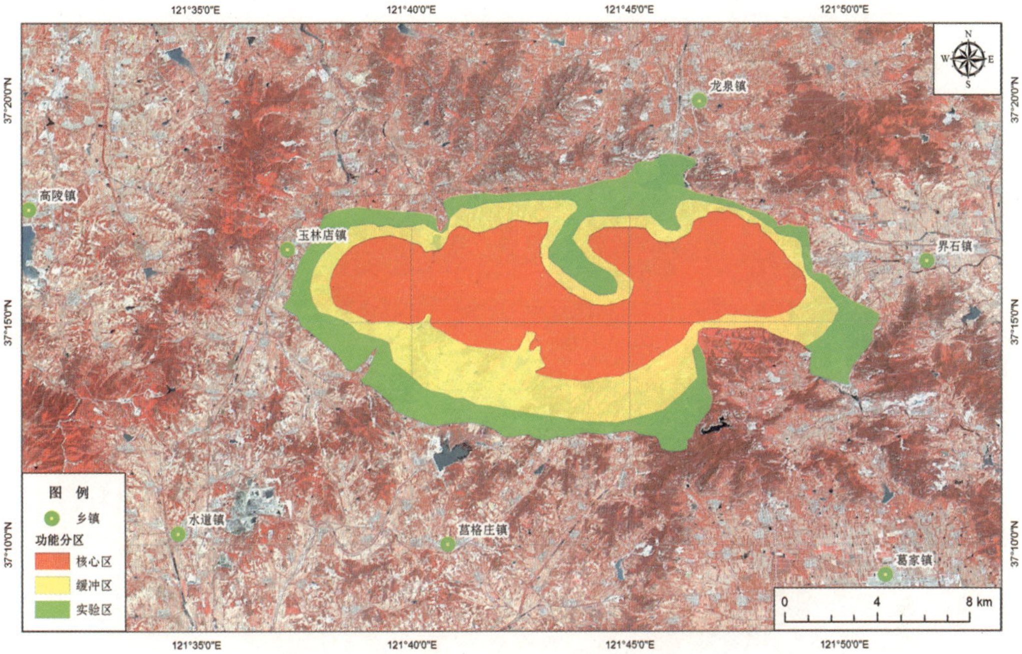

图 4-1-10 山东昆嵛山国家级自然保护区功能分区示意图

图 4-1-11 山东昆嵛山国家级自然保护区赤松林天然林

图 4-1-12 滨州贝壳堤岛与湿地国家级自然保护区功能分区示意图

第二节 省级自然保护区简介

一、青岛崂山省级自然保护区

青岛崂山省级自然保护区位于山东省青岛市区东北部，濒临黄海，范围包括巨峰、流清、太清、棋盘石、仰口、华楼、北九水等部分，地理坐标为东经 120°26′15″～120°42′45″，北纬 36°07′30″～36°15′15″。

保护区始建于 1982 年，2000 年 11 月，经山东省人民政府批准（鲁政字〔2000〕309 号）晋升为省级自然保护区。保护区面积为 44 855 公顷。其中，核心区面积为 7 467 公顷，缓冲区面积为 8 888 公顷，实验区面积为 28 500 公顷（见图 4-2-1）。主要保护对象为崂山森林生态系统、野生动植物及珍稀濒危物种。

崂山地处山东半岛南部的黄海之滨，由中生代燕山晚期花岗岩侵入岩体构成。山地东、南两侧面海，岬角、岩礁、滩湾交错分布。山体垂直节理发育，球状风化明显。主峰崂顶，海拔 1 133 米，为山东第三高峰。以崂顶海拔千米以上的山地为中心，构成中山区，面积约 1.8 万公顷，其余部分为低山丘陵区，山势由东北向西南降低。保护区气候属温带大陆性季风气候，受海洋影响，冬无严寒、夏无酷暑，年平均气温 11～12℃，降水量 940～1 074 毫米。土壤以棕壤为主，海滨沙滩分布滨海盐碱土。独特的自然地理环境为生物多样性发育提供了良好的环境条件。

保护区森林覆盖率达 68%，区内生态系统类型有针叶林、阔叶林、竹林、灌丛等 9 个植被型 60 个群系类型。针叶林主要为赤松林、黑松林、侧柏林等 6 种群系类型，阔叶林主要为麻栎林、刺槐林和赤杨林，竹林以淡竹林为主，灌丛有盐肤木灌丛、白檀灌丛、胡枝子灌丛等 4 种群系，荆条-酸枣-黄被草灌草丛为主要的灌草丛类型。区内植物资源丰富，分布有野生维管植物 114 科 384 属 768 种，包括蕨类植物 17 科 24 属 43 种，裸子植物 2 科2 属 2 种，被子植物 95 科 358 属 723 科。根据《IUCN 物种红色名录濒危等级和标准》中的划分标准，区内分布有受威胁植物 6 种，包括极危 1 种，为矮鸢尾（*Iris kobayashii*），易危 5 种，分别为山东万寿竹（*Disporum smilacinum*）、玫瑰（*Rosa rugosa*）、黄檗、珊瑚菜和水曲柳。国家二级保护野生植物 4 种，分别为黄檗、珊瑚菜、水曲柳、野大豆；中国特有植物 99 种，包括山东丰花草（*Borreria shandongensis*）、多苞斑种草（*Bothriospermum secundum*）、糙苏（*Phlomis umbrosa*）等。

区内动物物种丰富，分布有野生高等动物 99 科 211 属 398 种，包括鱼类 1 种，为短吻间银鱼（*Hemisalanx brachyrostralis*），两栖类 5 科 7 属 9 种，爬行类 7 科 10 属 18 种，哺乳类 14 科 25 属 29 种，鸟类 72 科 168 属 341 种。根据《IUCN 物种红色名录濒危等级和标准》中的划分标准，区内分布有受威胁动物 25 种，包括极危 2 种，为青头潜鸭（*Aythya baeri*）和白鹤（*Grus leucogeranus*），濒危 8 种，如乌龟（*Chinemys reevesii*）、黑脸琵鹭

(*Platalea minor*)、黄喉鹀(*ticehursti* 亚种)(*Emberiza elegans ticehursti*)等,易危 15 种,包括棕黑锦蛇(*Elaphe schrenckii*)、短尾信天翁(*Phoebastria albatrus*)、长尾鸭(*Clangula hyemalis*)等。国家重点保护野生动物 59 种,其中国家一级保护野生动物 10 种,如中华秋沙鸭(*Mergus squamatus*)、短尾信天翁(*Phoebastria albatrus*)、白肩雕(*Aquila heliaca*)等,国家二级保护野生动物 49 种,包括乌雕(*Clanga clanga*)、花田鸡(*Coturnicops exquisitus*)、白琵鹭(指名亚种)(*Platalea leucorodia leucorodia*)等。中国特有动物 14 种,包括黄纹石龙子(*Eumeces capito*)、金线侧褶蛙(*Pelophylax plancyi*)、宝兴歌鸫(*Turdus mupinensis*)等。

青岛崂山省级自然保护区是我国同纬度地区植物种类最多、植物区系成分最复杂的地带,花岗岩峰丛地貌景观独特,暖温带森林生态系统典型,生物区系过渡特征明显,生物多样性丰富,分布有 50 余种国家一、二级保护动植物,具有较高的自然生态保护和科研价值,对山东省生物多样性和生态环境保护具有重要意义。

二、山东南四湖省级自然保护区

山东南四湖省级自然保护区位于山东省微山县、鱼台县和济宁市任城区境内,地理坐标为东经 116°34′～117°21′,北纬 34°27′～35°20′。

1982 年 3 月,微山县人民政府批准成立了南四湖鸟类自然保护区,保护区范围是湖区最大积水面,以鸟类为主要保护对象。1996 年 6 月,济宁市人民政府批准(济政字〔1996〕30 号)建立了济宁市南四湖省级自然保护区,保护区由水域和岛屿组成,面积为 12 万公顷。2003 年 6 月,经山东省人民政府批准(鲁政字〔2003〕218 号)建立了南四湖省级自然保护区,保护区面积为 127 546.7 公顷。其中,核心区面积为 53 899.2 公顷,缓冲区面积为38 591.9 公顷,实验区面积为 35 055.6 公顷。2006 年 3 月,山东省人民政府批准了(鲁政字〔2006〕70 号)济宁市人民政府《关于调整山东南四湖省级自然保护区功能区的请示》,保护区面积调整为 12.7 万公顷,其中核心区面积为 4.5 万公顷,缓冲区面积为 4 万公顷,实验区面积为 4.2 万公顷(见图 4-2-2)。主要保护对象为湿地生态系统(见图 4-2-3)和珍稀濒危鸟类。

南四湖是南阳湖、独山湖、昭阳湖、微山湖 4 个相连湖泊的总称。南四湖南北长 126 千米,东西宽 5～25 千米,最大水面约 12.7 万公顷,占山东省淡水水域面积的 45%,是山东省乃至华北地区最大的淡水湖泊,也是我国著名的大型淡水湖泊之一。保护区由湿地、陆地和岛屿 3 部分组成,分别占保护区面积的 97.7%、1.7%和 0.6%。南四湖湖盆位于地质构造的凹陷区,发育在巨型古黄河冲、洪积扇和鲁西南泰、沂山地两大地貌单元衔接处的低洼带,属河迹洼地湖。湖盆呈西北—东南方向延伸,南北两端较开阔,中段略为狭窄,状如哑铃。中部最狭窄处位于昭阳湖下段称为湖腰。1960 年,在湖腰处建成了拦湖大坝,称为“二级坝”。二级坝将南四湖分成上级湖和下级湖。坝北上级湖最大湖面面积约 6.02 万公顷,允许最高水位为 36.5 米,兴利水位 34.5 米,死水位为 33.0 米,注入河流29条，集流面积为269.34万公顷，占全湖总集流面积的88.4%。坝南下级湖最大湖面面积约为6.64万公顷，允许最高水位为35.0米，兴利水位32.5米，死水位为31.5米，注入河流24条，集流面积为35.19万公顷，仅占全湖总集流面积的11.6%。全湖防洪库容为47.3亿立方米，兴利水位库容为17.0亿立方米，兴利调节库容为11.3亿立方米，平均水深1.5米，属于浅水大型淡水草型湖泊，是我国华北地区面积最大的一座集蓄洪、灌溉、水产和航运等为一体的综合利用水库型湖泊。南四湖地处暖温带、半湿润季风气候区，湖内年平均气温为13.8℃，陆地年平均气温14.2℃，湖内年平均降水量为700毫米，陆地年平均降水量为760毫米。湖泊补给系数(湖泊集流面积与湖泊面积的比值)24.1，水位最大变幅3.2米，入湖流量115.4立方米/秒，换水周期503天。南四湖流域以冲积平原地貌类型为主。湖泊西部为广阔平坦的黄泛平原，地面高程33.5～37.0米，比降一般为1/5 000～1/20 000。湖东滨湖平原较狭窄，比降一般为1/1 000～1/10 000，部分地区山丘临近湖岸，一般高出平原不逾百米。沿湖地带分布潮土，褐土主要分布在保护区东北部和湖中岛屿。

从植物区系分区上属泛北极植物区的中国-日本森林植物亚区，华北地区中的辽东、山东半岛亚地区。保护区位置特殊，地类多样，使得保护区植物区系具有植物种类丰富、优势现象比较明显、植物区系古老、分布类型较多、地理成分复杂、种的新特现象比较明显等特征。保护区水生植被主要包括挺水植物、沉水植物、漂浮植物和浮叶植物4种植被亚型的4个植物群落，陆生植被包括针叶林和阔叶林2个植物群落。区内有藻类植物8门115属种，维管植物305属488种。维管植物中包括蕨类9属11种，裸子植物2属2种，单子叶植物86属160种，双子叶植物208属315种，蕨类和裸子植物占比例较少，被子植物在植物区系中起着重要作用，是组成保护区植物的主要成分。国家重点保护野生植物3种，分别为中华结缕草、野大豆和莲；中国特有植物44种，包括黑三棱(*Sparganium stoloniferum*)、法氏早熟禾(*Poa faberi*)、秋画眉草(*Eragrostis autumnalis*)等。

南四湖动物区系属鲁西南平原湖区，区内动物资源主要以古北界动物为主，东洋界动物次之，其余为广布种。资料显示，南四湖有浮游动物248种，底栖动物68种，昆虫415种，高等动物81科312种。高等动物包括淡水鱼类40属62种，两栖类6属6种，爬行类7属10种，哺乳类14属15种，鸟类51科219种。按照《IUCN物种红色名录濒危等级和标准》中的划分标准，高等动物中有受威胁物种9种，包括濒危1种，为乌龟(*Chinemys reevesii*)；易危8种，包括中华青鳉(*Oryzias latipes sinensis*)、鳖(*Trionyx sinensis*)、黑眉锦蛇(*Elaphe taeniura*)等。国家重点保护野生动物28种，包括国家一级保护野生动物4种，为东方白鹳(*Ciconia boyciana*)、中华秋沙鸭(*Mergus squamatus*)、白尾海雕(指名亚种)(*Haliaeetus albicilla albicilla*)和大鸨(*dybowskii*亚种)(*Otis tarda dybowskii*)；国家二级保护野生动物24种，包括鸢(*Milvus korschun*)、鹊鹞(*Circus melanoleucos*)、灰脸鵟鹰(*Butastur indicus*)等。中国特有动物18种，以鱼类为主，如团头鲂(*Megalobrama amblycephala*)、彩副鱊(*Paracheilognathus imberbis*)、须鱊(*Acheilognathus* *barbatus*)等。在《濒危野生动植物种国际贸易公约》中受保护的野生动物 31 种。丰富的动物资源是南四湖湿地生物多样性、典型性的重要体现。

南四湖是我国淮河以北地区面积最大、结构完整、保存较好的内陆大型淡水草型湖泊，是鸟类重要的栖息地和迁移驿站，是重要的水资源调蓄地，是国家南水北调东线工程的重要调水区。保护区湿地生态系统典型，生物多样性丰富，自然景观独特，具有很重要的保护价值和科研价值。

三、原山省级自然保护区

原山省级自然保护区位于山东省淄博市博山区境内，范围涉及域城镇、山头镇、八陡镇、石马镇和国有淄博市原山林场，地理坐标为东经 117°43′～117°57′、北纬 36°24′～36°35′。

1986 年 8 月，淄博市人民政府批准(淄政发〔1986〕158 号)建立了原山市级自然保护区。2006 年 6 月，经山东省人民政府批准(鲁政字〔2006〕21 号)晋升为省级自然保护区，保护区面积 13 914 公顷。其中，核心区面积为 4 878.8 公顷，缓冲区面积为 4 484.9 公顷，实验区面积为4 550.3 公顷。主要保护对象为侧柏、栎类、油松森林植被及野生动植物资源(见图 4-2-4)。

保护区地处鲁中山区，海拔高度在 200～850 米之间，主峰黑山为最高峰，海拔 845.3 米，山体相对高差达 650 米，是淄河、孝妇河、青阳河、牛角河等发源地。保护区南北为石灰岩山地，占保护区总面积的 73.9%，中西部为变质岩山地，占保护区总面积的 26.1%。变质岩山区地势高峻挺拔，沟谷切割强烈，水土流失较重。石灰岩山区切割强烈，沟谷幽深、山势峥嵘，悬崖绝壁随处可见。保护区气候属暖温带大陆性季风气候，四季分明，春季干燥多风少雨，夏季高温多雨，秋季天气晴朗，冬季寒冷干燥。年平均气温在 12.8℃左右。年极端最高气温 38.8℃，极端最低气温－18.7℃，年平均相对湿度 60%。全年无霜期 201 天左右，年平均降水量 694.1 毫米，年平均日照时数 2 607.0 小时左右。

保护区生态系统类型分为针叶林、阔叶林、竹林、灌丛和灌草丛 5 种植被型，针叶林包括赤松林、油松林、黑松林等，阔叶林有麻栎林、栓皮栎林、落叶阔叶杂木林等，竹林有淡竹林，灌丛和灌草丛包括胡枝子灌丛、绣线菊灌丛、黄栌灌丛、荆条-酸枣-黄被草灌草丛等。保护区内植被构成复杂，植物资源较为丰富。记录有野生维管植物 106 科 374 属 730 种，分布有银杏(*Ginkgo biloba*)、刺楸(*Kalopanax seplemlobus*)、黄檀(*Dalbergia hupeana*)、流苏树(*Chionanthus retusus*)、槲树(*Quercus dentata*)、鹅耳枥(*Car pinus lurczanin ovoii*)、山胡椒(*Lindera glauca*)、苦树(*Picrasma quassioides*)、黄连木(*Pistacia chinensis*)等种类繁多的植被类型，还有直干窄冠优良侧柏类型。动物资源比较丰富，有 230 科 1 184 种。

原山省级自然保护区森林生态系统结构完整，群落稳定，花岗岩地质地貌，石灰岩溶洞景观丰富，具有极高的保护价值。

四、鲁山省级自然保护区

鲁山省级自然保护区位于山东省博山区和沂源县境内，范围涉及国有鲁山林场、博山区池上镇、南博山镇和沂源县土门镇，地理坐标为东经117°56′～118°11′，北纬36°17′～36°24′。

保护区始建于1985年。1986年8月，经淄博市人民政府批准（淄政发〔1986〕158号）在国有鲁山林场基础上建立了鲁山自然保护区，面积为4 666.7公顷。2006年，经山东省人民政府批准（鲁政字〔2006〕161号）晋升为省级自然保护区。保护区面积13 070公顷。其中，核心区面积为4 300公顷，缓冲区面积为4 195.5公顷，实验区面积为4 574.5公顷（见图4-2-5）。主要保护对象为以油松、侧柏和栎类为主的森林生态系统。

保护区地处鲁中南山地丘陵区，山体主要由太古界泰山群变质岩和古生界寒武奥陶纪灰岩构成。鲁山山脉西起青龙山，向东南延伸至破邱岭，绵延180千米，海拔高度为130～1 100米，海拔500米以上的山峰近200座，主峰海拔为1 108.3米，为山东省第四高峰，素有“小泰山”之称。鲁山山脉是淄河、汶河、沂河和弥河等四大河流的发源地之一。保护区气候属暖温带大陆性季风气候。夏季高温多雨，降水量集中，冬季干燥寒冷，雨雪稀少。年均气温为12.4℃，年均降水量为691毫米。棕壤分布面积约占保护区面积的77.8%，褐土分布面积仅占保护区面积的22.2%。特殊的自然地理环境为丰富多样的动植物资源的发育提供了有利条件。

保护区生态系统类型分为针叶林、阔叶林、竹林、灌丛、灌草丛等8种植被型52种群系类型，针叶林包括赤松林、油松林、黑松林等，阔叶林有麻栎林、栓皮栎林、落叶阔叶杂木林等，竹林有淡竹林，灌丛和灌草丛包括胡枝子灌丛、绣线菊灌丛、黄栌灌丛、荆条-酸枣-黄被草灌草丛等。区内植物物种丰富，记录有野生维管植物111科382属679种，包括蕨类植物9科12属18种，裸子植物2科2属3种，单子叶植物17科87属151种，以禾本科物种最多，为75种，双子叶植物83科281科507种，以菊科物种最多，为70种。根据《IUCN物种红色名录濒危等级和标准》中的划分标准，维管植物含受威胁物种3种，分别为泰山韭（*Allium taishanense*）、玫瑰（*Rosa rugosa*）和黄芪（*Astragalus membranaceus*），均为易危物种；国家二级保护野生植物3种，分别为中华结缕草、野大豆和紫椴；中国特有植物97种，包括山麻杆（*Alchornea davidii*）、花椒（*Zanthoxylum bungeanum*）、青榨槭（*Acer davidii*）等。

区内分布有野生高等动物66科148属263种，包括鱼类8科23属27种，两栖类3科3属3种，爬行类3科4属11种，鸟类52科118属222种，以鸭科物种最多，共20种。根据《IUCN物种红色名录濒危等级和标准》中的划分标准，高等动物中有受威胁物种8种，包括濒危物种3种，分别为中华秋沙鸭（*Mergus squamatus*）、黄胸鹀（指名亚种）（*Emberiza aureola aureola*）和黄喉鹀（*ticehursti*亚种）（*Emberiza elegans ticehursti*）；易危物种5种，分别为团花锦蛇（*Elaphe davidi*）、棕黑锦蛇（*Elaphe schrenckii*）、黑眉锦蛇

(*Elaphe taeniura*)、黄嘴白鹭(*Egretta eulophotes*)和鸿雁(*Anser cygnoides*)。国家重点保护野生动物 35 种,其中国家一级保护野生动物 3 种,分别为中华秋沙鸭(*Mergus squamatus*)、金雕(*daphanea* 亚种)(*Aquila chrysaetos daphanea*)和大鸨(*dybowskii* 亚种)(*Otis tarda dybowskii*);国家二级保护野生动物 32 种,包括黄嘴白鹭(*Egretta eulophotes*)、白额雁(*Anser albifrons*)、鸢(*Milvus korschun*)等。中国特有野生动物 7 种,分别为团花锦蛇(*Elaphe davidi*)、团头鲂(*Megalobrama amblycephala*)、乌鳢(*Channa argus*)、刺鳅(*Mastacembelus aculeatus*)、无蹼壁虎(*Gekko swinhonis*)、双斑锦蛇(*Elaphe bimaculata*)和黄腹山雀(*Parus venustulus*)。

鲁山省级自然保护区地理位置特殊,地形复杂,生态系统多样,拥有以油松林、栎类、侧柏等为主的典型森林植被,生物资源丰富,物种多样性明显,对维持鲁中南山丘地区的生态平衡,保证工农业生产和人们生活用水需求,促进经济与人口、资源、环境协调发展具有十分重要的意义。

五、蓬莱艾山省级自然保护区

蓬莱艾山省级自然保护区位于山东省蓬莱市境内,范围涉及国有艾山林场、村里集镇和小门家镇。地理坐标为东经 120°42′～120°52′,北纬 37°25′～37°37′。

1989 年 3 月,蓬莱县人民政府批准(蓬政发〔1989〕24 号)建立了艾山县级自然保护区,面积为 5 333 公顷。1999 年 12 月,烟台市人民政府批(烟政函〔1999〕156 号)建立了蓬莱艾山市级自然保护区,保护区面积为 5 333 公顷。2002 年 5 月,经山东省人民政府批准(鲁政字〔2002〕213 号)晋升为省级自然保护区,保护区面积为 10 046.2 公顷。其中,核心区面积为3 422.6 公顷,缓冲区面积为 2 623.0 公顷,实验区面积为 4 000.6 公顷。2015 年 11 月,山东省人民政府(鲁政字〔2015〕231 号)批准了自然保护区功能区划调整方案,调整后自然保护区总面积为 9 824.6 公顷。其中,核心区面积为 3 424.64 公顷,缓冲区面积为 2 628.16 公顷,实验区面积为3 771.8 公顷(见图 4-2-6)。主要保护对象为以紫椴林为代表的森林生态系统及鸟类等野生动植物。

保护区地处艾崮山低山丘陵区,艾山山脉位于区内南部,呈东西走向,包括艾山、双角山、大柱山等山峰。主峰艾山,海拔 814 米,为最高峰,享有胶东"第二屋脊"之誉。崮山山脉位于区内西部,呈南北走向,包括南崮山、北崮山、老朵顶等山峰,素有"南崮、北崮,隔天一步"之称。山体由中生代燕山期花岗岩构成,山高谷深,怪石嶙峋,沟谷纵横交织。黄水河发源于艾崮山区马山北麓。保护区气候属于暖温带大陆性季风气候,其气候特点是四季变化分明:冬季漫长干冷,春季风大多旱,夏季温高湿大,秋季风多易旱。年平均气温为 11.8℃,年平均降水量 655 毫米。土壤类型为棕壤和潮土。独特的自然环境造成保护区内多样的植被类型。

保护区生态系统有针叶林、阔叶林、灌丛等 9 种植被型 46 种群系类型,包括赤松林、黑松林、麻栎林、紫椴林、刺槐林、白檀灌丛、胡枝子灌丛等群系类型。区内分布有野生维管植物 103 科 356 属 648 种，包括蕨类植物 11 科 14 属 25 种，裸子植物 2 科 2 属 3 种，单子叶植物 16 科 78 属 148 种，双子叶植物 76 科 263 属 472 种。按照《IUCN 物种红色名录濒危等级和标准》中的划分标准，区内分布有受威胁植物 4 种，分别为黄芪、黄檗、珊瑚菜 和水曲柳，均为易危植物；国家二级保护野生植物 6 种，分别为黄檗、珊瑚菜、水曲柳、中华结缕草、野大豆和紫椴；中国特有野生植物 81 种，包括丛生隐子草（*Cleistogenes caespitosa*）、长花天门冬（*Asparagus longiflorus*）、软毛虫实（*Corispermum puberulum*）等。

保护区内记录有野生高等动物 79 科 184 属 317 种，包括鱼类 7 科 23 属 24 种，两栖类 4 科 5 属 7 种，爬行类 6 科 9 属 13 种，哺乳类 12 科 22 属 25 种，鸟类 50 科 125 属 248 种。按照《IUCN 物种红色名录濒危等级和标准》中的划分标准，区内分布有受威胁动物 12 种，包括：极危 1 种，为白鹤（*Grus leucogeranus*）；濒危 4 种，分别为乌龟（*Chinemys reevesii*）、丹顶鹤（*Grus japonensis*）、黄胸鹀（指名亚种）（*Emberiza aureola aureola*）和黄喉鹀（*ticehursti* 亚种）（*Emberiza elegans ticehursti*）；易危 7 种，分别为鳖（*Trionyx sinensis*）、棕黑锦蛇（*Elaphe schrenckii*）、貉（*Nyctereutes procyonoides*）、豹猫（北方亚种）（*Prionailurus bengalensis euptilurua*）、黄嘴白鹭（*Egretta eulophotes*）、鸿雁（*Anser cygnoides*）和大杓鹬（*Numenius madagascariensis*）。国家重点保护野生动物 39 种，其中：国家一级保护野生动物 5 种，分别为白鹤、丹顶鹤、黑鹳（*Ciconia nigra*）、金雕（*daphanea* 亚种）（*Aquila chrysaetos daphanea*）和大鸨（*dybowskii* 亚种）（*Otis tarda dybowskii*）；国家二级保护野生动物 34 种，包括鸢（*Milvus korschun*）、松雀鹰（*Accipiter virgatus*）、红脚隼（*Falco amurensis*）等；中国特有野生动物 8 种，包括圆尾斗鱼（*Macropodus chinensis*）、乌鳢（*Channa argus*）、金线侧褶蛙（*Pelophylax plancyi*）等。

蓬莱艾山省级自然保护区分布有山东省面积最大（20.2 公顷）的紫椴天然次生林，具有极高的保护价值。区内分布的赤松天然次生林和栎类为主的天然落叶阔叶林，在山东半岛植物群落演替中具有不可替代的作用，具有特殊的保护价值。

六、荣成成山头省级自然保护区

荣成成山头省级自然保护区位于山东半岛最东端的荣成市成山镇。范围涉及荣城湾、成山头海域、海驴岛和马栏湾外部海域等区域。地理坐标为东经 122°36′0″～122°43′31″，北纬 37°19′53″～37°27′18″。

保护区始建于 1992 年 12 月，2002 年 12 月经省政府批准（鲁政字〔2002〕525 号）晋升为省级自然保护区，保护区面积为 6 366 公顷。其中，核心区面积为 2 142 公顷，缓冲区面积为1 086 公顷，实验区面积为 2 418 公顷。2012 年 10 月，经省政府批准（鲁政字〔2012〕235 号）调整了自然保护区范围，调整后的保护区面积为 6 015.4 公顷。其中，核心区面积为 2 142 公顷，缓冲区面积为 1 806 公顷，实验区面积为 2 067.4 公顷（见图 4-2-7）。陆域面积 92.4 公顷，海域面积为5 923 公顷。主要保护对象为海洋和海岸生态系统、海湾生态系统和海岛生态系统。

成山头是山东半岛深入黄海中部的海岸岬角顶端，是中国大陆本土的最东端，有“天尽头”之称。保护区三面环海，海域辽阔，年平均气温为11.1～12.9℃，年平均降水量为800～820毫米，年平均风速为6.7米/秒，风速在8级以上的天数平均每年为125天，是大风大浪多发区。成山头由燕山期斑状花岗岩构成，在成山头北岸海拔50米以下坡麓地带发育有棕红色砂层，即柳夼红层。柳夼红层出露区有2处：一处位于柳布湾的东侧，呈北东向延伸，面积约为100公顷；另一处位于牛青山东北侧、龙眼湾西侧，呈近南北向，面积70公顷。柳夼红层是研究山东半岛北部沿岸第四纪环境变迁的关键地层之一。成山头直插入海，临海山体壁如刀削，崖下海涛翻腾，水流湍急，常年经受大风、大浪和风暴潮的冲击，海域最大浪高达9米以上，成为我国研究海洋气象、物理海洋、海洋能源的重要科研基地。荣成湾是山东半岛诸海湾中风速最大的海湾之一，湾口开阔，海底较陡，水深且海流通畅，是黄海北上暖流与山东沿岸流交汇区，冷暖水团处交汇构成了独特的海洋生态系统，成为荣成市重要渔场，盛产各种鱼虾，拥有近百种经济鱼类和20多种经济无脊椎动物。马栏湾湾口朝北，面向海驴岛，东西两岸均为基岩海岸。东岸海蚀崖发育，西岸多为水下礁岩。海驴岛呈月牙形，东西走向，东高西低，面积为7公顷，海拔65.8米，岛前分布有众多海蚀洞，岛后悬崖峭壁，怪石林立，海蚀地貌十分发育，大量海鸥在岛上繁衍生息。独特的自然环境为生物多样性发育提供了有利条件。

保护区生物以鱼类和鸟类为主，记录有海洋鱼类45科67属90种，海洋哺乳类3科6属6种，海洋鸟类41科89属155种。哺乳动物中，江豚属《IUCN物种红色名录濒危等级和标准》中濒危动物等级，伪虎鲸(*Pseudorca crassidens*)、江豚和宽吻海豚(*Tursiops truncatus*)3物种均为国家二级保护野生动物。按照《IUCN物种红色名录濒危等级和标准》中的划分标准，鸟类中有8种为受威胁物种，其中：极危鸟类1种，为青头潜鸭(*Aythya baeri*)；濒危鸟类3种，分别为东方白鹳(*Ciconia boyciana*)、黑脸琵鹭(*Platalea minor*)和中华秋沙鸭(*Mergus squamatus*)；易危鸟类4种，分别为黄嘴白鹭(*Egretta eulophotes*)、鸿雁(*Anser cygnoides*)、白头鹤(*Grus monacha*)和大杓鹬(*Numenius madagascariensis*)。国家重点保护野生鸟类22种，其中：国家一级保护野生鸟类6种，分别为黑鹳(*Ciconia nigra*)、东方白鹳、中华秋沙鸭、金雕(*daphanea*亚种)(*Aquila chrysaetos daphanea*)、白头鹤和大鸨(*dybowskii*亚种)(*Otis tarda dybowskii*)；国家二级保护野生鸟类16种，包括黄嘴白鹭、黑脸琵鹭、白额雁(*Anser albifrons*)等。

荣成成山头省级自然保护区是我国北方生物多样性最丰富的海域之一，海湾、海岸、泻湖、岛屿等构成了各具特色的海洋生态系统。柳夼红层作为古沉积地质遗迹受到国内外地质专家的高度重视。保护区集海湾生态系统、海岸生态系统、泻湖生态系统、海岛生态系统和古沉积地质遗迹于一体，在国内沿海是罕见的，具有很高的科研和保护价值。

七、海阳招虎山省级自然保护区

海阳招虎山省级自然保护区位于山东省海阳市境内，距海阳市城区8千米。保护区东西长 12.1 千米，南北宽 9.3 千米。地理位置为东经 121°7′～121°15′，北纬 36°49′～36°53′。

1996 年 6 月，海阳市人民政府批准（海政发〔1996〕95 号）建立了招虎山自然保护区，保护区面积为 10 667 公顷。2001 年 12 月，经烟台市人民政府批准（烟政函〔2001〕190 号）建立了海阳招虎山市级自然保护区，保护区面积为 10 667 公顷。2006 年 12 月，经山东省人民政府批准（鲁政字〔2006〕314 号）晋升为省级自然保护区，保护区面积为 7 061 公顷。其中核心区面积为 906 公顷，缓冲区面积为 1 138 公顷，实验区面积为 5 017 公顷（见图 4-2-8）。主要保护对象为赤松天然次生林和珍稀濒危动植物资源。

招虎山是燕山期岩浆侵入活动形成的花岗岩山体，主峰海拔 549.7 米，山势陡峭，峰险谷深。保护区气候属暖温带大陆性季风气候，受海洋与地貌影响，冬无严寒，夏无酷暑，与同纬度内陆比较，具有气候温和，四季分明，雨水充沛，湿度较大，无霜期长等特点，年平均气温 11.5℃。土壤主要为棕壤性土和棕壤。

保护区生态系统类型包括针叶林、阔叶林、竹林、灌丛、灌草丛、草甸和水生植被等 8 种植被型 53 种群系类型，针叶林有赤松林、油松林、黑松林、落叶松林，阔叶林包括麻栎林、杂木林、刺槐林等，另有淡竹林、毛竹林、盐肤木灌丛、胡枝子灌丛、绣线菊灌丛、荆条-酸枣-黄被草灌草丛、结缕草草甸、芦苇草甸等群系类型。保护区分布有野生维管植物 109 科 387 属 661 种，包括蕨类植物 15 科 22 属 34 种，裸子植物 2 科 2 属 3 种，被子植物 92 科 363 属 624 种，以菊科植物为主，共 55 种。按照《IUCN 物种红色名录濒危等级和标准》中的划分标准，区内分布有受威胁植物 2 种，均为易危物种，分别是泰山韭（*Allium taishanense*）和黄芪（*Astragalus membranaceus*）；国家二级保护野生植物 2 种，分别为中华结缕草、野大豆；中国特有野生植物 81 种，包括胶州卫矛（*Euonymus kiautschovicus*）、小叶鼠李（*Rhamnus parvifolia*）、维西堇菜（*Viola monbeigii*）等。

区内分布有野生高等动物 55 科 100 属 160 种，包括鱼类 2 科 6 属 6 种，两栖类 3 科 5 属7 种，爬行类 4 科 6 属 8 种，哺乳类 6 科 10 属 11 种，鸟类 39 科 73 属 128 种，其中以雀形目鸟类为主，共 59 种。根据《IUCN 物种红色名录濒危等级和标准》中的划分标准，区内分布有受威胁动物 7 种，包括：濒危物种 2 种，分别为中华秋沙鸭（*Mergus squamatus*）和黄喉鹀（*ticehursti* 亚种）（*Emberiza elegans ticehursti*）；易危物种 5 种，分别为棕黑锦蛇（*Elaphe schrenckii*）、貉（*Nyctereutes procyonoides*）、豹猫（北方亚种）（*Prionailurus bengalensis euptilurua*）、黄嘴白鹭（*Egretta eulophotes*）和鸿雁（*Anser cygnoides*）。国家重点保护野生动物 22 种，包括：国家一级保护野生动物 2 种，为中华秋沙鸭和金雕（*daphanea* 亚种）（*Aquila chrysaetos daphanea*）；国家二级保护野生动物 20 种，包括鸢（*Milvus korschun*）、小杓鹬（*Numenius minutus*）、松雀鹰（*Accipiter virgatus*）等。中国特有野生动物 3 种，分别为北草蜥（*Takydromus septentrionalis*）、金线侧褶蛙（*Pelophylax plancyi*）和无蹼壁虎（*Gekko swinhonis*）。

海阳招虎山省级自然保护区是我国赤松原生地之一，生物多样性丰富，保持了森林生态系统类型的典型性、自然性和完整性。保护区分布有丰富的特殊植物群落，多种珍稀濒危植物和古树名木，具有极高的保护和科学研究价值。

八、龙口之莱山省级自然保护区

龙口之莱山省级自然保护区位于山东省龙口市境内，范围涉及石良镇和七甲镇。地理坐标为东经 120°31′～120°44′，北纬 37°27′～37°36′。

1989 年，经龙口市人民政府批准建立了龙口王屋水库县级自然保护区。1999 年 12 月，经烟台市人民政府批准（烟政函〔1999〕157 号）晋升为市级自然保护区，保护区面积 13 610 公顷。2002 年 5 月，经烟台市人民政府（烟政函〔2002〕81 号）同意，将龙口王屋水库市级自然保护区更名为龙口之莱山市级自然保护区，保护区面积 13 610 公顷，其中核心区面积 4 800 公顷、缓冲区面积 5 110 公顷、实验区面积 3 700 公顷。2002 年 12 月，经山东省人民政府批准（鲁政字〔2002〕526 号）建立了龙口之莱山省级自然保护区，保护区面积10 227 公顷，其中核心区面积 3 799 公顷、缓冲区面积 3 457 公顷、实验区面积 2 971 公顷。主要保护对象为天然赤松林和野生动植物资源。

龙口之莱山是燕山期岩浆侵入活动而形成的花岗岩体，主峰海拔 619.4 米，呈北东走向。保护区气候属暖温带大陆性季风气候，冬季干冷，夏季湿热。年平均气温 11.5℃，年平均降水量在 700 毫米以上。黄水河流经保护区，1959 年在黄水河上游建设了王屋水库。水库总库容为 1.5 亿立方米，兴利库容为 0.7 亿立方米。

保护区属于暖温带落叶阔叶林区，主要有针叶林、阔叶林、针阔混交林、灌丛、灌草丛等植被类型。区内植被以天然次生林和人工林为主，林地面积 8 350 公顷。其中针叶林面积为3 090 公顷，阔叶林面积为 3 860 公顷，针阔混交林面积为 550 公顷，灌丛面积为 610 公顷，森林覆盖率为 73.3%。保护区植物资源丰富多样。据调查，区内记录有维管植物 105 科 384 属 775 种，其中蕨类植物 9 科 15 属 28 种，裸子植物 4 科 10 属 18 种，被子植物 92 科 359 属 729 种。国家二级保护野生植物 5 种，分别为野大豆、中华结缕草、紫椴、黄檗和水曲柳。

保护区陆地动物区系属古北界，陆栖野生动物以古北界动物为主，也含有较多的东洋界成分。区内记录有野生脊椎动物 339 种，鸟类 41 科 260 种，淡水鱼类 9 科 30 种，陆生无脊椎动物 151 科 691 种，爬行类动物 7 科 14 种，两栖类动物 4 科 7 种，兽类 12 科 28 种。国家一级保护鸟类 8 种，如丹顶鹤（*Grus japonensis*）、白肩雕（*Aquila heliaca*）、黑鹳（*Ciconia nigra*）；国家二级保护鸟类 40 种，包括黄嘴白鹭（*Egretta eulophotes*）、白额雁（*Anser albifrons*）、凤头蜂鹰（*orientalis* 亚种）（*Pernis ptilorhynchus orientalis*）等。

龙口之莱山省级自然保护区地处胶东半岛腹地，地理位置独特，在一定程度上保持着潜在植被的自然状态。区内生态系统多样性较为丰富，具有森林生态系统与人工湿地生态系统两大重要景观，是一处重要的鸟类与生态系统多样性区域。区内动植物与周边地区相比具有一定的稀有性，且生态系统仍保持着相对的自然性和完整性，具有较高的保护价值。

九、栖霞牙山省级自然保护区

栖霞牙山省级自然保护区位于山东省栖霞市境内，范围涉及庙后镇、亭口镇、松山镇、桃村镇、唐家泊镇、蛇窝泊镇、翠屏街道办事处和国有牙山林场。地理位置为东经120°51′7″～121°7′31″，北纬37°11′42″～37°18′53″。

1997年7月，经栖霞市人民政府批准（栖政发〔1997〕90号）建立了栖霞市牙山自然生态保护区，面积为67 333公顷。1999年12月，经烟台市政府批准（烟政函〔1999〕158号）建立了栖霞十八盘市级自然保护区，保护区面积为6 400公顷。2002年11月，经烟台市政府批准（烟政函〔2002〕183号），牙山县级自然保护区与栖霞十八盘自然保护区合并，更名为栖霞牙山市级自然保护区，保护区面积为17 900公顷。其中，核心区面积为5 527公顷，缓冲区面积为4 580公顷，实验区面积为7 793公顷。2003年5月，山东省人民政府同意（鲁政字〔2003〕241号）建立了栖霞牙山省级自然保护区，保护区面积为17 900公顷。其中，核心区面积为6 247.1公顷，缓冲区面积为6 157.6公顷，实验区面积为5 495.3公顷（见图4-2-9）。主要保护对象为森林生态系统及野生动物资源。

保护区由牙山山脉和唐山山脉相连组成。牙山山脉地处栖霞城区东南22.5千米处，海拔805.8米，大牙山、二牙山和三牙山3峰耸立。唐山山脉地处栖霞城区东南7千米处，主峰庙顶海拔599.2米。山体由燕山期花岗岩构成，群蜂林立，沟深谷狭，余脉连绵。大沽河和五龙河发源于保护区，分别从北、南方向注入黄海。保护区气候属暖温带大陆性季风气候，冬季干冷，夏季湿热。年平均气温为11.3℃，年平均降水量为754毫米。良好的自然环境条件发育了丰富的动植物资源。

保护区生态系统类型包括针叶林、阔叶林、竹林、灌丛、灌草丛、草甸等9种植被型52种群系。区内森林面积为17 417公顷，灌草丛与草甸面积为54公顷，森林覆盖率为97.3%。针叶林以赤松林为主，赤松天然林在保护核心区、缓冲区、实验区均有分布，赤松纯林面积7 751公顷。阔叶林以麻栎林和杂木林为主，灌丛和灌草丛群系类型有盐肤木灌丛、白檀灌丛、胡枝子灌丛、荆条-酸枣-白羊草灌草丛等，草甸以结缕草草甸为主，主要由禾本科植物组成。保护区记录有维管植物107科404属755种，包括蕨类植物13科19属32种，裸子植物2科2属2种，被子植物92科383属721种。根据《IUCN物种红色名录濒危等级和标准》中的划分标准，区内分布有受威胁植物3种，均为易危物种，分别是黄芪（*Astragalus membranaceus*）、黄檗和水曲柳；国家二级保护野生植物5种，分别为黄檗、水曲柳、中华结缕草、野大豆和紫椴；中国特有植物94种，包括杠柳（*Periploca sepium*）、地黄（*Rehmannia glutinosa*）、山东茜草（*Rubia truppeliana*）等。

按照中国动物地理区划，保护区属古北界、华北区、辽东胶东山地丘陵地区，生态类群属暖温带半湿润区农田动物群。区内记录有野生高等动物87科194属337种，包括鱼类13科31属34种，两栖类4科6属8种，爬行类6科8属13种，哺乳类12科22属25种，鸟类52科126属257种。其中以雀形目物种最多，共116种，占区内鸟类总数的

44.6%。根据《IUCN 物种红色名录濒危等级和标准》中的划分标准，区内分布有受威胁动物 14 种，包括极危 1 种，为白鹤(*Grus leucogeranus*)，濒危 5 种，分别为中华秋沙鸭(*Mergus squamatus*)、猎隼、丹顶鹤(*Grus japonensis*)、黄胸鹀(指名亚种)(*Emberiza aureola aureola*)和黄喉鹀(*ticehursti* 亚种)(*Emberiza elegans ticehursti*)，易危 8 种，如棕黑锦蛇(*Elaphe schrenckii*)、白肩雕(*Aquila heliaca*)、大杓鹬(*Numenius madagascariensis*)等；国家重点保护野生动物 43 种，其中，国家一级保护野生动物 7 种，如丹顶鹤(*Grus japonensis*)、黑鹳(*Ciconia nigra*)、金雕(*daphanea* 亚种)(*Aquila chrysaetos daphanea*)等，国家二级保护野生动物 36 种，包括乌灰鹞(*Circus pygargus*)、灰脸鵟鹰(*Butastur indicus*)、草鸮(*Tyto longimembris*)等；中国特有动物 10 种，包括黄腹山雀(*Parus venustulus*)、大鳞副泥鳅(*Paramisgurnus dabryanus*)、无蹼壁虎(*Gekko swinhonis*)。

栖霞牙山省级自然保护区生态系统结构完整，生物多样性丰富，不仅有发育良好的赤松天然林，多种国家级保护动植物，而且是重要水源涵养区，具有很高的保护价值和研究价值。

十、烟台沿海防护林省级自然保护区

烟台沿海防护林省级自然保护区位于山东省烟台市，范围涉及芝罘区、牟平区、莱山区、开发区、龙口市、莱阳市、莱州市、蓬莱市、招远市和海阳市等 10 个区(市)41 个乡(镇)1 932 个行政村。地理位置为东经 119°34′～121°57′，北纬 36°16′～37°50′。

1998 年 6 月，烟台市人民政府批准(烟政函〔1998〕50 号)建立了烟台市沿海防护林自然保护区，保护区面积为 1.67 万公顷。2006 年 6 月，经山东省人民政府批准(鲁政字〔2006〕162 号)建立了烟台沿海防护林省级自然保护区，保护区面积为 23 407.3 公顷。其中，核心区面积为 2 291.5 公顷，缓冲区面积为 3 028.6 公顷，实验区面积为 18 087.2 公顷。2011 年 4 月，经山东省人民政府批准(鲁政字〔2011〕75 号)调整了烟台沿海防护林省级自然保护区范围和功能区，调整后的保护区面积为 22 777.2 公顷。其中，核心区面积为 2 291.5 公顷，缓冲区面积为 2 398.5 公顷，实验区面积为 18 087.2 公顷。主要保护对象为森林生态系统、河口湿地生态系统，特殊生境下的黑松、刺槐、赤松、栎类森林植被及野生动植物资源。

保护区地处烟台市渤海与黄海沿岸。烟台市海岸线长度为 702.5 千米，占全省海岸线总长的 21.8%。海岸类型分为基岩海岸、砂质海岸和淤泥质海岸 3 种类型。基岩海岸主要分布在蓬莱至牟平一带，岬角、海湾相间分布，岸线曲折，海蚀海积地貌发育。砂质海岸主要分布在莱州湾东岸蓬莱至莱州沿海，沿岸沙堤、沙坝、沙嘴、河口平原分布。淤泥质海岸主要分布在莱州市沙河以西至胶莱河入海口，海阳市五龙河入海口(丁字湾)一带，沿岸内湾较多，滩涂广阔。烟台市气候为暖温带季风气候，受海洋影响明显。年均气温为 12.8℃，年均降水量 636.7 毫米，年平均风速 4.0 米/秒，8 级以上大风年均天数为

35.1 天。莱州湾和黄海沿岸是风暴潮多发区。保护区包括海岸基干林带、适合发展基干林带的地段、入海河口湿地及近海岛屿防护林。沿海基干林带 381.4 千米，宽度为 50～3 500米，主要树种为黑松和刺槐。保护区森林面积为 20 269 公顷，河口湿地面积为 946 公顷，宜林地面积为 2 068 公顷，其他用地为 124 公顷。

保护区生态系统包括针叶林、阔叶林、灌丛、灌草丛和草甸 5 种植被型，针叶林以黑松林、赤松林为主，黑松林主要为人工纯林，阔叶林主要为麻栎林、刺槐林、杨树林等，其他群系类型有胡枝子灌丛、绣线菊灌丛、荆条-酸枣-白羊草灌草丛等。保护区内共记录有野生维管植物 117 科 435 属 782 种，包括蕨类植物 12 科 16 属 27 种，裸子植物2 科2 属 3 种，被子植物 103 科 417 属 752 种。被子植物种数占绝对优势，说明被子植物构成区系的主体，在区系中起主导作用。按照《IUCN 物种红色名录濒危等级和标准》中的划分标准，区内分布有受威胁植物 4 种，分别为泰山韭（*Allium taishanense*）、玫瑰（*Rosa rugosa*）、黄芪（*Astragalus membranaceus*）和珊瑚菜，均为易危物种；国家二级保护野生植物 4 种，为珊瑚菜、中华结缕草、野大豆和紫椴；中国特有植物 96 种，包括蘡薁（*Vitis bryoniaefolia*）、小花扁担杆（*Grewia biloba*）、柽柳（*Tamarix chinensis*）等。

野生高等动物 85 科 179 属 333 种，包括两栖类 4 科 5 属 7 种，爬行类 7 科 11 属 15 种，哺乳类 12 科 23 属 25 种，鸟类 62 科 140 属 286 种。鸟类以雀形目物种最多，共 118 种，占区内鸟类总数的 41.0%。根据《IUCN 物种红色名录濒危等级和标准》中的划分标准，区内分布有受威胁动物 17 种，包括：极危 1 种，为白鹤（*Grus leucogeranus*）；濒危 6 种，包括乌龟（*Chinemys reevesii*）、中华秋沙鸭（*Mergus squamatus*）、猎隼等；易危 10 种，包括棕黑锦蛇（*Elaphe schrenckii*）、黄嘴白鹭（*Egretta eulophotes*）、鸿雁（*Anser cygnoides*）等。国家重点保护野生动物 50 种，其中：国家一级保护野生动物 8 种，包括中华秋沙鸭、黑鹳（*Ciconia nigra*）、短尾信天翁（*Phoebastria albatrus*）等；国家二级保护野生动物 42 种，包括小苇鳽（*Ixobrychus minutus*）、白额雁（*Anser albifrons*）、大天鹅（*Cygnus cygnus*）等；中国特有动物 7 种，包括北草蜥（*Takydromus septentrionalis*）、黄腹山雀（*Parus venustulus*）、乌梢蛇（*Zaocys dhumnades*）等。

烟台沿海防护林省级自然保护区不仅具有防风固沙、保持水土、涵养水源的功能，而且具有抵御海风、海啸和风暴潮危害，护卫滨海国土，美化人居环境的作用，对于维护沿海地区生物多样性及生态安全、人民生命财产安全、工农业生产安全具有重要意义。

十一、马谷山地质遗迹省级自然保护区

马谷山地质遗迹省级自然保护区位于山东省无棣县碣石山镇，地理位置为东经 117°40′37″～117°40′1″，北纬 37°0′30″～38°0′47″。

1999 年 3 月，经山东省人民政府批准（鲁政字〔1999〕34 号）建立了马谷山地质遗迹省级自然保护区，面积为 20 公顷，主要保护对象为第四纪更新世地质遗迹。

马谷山海拔 63.4 米，形成于距今 73 万年的新生代第四纪更新世，是一中心式喷发

而形成的锥形复合火山堆。其结构由火山弹、火山灰、火山砾岩、火山熔岩组成，岩性为暗褐色霞石岩。马谷山是国内罕见的第四纪火山中最年轻的山体，也是华北平原唯一露头的火山。马谷山地处黄河故道，经历、见证了黄河几千年的变迁，黏附积淀了厚重的黄河故道文化，是黄河故道文化的化石，对于揭示鲁北平原、黄河三角洲的环境演变过程，追溯近代人类活动踪迹及火山岩科研教学均有着不可替代的作用和独特的人文地理意义。

十二、青州仰天山省级自然保护区

青州仰天山省级自然保护区位于山东省青州市王坟镇，地理坐标为东经 118°15′57″～118°17′5″，北纬36°26′51″～36°29′59″。

1999 年 10 月，山东省人民政府批准（鲁政字〔1999〕244 号）建立了青州仰天山省级自然保护区，保护区面积为 3 000 公顷。其中，核心区面积为 1 000 公顷，缓冲区面积为 1 200公顷，实验区面积为 800 公顷。主要保护对象为暖温带典型的森林生态系统及特殊生境下的侧柏、天然次生杂木林等森林植被。

保护区地处鲁沂山区与鲁北平原交接地带，地势自西南向东北逐渐倾斜。山体主要由石灰岩构成，山顶平缓，山坡多悬崖峭壁，岩溶洼地，溶洞、落水洞等岩溶地貌发育。山顶仰天槽海拔高度 954.3 米。土壤以褐土为主，山顶仰天槽发育潮土。区内气候为暖温带大陆性季风气候，年平均气温为 9℃，年平均降水量为 860 毫米左右，降水季节分布不均，集中在 7、8 两月。良好的自然环境发育了丰富的动植物资源。

保护区生态系统类型有针叶林、阔叶林、灌丛、灌草丛等 9 种植被型 50 种群系，包括油松林、黑松林、侧柏林、落叶阔叶杂木林、刺槐林、盐肤木灌丛、胡枝子灌丛、绣线菊灌丛、黄栌灌丛、鹅耳枥灌丛、荆条-酸枣-黄被草灌草丛、荆条-酸枣-白羊草灌草丛和白茅灌草丛等群系类型。保护区内分布有野生维管植物 84 科 242 属 338 种，包括蕨类植物 7 科 10 属 10 种，裸子植物 2 科 2 属 3 种，单子叶植物 10 科 45 属 63 种，双子叶植物 65 科 204 属 262 种。按照《IUCN 物种红色名录濒危等级和标准》中的划分标准，区内分布有受威胁植物 1 种，为易危物种泰山韭（*Allium taishanense*）；国家二级保护野生植物 3 种，分别为中华结缕草、野大豆和紫椴；中国特有野生植物 43 种，包括中华隐子草（*Cleistogenes chinensis*）、虎掌（*Pinellia pedatisecta*）、华北耧斗菜（*Aquilegia yabeana*）等。

区内记录有高等动物 48 科 82 属 121 种，包括两栖类 3 科 3 属 5 种，爬行类 3 科 5 属 10 种，哺乳类 11 科 21 属 25 种，鸟类 31 科 53 属 81 种。按照《IUCN 物种红色名录濒危等级和标准》中的划分标准，区内分布有受威胁物种 4 种，包括：濒危 1 种，为黄胸鹀（*ornate* 亚种）（*Emberiza aureola ornate*）；易危 3 种，分别为团花锦蛇（*Elaphe davidi*）、貉（*Nyctereutes procyonoides*）和豹猫（北方亚种）（*Prionailurus bengalensis euptilurua*）。国家重点保护野生动物 19 种，包括：国家一级保护野生动物 1 种，为金雕（*daphanea* 亚种）（*Aquila chrysaetos daphanea*）；国家二级保护野生动物 18 种，包括普通鵟（*Buteo japonicus*）、松雀鹰（*Accipiter virgatus*）、领角鸮（*Otus lettia*）等。中国特有野生动物 5 种，

分别为团花锦蛇、金线侧褶蛙（*Pelophylax plancyi*）、无蹼壁虎（*Gekko swinhonis*）、双斑锦蛇（*Elaphe bimaculata*）和黄腹山雀（*Parus venustulus*）。

青州仰天山省级自然保护区地处鲁中石灰岩山区，岩溶地貌发育，森林生态系统典型，生物多样性丰富，天然次生杂木林集中了同纬度地区绝大多数植物类型，是鲁中山区天然次生杂木林的典型代表，具有较高的保护价值，在区域水土保持、水源涵养和维护生态安全方面具有重要作用。

十三、徂徕山省级自然保护区

徂徕山省级自然保护区位于山东省泰安市岱岳区和新泰市境内，范围涉及徂徕山林场，新泰市天宝镇，岱岳区徂徕镇和良庄镇。地理坐标为东经 117°16′～117°20′，北纬 36°2′～36°7′。

1999 年 11 月，泰安市人民政府批准（泰政函〔1999〕64 号）建立了徂徕山市级自然保护区，保护区面积 9 050 公顷，其中核心区面积为 3 000 公顷。2006 年 11 月，经山东省人民政府批准（鲁政字〔2006〕279 号）晋升为省级自然保护区，保护区面积 10 915 公顷。其中，核心区面积为 3 777 公顷，缓冲区面积为 3 558 公顷，实验区面积为 3 580 公顷（见图 4-2-10）。主要保护对象为华北地区特有的油松林和暖温带阔叶林。

徂徕山地处泰沂山脉的南侧，山体主要由花岗岩构成。徂徕山脉呈东西走向，主峰太平顶海拔 1 028 米，相对高差 900 米，贵人峰、独秀峰、荞麦峰、大寨顶、炮楼顶、茶叶顶、黄崖顶、狼窝顶、团山、双山、转山、老红山、妈妈山等 200 余个山头，形成了奇峰林立的地貌景观。区内气候属暖温带大陆性季风气候，四季分明，夏季湿热，冬季干冷，年平均气温为 12.2℃，年平均降水量为 771.5 毫米。徂徕山是大汶河的发源地之一，主要土壤类型为棕壤。

保护区从区系分区上属泛北极植物区的中国-日本森林植物亚区——华北地区的辽东、山东丘陵亚地区。植被属暖温带落叶阔叶林区域-暖温带落叶阔叶林地带-暖温带南部落叶栎林亚地带-鲁中南山地、丘陵栽培植被——油松林、侧柏林、麻栎林等杂木林区。区内分布有针叶林、阔叶林、竹林、灌丛、灌草丛和草甸 6 种植被类型 33 种群系，针叶林主要有油松林、侧柏林和赤松林等，阔叶林有栎林、刺槐林、毛白杨林等类型，其他群系类型有淡竹林、毛竹林、绣线菊灌丛、荆条-酸枣-黄被草灌草丛等。据统计，区内分布有野生维管植 124 科 440 属物 836 种，包括蕨类植物 14 科 21 属 36 种，裸子植物 2 科 2 属 3 种，被子植物 108 科 417 属 797 种。按照《IUCN 物种红色名录濒危等级和标准》中的划分标准，区内分布有受威胁植物 4 种，分别为泰山韭（*Allium taishanense*）、玫瑰（*Rosa rugosa*）、黄芪（*Astragalus membranaceus*）和黄檗，均为易危物种；国家二级保护野生植物 5 种，分别为黄檗、中华结缕草、莲、野大豆和紫椴；中国特有植物 116 种，包括响毛杨（*Populus pseudo-tomentosa*）、山东白鳞莎草（*Cyperus shandongense*）、矮齿韭（*Allium brevidentatum*）等山东特有植物在本保护区也有分布；毛山芹（*Ostericum sieboldii*）、无梗五加（*Eleutherococcus sessiliflorus*）、长萼堇菜（*Viola inconspicua*）等植物在山东仅产于保护区，也说明本保护区立地条件及气候条件的特殊性。

野生高等动物74科150属221种，包括鱼类8科26属32种，两栖类3科4属5种，爬行类3科5属11种，哺乳类12科20属24种，鸟类48科95属149种。按照《IUCN物种红色名录濒危等级和标准》中的划分标准，区内分布有受威胁动物5种，包括濒危1种，为黄胸鹀（指名亚种）（*Emberiza aureola aureola*），易危4种，分别为团花锦蛇（*Elaphe davidi*）、黑眉锦蛇（*Elaphe taeniura*）、王锦蛇（*Elaphe carinata*）和豹猫（北方亚种）（*Prionailurus bengalensis euptilurua*）；国家重点保护野生动物18种，包括国家一级保护野生动物2种，为金雕（*daphanea* 亚种）（*Aquila chrysaetos daphanea*）和大鸨（*dybowskii* 亚种）（*Otis tarda dybowskii*），国家二级保护野生动物16种，包括鸳鸯（*Aix galericulata*）、鸢（*Milvus korschun*）、苍鹰（*schvedowi* 亚种）（*Accipiter gentilis schvedowi*）等；中国特有动物7种，包括麝鼹（*Scaptochirus moschatus*）、团花锦蛇、金线侧褶蛙（*Pelophylax plancyi*）等。

徂徕山省级自然保护区是大汶河的重要水源发源地，分布着大面积华北地区特有的油松林和暖温带落叶阔叶林的典型代表枥类，森林生态系统典型，生物多样性丰富，具有很高的科研保护价值。

十四、泰山省级自然保护区

泰山省级自然保护区位于山东省泰安市境内，地理位置为东经116°58′～117°10′，北纬36°12′～36°22′。

保护区始建于1999年11月。2006年2月，山东省人民政府批准（鲁政字〔2006〕61号）建立了泰山省级自然保护区，保护区面积11 892公顷。其中，核心区面积为4 911公顷，缓冲区面积为2 563公顷，实验区面积为4 418公顷（见图4-2-11）。主要保护对象为森林生态系统。

泰山是经过多次构造运动形成的断块山地，地层古老，岩性成分复杂，褶皱、断裂构造发育。地貌以中山为主，低山、丘陵、峡谷、方山、悬崖、洞穴、台地等多种地貌极为发育。主峰玉皇顶海拔1 545米，是山东省最高峰，与山前平原高差达1 400米。从山麓到山顶土壤呈明显的垂直分布规律，主要土壤类型是棕壤、褐土和山顶草甸土，以棕壤居多。保护区地处暖温带大陆性季风气候区，山顶平均气温为5.3℃，山下年平均气温为12.8℃，垂直变化明显，山顶无明显的四季变化。山顶年平均降水量为1 124.6毫米，山下年平均降水量为715.6毫米，7、8月份降水量为全年降水量的50%，山内云雾多，日照少，气压低，年平均湿度达63%，有显著的干湿交替变化。丰富多样的生境条件为动植物生长发育提供了良好的环境。

保护区在植物区系分区上属泛北极植物区的中国-日本森林植物亚区——华北地区的华北平原—山地亚地区。泰山植被多起源于人工，植物群落的主要建群种以喜光松类和栎类等先锋树种为主。泰山植被在中国植被区划中属于暖温带落叶阔叶林区域——暖温带落叶阔叶林地带-暖温带南部落叶栎林亚地带-鲁中南山地、丘陵栽培植被——油松林、侧柏林、麻栎林等杂木林区。区内分布有针叶林、阔叶林、竹林、灌丛、灌草丛和草甸6类植被类型。据统计，区内分布有野生维管植物120科470属922种，包括蕨类植物13科20属44种，裸子植物3科3属4种，被子植物104科447属874种。按照《IUCN物种红色名录濒危等级和标准》中的划分标准，有受威胁植物5种，均为易危物种，包括泰山韭(*Allium taishanense*)、玫瑰(*Rosa rugosa*)、黄芪(*Astragalus membranaceus*)、黄檗和水曲柳；列入《濒危野生动植物种国际贸易公约》的植物有7属7种，均为兰科植物；国家二级保护野生植物6种，分别为黄檗、水曲柳、中华结缕草、莲、野大豆和紫椴。中国特有植物148种，且多数山东特有植物在本保护区有分布，包括泰山椴(*Tilia taishanensis*)、泰山柳(*Salix taishanensis*)、泰山苋(*Amaranthus taishanensis*)等。

区内分布有野生高等动物72科141属209种，包括鱼类7科22属23种，两栖类3科5属6种，爬行类5科6属12种，哺乳类11科17属21种，鸟类46科92属147种。按照《IUCN物种红色名录濒危等级和标准》中的划分标准，区内分布有受威胁动物8种，包括：濒危3种，为多鳞铲颌鱼(泰山赤磷鱼)(*Varicorhinus macolepis*)、乌龟(*Chinemys reevesii*)和黄胸鹀(*ornate* 亚种)(*Emberiza aureola ornate*)；易危5种，分别为鳖(*Trionyx sinensis*)、团花锦蛇(*Elaphe davidi*)、棕黑锦蛇(*Elaphe schrenckii*)、王锦蛇(*Elaphe carinata*)和豹猫(北方亚种)(*Prionailurus bengalensis euptilurua*)。泰山野生动物种类不多，相应的国家保护动物所占比例也不高，区内记录有国家二级保护野生动物14种，均为鸟类，包括红脚隼(*Falco amurensis*)、领角鸮(*Otus lettia*)、斑头鸺鹠(*Glaucidium cuculoides*)等。中国特有动物5种，分别为多鳞铲颌鱼、团花锦蛇、乌鳢(*Channa argus*)、金线侧褶蛙(*Pelophylax plancyi*)和无蹼壁虎(*Gekko swinhonis*)。

泰山为五岳之首，是我国第一个世界文化与自然双遗产。泰山是暖温带落叶阔叶林区域的典型代表之一，区内生物多样性丰富，是多种生物模式标本的原产地，具有独特的保护价值和研究价值。保护区岩石古老，成分复杂，地质构造多样，在国际、国内都具有极高的科研和保护价值。

十五、莱州大基山省级自然保护区

莱州大基山省级自然保护区位于山东省莱州市境内，距莱州城区7.5千米，范围涉及国有大山林场，文昌、文峰、柞村、程郭和郭家店5个镇(办事处)。地理坐标为东经119°57′32″～120°08′24″，北纬37°00′54″～37°10′24″。

1999年12月，烟台市人民政府批准(烟政函〔1999〕159号)建立了莱州大基山市级自然保护区，保护区面积为6 030公顷。2002年12月，烟台市人民政府批准(烟政函〔2002〕209号)调整保护区面积，调整后的保护区面积为11 800公顷。其中，核心区面积为4 110公顷，缓冲区面积为3 260公顷，实验区面积为4 430公顷。2007年4月，经烟台市人民政府批准(烟政函〔2007〕27号)，保护区面积调整为8 753公顷。其中，核心区面积为3 089公顷，缓冲区面积为2 912.8公顷，实验区面积为2 751.2公顷。2007年11月，经山东省人民政府批准(鲁政字〔2007〕222号)晋升为省级自然保护区。保护区面积为8 753公顷，其中核心区面积3 089公顷，缓冲区面积为2 912.8公顷，实验区面积为2 751.2

公顷(见图 4-2-12)。主要保护对象为赤松天然次生林及针阔混交林。

保护区包括大基山、歪脖顶、吴家大山、关门顶、鹰山、马山、胡家顶等 10 余座海拔 400 米以上的山峰,主峰马山海拔 690.5 米,相对高差 541 米。山体由燕山期岩浆侵入活动形成,主要组成岩石为花岗岩。区内山高坡陡,群崮林立,沟壑纵横。主要河流有白沙河、南阳河、小沽河与龙王河。保护区气候为暖温带大陆性季风气候,受海洋影响,与同纬度内陆比较,具气候温和、雨水充沛、湿度较大、无霜期长等特点。年平均气温为 11.7℃,年平均降水量为 623.6 毫米。良好的自然环境为生物多样性发育提供了条件。

本区地处中国赤松原生地和中国赤松天然分布中心区域,在植物区系分区上属泛北极植物区的中国-日本森林植物亚区——华北地区中的辽东、山东丘陵亚地区。保护区生态系统包括针叶林、阔叶林、灌丛、灌草丛、草甸等 9 种植被型 43 种群系,区内赤松天然林和以赤松为主要构成树种的针阔混交林、栎类落叶阔叶林,灌丛、灌草丛均为漫长自然演替过程所形成的地带性植被。区内记录有维管植物 111 科 403 属 704 种,包括蕨类植物 13 科 18 属 25 种,裸子植物 2 科 2 属 3 种,被子植物 96 科 383 属 676 种。按照《IUCN 物种红色名录濒危等级和标准》中的划分标准,区内分布有受威胁植物4 种,包括极危 1 种,为矮鸢尾,易危 3 种,分别为泰山韭(*Allium taishanense*)、玫瑰(*Rosa rugosa*)和黄芪(*Astragalus membranaceus*);列入《濒危野生动植物种国际贸易公约》的植物 4 种,分别为无柱兰(*Amitostigma gracile*)、蜈蚣兰(*Cleisostoma scolopendrifolium*)、羊耳蒜(*Liparis japonica*)和绶草(*Spiranthes sinensis*);国家二级保护野生植物 2 种,分别为中华结缕草和野大豆;中国特有植物 90 种,包括泰山前胡(*Peucedanum wawrae*)、烟台翠雀花(*Delphinium chefoense*)、多花景天(*Sedum floriferum*)等。

区内记录有野生高等动物 77 科 169 属 281 种,包括鱼类 6 科 16 属 17 种,两栖类 4 科6 属 8 种,爬行类 3 科 5 属 11 种,哺乳类 9 科 16 属 16 种,鸟类 55 科 125 属 229 种。按照《IUCN 物种红色名录濒危等级和标准》中的划分标准,区内分布有受威胁高等动物 9 种,包括极危 1 种,为白鹤(*Grus leucogeranus*),濒危 2 种,分别为中华秋沙鸭(*Mergus squamatus*)和黄喉鹀(*ticehursti* 亚种)(*Emberiza elegans ticehursti*),易危 6 种,分别为棕黑锦蛇(*Elaphe schrenckii*)、黑眉锦蛇(*Elaphe taeniura*)、貉(*Nyctereutes procyonoides*)、黄嘴白鹭(*Egretta eulophotes*)、鸿雁(*Anser cygnoides*)和白肩雕(*Aquila heliaca*);国家重点保护野生动物 31 种,包括国家一级保护野生动物 4 种,分别为中华秋沙鸭、白肩雕、白鹤和大鸨(*dybowskii* 亚种)(*Otis tarda dybowskii*),国家二级保护野生动物 27 种,包括赤腹鹰(*Accipiter soloensis*)、鹊鹞(*Circus melanoleucos*)、灰背隼(*Falco columbarius*)等;中国特有动物 5 种,分别为北草蜥(*Takydromus septentrionalis*)、麝鼹(*Scaptochirus moschatus*)、团头鲂(*Megalobrama amblycephala*)、金线侧褶蛙(*Pelophylax plancyi*)和黄腹山雀(*Parus venustulus*)。

莱州大基山省级自然保护区地处山东半岛中国赤松原生地和天然分布中心,分布着大面积的以赤松天然林为主的针叶林和针阔混交林,是白沙河、南阳河、小沽河与龙王河等河流的发源地。区内生物多样性丰富,生态区位重要,具有保持水土、涵养水源、维护生态安全等多种功能和较高的科研价值。

十六、临沂大青山省级自然保护区

临沂大青山省级自然保护区位于山东省费县境内，地理坐标为东经 118°5′～119°12′，北纬 35°20′～35°27′。

2000 年 12 月，经山东省人民政府批准（鲁政字〔2000〕343 号），在国有大青山林场的基础上建立了临沂大青山省级自然保护区，保护区面积为 4 000 公顷。其中，核心区面积为 950 公顷，缓冲区面积为 800 公顷，实验区面积为 2 250 公顷（见图 4-2-13）。主要保护对象为森林生态系统。

大青山是蒙山山脉的东延部分，大青山主峰 686 米。区内山峰林立，沟壑发育。保护区内有针叶林、阔叶林、竹林、灌丛、灌草丛、草甸等 9 种植被类型 55 种群系，包括落叶松林、水杉林、麻栎林、落叶阔叶杂木林、刺槐林、淡竹林、盐肤木灌丛、胡枝子灌丛、绣线菊灌丛、荆条-酸枣-黄被草灌草丛、荆条-酸枣-白羊草灌草丛、白茅灌草丛、结缕草草甸、狗牙根草甸等十几种群系类型。森林覆盖率为 86.5%。据调查，区内分布有野生维管植物 81 科 194 属 282 种，包括蕨类植物 6 科 8 属 9 种，裸子植物 2 科 2 属 3 种，被子植物 73 科 184 属 270 种。按照《IUCN 物种红色名录濒危等级和标准》中的划分标准，有受威胁物种 1 种，为易危植物黄檗；国家二级保护野生植物 3 种，分别为黄檗、中华结缕草和野大豆；中国特有野生植物 35 种，包括灰楸（*Catalpa fargesii*）、角蒿（*Incarvillea sinensis*）、接骨木（*Sambucus williamsii*）等。

区内分布有野生高等动物 36 科 58 属 67 种，包括鱼类 4 科 9 属 9 种，两栖类 3 科4 属 4 种，爬行类 5 科 7 属 7 种，哺乳类 6 科 7 属 7 种，鸟类 18 科 31 属 40 种。按照《IUCN 物种红色名录濒危等级和标准》中的划分标准，高等动物中有受威胁物种 2 种，分别为濒危鸟类猎隼和易危动物鳖（*Trionyx sinensis*）；国家重点保护野生动物 13 种，其中，国家一级保护野生动物 1 种，为金雕（*daphanea* 亚种）（*Aquila chrysaetos daphanea*），国家二级保护野生动物 12 种，包括猎隼、秃鹫（*Aegypius monachus*）、鸢（*Milvus korschun*）等。

临沂大青山省级自然保护区地处蒙山山区，森林生态系统较典型，生物多样性较丰富，具有一定的保护和科研价值，对于涵养水源，防止水土流失，维护生态安全具有重要意义。

十七、招远罗山省级自然保护区

招远罗山省级自然保护区地处山东省招远市境内，范围涉及玲珑、张星、阜山三镇和国有罗山林场。地理坐标为东经 120°22′～120°35′，北纬 37°23′～37°32′。

2001 年 3 月，招远市人民政府批准（招政发〔2001〕38 号）建立了招远市罗山自然保护区，保护区面积 11 350 公顷。2002 年 12 月，经烟台市人民政府批准（烟政函〔2002〕222 号）建立了招远罗山市级自然保护区，保护区面积为 11 350 公顷。其中，核心区面积为3 915 公顷，缓冲区面积为 2 875 公顷，实验区面积为 4 560 公顷。2007 年 11 月，经山东省人民政府批准(鲁政字〔2007〕223 号)晋升为省级自然保护区,保护区面积 10 094 公顷。其中,核心区面积为 3 434.5 公顷,缓冲区面积为 3 359.7 公顷,实验区面积为 3 299.8公顷。2009 年 12 月,经山东省人民政府同意(鲁政字〔2009〕45 号)调整了自然保护区范围与功能区,保护区面积为9 479.6 公顷。其中,核心区面积为 3 287.7 公顷,缓冲区面积为 3 198.3 公顷,实验区面积为2 993.6 公顷(见图 4-2-14)。主要保护对象为赤松森林生态系统。

招远罗山自然保护区包括阜山、青山顶、歪嘴顶、玲珑山、罗山、石城山、玉皇顶、大猪顶、凤凰顶等海拔 600 米以上山峰,山体由侵入岩构成,主峰罗山海拔 759 米,是招远最高峰。保护区是大沽河发源地,界河、淘金河、诸流河、曲马沟河、黄水河等河流流经保护区。保护区属暖温带大陆性季风气候,冬季寒冷干燥,夏季湿热多雨,四季分明,7 月份平均气温为 25.7℃,1 月份平均气温为－2.7℃,年平均降水量为 607.3 毫米。主要土壤类型为棕壤。良好的自然地理环境为动植物生长发育提供了有利条件。

保护区地处中国赤松原生地和中国赤松天然分布中心,分布有针叶林、阔叶林、灌丛等 9 种植被类型,包括赤松林、黑松林、落叶松林、麻栎林、落叶阔叶杂木林、刺槐林、盐肤木灌丛、胡枝子灌丛、绣线菊灌丛和荆条-酸枣-黄被草灌草丛等 46 种群系类型。据调查,保护区记录有野生维管植物 100 科 323 属 565 种,包括蕨类植物 13 科 20 属 32 种,裸子植物 2 科 2 属 3 种,单子叶植物 1 种,双子叶植物 84 科 300 属 529 种。按照《IUCN 物种红色名录濒危等级和标准》中的划分标准,区内分布有受威胁植物 1 种,为易危植物黄芪(*Astragalus membranaceus*);国家二级保护野生植物 3 种,分别为中华结缕草、野大豆和紫椴;中国特有野生植物 76 种,包括狭叶珍珠菜(*Lysimachia pentapetala*)、华北白前(*Cynanchum mongolicum*)、山东茜草(*Rubia truppeliana*)等。

区内记录有野生高等动物 86 科 188 属 311 种,包括鱼类 9 科 25 属 27 种,两栖类 4 科6 属 8 种,爬行类 5 科 8 属 12 种,哺乳类 10 科 18 属 18 种,鸟类 58 科 131 属 246 种。按照《IUCN 物种红色名录濒危等级和标准》中的划分标准,区内分布有受威胁动物 11 种,包括:极危 1 种,为白鹤(*Grus leucogeranus*);濒危 4 种,分别为中华秋沙鸭(*Mergus squamatus*)、黄胸鹀(指名亚种)(*Emberiza aureola aureola*)、黄胸鹀(*ornate* 亚种)(*Emberiza aureola ornate*)和黄喉鹀(*ticehursti* 亚种)(*Emberiza elegans ticehursti*);易危6 种,分别为鳖(*Trionyx sinensis*)、棕黑锦蛇(*Elaphe schrenckii*)、貉(*Nyctereutes procyonoides*)、豹猫(北方亚种)(*Prionailurus bengalensis euptilurua*)、黄嘴白鹭(*Egretta eulophotes*)和鸿雁(*Anser cygnoides*)。国家级保护野生动物 37 种,其中:国家一级保护野生动物 4 种,分别为白鹤、中华秋沙鸭、金雕(*daphanea* 亚种)(*Aquila chrysaetos daphanea*)和大鸨(*dybowskii* 亚种)(*Otis tarda dybowskii*);国家二级保护野生动物 33 种,包括松雀鹰(*Accipiter virgatus*)、鹊鹞(*Circus melanoleucos*)、兀鹫(*Gyps fulvus*)等。中国特有野生动物 8 种,包括北草蜥(*Takydromus septentrionalis*)、无蹼壁虎(*Gekko swinhonis*)、黄腹山雀(*Parus venustulus*)等。

招远罗山省级自然保护区地处山东半岛中国赤松原生地和天然分布中心,分布着大面积以赤松天然林为主的针叶林和针阔混交林，是山东半岛最大内陆河流大沽河的发源地，区位特点明显，生物多样性丰富，具有较高的保护、科研和利用价值。

十八、济南张夏-崮山华北寒武系标准剖面地质遗迹省级自然保护区

济南张夏-崮山华北寒武系标准剖面地质遗迹省级自然保护区位于山东省济南市长清区张夏镇和崮山镇，距离长清城区 20 千米。地理坐标为东经 116°50′40″～116°54′20″，北纬 36°25′30″～36°31′45″。

2001 年 4 月经山东省人民政府批准(鲁政字〔2001〕122 号)建立了济南张夏-崮山华北寒武系标准剖面地质遗迹省级自然保护区，保护区面积为 262 公顷。其中，缓冲区面积为 19.5 公顷，实验区面积为 242.5 公顷。主要保护对象是寒武纪地层剖面结构。

保护区地处济南南部低山丘陵区，海拔高度 200～400 米，馒头山、唐王寨、黄草顶海拔高度分别为 408.9 米、360.2 米和 301 米。山体由寒武纪石灰岩构成，寒武纪地层总厚度 570.4 米，记录了大约 4 000 万年间的海相沉积历史，赋存丰富且保存完整的古生物化石。张夏-崮山华北寒武系标准剖面由四条剖面组成：一是馒头山剖面。位于张夏镇南2000米处的馒头山北侧，剖面长 1 300 米，出露张夏组石灰岩以下的页岩、泥云岩为主的地层(即馒头页岩)，分布有寒武系与早元古代古老侵入岩之间的沉积不整合面，富含三叶虫生物化石。二是虎头崖至黄草顶剖面。位于崮山镇崮山村东 214.5 米高地东北约220 米处，至黄草顶，剖面长约 1 000 米，是张夏组石灰岩出露最完整的地方，剖面顶底界线明显，化石丰富，是研究碳酸盐岩地层最理想的地区。三是唐王寨剖面。位于崮山镇东北2 000米处的唐王寨南坡，剖面长 600 米，崮山阶、长山阶出露齐全，剖面顶底界线明显，化石丰富易采。四是范家庄剖面。位于崮山镇范家庄村东北 300 米处的东山岭上，剖面长 1 200 米，这里凤山阶连续，富含三叶虫化石和角石类化石，是研究寒武系与奥陶系界线的理想剖面。四条剖面构成了世界上最完整的寒武纪地质剖面。

济南张夏-崮山华北寒武系地层发育完整，出露齐全，生物化石丰富，沉积构造内容繁多，特征明显，是世界上最完整的寒武纪地质剖面，是我国华北寒武系标准剖面，是生物地层、年代地层、层序地层观察研究的理想地区和天然地学实验室，具有重要的科研和保护价值。

十九、庙岛群岛海豹省级自然保护区

庙岛群岛海豹省级自然保护区位于山东省长岛县境内。庙岛群岛由南长山岛、北长山岛、大黑山岛、小黑山岛、庙岛、猴矶岛、大竹山岛、小竹山岛、车由岛、高山岛、砣矶岛、大钦岛、小钦岛、南隍城岛和北隍城岛等 32 个岛屿组成，南北长 54.4 千米，东西宽 30.8 千米，呈南西—北东走向，纵贯渤海海峡，约占渤海海峡宽度的 3/5。地理坐标范围东经 120°35′58″～120°56′35″，北纬 37°53′20″～38°23′58″。

2001 年 6 月，山东省人民政府批准(鲁政字〔2001〕159 号)建立了庙岛群岛海豹省级自然保护区，保护区面积为 17.3 万公顷。其中，核心区面积为 640 公顷，缓冲区面积为

2.7 万公顷，实验区面积为 14.6 万公顷(见图 4-2-15)；陆域面积为 4 400 公顷，海域面积为168 657公顷。主要保护对象为斑海豹(见图 4-2-16)。

庙岛群岛是由构造断陷而形成的基岩岛，主要地貌类型为低山丘陵，海拔高度 50～200 米，山体呈南北走向，与岛屿走向基本一致。岛屿基岩陡峭，岸线曲折，岬湾交错，多奇礁异洞，海湾众多，大小海湾 79 个，潮间带狭窄。近岸低平区发育海积平原(海拔低于 5 米)和泻湖平原(海拔低于 3 米)。庙岛群岛海底地形自西向东，自南向北逐渐倾斜，平均水深为 24 米，最深处老铁山水道可达 86 米，庙岛湾水深小于 5 米。岛上黄土堆积地貌发育，黄土坡、黄土沟和黄土台地等地貌类型在大部分岛中都能见到。庙岛群岛位于东亚暖温带季风区，夏半年气候倾向为海洋性，冬半年倾向于大陆性，大陆度为 52.3。春季风大，回暖晚，夏季雨多气候凉，秋季干燥降温慢，冬季风频寒潮多。年平均气温为 11.0～12.0℃，年平均降水量为 447.6～552.0 毫米。春季表层水温为 5～10.5℃，底层水温为 4.9～10.3℃；夏季表层水温为 19.9～27.5℃，底层水温为 11.0～26.9℃；秋季表层水温为 12.6～14.8℃，底层水温为 12.7～14.9℃；冬季表层水温为 3.3～5.8℃，底层水温为 2.9～5.4℃。海域潮汐类型属于规则半日潮，平均涨潮历时 5 小时 51 分～6 小时 5 分；平均落潮历时 6 小时 21 分～6 小时 33 分。平均落潮历时大于涨潮历时。海域每天基本上都发生两次高潮和两次低潮，两次高潮和两次低潮的高度相差不大。潮流类型以不正规半日潮为主，正规半日潮次之，潮流运动具有旋转流和往复流两种形式。

岛上陆生物种类众多。分布有药用动物 272 种。其中，腔肠动物 3 种，环节动物 5 种，软体动物 39 种，节肢动物 79 种，脊椎动物 146 种。海域浮游植物 147 种，全年浮游植物数量达 10^5～10^7个/立方米。浮游动物 57 种，浮游幼虫 19 类及鱼卵、仔稚鱼 14 种。浮游动物以节肢动物和甲壳动物种类占优势，软体动物和棘皮动物在浮游幼虫中占优势。潮间带生物有动物 154 种，植物 120 种，以软体动物种类最多。海兽有斑海豹(*Phoca largha*)、蓝鲸(*Balaenoptera musculus*)、海豚(*Delphinus delphis*)、江豚等。

斑海豹在庙岛群岛各岛均有出现。出现频率较高的海域是北长山的双礁、马枪石和小黑山的海豹礁等海域，高峰时海豹达 400 余头。猴矶岛、车由岛、大小黑山和大小竹山海域海豹出现的频率相对较低。斑海豹活动的一般规律是：每年 3 月初来到保护区核心区，数量从三五只到几十只不等，活动范围仅限于挡浪岛北的双礁、海豹礁、大小马枪石；3 月 20 日～4 月 20 日是海豹迁徙的集中期，核心区内的海豹数量较多，最多达 70 多头；4 月20 日后逐渐减少；到 5 月 20 日后见不到成群海豹；6 月份后，斑海豹完全离开保护区，但在以后观察中发现，有 2～3 只斑海豹长年留守在保护区内，其活动范围在挡浪岛南大礁和北双礁附近。

斑海豹属于哺乳纲，鳍足目，海豹科，是中国鳍脚类的代表种，又是唯一在我国海域繁殖的种类，栖息地较狭窄，资源量仅为千头级，属珍稀濒危动物，已被列为国家二级保护动物。庙岛群岛地理位置优越，生态环境独特，生物多样性丰富，是斑海豹天然的集中栖息地。庙岛群岛海豹自然保护区的建立，对于斑海豹资源保护，维护海洋生态环境安全具有重要意义。

二十、牟平嵛山省级自然保护区

牟平嵛山省级自然保护区位于山东省烟台市牟平区，范围涉及观水、王格庄和高陵三个镇。地理坐标为东经 121°14′～121°25′，北纬 37°6′～37°16′。

2001 年 9 月，烟台市牟平区人民政府批准（烟牟政发〔2001〕48 号）建立了嵛垛山自然保护区。2002 年 12 月，经烟台市人民政府批准（烟政函〔2002〕223 号）晋升为市级自然保护区，并更名为“牟平嵛山市级自然保护区”，保护区面积 11 814 公顷。其中，核心区面积为4 018 公顷，缓冲区面积为 3 780 公顷，实验区面积为 4 016 公顷。2011 年 12 月，烟台市人民政府批准（烟政函〔2011〕96 号）牟平嵛山市级自然保护区范围与功能分区调整方案，调整后的保护区面积为 1 485.2 公顷。其中，核心区面积 391.9 公顷，缓冲区面积为 454.9 公顷，实验区面积为 638.4 公顷。2012 年 11 月，经山东省人民政府批准（鲁政字〔2012〕257 号）晋升为省级自然保护区，保护区面积为 1 485.2 公顷。其中，核心区面积为 391.9 公顷，缓冲区面积为 454.9 公顷，实验区面积为 638.4 公顷（见图 4-2-17）。主要保护对象为森林及野生动植物。

保护区地处低山丘陵区，山体由胶东岩群的各类变质岩组成，海拔高度在 400 米以上的山峰有 10 余个，主峰嵛山海拔 653.8 米。保护区气候属暖温带大陆性季风气候，因受海洋调节，表现出春冷、夏凉、秋暖、冬冷的特点。年平均气温为 11.6℃，年均降水量为 690 毫米。土壤以棕壤土和棕壤性土为主，pH 值多为 5.5～6.5，呈微酸性。

保护区植物区系属泛北极植物区的中国-日本森林植物亚区——华北地区中的辽东、山东丘陵亚地区。区内气候温暖湿润，且地形复杂多样，具有植物种类丰富、优势现象明显、分布类型多样、地理成分复杂等特点。主要植被类型包括针叶林、落叶阔叶林、灌丛、灌草丛、草甸等，保护区林地面积为 1 359 公顷。针叶林主要类型为赤松天然次生林，人工针叶林主要为黑松林、落叶松林、水杉林等，落叶阔叶林主要为麻栎林和麻栎赤松混交林，灌丛植被主要类型有胡枝子灌丛、绣线菊灌丛、杜鹃灌丛等。灌草丛优势植物为多年生野古草、白羊草、菅草、结缕草、荻等禾本科植物，荆条、酸枣等落叶灌木零星分布其中。

草甸主要类型为结缕草草甸、狗牙根草甸、芦苇草甸和白茅草甸。保护区位置特殊，地形复杂，形成了独特的半岛植被类型，植物资源十分丰富。区内记录有维管植物 79 科 223 属 652 种，隶属于蕨类植物门、裸子植物门和被子植物门；苔藓植物 136 种。区内分布有国家二级保护野生植物 2 种，为中华结缕草和野大豆。山东特有植物 4 种，分别为长冬草（*Clematis haxapetala* Vor. *tchefouensis*）、宽蕊地榆（*Sanguisorba applanata*）、泰山前胡（*Peucedanum wawrae*）和泰山韭（*Allium taishanense*）。

保护区在陆地动物区系中属古北界，陆地野生动物以古北界动物为主，并含有较多的东洋界成分，具有古北界和东洋界过渡的特征。动物群落属于暖温带森林——森林草原、农田动物群。在山东省陆地脊椎动物地理小区区划中属于胶东丘陵区。区内记录有野生兽类 25 种；鸟类 206 种，主要为猛禽类；爬行类 23 种；两栖类 6 种；昆虫 561 种。其中：国家一级重点保护动物 2 种，为中华秋沙鸭（*Mergus squamatus*）、东方白鹳（*Ciconia boyciana*)；国家二级重点保护动物 17 种，包括雀鹰（*nisosimilis* 亚种）（*Accipiter nisus nisosimilis*）、雕鸮（*ussuriensis* 亚种）（*Bubo bubo ussuriensis*）、栗鸢（指名亚种）（*Haliastur indus indus*）、普通鵟(*Buteo japonicus*)等。

牟平嵛山省级自然保护区地理位置特殊，以栎类为主的天然落叶阔叶林和以赤松天然次生林为主的天然针叶林分布面积较大，森林生态系统保持完整，生物多样性丰富，并在保护当地山区脆弱的生态环境、促进生态平衡、减少自然灾害方面发挥了重要作用，具有重要的保护价值。

二十一、胶州艾山地质遗迹省级自然保护区

胶州艾山地质遗迹省级自然保护区位于山东省胶州市洋和镇与张应镇境内，地理坐标为东经 119°56′，北纬 36°07′。

2001 年 10 月，经山东省人民政府批准（鲁政字〔2001〕320 号）建立了胶州艾山地质遗迹省级自然保护区，保护区面积 860 公顷。其中，核心区面积为 33 公顷，缓冲区面积为 827 公顷。主要保护对象为地质遗迹。

保护区由艾山、东石和西石 3 个山峰组成。艾山分南北两座山峰，南峰海拔 229.2 米，北峰海拔 224 米，怪石林立，犬牙交错。东石海拔 137 米，西石海拔 140 米，均为石柱状孤峰。区内记录有野生高等动植物 29 种，多为习见物种。其中：植物 25 种，包括油松（*Pinus tabuliformis*）、侧柏（*Platycladus orientalis*）、狗尾草（*Setaria viridis*）等；动物 4 种，分别为草兔（*Lepus capensis*）、家燕（*gutturalis* 亚种）（*Hirundo rustica gutturalis*）、喜鹊(*serica* 亚种)(*Pica pica serica*)和麻雀(*saturatus* 亚种)(*Passer montanus saturatus*)。

艾山形成于中生代白垩纪，是典型火山岩分布区。东石和西石为流纹火山角砾岩，是出露的火山管颈。在燕山运动中，艾山、东石和西石均为小型火山口。火山活动停止后，火山口内未喷出的岩浆冷凝在火山管道内，经过近亿年的风化剥蚀，加之岩石本身抗风化能力差异，东石和西石周围的岩石，风化剥蚀较重，露出了耐风化的火山管道内火山流纹岩，形成了石柱状孤峰。艾山顶部岩石因抗风化能力略高于周围岩石，形成了一个椭圆形的山顶。

艾山地质遗迹是我国目前保存较好的中生代火山构造，也是青山群石前庄组建组剖面所在地，对研究我国东部地区白垩纪火山活动和胶莱盆地的形成演化具有重要意义。

二十二、平阴大寨山省级自然保护区

平阴大寨山省级自然保护区位于山东省平阴县洪范池镇境内，地理坐标为东经 116°16′42″～116°20′19″，北纬 36°1′37″～36°6′27″。

2001 年 10 月，经济南市人民政府批准（济政办字〔2001〕206 号）在大寨山林场基础上建立了大寨山市级自然保护区，保护区面积为1 200公顷。2010 年 9 月，山东省人民政府批准（鲁政字〔2010〕247 号）建立了平阴大寨山省级自然保护区。保护区面积为1 200 公顷。其中，核心区面积为 366 公顷，缓冲区面积为 368.4 公顷，实验区面积为 465.6 公

顷(见图4-2-18)。主要保护对象为侧柏和落叶阔叶林。

保护区由南北走向的大寨山山系和云翠山山系两部分组成。山体由寒武纪灰岩构成,主峰大寨山海拔 494.8 米,云翠峰、天柱峰、平山顶、南崖、长尾崖、笔架峰、恋人峰等山峰海拔高度均在 400 米以上。山顶平缓,山坡陡峭。山间谷地出露泉水,成为浪溪河的源头。保护区气候属暖温带大陆性季风气候,光照充足,四季分明,降水集中。年平均气温为 13.6℃,年平均降水量 800 毫米,60%~70%集中在 6~8 月。主要土类为褐土。良好的自然环境条件发育了丰富多样的动植物资源。

保护区生态系统类型主要为针叶林和阔叶林,针叶林以侧柏林为主,阔叶林以刺槐林为主。区内分布大面积的侧柏林、侧柏刺槐混交林和以栾树、枫杨、黄连木、元宝槭、麻栎、鹅耳枥、黄栌、盐肤木等为主组成的天然次生林,植被覆盖率 93.4%。保护区内分布有野生维管植物 83 科 238 属 383 种,包括蕨类植物 9 科 11 属 13 种,裸子植 2 科 2 属 2 种,被子植物 72 科 225 属 368 种。按照《IUCN 物种红色名录濒危等级和标准》中的划分标准,区内分布有受威胁植物 2 种,分别为易危物种玫瑰(*Rosa rugosa*)和黄芪(*Astragalus membranaceus*);国家二级保护野生植物 2 种,为中华结缕草和野大豆;中国特有植物 56 种,包括多花胡枝子(*Lespedeza floribunda*)、锦鸡儿(*Caragana sinica*)、山麻杆(*Alchornea davidii*)等。

区内记录有野生高等动物 49 科 88 属 136 种,包括两栖类 3 科 4 属 5 种,爬行类 3 科 4 属 9 种,哺乳类 6 科 9 属 10 种,鸟类 37 科 71 属 112 种。按照《IUCN 物种红色名录濒危等级和标准》中的划分标准,区内分布有:受威胁动物 3 种,包括濒危动物 1 种,为黄胸鹀(指名亚种)(*Emberiza aureola aureola*);易危动物 2 种,为团花锦蛇(*Elaphe davidi*)和棕黑锦蛇(*Elaphe schrenckii*);国家二级保护野生动物 16 种,均为鸟类,包括红隼(*interstinctus* 亚种)(*Falco tinnunculus interstinctus*)、灰林鸮(*Strix aluco*)、蓝翅八色鸫(*Pitta moluccensis*)等;中国特有野生动物 3 种,分别为金线侧褶蛙(*Pelophylax plancyi*)、无蹼壁虎(*Gekko swinhonis*)和团花锦蛇。

平阴大寨山自然保护区是我国暖温带物种资源最丰富的地区之一,森林生态系统典型性,物种多样性丰富,是浪溪河源头和洪范池泉群的水源涵养区,具有保持水土、涵养水源、改善生态环境、维护生态平衡等多种功能和较高的科研保护价值。

二十三、浮来山地质遗迹省级自然保护区

浮来山地质遗迹省级自然保护区位于山东省莒县、沂南县和沂水县境内,范围涉及莒县浮来山镇的刑家庄、辛庄、王家山、宋家山、杜家洼村,沂水董家山、下店、上店村,沂南路家庄等自然村。地理位置为东经 118°43′13″~118°45′0″,北纬 35°35′0″~35°37′37″。

2001 年 11 月,经山东省人民政府批准(省政字〔2001〕353 号)建立了浮来山地质遗迹省级自然保护区,保护区面积 490 公顷。其中,缓冲区面积为 120 公顷,实验区面积为 370 公顷(见图 4-2-19)。主要保护对象为震旦纪土门群地层、三叶虫化石带等地质遗迹。

浮来山地处沂沭断裂带中部,形成于古生代寒武纪,是胶南隆起区与鲁西隆起区分

界线。主要地层有泰山群变质岩，震旦系土门群地层，寒武奥陶系灰岩和页岩。浮来山海拔298.9米，主要由飞来峰、佛来峰和浮来峰3峰组成。溶沟、石芽、石钟乳、石笋、石幔等岩溶地貌发育，岩溶泉分布较广。震旦纪土门群地层出露在浮来峰西边。自下而上黑山官组、二青山组、佟家庄组、浮来山组、石旺组均出露完整，地层剖面连续，是山东省新元古代土门群地层目前发现唯一最完整的地层，为区域地质历史演化研究提供了重要依据。新元古代土门群浮来山组建组剖面在浮来峰发育最齐全、最清晰，是具有区域对比意义的典型剖面。土门群上部地层石旺组砂灰岩中发育距今6亿年前发生的地震留下的痕迹——地震液化脉。这些树枝状、蠕虫状的碳酸盐泥晶岩脉发育良好，一般脉宽1～3厘米，高3～10厘米，其顶部为上部地层覆盖，下部切过不同灰岩成分层，切痕参差不齐，在平面上多为平行分布，形成地震事件层，具有区域对比意义。土门群底部黑山官组角度不整合于古生代中细粒黑云母石英闪长岩上，土门群各组之间均为整合接触。三叶虫化石仅在海相沉积岩中出现。佛来峰三叶虫化石分布广泛，头足类生物化石在飞来峰西坡出露。这对于研究浮来山区岩相变化、古地质环境和古生物演化具有重要意义。

浮来山地质遗迹省级自然保护区震旦纪土门群地层发育完整，碳酸盐泥晶岩脉发育良好，地层角度不整合与整合接触构造清晰，寒武纪和奥陶纪地层中三叶虫、头足类等古生物化石丰富，具有较高的科研与保护价值。

二十四、青岛大公岛岛屿生态系统省级自然保护区

青岛大公岛岛屿生态系统省级自然保护区位于山东省青岛市崂山区中韩镇外海域，地理坐标为东经35°56′37″～35°58′6″，北纬120°26′29″～120°30′54″。

2001年12月，经山东省人民政府批准(鲁政字〔2001〕379号)建立了青岛大公岛岛屿生态系统省级自然保护区，保护区面积1 603公顷。其中，核心区面积为20公顷，实验区面积为1 583公顷(见图4-2-20)；岛屿面积为16.7公顷，海域面积约为1 586公顷。主要保护对象为海洋与岛屿生态系统和鸟类。

保护区范围包括大公岛、小屿和五丁礁。大公岛面积15.6公顷，岸线长1.9千米，最高点海拔120米，距大陆最近点14.8千米，是青岛第二高岛。大公岛呈东西走向，岛形像金字塔，坡度23°，岛四周多峭壁，岩缝洞穴密布，是海鸟和候鸟的主要栖息繁殖地。小屿距大公岛1.2千米，面积1.1公顷，岸线长0.6千米，最高点海拔41.9米，距大陆最近点14千米。五丁礁为花岗岩礁，位于小屿岛西侧，出水时露5顶，又名五顶礁。岛屿地处温带季风气候区，多年平均气温为11.3℃，多年平均降水量为680毫米。岛上无淡水。冬季表层海水水温为5.0～5.5℃，夏季表层海水水温为27.0～28.3℃。冬季表层海水盐度为29.4～29.9，夏季表层海水盐度为30.1～30.4。

大公岛是海鸟和候鸟的主要栖息繁殖地，是我国东部候鸟迁徙必经之地，岛上分布有鸟类47种。按照《IUCN物种红色名录濒危等级和标准》中的划分标准，受威胁鸟类有7种，包括极危1种，即白鹤(*Grus leucogeranus*)，濒危3种，分别为中华秋沙鸭(*Mergus squamatus*)、丹顶鹤(*Grus japonensis*)和小青脚鹬(*Tringa guttifer*)，易危3种，分别为

短尾信天翁(*Phoebastria albatrus*)、黄嘴白鹭(*Egretta eulophotes*)和白肩雕(*Aquila heliaca*)。分布有国家重点保护鸟类44种。其中:国家一级保护野生鸟类8种,包括短尾信天翁、白肩雕、虎头海雕(指名亚种)(*Haliaeetus pelagicus pelagicus*)等;国家二级保护野生鸟类36种,包括海鸬鹚(指名亚种)(*Phalacrocorax pelagicus pelagicus*)、岩鹭(指名亚种)(*Egretta sacra sacra*)、游隼(*calidus* 亚种)(*Falco peregrinus calidus*)等。保护区海域中鱼类资源丰富,是青岛近海渔场,主要鱼类有花鲈(*Lateolabrax japonicus*)、蓝点马鲛(*Scomberomorus niphonius*)、比目鱼(*Pleuronectiformes heterosomata*)、真鲷(*pagrosomus major*)、青岛文昌鱼(*Branchiostoma belcheri*)等,海珍品有刺参(*Stichopus japonicus*)、皱纹盘鲍(*Haliotis discus hannai*)等,还有多种贝类生长。另记录有黄纹石龙子(*Eumeces capito*)等爬行动物分布。区内分布维管植物物种14种,均为习见物种,包括盐地碱蓬(*Suaeda salsa*)、野艾蒿(*Artemisia lavandulaefolia*)、野花椒(*Zanthoxylum simulans*)等。

保护区海洋与岛屿生态系统典型,生物多样性丰富,是鸟类迁徙驿站,分布有多种国家一、二级保护鸟类、蝶类和海洋生物,具有重要的保护和科研价值。

二十五、峄城石榴园省级自然保护区

峄城石榴园省级自然保护区位于山东省枣庄市峄城区境内,地理位置为东经117°23′30″～117°33′8″,北纬34°46′26″～34°46′56″。

2002年1月经山东省人民政府批准(鲁政字〔2002〕25号)建立了峄城石榴园省级自然保护区,保护区面积4 642公顷。其中,核心区面积为367公顷,缓冲区面积为610公顷,实验区面积为3 665公顷。主要保护对象为石榴种质资源。

峄城石榴园始建于西汉成帝年间,距今已有2000年的历史。园内有石榴树530余万株,48个品种,树龄大多在300年左右。保护区内石榴树密布,千姿百态,苍劲奇崛,错落有致,依山石溪流的地势而生,形成了曲折蜿蜒之势,是一处独特典雅的组合园林。生长在青檀幽谷中的数十棵千年古檀,被大自然的鬼斧神工和岁月的沧桑雕塑成了一件件令人叹为观止的艺术品。青檀寺院内的千年银杏,雌雄连理,荫遮庙宇,古意盎然。金秋送爽之时,层林尽染,丹霞万朵,山谷中的红枫、银杏、青檀红黄绿三色交相辉映,倒映在波光潋滟的青檀湖水之中,别有一番意境。幽谷、古寺、湖光山色构成了古峄县八景之首“青檀秋色”。

峄城石榴园是目前我国最大的石榴园林,素以历史之久、面积之大、株数之多、品色之全、果质之优而闻名海内外,被誉为“天下第一榴园”“冠世榴园”,被联合国粮农组织官员誉为“世界少有,中国第一”。保护区对于保护石榴种质资源遗传多样性,维持植被群落的稳定性,维护当地良好与独特的生态环境,具有重要意义。

二十六、海阳千里岩岛海洋生态系统省级自然保护区

海阳千里岩岛海洋生态系统省级自然保护区位于山东省海阳市千里岩岛,地理范围为东经121°21′48″～121°24′40″,北纬36°14′48″～36°17′6″。

2002 年 1 月，经山东省人民政府批准（鲁政字〔2002〕35 号）建立了海阳千里岩岛海洋生态系统省级自然保护区，保护区面积 1 823 公顷。其中，核心区面积为 52 公顷，缓冲区面积为 207 公顷，实验区面积为 1 564 公顷（见图 4-2-21）；岛屿面积为 20 公顷，海域面积为 1 803 公顷。主要保护对象为海洋生态系统。

千里岩岛为基岩岛，主要由黑云母质混合岩、黑云母质条纹状混合岩、混合岩化浅粒岩、长石石英岩、黑云母片岩和黑云母花岗岩等组成。岛形似哑铃状，长 820 米，宽 240 米，面积 20 公顷。海拔 90.9 米，距陆地最近点海阳市凤城码头 45.9 千米。岛上地势南北高而宽，中间低且狭窄，剥蚀侵蚀平台、冲沟、岩脊陡崖等地貌形态多见，四周陡峭，海蚀崖、海蚀洞穴等海蚀地貌发育，奇峰怪石险要壮观，风景秀丽。岛上气候属温带大陆性季风气候，受海洋影响，年平均气温为 12.0～12.7℃，年平均降水量为 638.6 毫米。千里岩岛周围海域水深范围为 28～32 米。水温变化范围在 5.2～29.1℃，全年平均温度为 13.4℃。海水盐度变化范围在 30.2～31.8‰。海浪以风浪为主，潮汐属正规半日潮类型。千里岩岛植被覆盖率为 10%，多为低矮草本植物。记录有植物 35 科 65 属 69 种。其中，药用植物主要种类有胡枝子（*Lespedeza bicolor*）、酸枣（*Ziziphus jujuba* Var. *Spinosa*）、枸杞（*Lycium chinense*）、石竹（*Dianthus chinensis*）、桔梗（*Platycodon grandiflorus*）、沙参（*Adenophora stricta*）、车前（*Plantago asiatica*）、防风（*Saposhnikovia divaricata*）、地黄（*Rehmannia glutinosa*）、忍冬（金银花）（*Lonicera japonica*）等；林木植物主要种类有刺槐（*Robinia pseudoacacia*）和桐树（*Vernicia fordii*）。岛上鸟类资源丰富，分布有珍稀鸟类近百种。分布有浮游植物 78 种，隶属 3 门 34 属，主要由硅藻（Diatom）和甲藻（Pyrrophyta）两大类组成，硅藻占优势。分布有浮游动物 29 种，底栖生物 52 种，除一种原索动物外，均为无脊椎动物。皱纹盘鲍、刺参等海珍品资源丰富。皱纹盘鲍平均栖息密度 1.3 个/平方米，栖息面积约为 133 公顷。

千里岩海岛生态系统呈一定半自然状态，具有较高的代表性和典型性，对促进自然资源的持续利用和改善生态环境具有重要作用。同时，它也是海防前哨，属海上交通要道，在黄海发挥着千里眼的作用，对于维护领土完整和海域主权具有重要的战略意义。

二十七、新泰太平山省级自然保护区

新泰太平山省级自然保护区位于山东省新泰市境内，距城区 25 千米，地理坐标为东经 117°37′13″～117°44′9″，北纬 35°42′12″～35°46′12″。

2009 年山东省人民政府批准建立了新泰太平山省级自然保护区，保护区面积 3 733.3 公顷。其中，核心区面积为 1 303 公顷，缓冲区面积为 1 251.9 公顷，实验区面积 1 178.4 公顷。主要保护对象为森林生态系统。

保护区内有海拔 400 米以上的山峰 73 座，主峰太平顶海拔 813.6 米，山峪 99 条。保护区气候属暖温带大陆性季风气候，四季分明。年平均气温 12.6℃，年平均降水量 715.2 毫米。保护区内汇水全部流入柴汶河，经大汶河后注入东平湖。保护区森林面积 3 699 公顷。其中赤松林面积为 3 020.5 公顷。植物种类达 780 种，其中野生维管植物

107 科380 属 675 种。山东白鳞莎草(*Cyperus shandongense*)、长冬草(*Clematis haxapetala* Var. *tchefouensis*)、泰山前胡(*Peucedanum wawrae*)和泰山韭(*Allium taishanense*)为山东特有植物。各种动物种类达 928 种。

新泰太平山省级自然保护区生物多样性比较丰富,森林生态系统结构稳定,对保持水土、涵养水源和保护南水北调水质具有重要意义。

二十八、胶南灵山岛省级自然保护区

胶南灵山岛省级自然保护区位于山东省胶南市东南黄海海域中,包括灵山岛本岛及牙岛(灵山岛子岛)外缘海域,地理坐标为东经 120°7′0″～120°12′6″,北纬 35°43′38″～35°48′21″。

保护区于 2002 年 12 月经山东省人民政府批准(鲁政字〔2002〕527 号)建立,面积为 3 283.2 公顷。其中,核心区面积为 922.6 公顷,缓冲区面积为 231.2 公顷,实验区面积为 2 129.4 公顷(见图 4-2-22);岛屿面积为 766 公顷,海域面积为 2 517.2 公顷。主要保护对象为海洋生态系统。

灵山岛呈东北—西南走向,南北长 5.1 千米,东西宽 1.4 千米,岛屿岸线长 14.4 千米,面积 766 公顷(包括子岛牙岛子、洋礁石),为青岛市面积最大的海岛,距大陆最近距离 10.5 千米。灵山岛地势南高北低,东陡西缓,周围多断崖,有大小山峰 56 个,主峰歪头顶海拔 513.6 米,为中国北方第一高岛。本区地处温带季风型大陆性气候与海洋性气候交界区,且偏重于海洋性气候,年平均气温为 12.3℃,年平均降水量为 680.1 毫米。灵山岛附近海域潮汐属于"正规半日潮",潮流基本属于不正规半日潮。独特的海岛生态环境为海岛生物多样性发育提供了有利条件。

灵山岛上分布有针叶林、阔叶林、灌丛、灌草丛、草甸 5 种植被型,包括黑松林、侧柏林、刺槐林、胡枝子灌丛、白茅灌草丛、砂生植被等多种群系类型。据调查,岛上生长有野生维管植物 51 科 100 属 120 种,包括蕨类植物 3 科 3 属 4 种,裸子植物 1 种,被子植物 47 科96 属 115 种,以蔷薇科植物最多,为 18 种。按照《IUCN 物种红色名录濒危等级和标准》中的划分标准,维管植物包括易危物种 1 种,为玫瑰(*Rosa rugosa*);中国特有野生植物 20 种,包括矮齿韭(*Allium brevidentatum*)、柽柳(*Tamarix chinensis*)、并齿小苦荬(*Ixeridium biparum*)等。

岛上记录有野生高等动物 51 科 86 属 134 种,包括爬行类 3 科 3 属 3 种,哺乳类 4 科 5 属 6 种,鸟类 44 科 78 属 125 种,以鹰科物种居多,共有 16 种。按照《IUCN 物种红色名录濒危等级和标准》中的划分标准,有 3 种易危鸟类,分别为短尾信天翁(*Phoebastria albatrus*)、黄嘴白鹭(*Egretta eulophotes*)和白肩雕(*Aquila heliaca*);国家重点保护野生动物 47 种,其中,国家一级保护野生动物 8 种,包括白鹤(*Grus leucogeranus*)、中华秋沙鸭(*Mergus squamatus*)、丹顶鹤(*Grus japonensis*)等,国家二级保护野生动物 39 种,包括黄爪隼(*Falco naumanni*)、蓑羽鹤(*Grus virgo*)、草鸮(*Tyto longimembris*)等;中国特有野生动物 2 种,分别为无蹼壁虎(*Gekko swinhonis*)和宝兴歌鸫(*Turdus mupinensis*)。区内另记录有海洋原生动物、节肢动物、软体动物98种，藻类植物82种；藻类植物以硅藻门中圆筛藻目、角毛藻目、根管藻目物种为主。

灵山岛系海中孤岛，全岛远离陆地，地处外海，自然生态独特优越。海岛及周围海域海洋生物和鸟类植物资源丰富，种类齐全，数量繁多，且有很多具有较高保护价值的珍贵物种，是重要的海珍品种质资源保护区。

二十九、枣庄抱犊崮省级自然保护区

枣庄抱犊崮省级自然保护区位于山东省枣庄市山亭区境内，地理坐标为东经117°41′46″～117°43′17″，北纬34°58′14″～34°59′43″。

2003年3月，山东省人民政府批准（鲁政字〔2003〕79号）建立了枣庄抱犊崮省级自然保护区，保护区面积为3 500公顷。其中，核心区面积为500公顷，缓冲区面积为950公顷，实验区面积为2 050公顷。主要保护对象为森林生态系统及珍稀动植物。

抱犊崮由石灰岩和页岩构成，其地貌特征顶平坡陡，主峰海拔580米，居沂蒙七十二崮之首。保护区属暖温带大陆性季风气候，年平均气温为13.9℃，年降水量为900～1 200毫米。西加河、东加河、峄城沙河和薛步河发源于保护区。保护区分布有木本植物51科107属129种，草本植物65科313种，植物药材75科274种，区内生长有易危物种黄檗。保护区分布有鸟类83种，哺乳类8科21种，其他野生动物8科16种。其中国家二级保护动物13种，包括大天鹅（*Cygnus cygnus*）、长耳鸮（*Asio otus otus*）、短耳鸮（指名亚种）（*Asio flammeus flammeus*）、纵纹腹小鸮（*Plumipes* 亚种）（*Athene noctua plumipes*）、领角鸮（*Otus lettia*）、雕鸮（*Ussuriensis* 亚种）（*Bubo bubo ussuriensis*）、苍鹰（*Schredowi* 亚种）（*Accipiter gentilis schvedowi*）、松雀鹰（*Accipiter virgatus*）等。

枣庄抱犊崮省级自然保护区具有典型的地带性植被分布、珍稀动植物资源和脆弱的生态系统，生态系统具有自然性和多样性的特点，具有较高的保护和科研价值。

三十、崆峒列岛省级自然保护区

崆峒列岛省级自然保护区位于山东省烟台市芝罘区东北部海域9.5千米处，地理坐标为东经121°31′5″～121°37′41″，北纬37°32′29″～37°37′7″。

2003年3月，山东省人民政府批准（鲁政字〔2003〕80号）建立了崆峒列岛省级自然保护区，保护区面积为7 690公顷。其中，核心区面积为240公顷，缓冲区面积为1 810公顷，实验区面积为5 640公顷（见图4-2-23）。主要保护对象为海洋生态系统及蝮蛇、刺参、紫石房蛤、皱纹盘鲍等海珍品（见图4-2-24）。

崆峒列岛呈西北东南走向拱列，由崆峒岛、夹岛、担子岛、舵罗顶岛、柴岛、马岛、鳖砣岛、三孤岛、二孤岛、头孤岛、地理星岛、北豆卵岛、南豆卵岛、北照壁石岛、南照壁石岛、鸭子岛、号岛和马鞍岛等19个岛屿组成，岛屿面积125公顷，岸线长度16.9千米，列岛周围滩涂与岩礁面积206公顷。崆峒岛是崆峒列岛中面积最大的岛屿，呈“T”字形，岛长2.0千米，宽约0.5千米，岸线长6.3千米，面积78.7公顷，主峰北山海拔63米，距大陆岸线最近点 5.9 千米。海蚀陡坎、海蚀崖、海蚀柱、海蚀穴、海蚀拱桥等地貌发育。崆峒列岛以崆峒岛为中心，各岛环拱其周围，各岛间距离很小。列岛周围海域广阔，水质清澈，海洋动植物资源丰富。据统计，有浮游植物 2 门 35 属 68 种，浮游动物 29 种，海产藻类植物 65 种；主要浅海滩涂经济动物有 80 余种，是刺参、皱纹盘鲍和紫石房蛤等野生种质资源的集中产地，也是国家级刺参种质保护区。主要经济鱼类有 40 余种。岛上植被条件较好，植被覆盖率达 60%，常见植物 54 科 327 种，陆生动物主要是鸟类，分布有留鸟 13 种，候鸟29 种，旅鸟 7 种。夹岛上分布有蝮蛇种群，数量达 2 000 余条，系山东省蛇岛之一。

崆峒列岛是我国北方独具特色的岛屿，海洋自然景观独特，岛屿与海洋生态系统典型，海洋生物多样性丰富，具有典型性、特有性、自然性和多样性。岛上保存有海岛自然植被和蝮蛇种质资源。崆峒列岛周围海域是紫石房蛤、刺参和皱纹盘鲍等野生种质资源的集中产地，是国家级刺参种质资源保护区，也是海珍品示范基地，具有较高的科研和保护价值。

三十一、烟台福山银湖湿地省级自然保护区

烟台福山银湖湿地省级自然保护区位于山东省烟台市福山境内，距福山城区 11 千米，东西长 12.2 千米，南北宽 13.2 千米，范围涉及国有福山林场、门楼镇、张格庄镇和高疃镇。地理位置为东经 121°6′～121°15′，北纬 37°19′～37°27′。

2003 年 3 月，烟台市福山区人民政府批准（烟福政字〔2003〕28 号）建立了烟台门楼水库湿地区级自然保护区，保护区面积 8 426 公顷。其中，核心区面积2 830公顷，缓冲区面积2 840 公顷，实验区面积 2 756 公顷。2007 年 1 月，经烟台市人民政府批准（烟政函〔2007〕5 号）晋升为市级自然保护区，保护区面积 8 426 公顷。其中，核心区面积为 2 830 公顷，缓冲区面积为 2 840 公顷，实验区面积为 2 756 公顷。2008 年 6 月，经烟台市人民政府同意（烟政函〔2008〕50 号）更名为“烟台福山银湖湿地市级自然保护区”，并调整范围。调整后的保护区面积6 043.4 公顷。其中，核心区面积为2 075公顷，缓冲区面积为1 958公顷，实验区面积为 2 010.4 公顷。2008 年 11 月，经山东省人民政府批准（鲁政字〔2008〕258 号）晋升为省级自然保护区，保护区面积 6 043.4 公顷。其中，核心区面积为2 075公顷，缓冲区面积为1 958公顷，实验区面积为2 010.4 公顷（见图 4-2-25）。主要保护对象为湿地生态系统、森林生态系统和珍稀濒危鸟类。

保护区地处山东半岛东北部，属低山丘陵区。地势西、南部高，东、北部低，大致呈簸箕状分布。南部有狮子山山脉，西部有磁山山脉，峰峦耸立，地势较高。塔顶山坐落于保护区东南部，海拔 630.4 米，是保护区最高峰，也是福山区第一高峰。保护区土壤包括棕壤、潮土和褐土 3 个类型，以棕壤居多。气候属北温带大陆性季风气候，年平均气温为 13.2℃，年平均降水量为 737 毫米。大沽夹河、清洋河自南向北流经保护区。银湖（门楼水库）位于大沽夹河与清洋河下游，1960 年 10 月建成蓄水，控制流域面积为 10.77 万公顷，总容量为 2.3 亿立方米，兴利库容为 1.3 亿立方米，死库容为 0.1 亿立方米，兴利水位为 30.9 米，最高水位为 37.1 米。独特的自然条件孕育了丰富多样的动植物资源。

保护区地处中国赤松原生地和中国赤松天然分布的中心区域。从植物区系分区上属泛北极植物区的中国-日本森林植物亚区——华北地区中的辽东、山东丘陵亚地区。区内植被类型分为水生植被和陆生植被，分布有针叶林、阔叶林、灌丛、灌草丛、草甸、水生植被和沼泽植被7种植被型。水生植被有金鱼藻-黑藻-狐尾藻群落、竹叶眼子菜群落、芦苇沼泽、菰沼泽等群系类型；陆生植被包括赤松林、黑松林、麻栎林、刺槐林、枫杨林、胡枝子灌丛、盐肤木灌丛以及荆条-酸枣-黄被草灌草丛等群系类型。保护区林地面积为3 385公顷，占保护区面积的56%；水域面积为1 852公顷。据记录，保护区分布有野生维管植物106科396属680种，包括蕨类植物13科18属25种，裸子植物2科2属2种，单子叶植物15科89属160种；以浮萍科物种最多，共31种，占区内单子叶植物总数的22.8%，双子叶植物76科287属493种，以菊科植物最多，共70种，占区内双子叶植物总数的14.2%。根据《IUCN物种红色名录濒危等级和标准》中的划分标准，区内分布有受威胁植物2种，分别为泰山韭（*Allium taishanense*）和黄芪（*Astragalus membranaceus*），均为易危物种；国家二级保护野生植物3种，分别为中华结缕草、莲和野大豆；中国特有野生植物77种，包括金色狗尾草（*Setaria glauca*）、多花胡枝子（*Lespedeza floribunda*）、圆叶鼠李（*Rhamnus globosa*）等。

区内分布有野生高等动物77科166属284种，包括鱼类9科27属30种，两栖类4科5属7种，爬行类6科9属13种，哺乳类10科18属21种，鸟类48科107属213种。根据《IUCN物种红色名录濒危等级和标准》中的划分标准，区内分布有受威胁动物8种，包括濒危动物3种，分别为猎隼、黄胸鹀（指名亚种）（*Emberiza aureola aureola*）和黄喉鹀（*ticehursti*亚种）（*Emberiza elegans ticehursti*），易危动物5种，分别为鳖（*Trionyx sinensis*）、棕黑锦蛇（*Elaphe schrenckii*）、黄嘴白鹭（*Egretta eulophotes*）、鸿雁（*Anser cygnoides*）和大杓鹬（*Numenius madagascariensis*）；国家二级保护野生动物33种，包括松雀鹰（*Accipiter virgatus*）、白尾鹞（指名亚种）（*Circus cyaneus cyaneus*）、灰鹤（*lilfordi*亚种）（*Grus grus lilfordi*）等；中国特有野生动物8种，包括鮠（*Leiocassis longirostris*）、圆尾斗鱼（*Macropodus chinensis*）、黄腹山雀（*Parus venustulus*）等。

烟台福山银湖湿地省级自然保护区生态系统较为典型、完整，生物多样性较为丰富，是我国暖温带生物多样性最丰富的地区之一，是宝贵的天然物种基因库和野生动物的庇护所，是东北亚内陆与环西太平洋鸟类迁徙的重要驿站，具有较高的保护和科研价值。保护区是山东半岛北部重要的生态屏障，在区域水源涵养、水源地保护、维护生态安全等方面具有重要作用。

三十二、莱山围子山省级自然保护区

莱山围子山省级自然保护区位于山东省烟台市莱山区解甲庄街道境内，地理坐标为东经121°25′27″～121°30′29″，北纬37°17′46″～37°23′5″。

2005年12月，烟台市莱山区人民政府批准（烟莱政发〔2005〕117号）建立了围子山自然保护区，保护区面积602.7公顷。2008年12月，经烟台市人民政府批准（烟政函

〔2008〕112号)建立了莱山围子山市级自然保护区,保护区面积为2 509公顷。其中,核心区面积为913公顷,缓冲区面积为795公顷,实验区面积为801公顷。2009年12月,经山东省人民政府批准(鲁政字〔2009〕326号)晋升为省级自然保护区,保护区面积2 509公顷。其中,核心区面积为643.6公顷,缓冲区面积为756公顷,实验区面积为1 109.4公顷(见图4-2-26)。主要保护对象为赤松天然次生林、楸树、森林生态系统及物种多样性。

围子山山体由元古代粉子山群变质岩构成,包括围子山、垛山、乡山、金马山等山峰,主峰围子山海拔250.3米。保护区气候属暖温带大陆性季风气候,年平均气温为12.2℃,年平均降水量为583毫米。土壤类型主要是棕壤。

保护区分布有针叶林、阔叶林、灌丛和草甸4种植被型,拥有赤松林、黑松林、侧柏林、麻栎林、刺槐林、枫杨林、盐肤木灌丛、胡枝子灌丛、黄栌灌丛、荆条-酸枣-黄被草灌草丛、结缕草草甸、碱蓬草甸等多种群系类型。保护区记录有野生维管植物96科319属542种,包括:蕨类植物13科18属24种;裸子植物2科2属2种;被子植物81科299属516种;以菊科植物最多,共79种。按照《IUCN物种红色名录濒危等级和标准》中的划分标准,区内分布有受威胁植物1种,为易危植物黄芪(*Astragalus membranaceus*);国家二级保护野生植物2种,分别为中华结缕草和野大豆;中国特有野生植物78种,包括地黄(*Rehmannia glutinosa*)、角蒿(*Incarvillea sinensis*)、墓头回(*Patrinia heterophylla*)等。

区内分布有野生高等动物68科147属220种,包括鱼类8科29属33种,两栖类4科5属7种,爬行类7科9属15种,哺乳类9科19属21种,鸟类40科85属144种。按照《IUCN物种红色名录濒危等级和标准》中的划分标准,区内分布有受威胁动物8种,包括:濒危2种,分别为乌龟(*Chinemys reevesii*)和猎隼;易危6种,分别为鳖(*Trionyx sinensis*)、棕黑锦蛇(*Elaphe schrenckii*)、貉(*Nyctereutes procyonoides*)、短尾信天翁(*Phoebastria albatrus*)、黄嘴白鹭(*Egretta eulophotes*)和鸿雁(*Anser cygnoides*)。国家重点保护野生动物29种,包括:国家一级保护野生动物2种,分别为短尾信天翁(*Phoebastria albatrus*)和金雕(*daphanea*亚种)(*Aquila chrysaetos daphanea*);国家二级保护野生动物27种,包括猎隼、鸢(*Milvus korschun*)、灰背隼(*Falco columbarius*)等。中国特有野生动物11种,包括黄纹石龙子(*Eumeces capito*)、圆尾斗鱼(*Macropodus chinensis*)、金线侧褶蛙(*Pelophylax plancyi*)等。

莱山围子山省级自然保护区是山东半岛重要的赤松自然分布中心之一,是楸树的集中分布地,其森林生态系统具有典型性和代表性。区内野生动植物资源丰富,珍稀濒危物种较多,是同纬度生物多样性较丰富的地区之一,具有重要的保护和研究价值。保护区是山东半岛重要的生态屏障,对维护区域生态安全,促进山东半岛蓝色经济区可持续发展具有重要意义。

三十三、龙口黄水河河口湿地省级自然保护区

龙口黄水河河口湿地省级自然保护区位于山东省龙口市诸由观镇境内,距龙口城区

13.5 千米，地理位置为东经 120°30′44″～120°34′19″，北纬 37°40′47″～37°45′21″。

2006 年 2 月，龙口市人民政府批准(龙政发〔2006〕5 号)建立了龙口黄水河河口湿地自然保护区，保护区面积为 1 027.9 公顷。其中，核心区面积为 235.5 公顷，缓冲区面积为 376.8 公顷，实验区面积为 415.6 公顷。2009 年 8 月，经山东省人民政府批准(鲁政字〔2009〕194 号)晋升为省级自然保护区，保护区面积 1 027.9 公顷。其中，核心区面积为 272.4 公顷，缓冲区面积为 355.7 公顷，实验区面积为 399.8 公顷(见图 4-2-27)。主要保护对象为河口湿地生态系统和珍稀鸟类资源。

保护区地处滨海冲积平原区，由黄水河河口湿地、滨海湿地、背河槽状洼地与周边集体林地构成。保护区气候为暖温带大陆性季风气候，多年平均气温为 11.8℃，多年平均降水量为 587.0 毫米。黄水河发源于栖霞市猪山、狼当顶和寺口西境十字坡，流经七甲镇、石良镇、兰高镇、诸由观镇于黄河营村东注入渤海，干流长 55 千米，河道宽 150～200 米，流域面积 10.05 万公顷，径流量 5 965 万立方米。

保护区林地面积 517 公顷，占保护区面积的 50.3%。区内分布有针叶林、暖温带落叶阔叶林、灌丛和灌草丛等植被类型，针叶林以黑松林为主，阔叶林以刺槐林为主，另有部分杨树林和果树林，灌丛有胡枝子-金茅、羊胡子草灌丛，柽柳-芦苇、碱蓬灌丛，另有以獐茅、芦苇、碱茅、红穗苔草等为主的灌草丛群系。区内记录有野生维管植物 66 科186 属 261 种，包括蕨类植物 4 科 5 属 6 种，裸子植物 1 种，单子叶植物 15 科 56 属 84 种，双子叶植物 46 科 124 属 170 种。区内分布有国家二级保护野生植物 3 种，分别为中华结缕草、莲和野大豆；中国特有植物 16 种，包括黑三棱(*Sparganium stoloniferum*)、獐毛(*Aeluropus sinensis*)、碱菀(*Tripolium vulgare*)等。

保护区动物群落属暖温带森林——森林草原、农田动物群。记录有野生高等动物 62 科136 属 249 种，包括淡水鱼类 1 科 6 属 6 种，两栖类 3 科 4 属 6 种，爬行类 6 科 10 属 15 种，哺乳类 13 科 19 属 21 种，鸟类 39 科 97 属 201 种。根据《IUCN 物种红色名录濒危等级和标准》中的划分标准，区内分布有受威胁动物 17 种，包括：极危动物 1 种，为青头潜鸭(*Aythya baeri*)；濒危 6 种，为乌龟(*Chinemys reevesii*)、中华秋沙鸭(*Mergus squamatus*)、丹顶鹤(*Grus japonensis*)、小青脚鹬(*Tringa guttifer*)、黄胸鹀(指名亚种)(*Emberiza aureola aureola*)和黄喉鹀(*ticehursti* 亚种)(*Emberiza elegans ticehursti*)；易危 10 种，为乌梢蛇(*Zaocys dhumnades*)、猪獾(*Arctonyx collaris*)、小白额雁(*Anser erythropus*)等。国家重点保护野生动物 42 种。其中，国家一级保护野生动物 7 种，包括：中华秋沙鸭、白头鹤(*Grus monacha*)、金雕(*daphanea* 亚种)(*Aquila chrysaetos daphanea*)等；国家二级保护野生动物 35 种，包括海鸬鹚(指名亚种)(*Phalacrocorax pelagicus pelagicus*)、大天鹅(*Cygnus cygnus*)、斑嘴鹈鹕(*Pelecanus philippensis*)等。中国特有野生动物 6 种，分别为北草蜥(*Takydromus septentrionalis*)、麝鼹(*Scaptochirus moschatus*)、乌梢蛇(*Zaocys dhumnades*)、金线侧褶蛙(*Pelophylax plancyi*)、中国石龙子(*formosensis* 亚种)(*Eumeces chinensis formosensis*)和无蹼壁虎(*Gekko swinhonis*)。另外，区内分布有湿地淡水低等动物 213 种，海洋鱼类 112 种。淡水生物包括原生动物门 50 种、

轮虫动物门 49 种、节肢动物门 81 种、软体动物 33 种。

龙口黄水河河口湿地省级自然保护区位于渤海湾南岸，是山东半岛具有代表性的典型河口湿地生态系统，生物资源丰富，环境调控功能明显，对保护生物多样性、涵养水源、净化水质、改善湿地生态环境具有重要意义。

三十四、大泽山省级自然保护区

大泽山省级自然保护区位于山东青岛平度市大泽山镇，地理坐标为东经 119°57′～120°5′，北纬 36°53′～37°2′。

2006 年 11 月，山东省人民政府批准（鲁政字〔2006〕278 号）建立了大泽山省级自然保护区，保护区面积为 9 645 公顷，其中核心区面积为 3 678 公顷，缓冲区面积为 3 122 公顷，实验区面积为 2 845 公顷。2016 年 1 月，经山东省人民政府批准（鲁政字〔2016〕13 号），通过了自然保护区功能区划调整方案，调整后的自然保护区总面积为 9 783 公顷，其中，核心区面积为 3 685 公顷，缓冲区面积为 2 850 公顷，实验区面积为 3 248 公顷（见图 4-2-28）。主要保护对象为森林生态系统及珍稀濒危野生动植物资源。

大泽山是由岩浆侵入活动而形成的花岗片麻岩山体，主峰北峰顶海拔 735.8 米，山势陡峻，“V”型谷发育。河流源短流急，是淄阳河、猪洞河、现河、白沙河等河流的源头。保护区气候属暖温带大陆性季风气候，年平均气温为 11.8℃，年平均降水量为 679.6 毫米。土壤类型以棕壤为主。

保护区植被类型分为针叶林、针阔混交林、落叶阔叶林、竹林、灌丛和灌草丛等 9 种类型共 44 种群系，针叶林以赤松林和黑松林为主，针阔混交林最典型的为赤松、麻栎混交林，另有麻栎林、栓皮栎林，以及胡枝子灌丛、白檀灌丛、白羊草灌草丛等群系类型。保护区森林面积 8 584 公顷，森林覆被率达 89%。区内记录有野生维管植物 106 科 334 属 581 种，包括蕨类植物 11 科 14 属 24 种，裸子植物 1 科 1 属 1 种，被子植物 94 科 319 属 556 种。根据《IUCN 物种红色名录濒危等级和标准》中的划分标准，维管植物中有受威胁物种 2 种，均为易危物种，分别是山东万寿竹（*Disporum smilacinum*）和玫瑰（*Rosa rugosa*）；国家二级保护野生植物 2 种，分别为中华结缕草和紫椴；中国特有植物 82 种，包括泰山谷精草（*Eriocaulon taishanense*）、矮齿韭（*Allium brevidentatum*）、鲁中柳（*Salix luzhongensis*）等。

区内记录有野生高等动物 74 科 170 属 312 种，包括鱼类 4 科 14 属 16 种，两栖类 4 科5 属 7 种，爬行类 5 科 8 属 12 种，哺乳类 7 科 15 属 17 种，鸟类 54 科 128 属 260 种。根据《IUCN 物种红色名录濒危等级和标准》中的划分标准，高等动物中受威胁物种 16 种。包括：极危 1 种，为白鹤（*Grus leucogeranus*）；濒危 6 种，包括东方白鹳（*Ciconia boyciana*）、中华秋沙鸭（*Mergus squamatus*）、猎隼等；易危 9 种，包括棕黑锦蛇（*Elaphe schrenckii*）、黄嘴白鹭（*Egretta eulophotes*）、鸿雁（*Anser cygnoides*）等。国家重点保护野生动物 50 种。包括：国家一级保护野生动物 9 种，包括白肩雕（*Aquila heliaca*）、白枕鹤（*Grus vipio*）、黑鹳（*Ciconia nigra*）等；国家二级保护野生动物 41 种，包括疣鼻天鹅

(*Cygnus olor*)、鸳鸯(*Aix galericulata*)、赤腹鹰(*Accipiter soloensis*)等;中国特有动物5种,分别为北草蜥(*Takydromus septentrionalis*)、圆尾斗鱼(*Macropodus chinensis*)、金线侧褶蛙(*Pelophylax plancyi*)、蓝尾石龙子(*Eumeces elegans*)和黄腹山雀(*Parus venustulus*)。

大泽山分布有大面积以赤松为主的针叶林、针阔混交林和栎类落叶阔叶林,是中国赤松原生地和天然分布中心,是淄阳河、猪洞河、现河、白沙河等河流的发源地。保护区区位优势明显,自然景观独特,生物多样性丰富,具有较高的保护、科研和利用价值,对改善区域生态环境、维护生态平衡、促进经济社会可持续发展具有重要意义。

三十五、龙口大飘山省级自然保护区

龙口大飘山省级自然保护区地处山东省龙口市境内,距龙口城南 10 千米。地理位置为东经 120°27′15″～120°31′31″,北纬 37°32′49″～37°28′27″。

2006 年 12 月,龙口市人民政府批准(龙政发〔2006〕58 号)建立了龙口南山自然保护区。2010 年 1 月,经烟台市人民政府批准(烟政函〔2010〕43 号)晋升为市级自然保护区,并更名为"龙口大飘山市级自然保护区",保护区面积为 2 326 公顷。其中核心区面积为 747.5 公顷,缓冲区面积为 480 公顷,实验区面积为 1 098.5 公顷。2010 年 9 月,经山东省人民政府批准(鲁政字〔2010〕248 号)晋升为省级自然保护区。保护区面积为 2 326 公顷,其中核心区面积为 613.5 公顷,缓冲区面积为 713.2 公顷,实验区面积为 999.3 公顷(见图 4-2-29)。主要保护对象为赤松天然次生林及森林生态系统。

保护区地处山东半岛西北部低山丘陵区,由大飘山、三座塔、小庙顶、石城山等山峰组成,主峰石城山海拔 735.6 米。泳汶河发源于大飘山,干流总长 36 千米,流域面积 2.05 万公顷。保护区气候属暖温带大陆性季风气候,年平均气温 11.8℃,年平均降水量 587 毫米。土壤类型以棕壤为主。保护区动植物资源丰富。记录维管植物 113 科 426 属 762 种,其中蕨类植物 12 科 17 属 24 种,裸子植物门 4 科 7 属 10 种,被子植物门 97 科 402 属 728 种。国家二级重点保护植物 2 种,分别为中华结缕草(*Zoysia sinica*)和野大豆(*Glycine soja*)。记录野生动物(含淡水鱼类和淡水浮游动物)有 1 149 种(含亚种),其中淡水浮游动物 128 种,淡水鱼类 30 种,陆生无脊椎动物 692 种,两栖类、爬行类 20 种,鸟类 253 种,兽类 26 种。国家一级重点保护动物 3 种,国家二级重点保护动物有 38 种。

龙口大飘山省级自然保护区是我国暖温带生物资源较为丰富的地区之一,分布有大面积的赤松天然次生林。赤松及其森林生态系统具有典型性、独特性和多样性,具有重要的保护和研究价值。龙口大飘山省级自然保护区对于保持水土、涵养水源、维护生态安全具有重要意义。

三十六、莱阳老寨山省级自然保护区

莱阳老寨山省级自然保护区位于山东省莱阳市境内,范围涉及国有龙门寺林场、沐浴店镇和山前店镇。地理坐标为东经 120°53′22″～120°54′,北纬 37°4′～37°4′11″。

2000年12月,莱阳市人民政府批准(莱政发〔2000〕99号)建立了龙门寺县级自然保护区。2002年12月,经烟台市人民政府批准(烟政函〔2002〕210号)晋升为市级自然保护区,保护区面积为1 173公顷。其中,核心区面积为945公顷,缓冲区面积为139公顷,实验区面积为89公顷。2007年1月,经烟台市人民政府同意(烟政函〔2007〕26号),将保护区范围扩大到老寨山,并更名为莱阳老寨山市级自然保护区,保护区面积2 908.5公顷。其中,核心区面积为1 157.3公顷,缓冲区面积为802.6公顷,实验区面积为948.6公顷。2007年11月,经山东省人民政府批准(鲁政字〔2007〕224号)晋升为省级自然保护区,保护区面积为2 908.5公顷。其中,核心区面积为1 147.5公顷,缓冲区面积为812.4公顷,实验区面积为948.6公顷(见图4-2-30)。主要保护对象为天然赤松林、森林生态系统及野生动植物资源。

保护区由老寨、团顶、祈雨顶、小寨、旌旗山、垛山等山峰组成,海拔高度300～400米,切割深度200米左右。主峰老寨海拔374.6米,为莱阳市第一高峰,是钟家院河、蒲格庄河、榆疃、龙门河、秋口河和岔河6条河流的发源地。保护区气候属暖温带大陆性季风气候,多年平均气温为11.2℃,年平均降水量为735.9毫米,分布有钟家院水库、东孙家夼水库和凤凰庄水库3个水库。土壤类型以棕壤为主。

保护区内森林茂密,植被群落稳定,生态系统长期处于动态平衡状态,分布有针叶林、阔叶林、灌丛等9种植被型42种群系类型,包括赤松林、黑松林、麻栎林、刺槐林,以及胡枝子灌丛、杜鹃灌丛、黄背草灌草丛等。区内林地面积为2 868公顷,占保护区面积的98.6%。据调查,区内记录有野生维管植物107科387属670种,包括蕨类植物13科18属25种,裸子植物2科2属3种,单子叶植物14科84属155种,双子叶植物78科283属487种。根据《IUCN物种红色名录濒危等级和标准》中的划分标准,区内分布有受威胁植物2种,均为易危物种,分别为泰山韭(*Allium taishanense*)和黄芪(*Astragalus membranaceus*);国家二级保护野生植物2种,分别为中华结缕草和野大豆(*Glycine soja*);中国特有野生植物82种,包括灰楸(*Catalpa fargesii*)、角蒿(*Incarvillea sinensis*)、山马兰(*Kalimeris lautureana*)等。

保护区属于山东陆栖脊椎动物四个动物地理小区种的"胶东丘陵区"。区内记录有野生高等动物85科176属287种,包括鱼类9科23属26种,两栖类4科6属8种,爬行类6科9属12种,哺乳类10科14属15种,鸟类56科124属226种。根据《IUCN物种红色名录濒危等级和标准》中的划分标准,区内分布有受威胁动物11种,包括极危1种,为白鹤(*Grus leucogeranus*),濒危3种,分别为中华秋沙鸭(*Mergus squamatus*)、黄胸鹀(指名亚种)(*Emberiza aureola aureola*)和黄喉鹀(*ticehursti*亚种)(*Emberiza elegans ticehursti*),易危7种,包括鳖(*Trionyx sinensis*)、棕黑锦蛇(*Elaphe schrenckii*)、鸿雁(*Anser cygnoides*)等;国家重点保护野生动物31种,其中国家一级保护野生动物5种,分别为白鹤、中华秋沙鸭、白肩雕(*Aquila heliaca*)、金雕(*daphanea*亚种)(*Aquila chrysaetos daphanea*)和大鸨(*dybowskii*亚种)(*Otis tarda dybowskii*),国家二级保护野生动物26种,包括白额雁(*Anser albifrons*)、鸢(*Milvus korschun*)、苍鹰(*schvedowi*亚种)

(*Accipiter gentilis schvedowi*)等;中国特有野生动物 10 种,包括刺鳅(*Mastacembelus aculeatus*)、金线侧褶蛙(*Pelophylax plancyi*)、黄腹山雀(*Parus venustulus*)等。

莱阳老寨山省级自然保护区是山东半岛中国赤松原生地和天然分布中心,分布着以赤松天然林为主的针叶林和针阔混交林,生物多样性丰富,具有较高的科研和保护价值,对于保持水土、涵养水源、净化水质、维护河流及水库的生态安全具有重要作用。

三十七、莱阳五龙河湿地省级自然保护区

莱阳五龙河湿地省级自然保护区位于五龙河中上游,主要由沐浴水库和五龙河支流蚬河构成,涉及莱阳沐浴店、河洛、谭格庄 3 个镇,保护区范围北至蚬河邢格庄桥,南至沐浴水库大坝,东至北上河村西,西至下家沟村东。地理坐标为东经 120°40′41″～120°45′28″,北纬 36°8′17″～37°1′2″。

2007 年 4 月,莱阳市政府批准建立了五龙河湿地县级自然保护区。2008 年 4 月,经烟台市政府批准(烟政函〔2008〕29 号)晋升为市级自然保护区,保护区面积1 824.5 公顷,其中核心区面积 624 公顷,缓冲区面积 616.7 公顷,实验区面积 583.8 公顷。2013 年 3 月,经山东省人民政府批准(鲁政字〔2013〕47 号)晋升为省级自然保护区,保护区面积 1 824.5公顷,其中核心区面积 545.1 公顷,缓冲区面积 605.9 公顷,实验区面积 673.5 公顷(见图 4-2-31)。主要保护对象为湿地资源与水源地、森林生态系统、生物多样性、野生动植物资源和生态旅游资源。

五龙河水系由富水河、清水河、蚬河、白龙河和墨水河 5 条较大河流汇集而成,纵贯莱阳南北,向南注入黄海丁字湾,总长 326 千米,是胶东半岛较大河流之一。保护区林地面积 1 103 公顷,其中黑松麻栎混交林 430 公顷,经济林 603 公顷,杨树林 70 公顷,灌草丛面积 17 公顷。区内野生动植物资源丰富,据调查,区内分布有淡水浮游植物 232 种,淡水浮游动物 128 种,苔藓植物 3 种,昆虫资源 441 种。记录有野生维管植物 55 科 141 属 198 种,包括蕨类植物 5 属 6 种,单子叶植物 46 属 67 种,双子叶植物 88 属 125 种。其中,国家二级保护植物 2 种,分别为中华结缕草和野大豆;中国特有植物 20 种,包括獐毛(*Aeluropus sinensis*)、金色狗尾草(*Setaria glauca*)、矮齿韭(*Allium brevidentatum*)等。

保护区内分布有野生高等动物 62 科 230 种,占全省高等野生动物总数的 28.8%。包括鱼类 27 属 38 种,两栖类 5 属 6 种,爬行类 7 属 8 种,哺乳类 11 属 12 种,鸟类 40 科 166 种,主要为猛禽和游禽类。其中,国家重点保护野生动物 48 种,包括国家一级保护野生动物 11 种,如短尾信天翁(*Phoebastria albatrus*)、中华秋沙鸭(*Mergus squamatus*)、白肩雕(*Aquila heliaca*)等;国家二级保护野生动物 37 种,如鸳鸯(*Aix galericulata*)、斑嘴鹈鹕(*Pelecanus philippensis*)、黄爪隼(*Falco naumanni*)等。根据《IUCN 物种红色名录濒危等级和标准》划分标准,区内分布有受威胁野生动物 37 种;列入《濒危野生动植物种国际贸易公约》中保护动物 21 种。

莱阳五龙河湿地省级自然保护区是河流湿地、库塘湿地和海滩湿地的综合体,其森林生态和湿地生态系统具有胶东丘陵区生态环境的典型性和代表性,成为东北亚内陆与

环西太平洋鸟类迁徙的重要驿站，在国内外鸟类的分布中占有一定地位，具有重要的保护价值。

三十八、龙口依岛省级自然保护区

龙口依岛省级自然保护区位于山东省龙口市徐福镇海域，地理位置为东经120°25′12″～120°25′48″，北纬37°47′3″～37°47′36″。

2008年9月，经山东省人民政府批准(鲁政字〔2008〕190号)建立了龙口依岛省级自然保护区，保护区面积为85.5公顷。其中，核心区面积为11.2公顷，缓冲区面积为27.5公顷，实验区面积为46.8公顷。主要保护对象为潮间带火山砾石地质景观及海岛生态系统。

依岛及其附近的桑岛是新生代第四纪中新世火山喷发形成的岛屿。岛屿岸线长750米，海拔高度5.8米，面积3.7公顷。岛屿东、北和西北三面为玄武岩砾石型岩礁潮间带，西南面为砾石潮间带，南面为砂质潮间带。玄武岩砾石构成了独特的潮间带地质地貌景观。依岛及其潮间带海域是渤海湾保护最完善的火山活动遗迹地带，是研究新生代第四纪中新世渤海湾的火山爆发和地质成因的活化石和理想场所。依岛及其附近海域气候属大陆性季风气候，年平均气温为11.9℃，年平均降水量为586毫米。海水温度和盐度表现为冬季低温高盐，夏季高温低盐。潮汐属于“正规半日潮”。

由于依岛长期与陆地隔离，岛上植被群落保持了原始的状态，未发现外来物种的入侵现象。植物群落以耐干旱和耐盐植物为主，形成了海岛独特的盐生植物群落景观。据调查，岛上分布有高等植物16科23属27种，包括蕨类2种，单子叶植物7种，双子叶植物18种；珊瑚菜和中华结缕草2种国家二级保护野生植物；另有中国特有野生植物金色狗尾草(*Setaria glauca*)和软毛虫实(*Corispermum puberulum*)。岛上群落优势种为藜(*Chenopodium album*)、青蒿(*Artemisia carvifolia*)、艾(*Artemisia argyi*)、酸模(*Rumex acetosa*)等。

岛上陆生动物种类相对贫乏。据记录，岛上现有蛛形纲动物3种，昆虫10种；爬行动物1种，为北草蜥；鸟类15种，包括濒危鸟类1种，为猎隼。国家二级保护野生动物4种，分别为白尾鹞(指名亚种)(*Circus cyaneus cyaneus*)、燕隼(指名亚种)(*Falco subbuteo subbuteo*)、红隼(*interstinctus* 亚种)(*Falco tinnunculus interstinctus*)和猎隼。岛上分布有海洋动植物138种。海洋植物包括绿藻门、金藻门和红藻门物种，以红藻门植物为主。潮间带藻类优势种为石莼(*Vlva lactuca*)、石花菜(*Eucheuma gelatinae*)、江蓠(*Gracilaria confervoides*)等，以暖水种和暖温种为主。潮间带动物56种，主要为密鳞牡蛎(*Ostrea denselamellosa*)、日本寄居蟹(*Pagurus japonicus*)、史氏背尖贝(*Notoacmea schrencki*)、短滨螺(*Littorina brevicula*)、菲律宾蛤仔(*Ruditapes philippinarum*)等，另有多种腔肠动物、多毛类、头足类、甲壳类、棘皮动物等。鱼类记录有31种。

依岛是第四纪中新世多次火山喷发形成的玄武岩岛屿，保存了较为完整的火山活动遗迹，具有独特的潮间带火山砾石地质景观，潮间带生物多样性丰富，陆生植物保持着较原始的自然演替状态，是迁徙鸟类栖息与逗留之地。依岛生态系统具有原始性、独特性、完整性和脆弱性，具有重要的科研和保护价值。

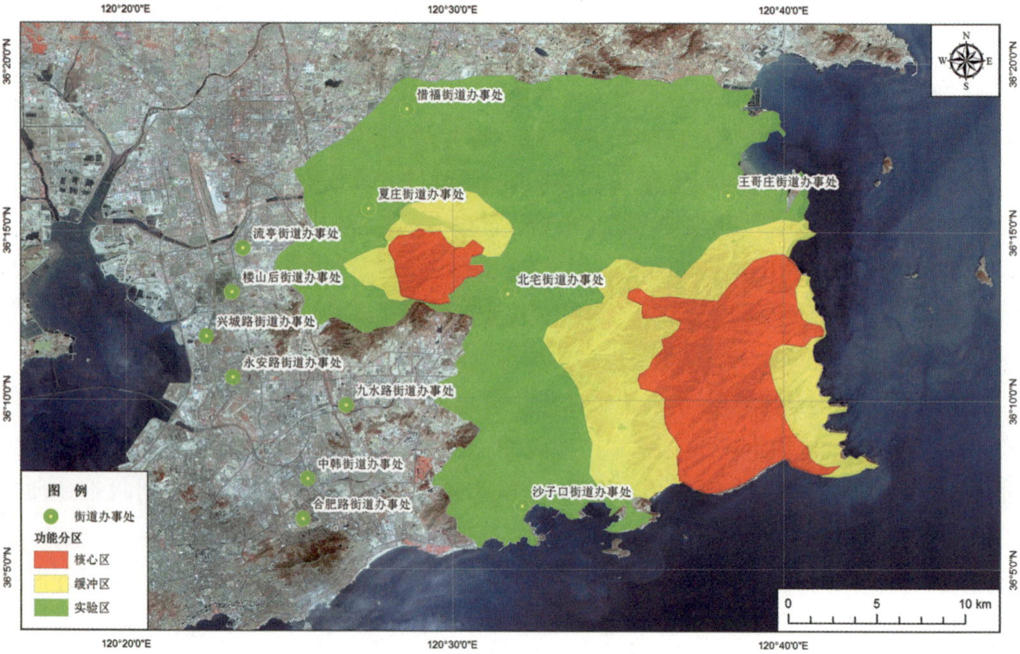

图 4-2-1 青岛崂山省级自然保护区功能分区示意图

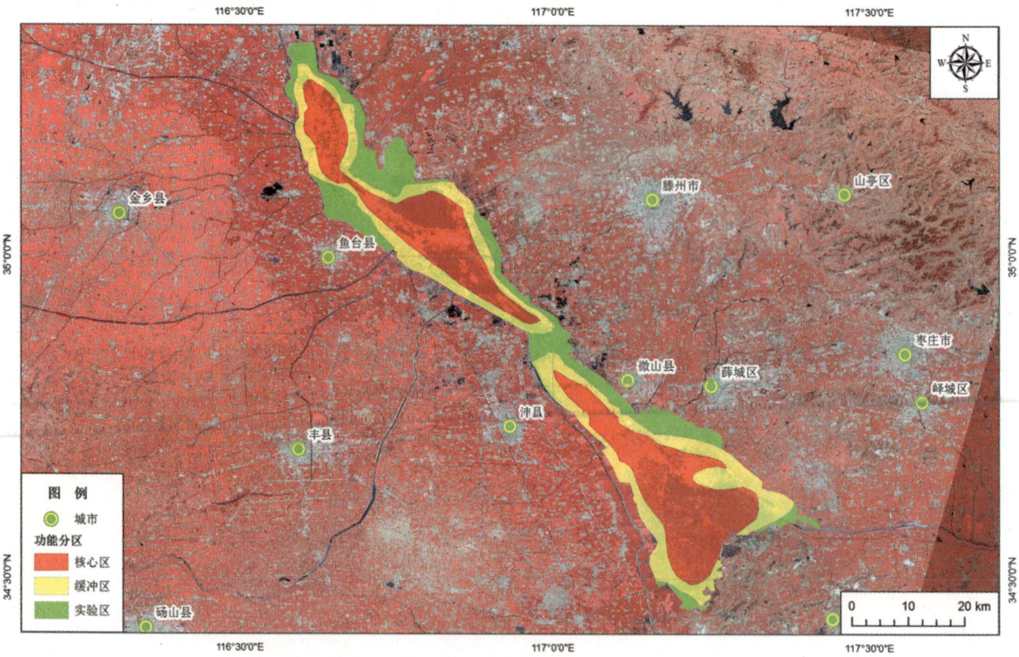

图 4-2-2 山东南四湖省级自然保护区功能分区示意图

图 4-2-3　山东南四湖自然省级保护区湿地

图 4-2-4　原山省级自然保护区侧柏与石海

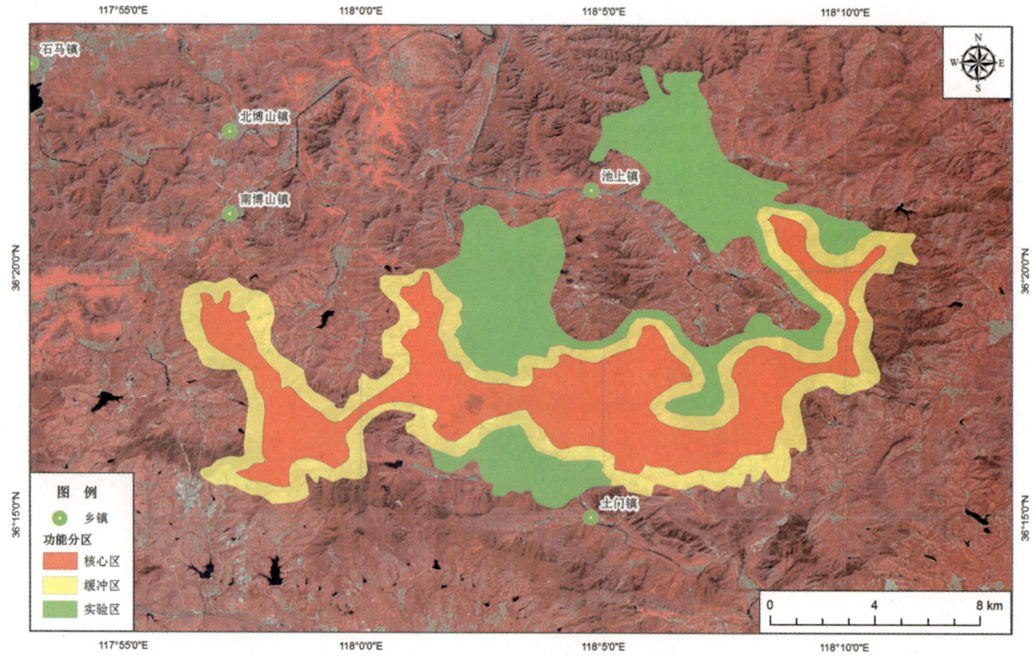

图 4-2-5 鲁山省级自然保护区功能分区示意图

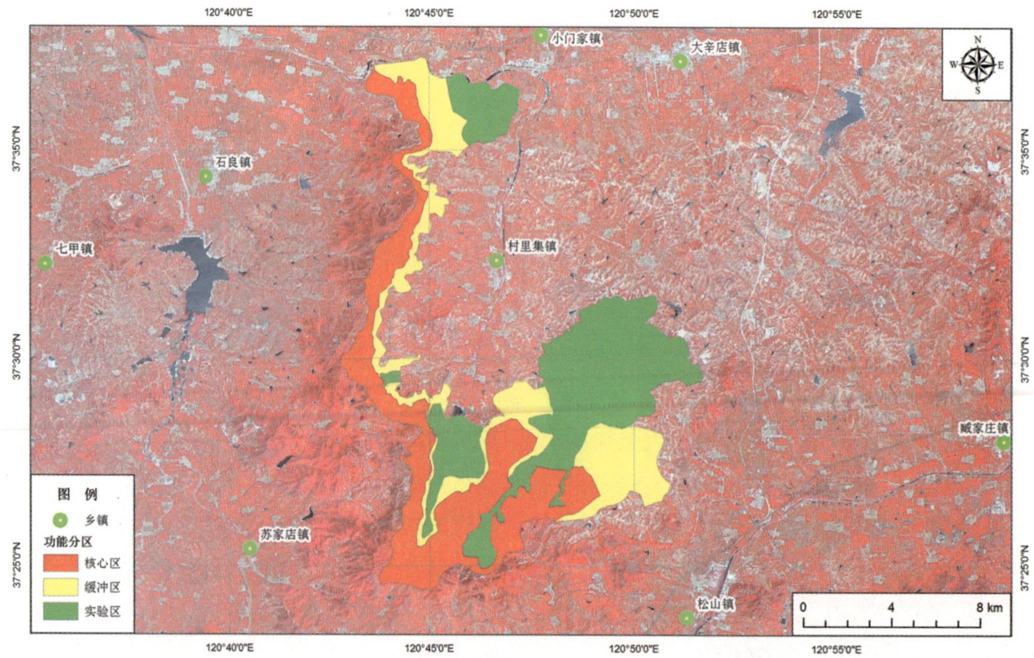

图 4-2-6 蓬莱艾山省级自然保护区功能分区示意图

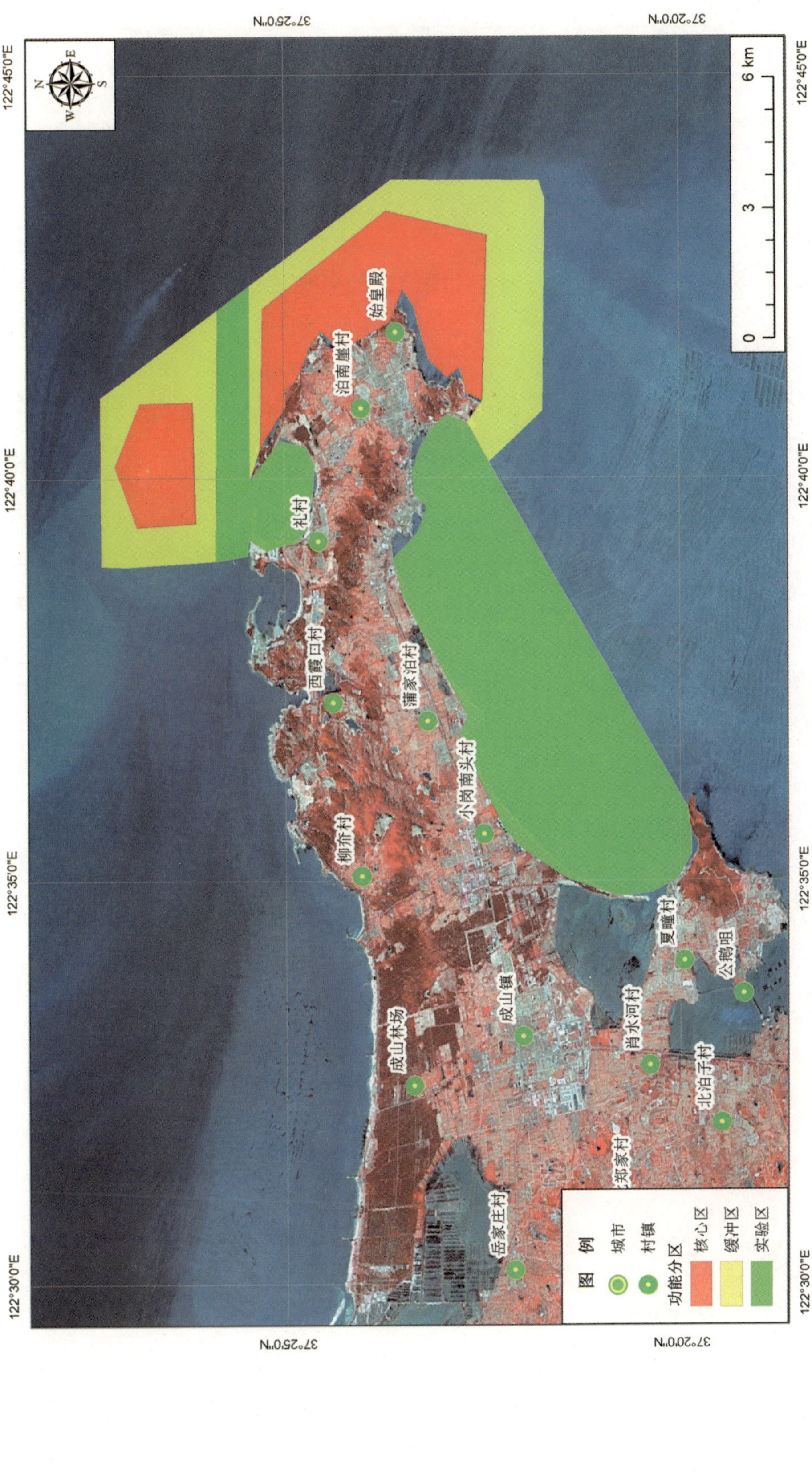

图4-2-7　荣成成山头省级自然保护区功能分区示意图

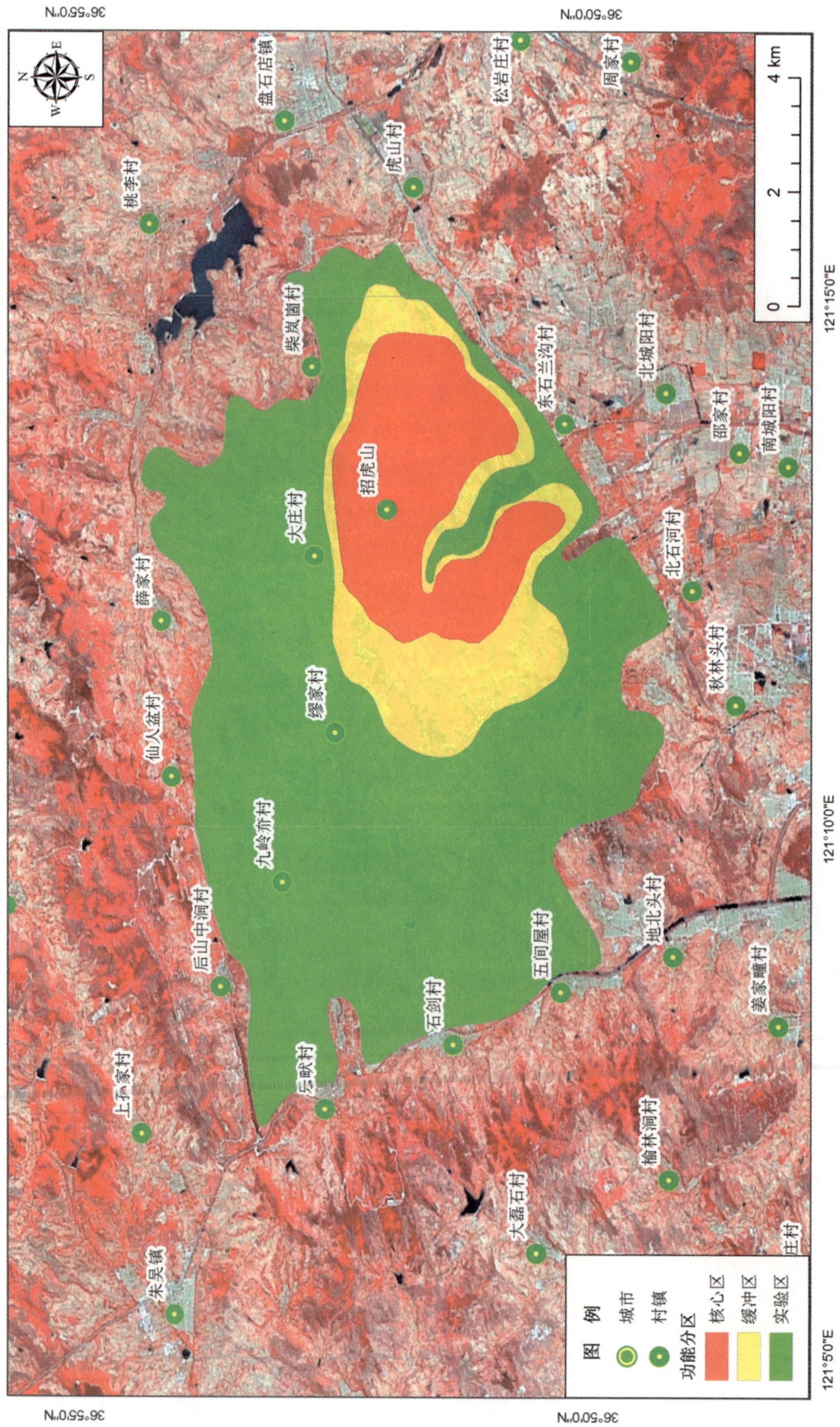

图4-2-8 海阳招虎山省级自然保护区功能分区示意图

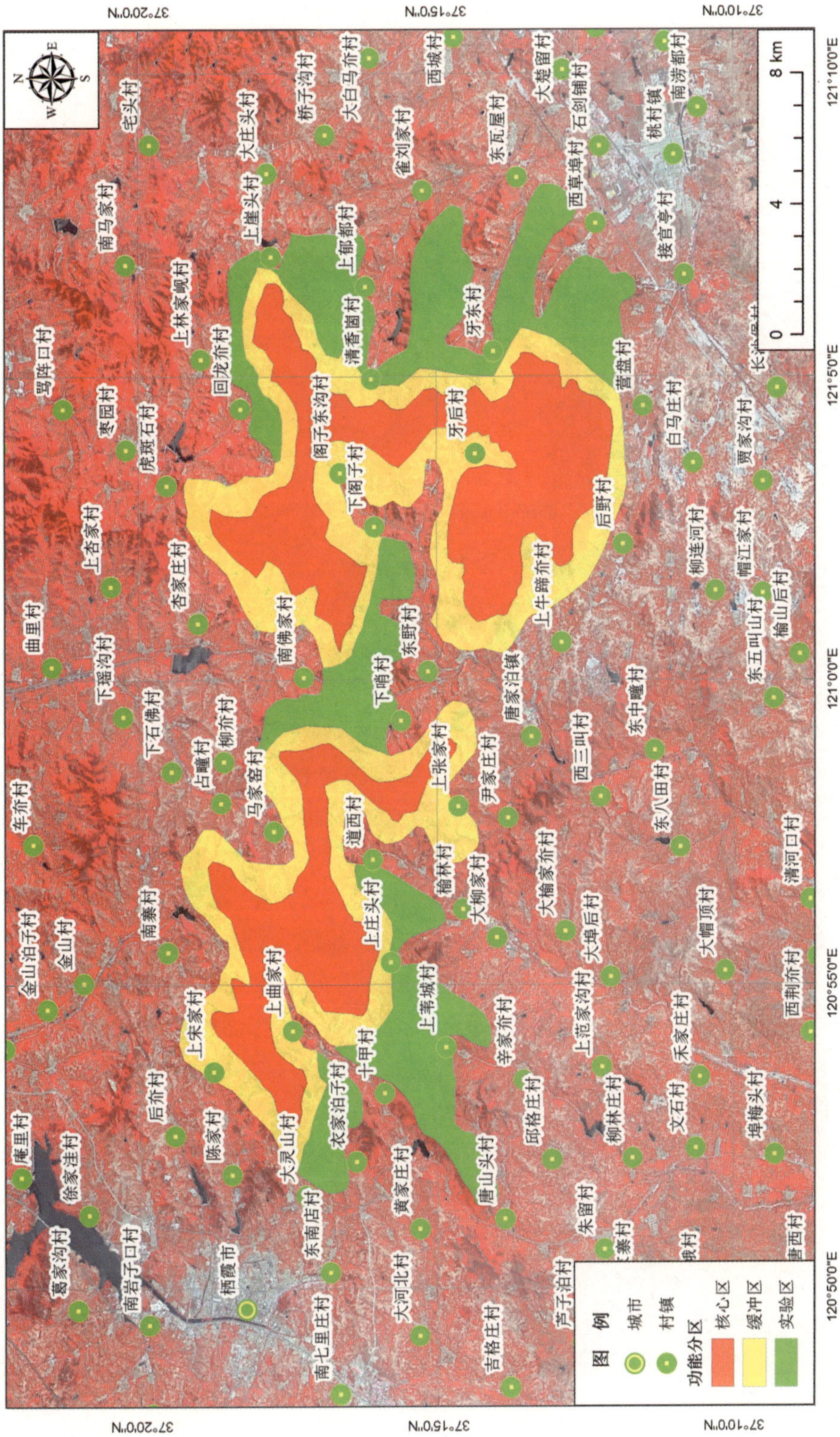

图4-2-9　栖霞牙山省级自然保护区功能分区示意图

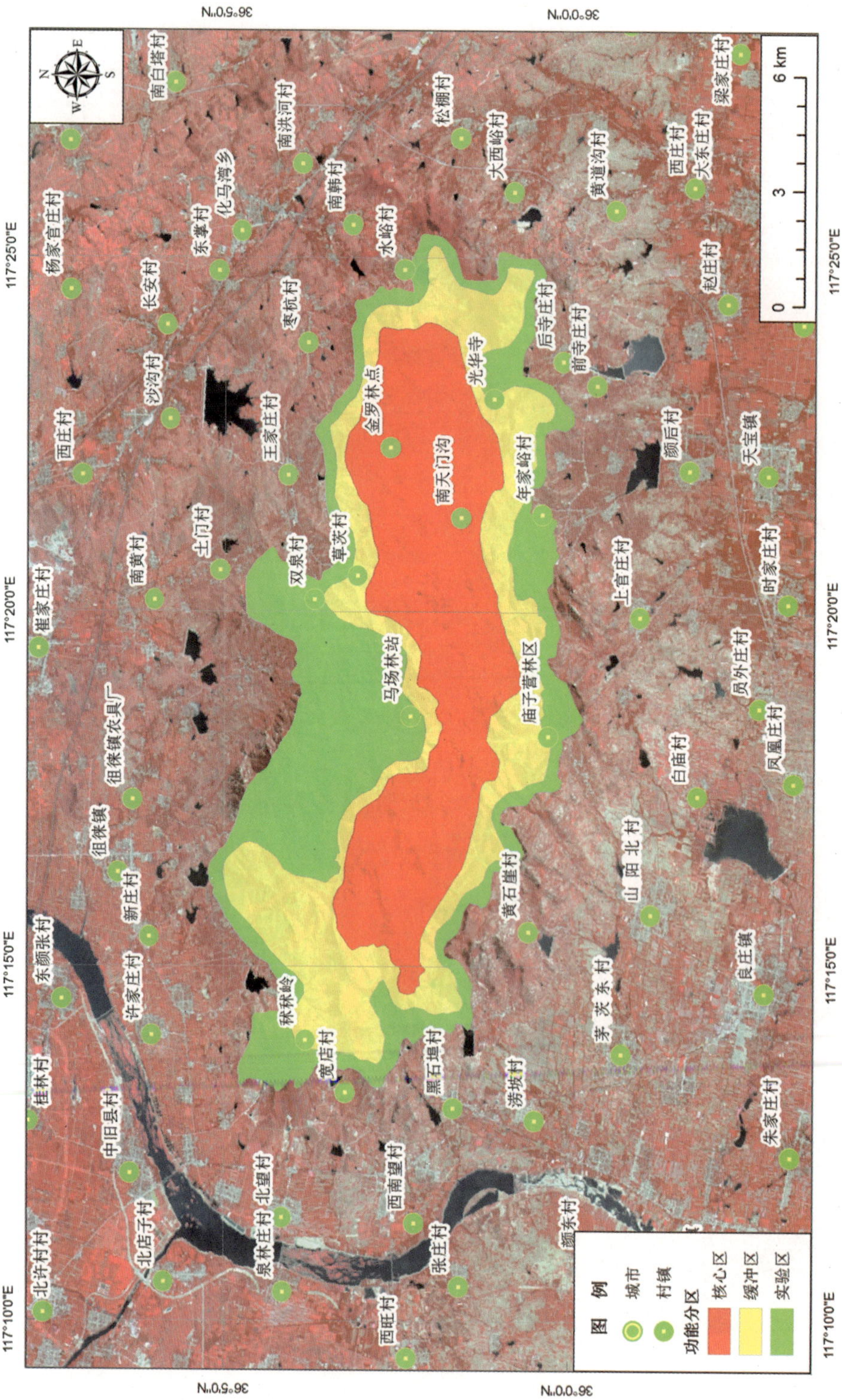

图4-2-10 徂徕山省级自然保护区功能分区示意图

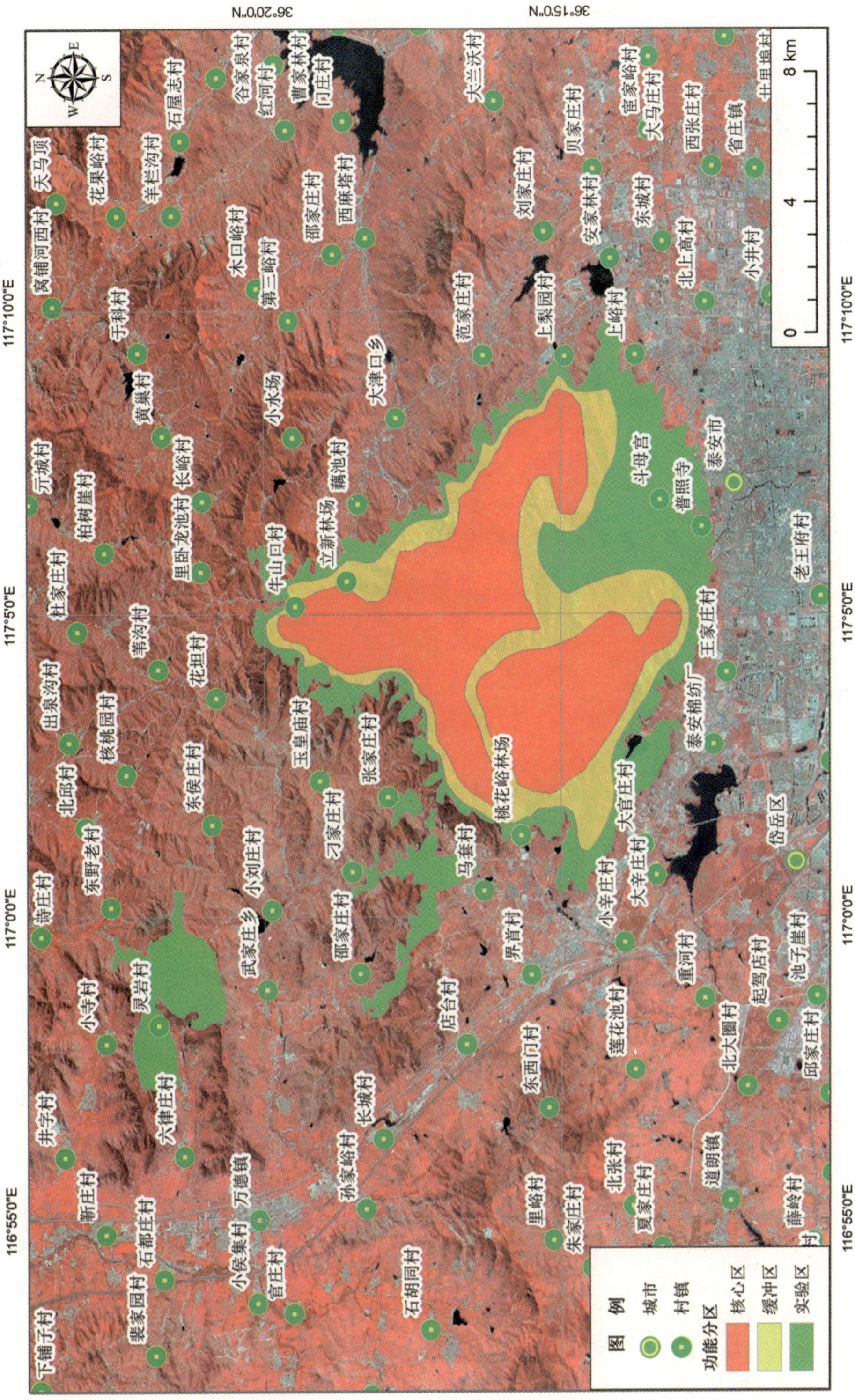

图4-2-11　泰山省级自然保护区功能分区示意图

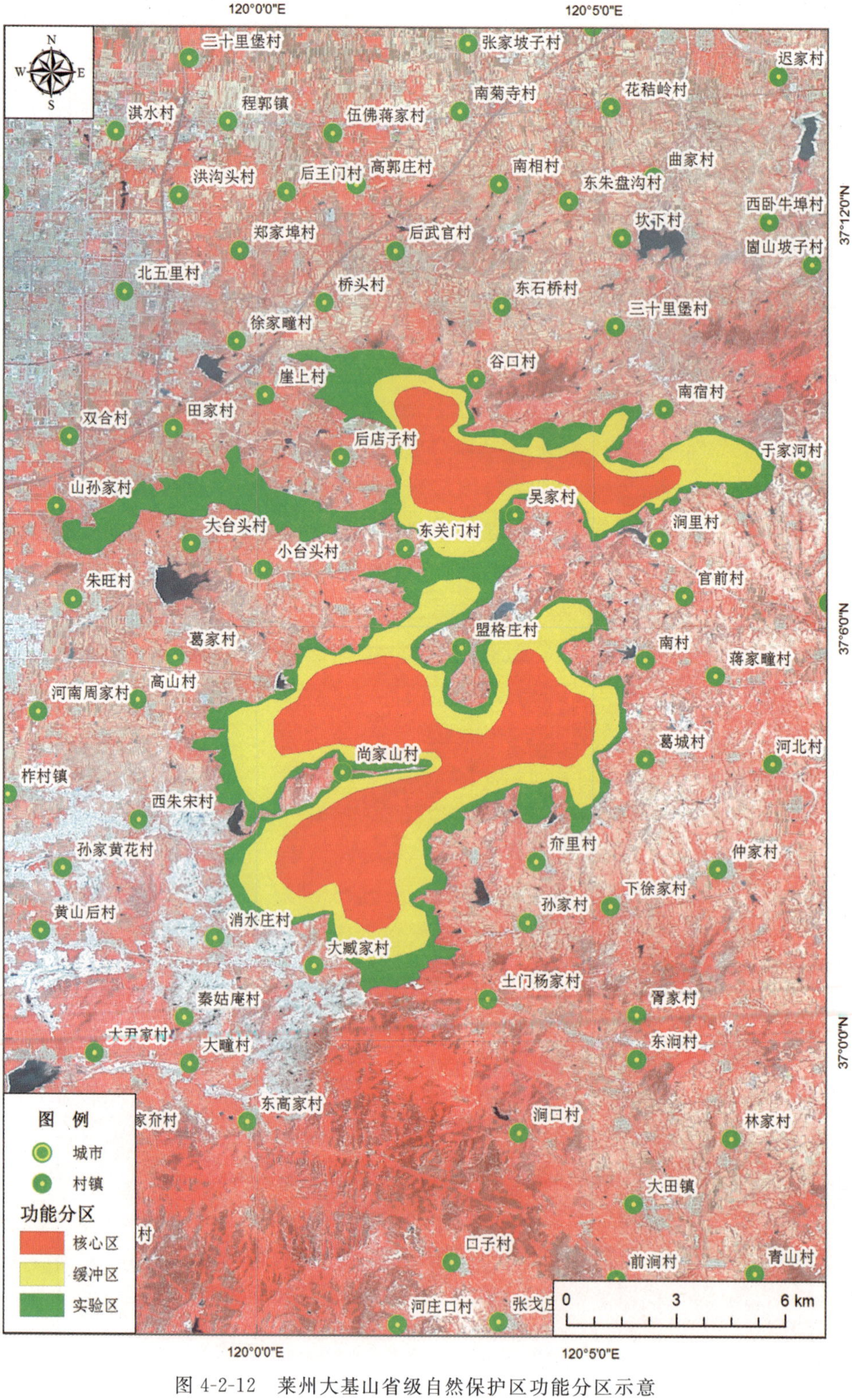

图 4-2-12 莱州大基山省级自然保护区功能分区示意

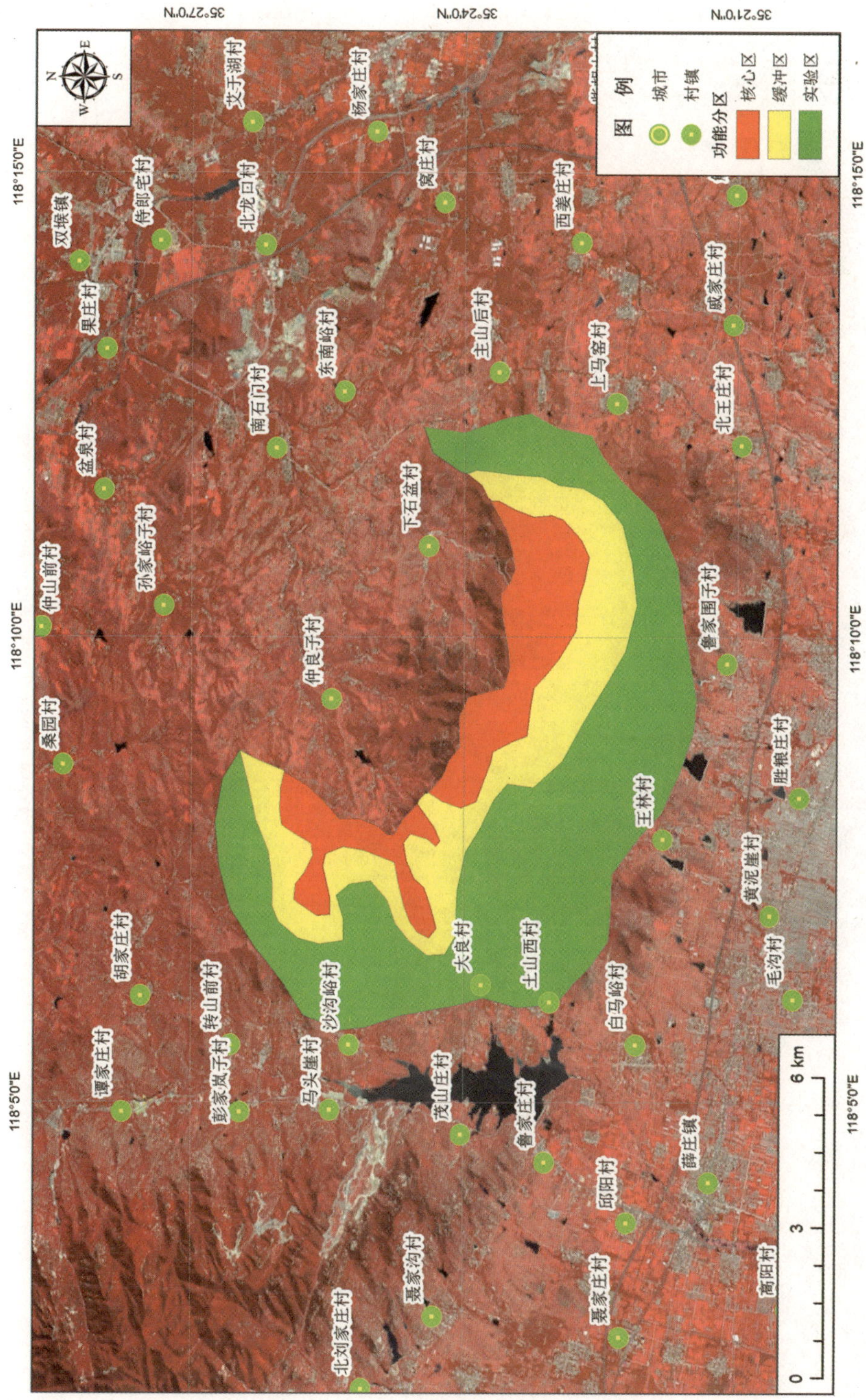

图4-2-13 临沂大青山省级自然保护区功能分区示意图

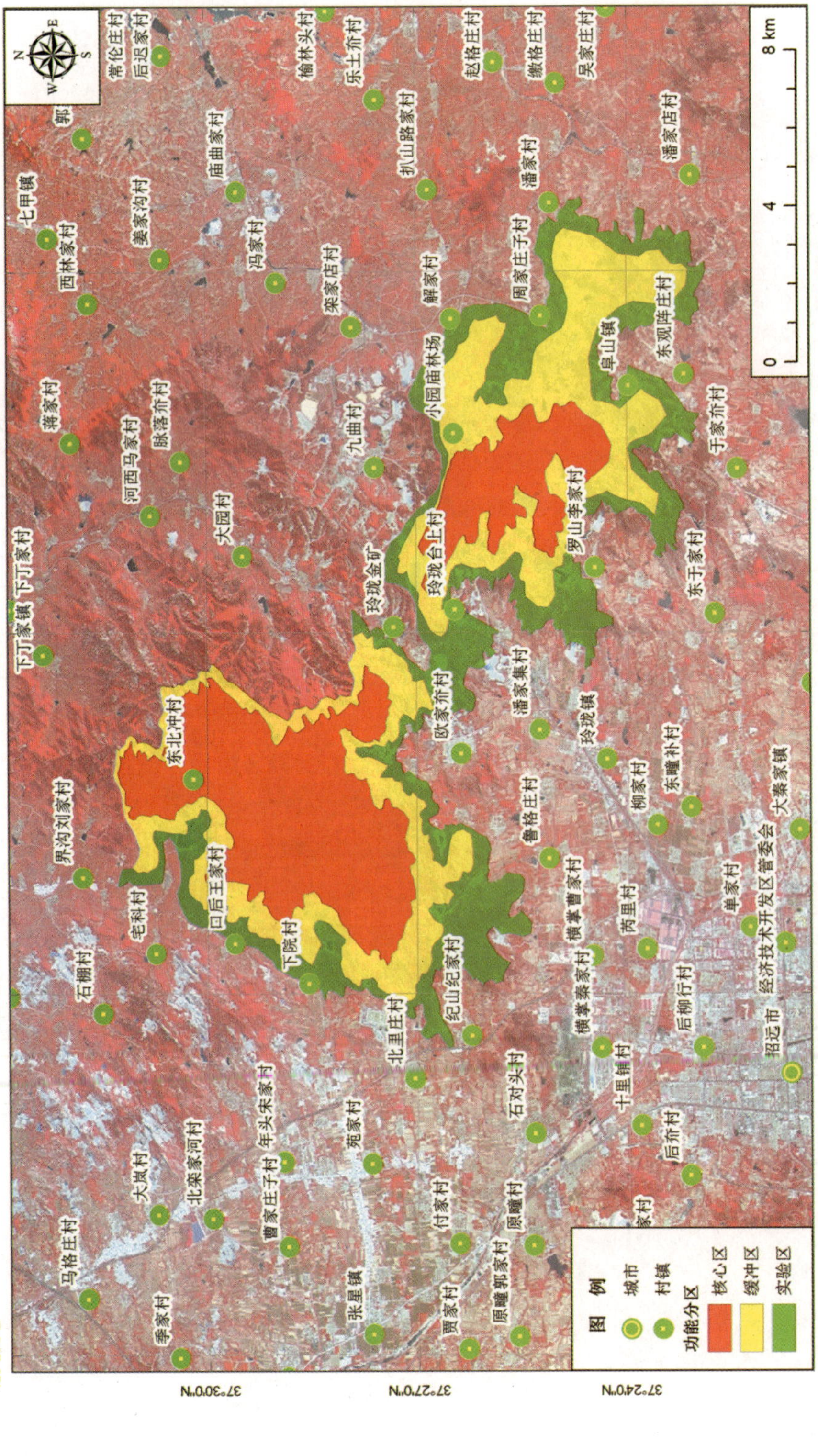

图4-2-14 招远罗山省级自然保护区功能分区示意图

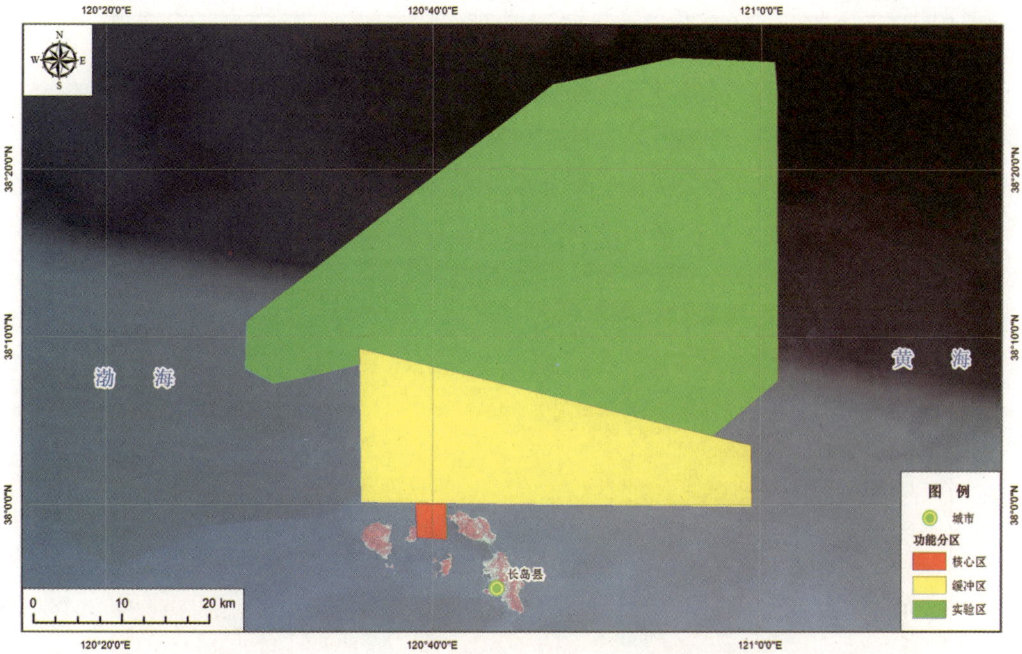

图 4-2-15 庙岛群岛海豹省级自然保护区功能分区示意图

图 4-2-16 庙岛群岛自然保护区斑海豹

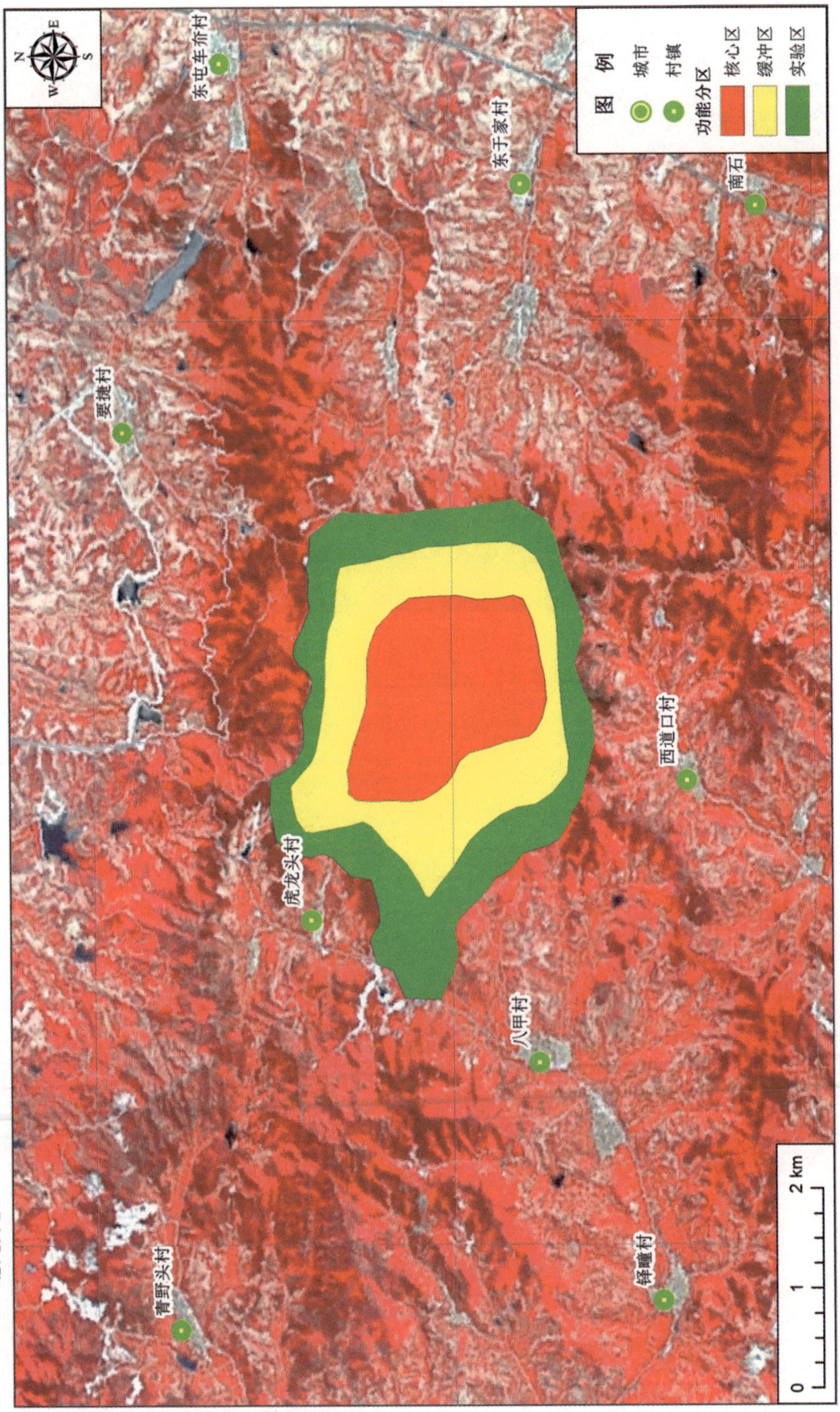

图4-2-17 牟平嵎山省级自然保护区功能分区示意图

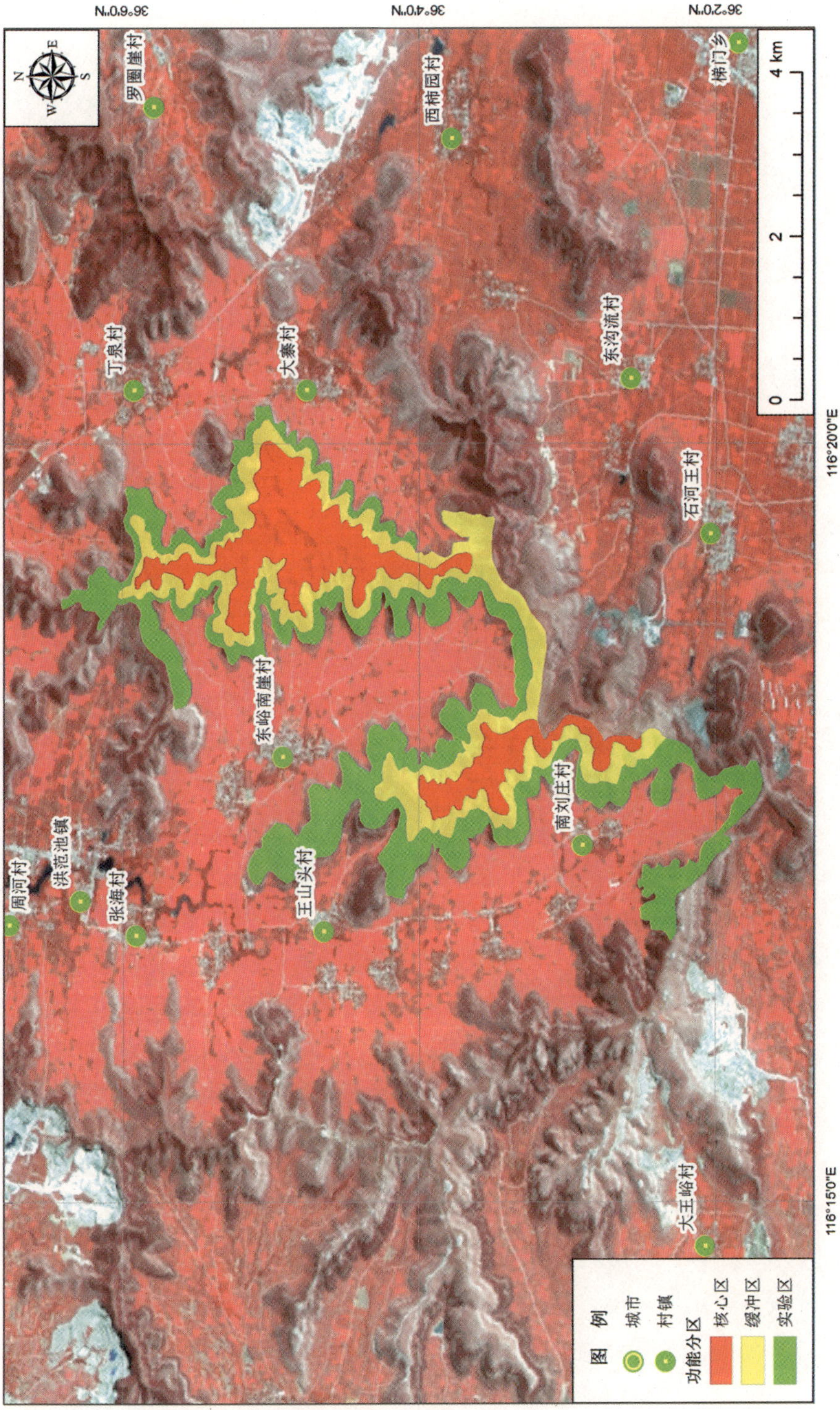

图4-2-18 平阴大寨山省级自然保护区功能分区示意图

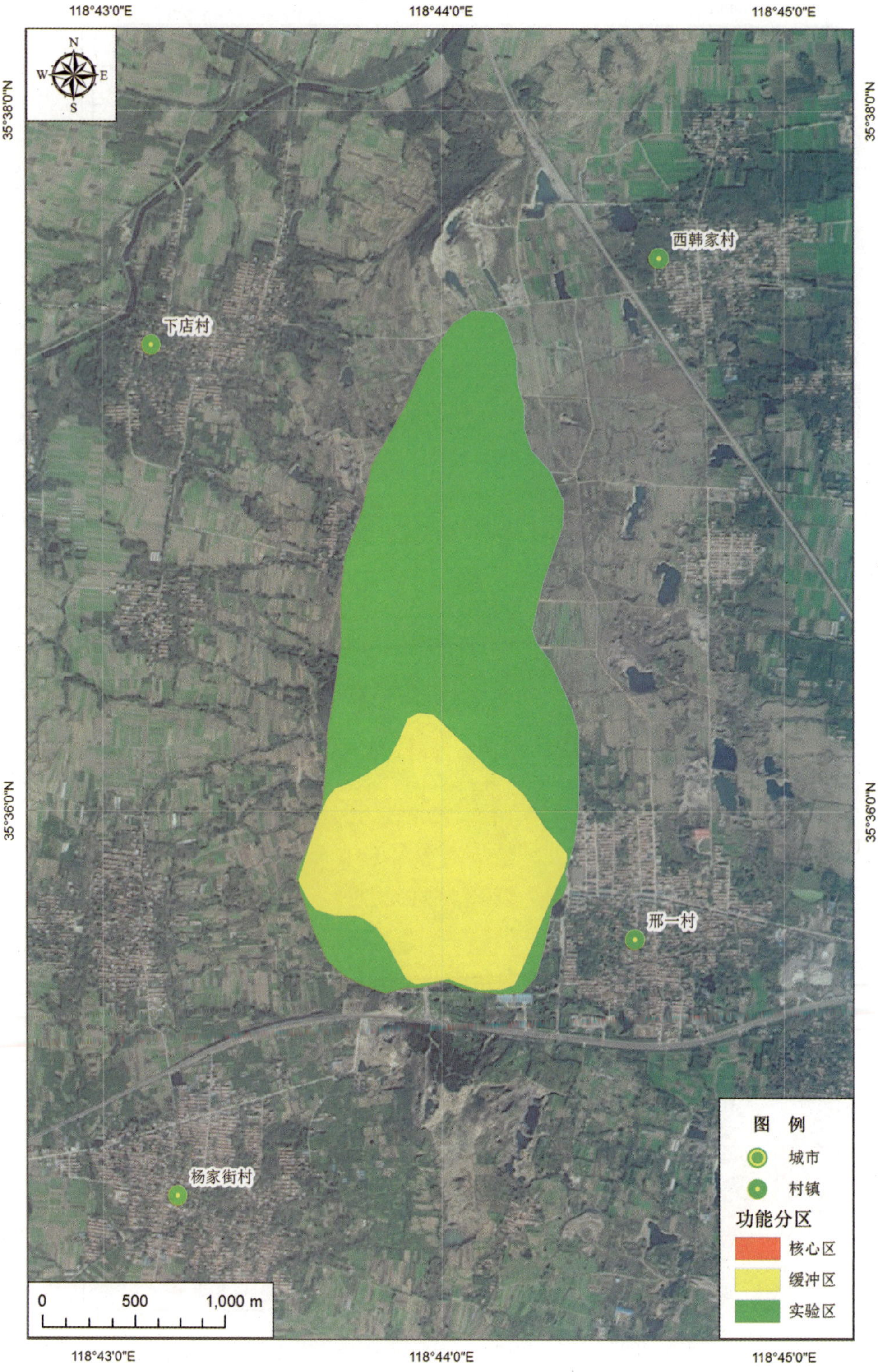

图 4-2-19　浮来山地质遗迹省级自然保护区功能分区示意图

图4-2-20　青岛大公岛岛屿生态系统省级自然保护区功能分区示意图

图4-2-21 海阳千里岩岛海洋生态系统省级自然保护区功能分区示意图

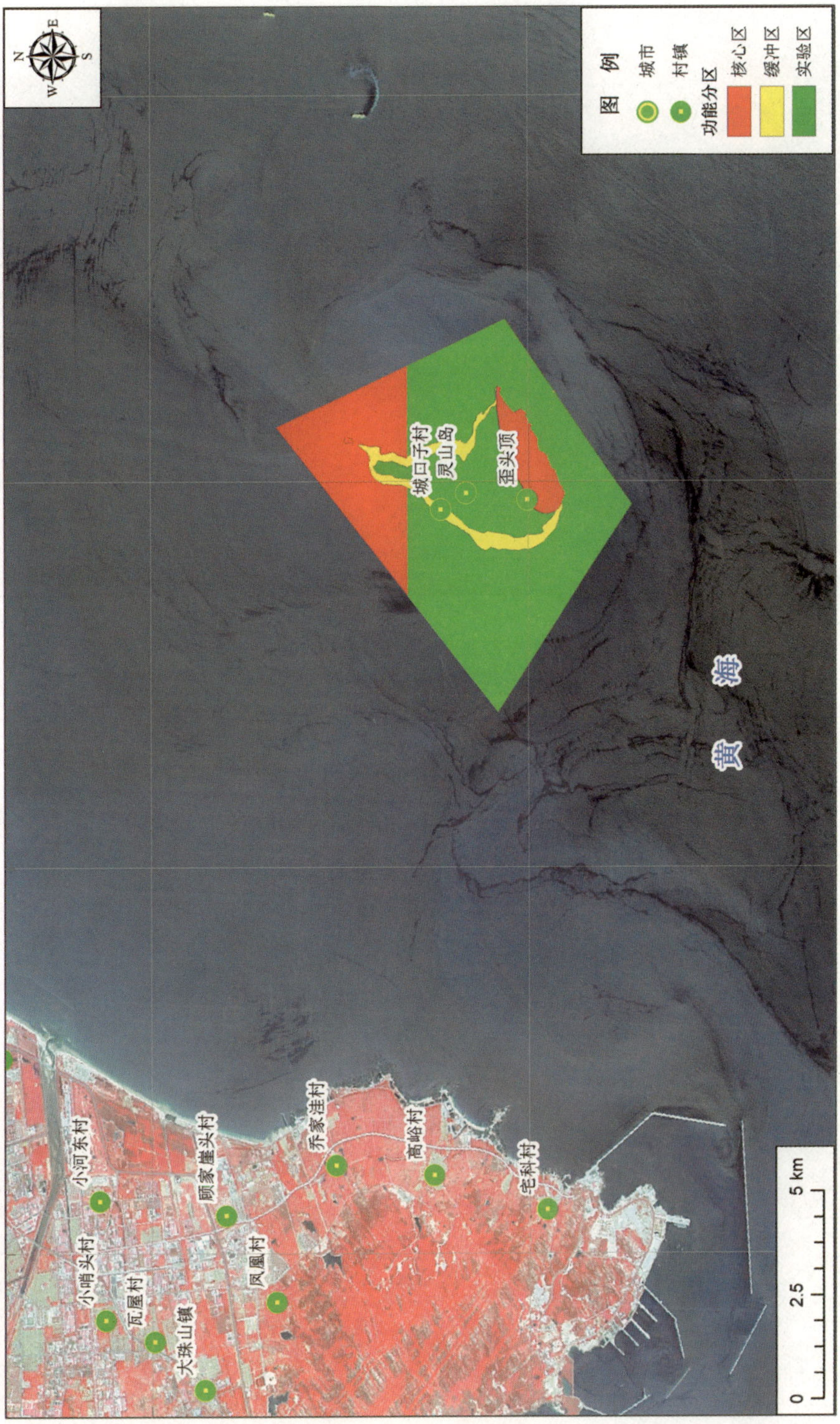

图4-2-22　胶南灵山岛省级自然保护区功能分区示意图

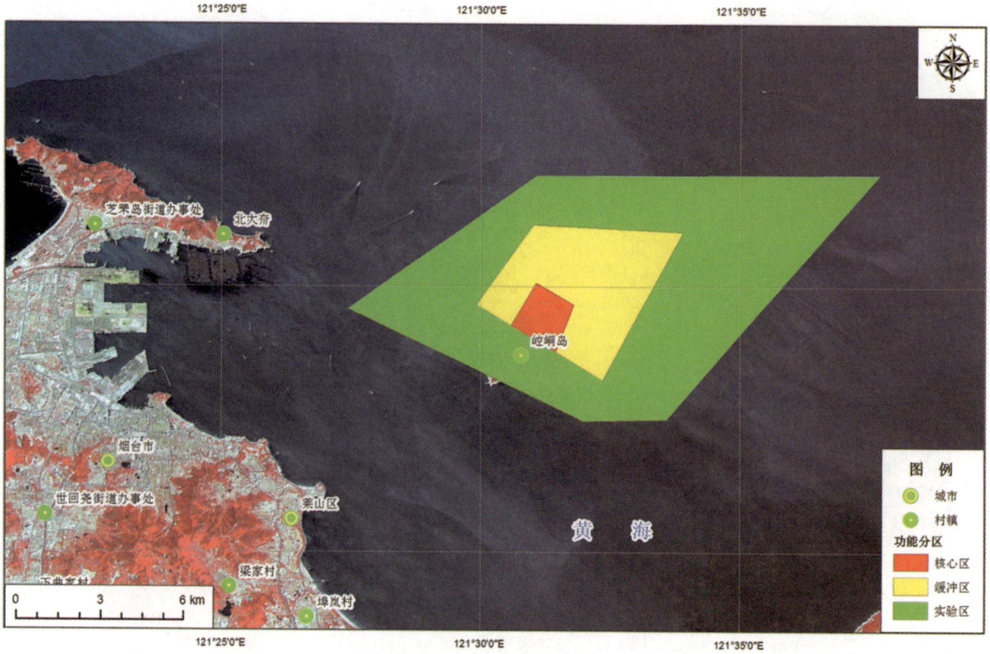

图 4-2-23 崆峒列岛省级自然保护区功能分区示意图

图 4-2-24 崆峒列岛省级自然保护区岩礁

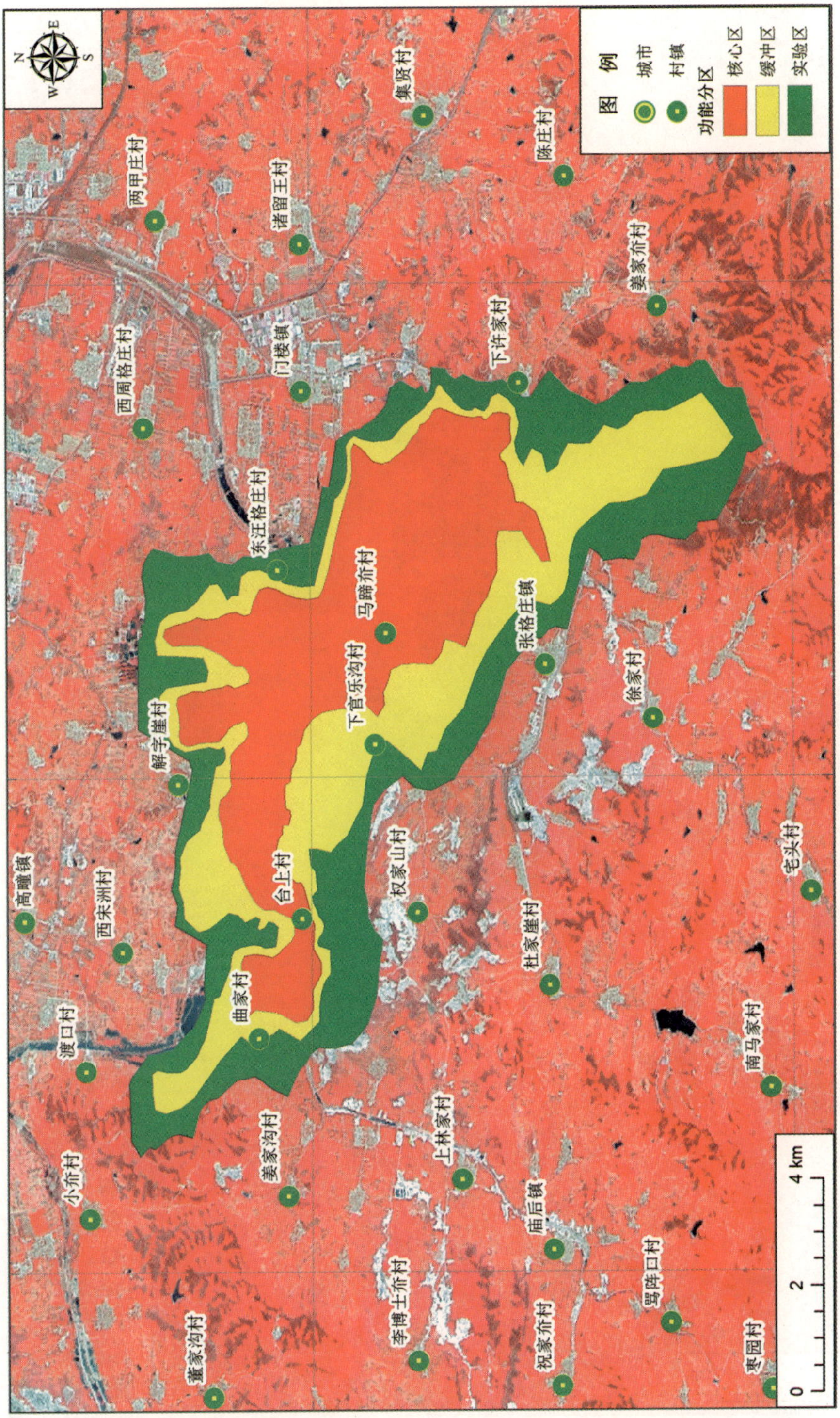

图4-2-25　烟台福山银湖湿地省级自然保护区功能分区示意图

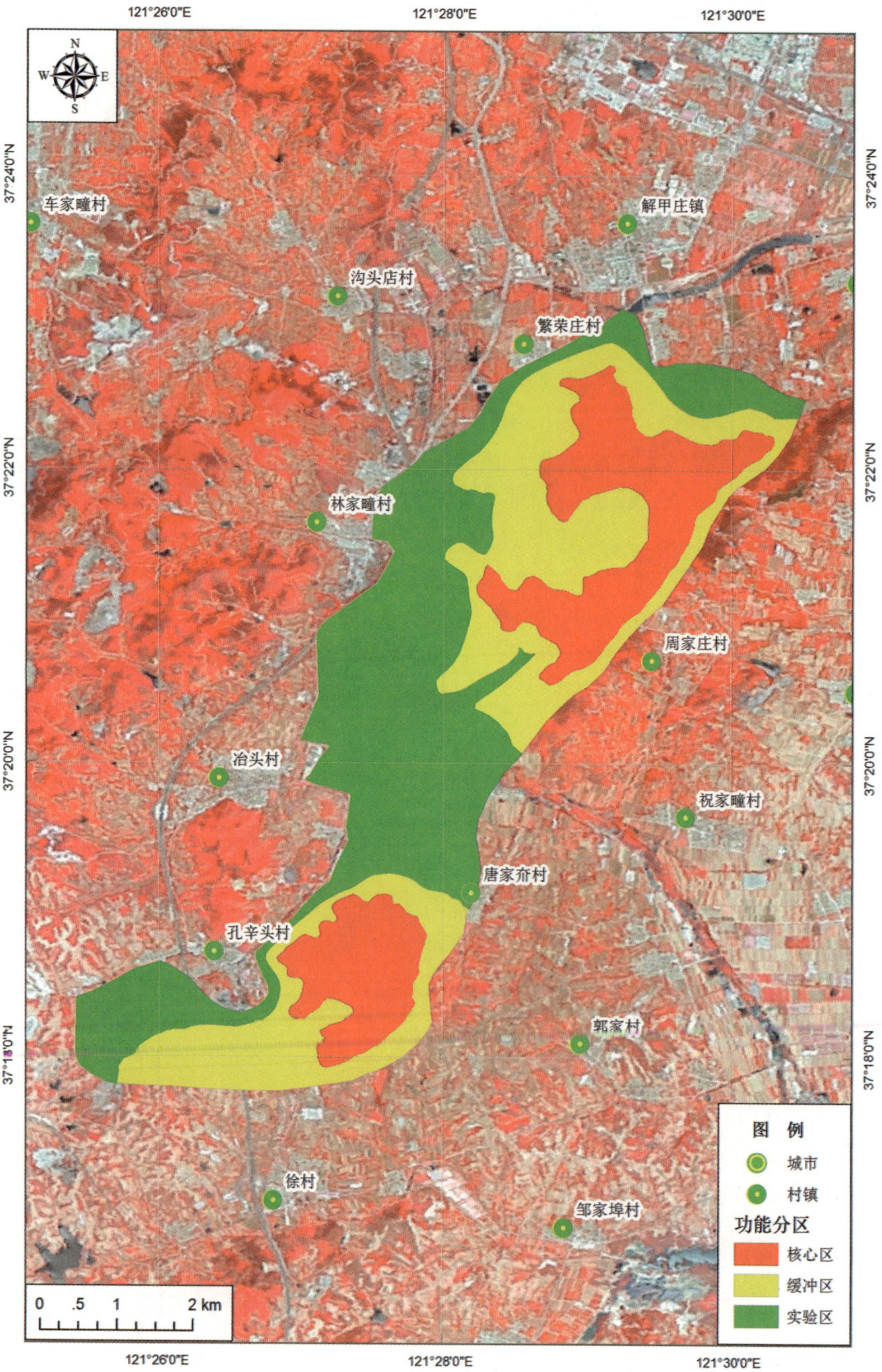

图 4-2-26　莱山围子山省级自然保护区功能分区示意图

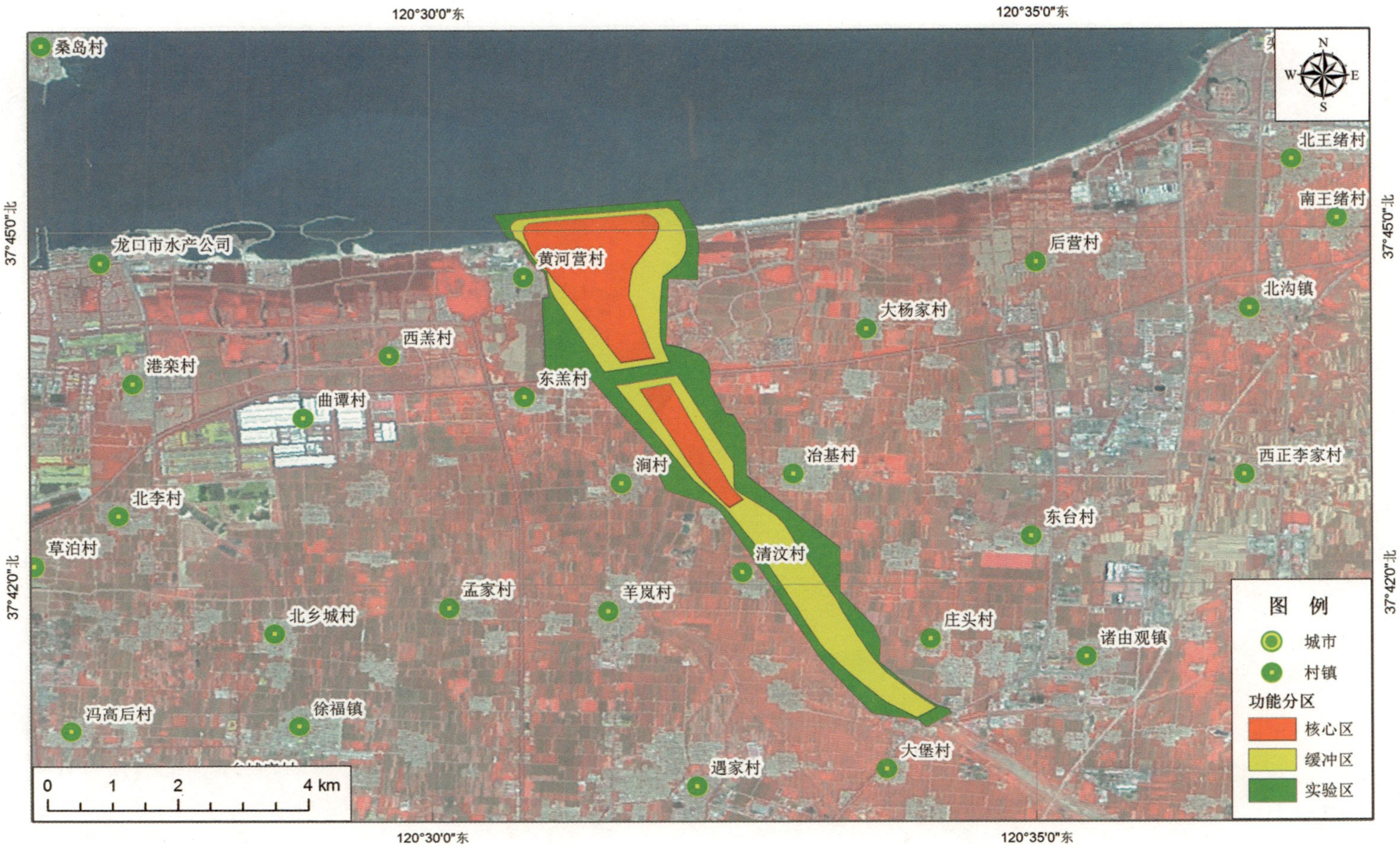

图4-2-27 龙口黄水河河口湿地省级自然保护区功能分区示意图

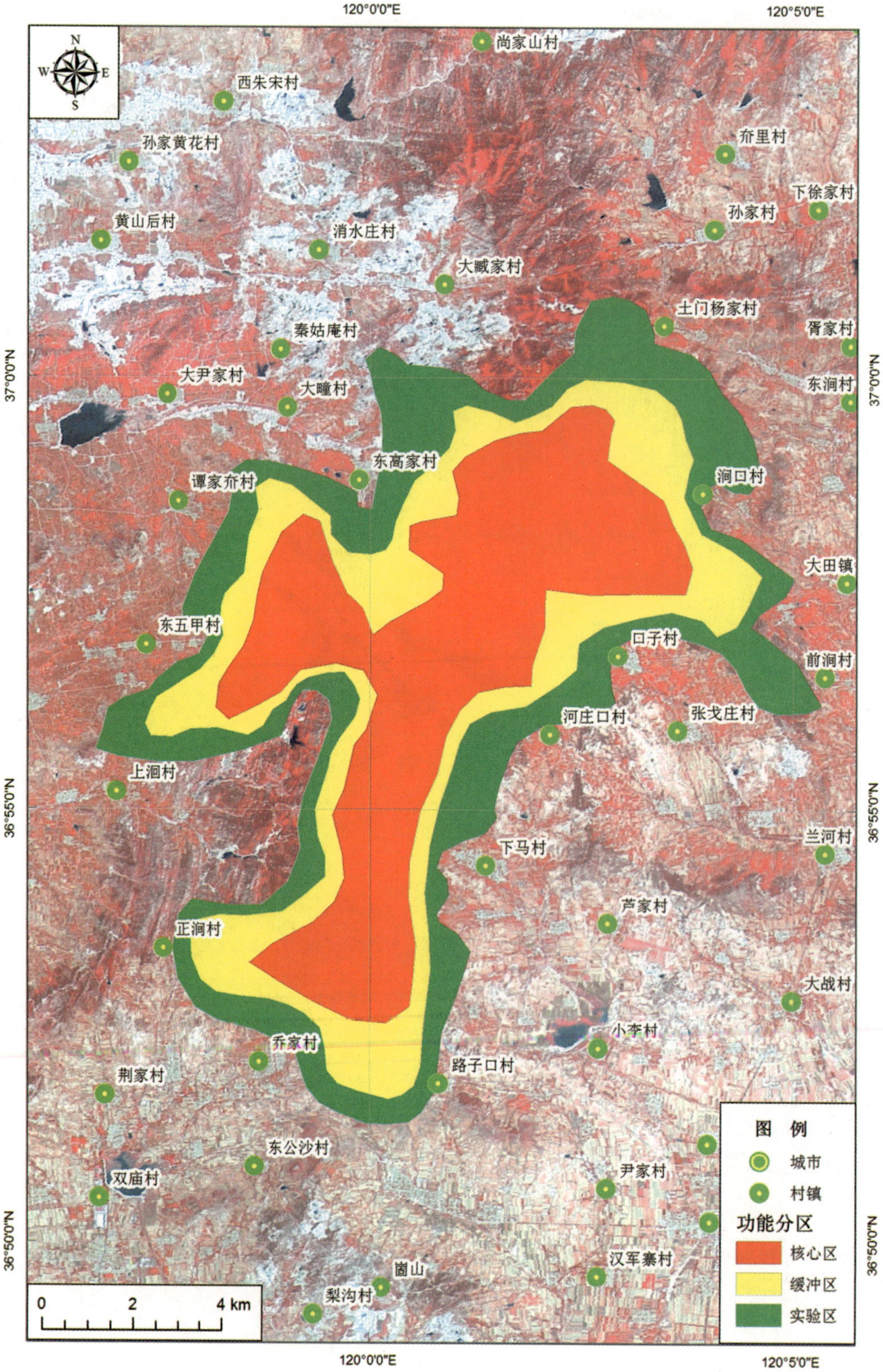

图 4-2-28 大泽山省级自然保护区功能分区示意图

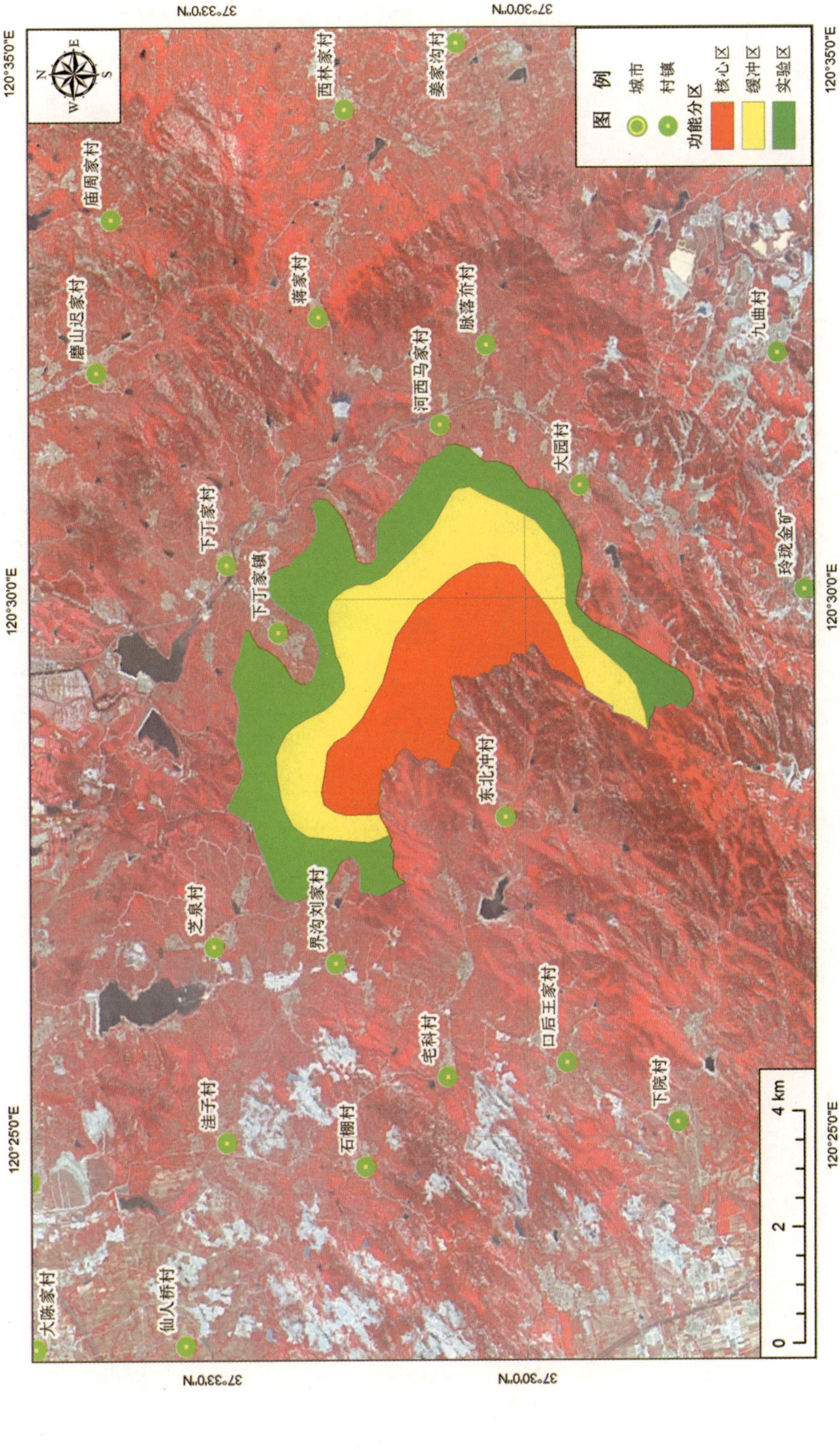

图4-2-29　龙口大飘山省级自然保护区功能分区示意图

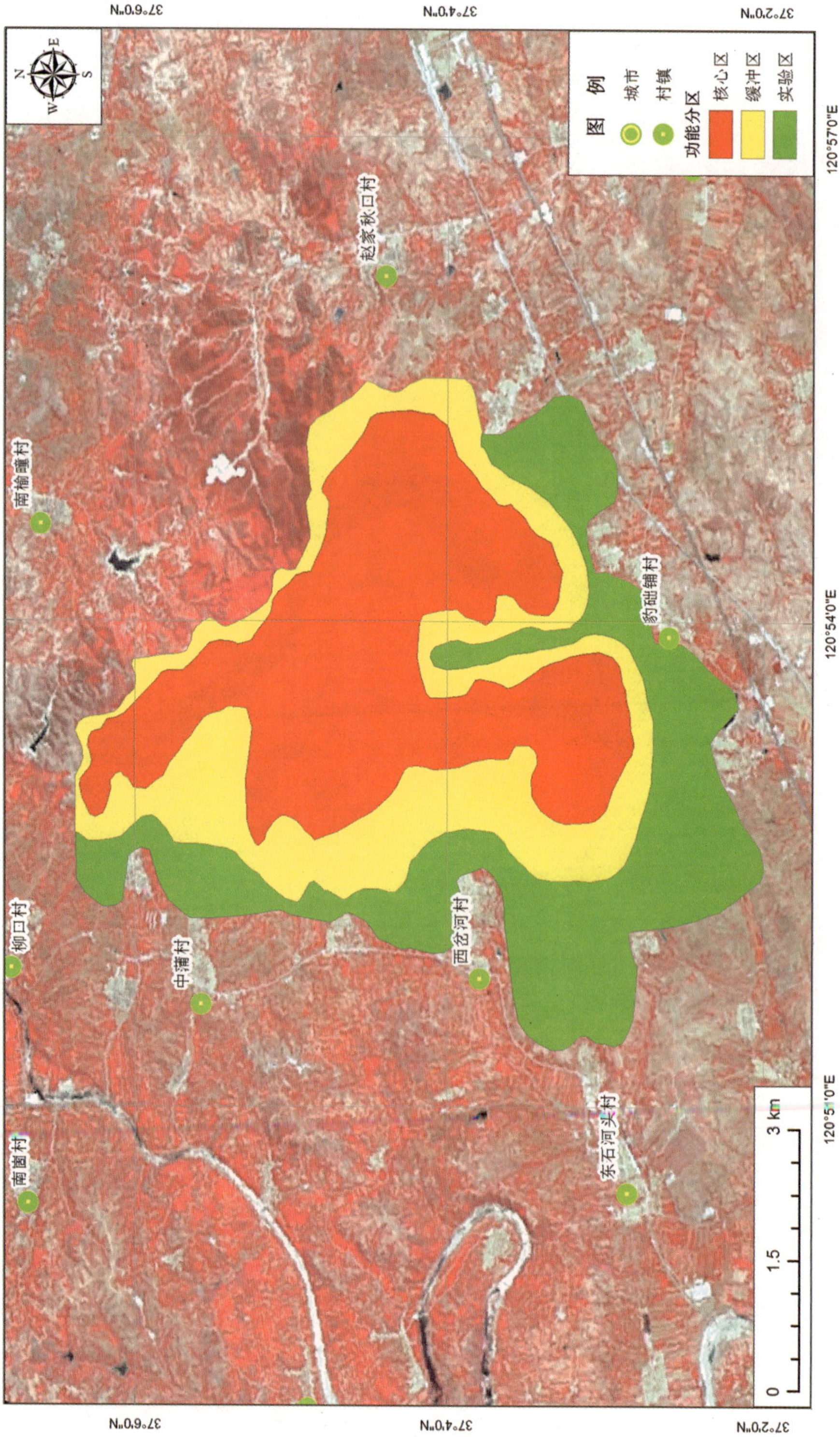

图4-2-30 莱阳老寨山省级自然保护区功能分区 示意图

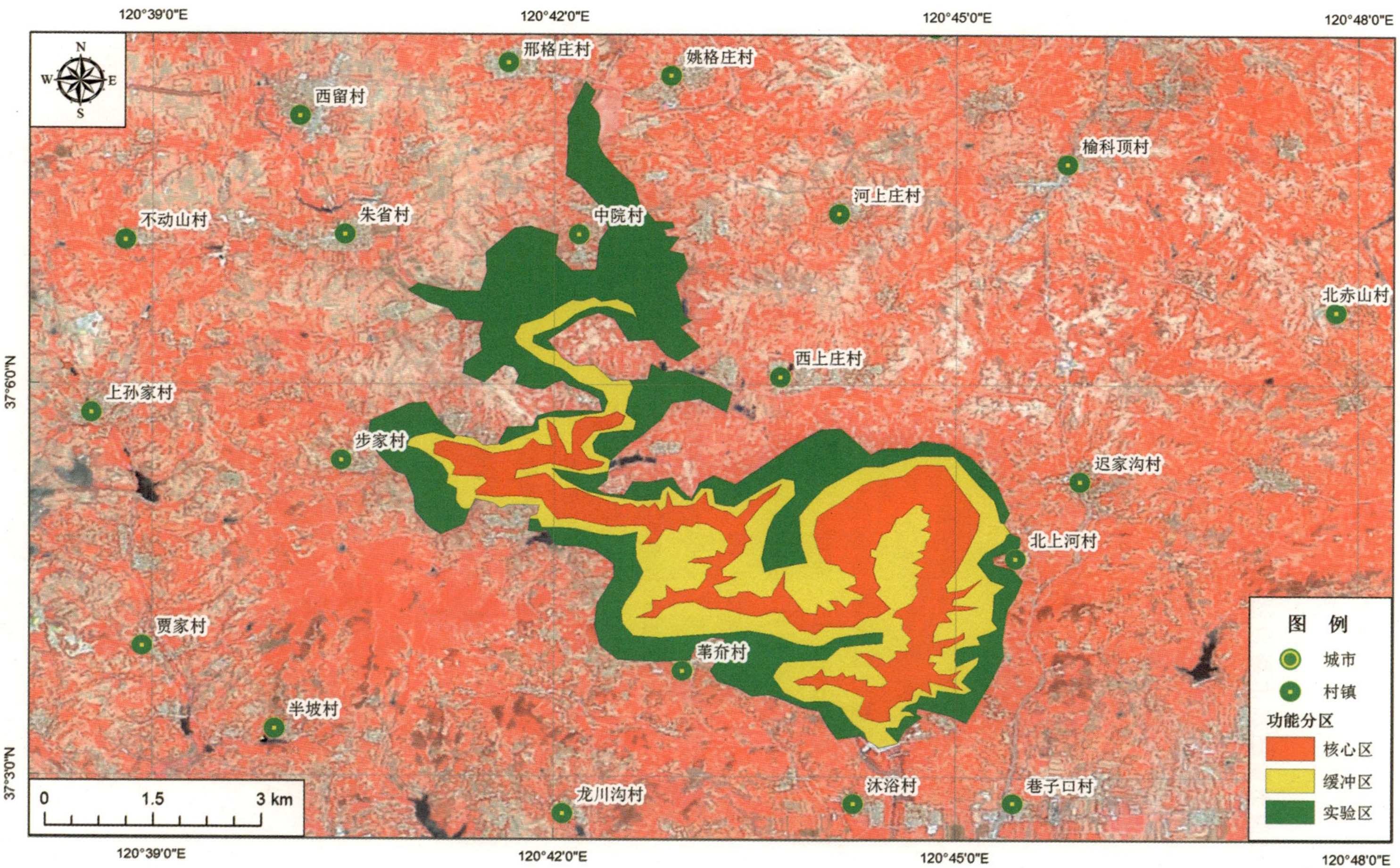

图4-2-31　莱阳五龙河湿地省级自然保护区功能分区示意图

第三节　市级自然保护区简介

一、日照市前三岛市级自然保护区

日照市前三岛市级自然保护区位于山东省日照市东南约 50 千米的近海海域，范围包括平岛、达山岛、车牛山岛、牛角岛、牛背岛、牛尾岛及各岛周围的大参礁、小参礁、双尖礁、花石礁、远东礁、牛咀礁等 12 个岛礁，岛礁总面积 3 500 公顷。地理坐标为东经 119°47′～119°57′，北纬 34°54′～35°10′。

1992 年 12 月，日照市人民政府批准（日政办函〔1992〕18 号）建立了日照市前三岛市级自然保护区。保护区面积 4.12 万公顷，其中核心区面积 1.0 万公顷，缓冲区面积 3.12 万公顷。主要保护对象为青岛文昌鱼（*Branchiostoma belcheri*）、海参、鲍鱼、海胆（*Echinoidea*）等海洋生物。

保护区内各岛礁基岩裸露，普遍发育有薄层土壤，属酸性棕壤土。海洋底质类型简单，主要由砂砾和细沙组成。其分布具有一定规律，各岛近岸为砂砾环境，以砂砾沉积为主，外围以大面积细沙沉积为主。保护区处于南北气候分界带上，属海洋过渡性气候，年平均气温 12.6℃，年平均降水量 915.7 毫米，年日照时数 2 530 小时，平均风速 4.7 米/秒。海域水温变化范围 7～30℃，平均水温 14℃。潮汐属半日潮性质，平均潮差 3.0 米，最大潮差 4.8 米。保护区各岛礁及周围海区环境独特，岛岩罗列、藻礁丛生、水质优良，是国家二级保护动物青岛文昌鱼的重要栖息地，同时也是海参、鲍鱼、海胆（*Echinoidea*）、对虾、蟹等珍稀经济鱼类生息繁衍的天然场所。优越自然条件带来丰富饵料资源。调查发现：保护区海域分布有浮游植物 116 种，其中硅藻 37 属 92 种，甲藻 9 属 23 种，金藻 1 种；有浮游动物 21 种，其中桡足类 11 种，毛颚类 2 种，钩虾2 种，幼虫幼体类 6 种；有底栖生物 116 种，以多毛类种数最多，为 36 种，其次是软体动物，28 种，甲壳类 28 种，棘皮动物 13 种，苔藓虫和鱼类各 4 种，腔肠动物、纽形动物和原索动物各 1 种。保护区野生高等动物共有 16 种，包括鱼类 7 种，爬行类 1 种，鸟类 8 种。鸟类中有 3 种为《IUCN 物种红色名录濒危等级和标准》中划定的受威胁物种，分别为极危物种白鹤（*Grus leucogeranus*），濒危物种丹顶鹤（*Grus japonensis*）和中华秋沙鸭（*Mergus squamatus*）；国家重点保护野生鸟类 5 种，4 种为国家一级保护野生鸟类，分别为中华秋沙鸭、丹顶鹤、白鹤和大鸨（*dybowskii* 亚种）（*Otis tarda dybowskii*），大天鹅（*Cygnus cygnus*）为国家二级保护野生鸟类。

前三岛及周围海区自然环境优美，生物资源丰富，自然景观良好，生态优势明显，是领海基线上具有独特作用的海岛，具有重要战略和海洋权益价值和保护价值。

二、莱城华山林场市级自然保护区

莱城华山林场市级自然保护区位于莱芜市莱城区大王庄镇，距城区约 30 千米。

1994 年 8 月，建立了莱城华山林场县级自然保护区，面积 8 600 公顷。1998 年 12 月，被省林业厅批复为省级森林公园，2003 年 12 月，被国家林业局批复为国家森林公园。2013 年 11 月，莱芜市人民政府批准（莱政字〔2013〕57 号）晋升为市级自然保护区，保护面积为 8 600 公顷。主要保护对象为森林生态系统。

保护区地处莱芜市西北部低山丘陵区。区内山峦起伏，沟壑纵横，有大小山头96 座，其中海拔高度在 700 米以上的山峰 25 座，最高峰香山海拔高度 918.7 米，是莱芜市海拔最高的山峰，东部最高点为大山，海拔 823 米。保护区气候属于暖温带大陆性季风气候，冬季寒冷干燥，春季温暖多风，夏季炎热多雨，秋季凉爽晴朗。年平均气温为 13℃，年平均降水量为 695.1 毫米，降水 70%集中在夏季。林区内小气候特征明显，冬暖夏凉，空气清新、气候宜人，夏季气候比市区低 5～8℃，是避暑休闲的理想之地，被称为“莱芜的后花园”“天然氧吧”。保护区森林面积为 4 000 公顷，森林覆盖率达 87%；分布有乔木 50 科 200 多种，鸟类 11 目 29 科 170 种，兽类 7 目 11 科 19 种。

莱城华山林场市级自然保护区是莱芜市唯一一个自然保护区，对涵养水源、调节气候、维护区域生态安全具有重要意义。

三、栖霞崮山市级自然保护区

栖霞崮山市级自然保护区位于山东省栖霞市苏家店镇境内，距栖霞城区约 30 千米。地理坐标为东经 120°40′21″～120°44′44″，北纬 37°24′31″～37°28′51″。

1999 年 7 月，栖霞市人民政府批准（栖政发〔1999〕50 号）建立了栖霞崮山县级自然保护区，保护区面积 1 800 公顷。2002 年 11 月，经烟台市政府同意（烟政函〔2002〕184 号）晋升为市级自然保护区，保护区面积 1 800 公顷。其中，核心区面积为 543.9 公顷，缓冲区面积为 556.8 公顷，实验区面积为 699.3 公顷（见图 4-3-1）。主要保护对象为赤松天然次生林。

崮山山脉主要由花岗岩构成，呈南北走向，有南崮北崮之分，南崮海拔 510 米，北崮海拔 542 米。保护区气候属暖温带大陆性季风气候，四季分明，光照充足，年平均气温 11.3℃。保护区生态系统类型多样，有针叶林、阔叶林、竹林、灌丛、灌草丛和草甸等 9 种植被型 52 种群系，针叶林有赤松林、油松林、黑松林、侧柏林等，阔叶林包括麻栎林、栓皮栎林、落叶阔叶杂木林、刺槐林、毛白杨林等类型，竹林有淡竹林和毛竹林，另有大叶胡颓子灌丛、盐肤木灌丛、荆条-酸枣-黄被草灌草丛、结缕草草甸、野青茅草甸等群系类型。保护区记录有野生维管植物 112 科 414 属 765 种，包括蕨类植物 13 科 19 属 32 种，裸子植物 2 科 2 属 2 种，被子植物 97 科 393 属 731 种。根据《IUCN 物种红色名录濒危等级和标准》的划分标准，区内分布有受威胁植物 3 种，分别是黄芪（*Astragalus membranaceus*）、黄檗和水曲柳，均为易危物种；国家二级保护野生植物 5 种，分别为黄檗、水曲柳、中华结缕草、野大豆和紫椴；中国特有野生植物 94 种，包括荠苨（*Adenophora trachelioides*）、糙苏（*Phlomis umbrosa*）、皂荚（*Gleditsia sinensis*）等。

区内记录有高等动物 87 科 195 属 338 种，包括鱼类 13 科 31 属 34 种，两栖类 4 科 6 属8 种，爬行类 6 科 9 属 13 种，哺乳类 12 科 22 属 25 种，鸟类 52 科 127 属 258 种。鸟类中以雀形目物种最多，有116种，占区内鸟类总数的44.4%。根据《IUCN物种红色名录濒危等级和标准》的划分标准，区内分布有受威胁动物14种，包括：极危物种1种，为白鹤(*Grus leucogeranus*)；濒危物种5种，分别为中华秋沙鸭(*Mergus squamatus*)、猎隼、丹顶鹤(*Grus japonensis*)、黄胸鹀(指名亚种)(*Emberiza aureola aureola*)和黄喉鹀(*ticehursti*亚种)(*Emberiza elegans ticehursti*)；易危物种8种，如鳖(*Trionyx sinensis*)、黄嘴白鹭(*Egretta eulophotes*)、大杓鹬(*Numenius madagascariensis*)等。国家重点保护野生动物44种。其中，国家一级保护野生动物7种，包括中华秋沙鸭、白肩雕(*Aquila heliaca*)、黑鹳(*Ciconia nigra*)等；国家二级保护野生动物37种，包括猎隼、乌灰鹞(*Circus pygargus*)、雕鸮(*ussuriensis*亚种)(*Bubo bubo ussuriensis*)等。中国特有野生动物10种，包括北草蜥(*Takydromus septentrionalis*)、大鳞副泥鳅(*Paramisgurnus dabryanus*)、乌鳢(*Channa argus*)等。

栖霞崮山市级自然保护区景色优美，地貌独特，生物多样性丰富，具有重要的观赏价值和保护价值。

四、十八盘市级自然保护区

十八盘市级自然保护区位于山东省邹城市田黄和城前两镇交界处，包括国有十八盘林场270公顷、尚河乡办十八趟林场76公顷、梨杭林场345公顷，以及田黄镇和城前镇部分自然村的林地及荒山。地理坐标为东经117°17′20″～117°19′30″，北纬35°26′30″～35°28′。

1999年10月，邹城市人民政府批准(邹政字〔1999〕16号)建立了十八盘自然保护区。2003年6月，经济宁市人民政府同意(济政字〔2003〕112号)晋升为市级自然保护区，保护区面积为3 000公顷。其中，核心区面积为70公顷，缓冲区面积为200.1公顷，实验区面积为2 729.9公顷。主要保护对象为刺槐、赤松、麻栎等树种和水源涵养地。

保护区地处鲁南低山丘陵区，由十八盘山、大项山、老猫洞山、崮山、黄草木山、桃花山等20多个片麻岩山头组成，海拔高度200～534米。主要山脉呈东西或西北、东南走向，以山脉为分水岭，形成沂河、拐子河的两大汇水区。土壤类型主要为棕壤，土层厚度为10～50厘米，大多数在20厘米以下。气候属温带季风气候区，四季分明，雨热同期。年平均温度14.1℃，年平均降水量771.7毫米。保护区属暖温带落叶阔叶林区，林木主要为刺槐纯林、赤松纯林和松、刺混交林，总面积约1 300公顷，经济林树种有苹果、板栗、桃树、樱桃、山楂、梨等，面积约300公顷。植物群落较简单，主要植物群落有：分布于阳坡、半阳坡的酸枣-黄荆-营草-地柏群落；分布于阴坡、半阴坡的多黄荆-营草群落。植被覆盖率达97%。保护区分布有野生维管植物73科186属247种，包括蕨类植物3科3属3种，裸子植物2科2属2种，单子叶植物9科38属45种，双子叶植物59科143属197种。根据《IUCN物种红色名录濒危等级和标准》的划分标准，区内分布有受威胁植物2种，分别为易危物种玫瑰(*Rosa rugosa*)和黄芪；国家二级保护野生植物2种，分别为中华结缕草和野大豆；中国特有野生植物27种，包括野百合(*Lilium brownii*)、垂柳(*Salix babylonica*)、华北绣线菊(*Spiraea fritschiana*)等。

区内记录有高等动物 40 科 55 属 59 种，包括鱼类 5 科 9 属 9 种，两栖类 2 科 2 属 2 种，爬行类 4 科 4 属 4 种，哺乳类 6 科 7 属 7 种，鸟类 23 科 33 属 37 种。根据《IUCN 物种红色名录濒危等级和标准》的划分标准，区内分布有受威胁动物 1 种，为易危物种鳖（*Trionyx sinensis*）；国家二级保护野生动物 3 种，分别为白额雁（*Anser albifrons*）、红隼（*interstinctus* 亚种）（*Falco tinnunculus interstinctus*）和短耳鸮（指名亚种）（*Asio flammeus flammeus*），中国特有野生动物 1 种，为无蹼壁虎（*Gekko swinhonis*）。

十八盘市级自然保护区林木茂盛，环境优美，林业资源丰富。刺槐林和赤松林为地带性植被，具有稀有性和代表性。对保持水土，涵养水源，保护生物多样性具有重要意义。

五、峄山市级自然保护区

峄山市级自然保护区位于山东省邹城市邹城镇和峄山镇，距城区约 10 千米，范围涉及峄山林场、铁山、岗山公园、朱山公墓、西苇水库、护架山植物园和万亩枣林带。地理坐标为东经 117°0′19.35″～117°3′19.93″，北纬 35°19′4″～35°20′43″。

1999 年 10 月，邹城市人民政府批准（邹政字〔1999〕16 号）建立了峄山县级自然保护区。2003 年 6 月，经济宁市人民政府同意（济政字〔2003〕112 号）晋升为市级自然保护区，保护区面积 5 000 公顷。其中，核心区面积为 600 公顷，缓冲区面积为 18 公顷，实验区面积为4 382 公顷（见图 4-3-2）。主要保护对象为森林生态系统。

峄山主要由花岗岩和片麻岩构成，山体基岩裸露，呈浑圆状，山脊呈西南—东北走向，坡度较大，中上部为悬崖峭壁，球状风化明显，石蛋、洞穴、石柱发育。保护区由 10 多个孤立山头组成，最高海拔 582.8 米。保护区属暖温带大陆性季风性气候，四季分明，春季较短。年平均气温为 14℃，年平均降雨量为 600 毫米左右。土壤类型为棕壤，土壤厚度变化较大，薄层土土层厚度一般在 30cm 以下，中层土土层厚度 31～60cm。

保护区内植被类型有针叶林、阔叶林、灌丛和灌草丛等植被型，包括赤松林、黑松林、侧柏林、麻栎林、落叶阔叶杂木林、刺槐林、毛白杨林、旱柳林、胡枝子灌丛、绣线菊灌丛、黄栌灌丛、荆条-酸枣-黄被草灌草丛、荆条-酸枣-白羊草灌草丛、白茅灌草丛和黄被草-细柄草灌草丛等群系类型。据调查，区内分布有野生维管植物 57 科 137 属 172 种，包括蕨类、裸子植物各 1 种，单子叶植物 4 科 25 属 30 种，双子叶植物 51 科 110 属 140 种。根据《IUCN 物种红色名录濒危等级和标准》的划分标准，区内分布有受威胁物种 1 种，为易危物种玫瑰（*Rosa rugosa*）；国家二级保护野生植物 1 种，为中华结缕草 ；中国特有野生植物 17 种，包括元宝槭（*Acer truncatum*）、金色狗尾草（*Setaria glauca*）、锦鸡儿（*Caragana sinica*）等。

区内记录有高等动物 31 科 44 属 50 种，包括两栖类 2 科 2 属 2 种，爬行类 3 科 3 属 3 种，哺乳类 3 科 4 属 5 种，鸟类 23 科 35 属 40 种。区内分布有白额雁（*Anser albifrons*）、红隼（*interstinctus* 亚种）（*Falco tinnunculus interstinctus*）和短耳鸮（指名亚种）（*Asio flammeus flammeus*）3 种国家二级保护野生动物。

峄山市级自然保护区花岗岩侵蚀地貌独特，珍稀林木资源丰富，具有重要的科研价值和保护意义。

六、东平湖湿地市级自然保护区

东平湖湿地市级自然保护区位于山东省东平县境内，范围涉及东平镇、老湖镇、斑鸠店镇、旧县乡、银山镇、戴庙乡、商老庄乡、新湖乡、州城镇 9 个乡镇。地理坐标为东经 116°2′～116°20′，北纬 35°43′～36°7′。

2000 年 5 月，东平县人民政府批准（东政函〔2000〕30 号）建立了东平湖湿地自然保护区，面积 25 928 公顷。2003 年 12 月，经泰安市人民政府（泰政函〔2003〕178 号）批准晋升为市级自然保护区，保护区面积 25 928 公顷。其中，核心区面积为 13 300 公顷，缓冲区面积为3 115 公顷，实验区面积为 9 513 公顷（见图 4-3-3）。主要保护对象为湖泊湿地生态系统及野生动植物资源。

东平湖地处鲁中山区向平原过渡的边缘地带，湖区呈南北向，北起清河口，南至大湖围坝，西濒黄河和京杭运河，东沿州城、老湖、吴桃园等村镇和湖东排水河，形似三角形或葫芦形，是山东省第二大淡水湖泊，也是我国东部地区典型的浅水型湖泊，素有山东“小洞庭”之称。东平湖面积 6.27 万公顷，由老湖与新湖两部分组成，库容约 40 亿立方米。湖底平均高程为 38 米，南北长 23 千米，东西宽 18.5 千米，常年水面 1.4 万公顷，水深1～2 米。保护区属于暖温带大陆性季风气候，四季分明。冬春两季多风少雨雪，夏季炎热多雨。年平均气温为 13.4℃，年平均降水量为 636 毫米。东平湖水质肥沃，物产丰富，是山东省重要的淡水渔业基地，也是我国北方重要的湖泊湿地和水禽栖息地。

东平湖湿地动植物资源十分丰富，鱼类、鸟类数量繁多，盛产鱼、虾、蟹及苇、菰、莲、菱、芡等多种水生经济动植物。据统计，保护区内分布有野生维管植物 100 科 334 属 554 种，包括蕨类 10 科 12 属 13 种，裸子植物 1 种，被子植物 89 科 321 属 540 种。根据《IUCN 物种红色名录濒危等级和标准》的划分标准，区内分布有易危物种 1 种，为泰山韭（*Allium taishanense*）；国家二级保护野生植物 2 种，分别为莲和野大豆；中国特有野生植物 59 种，包括泰山前胡（*Peucedanum wawrae*）、毛梾（*Cornus walteri*）、狭叶珍珠菜（*Lysimachia pentapetala*）等。

区内记录有野生高等动物 98 科 219 属 380 种，包括淡水鱼类 16 科 41 属 54 种，两栖类 5 科 6 属 7 种，爬行类 6 科 9 属 14 种，哺乳类 13 科 24 属 33 种，鸟类 58 科 139 属 272 种。根据《IUCN 物种红色名录濒危等级和标准》的划分标准，区内分布有受威胁动物14 种，包括濒危 5 种，分别为平鳍鳅鮀（*Gobiobotia homalopteroidea*）、乌龟（*Chinemys reevesii*）黄胸鹀（指名亚种）（*Emberiza aureola aureola*）、黄胸鹀（*ornate* 亚种）（*Emberiza aureola ornate*）和黄喉鹀（*ticehursti* 亚种）（*Emberiza elegans ticehursti*），易危 9 种，包括鳖（*Trionyx sinensis*）、团花锦蛇（*Elaphe davidi*）、小白额雁（*Anser erythropus*）等；国家重点保护野生动物 35 种，其中，国家一级保护野生动物 4 种，分别为金雕（*daphanea* 亚种）（*Aquila chrysaetos daphanea*）、白尾海雕（指名亚种）（*Haliaeetus albicilla albicilla*）、白枕鹤（*Grus vipio*）和大鸨（*dybowskii* 亚种）（*Otis tarda dybowskii*），国家二级保护野生动物 31 种，包括鸳鸯（*Aix galericulata*）、松雀鹰（*Accipiter virgatus*）、灰背隼（*Falco columbarius*）

等;中国特有野生动物 24 种,包括多鳞鱊(*Acheilognathus polylepis*)、平鳍鳅鮀(*Gobiobotia homalopteroidea*)、无斑雨蛙(*Hyla immaculata*)、宝兴歌鸫(*Turdus mupinensis*)等。

东平湖湿地属北方罕见的大型湖湾湿地,其湖面水域开阔,陆生和水生动植物资源丰富,具有生态系统典型,生物多样性丰富,自然景观独特等特点,具有非常重要的保护价值。

七、东平腊山市级自然保护区

东平腊山市级自然保护区位于山东省东平县银山镇境内,东临东平湖,西距黄河约6 千米,南北与金山、昆山、六工山脉相连。地理位置为东经 116°7′～116°11′,北纬36°5′～36°8′。

2000 年 5 月,东平县人民政府批准(东政函〔2000〕67 号)建立了东平腊山县级自然保护区。2002 年 11 月,经泰安市人民政府同意(泰政函〔2002〕96 号)晋升为市级自然保护区,保护区面积 2 804 公顷。其中,核心区面积为 516.1 公顷,缓冲区面积为 407.2 公顷,实验区面积为 1 880.7 公顷。主要保护对象为濒危植物、鸟类、两栖爬行动物。

保护区有大小山头 72 个,主峰海拔 258.4 米,素有"山奇雄,峰奇秀,岩奇险,石奇美"之称。保护区气候属温带大陆性季风气候,四季分明,年平均气温 13.1℃,年平均降水量在 686 毫米左右,无霜期 200 天左右。保护区森林资源丰富,森林覆盖率达 85.3%,名树、古树,稀有树种繁多。主要植被类型为松树、侧柏(*Platycladus orientalis*)、刺槐(*Robinia pseudoacacia*)、人工杉林混交林等。小叶朴(*Celtis bungeana*)、车梁木(*Cornus walteri*)、古柏、银杏(*Ginkgo biloba*)为保护区内珍稀树种。腊山林木茂密,是鸟兽栖息和繁殖的天堂,已发现的野生动物约 80 种,其中多种为珍稀濒危或重点保护物种。

东平腊山市级自然保护区林木繁茂、森林资源丰富,珍稀古树名木众多、造型独特,自然景观秀美,生物多样性丰富,具有重要的观赏价值和保护意义。

八、柳埠市级自然保护区

柳埠市级自然保护区位于山东省济南市历城区,距济南市区约 25 千米。范围涉及国有柳埠林场、西营镇、柳埠镇。地理坐标为东经 117°6′～117°19′,北纬 36°22′～36°30′。

2001 年 10 月,济南市人民政府批准(济政办字〔2001〕206 号)建立了柳埠市级自然保护区,保护区面积 3 420 公顷。其中,核心区面积为 430 公顷,缓冲区面积为 360 公顷,实验区面积为 2 630 公顷(见图 4-3-4)。主要保护对象为以油松林为主的温性针叶林及其生态系统。

保护区属泰山北麓余脉,地貌属于鲁中低山丘陵,区内山峦起伏,沟壑纵横,山脉多呈东西走向,岩石多为变质岩和石灰岩。区内海拔高度在 300～970 米,梯子山、跑马岭、长城岭、大高尖山、算盘岭、小高尖山、双尖山等山峰海拔均在 700 米以上,其中梯子山海拔高度为 975.8 米,为保护区内最高峰。保护区气候属暖温带大陆性季风气候,四季分明。特殊的区域环境又造就了保护区特殊的小气候,温凉湿润,空气清新。区内年平均气温为 13.4℃,年平均降雨量 796 毫米,年日照时数 2 120 小时。土壤主要是由棕壤性土和棕壤组成,沿河分布有少量的潮土。

保护区植被类型包括针叶林、阔叶林、竹林、灌丛、草甸等9种植被类型53种群系，针叶林包括赤松林、油松林、黑松林和侧柏林，阔叶林有麻栎林、落叶阔叶杂木林、刺槐林等，另有淡竹林、黄栌灌丛、荆条-酸枣-黄被草灌草丛、结缕草草甸等多种不同群系类型，植被覆盖率88.6%。区内分布有野生维管植物98科352属628种，包括蕨类植物12科16属27种，裸子植物2科2属3种，单子叶植物10科79属144种，双子叶植物74科255属454种。按照《IUCN物种红色名录濒危等级和标准》中的划分标准，区内分布有受威胁植物1种，为易危物种水曲柳；国家二级保护野生植物4种，分别为水曲柳、中华结缕草、野大豆和紫椴；区内特有植物72种，包括元宝槭(*Acer truncatum*)、假中华鳞毛蕨(*Dryopteris parachinensis*)、油松(*Pinus tabuliformis*)等。

区内分布有野生高等动物54科92属119种，包括两栖类4科6属8种，爬行类3科5属9种，哺乳类10科18属19种，鸟类37科63属83种。根据《IUCN物种红色名录濒危等级和标准》中的划分标准，区内分布有受威胁动物5种，包括濒危动物1种，为黄喉鹀(*ticehursti*亚种)(*Emberiza elegans ticehursti*)，易危动物4种，分别为棕黑锦蛇(*Elaphe schrenckii*)、貉(*Nyctereutes procyonoides*)、豹猫(北方亚种)(*Prionailurus bengalensis euptilurua*)和鸿雁(*Anser cygnoides*)；国家重点保护野生动物14种，其中，国家一级保护野生动物1种，为金雕(*daphanea*亚种)(*Aquila chrysaetos daphanea*)，国家二级保护野生动物13种，包括大鵟(*Buteo hemilasius*)、游隼(*calidus*亚种)(*Falco peregrinus calidus*)、红角鸮(*Otus sunia*)等；中国特有野生动物5种，分别为北草蜥(*Takydromus septentrionalis*)、麝鼹(*Scaptochirus moschatus*)、金线侧褶蛙(*Pelophylax plancyi*)、无蹼壁虎(*Gekko swinhonis*)和黄腹山雀(*Parus venustulus*)。

柳埠市级自然保护区是鲁中地区较为重要的生态系统，分布有以油松为代表的温性针叶林和地带性落叶阔叶林，对于保护生物多样性，涵养水源、保持水土、维护生态平衡具有重要意义。

九、冠县西沙河林场市级自然保护区

冠县西沙河林场市级自然保护区位于山东省冠县西部黄河故道，地理范围为东经115°19′～115°26′，北纬36°30′～36°40′。

2001年10月，聊城市人民政府批准(聊政办发〔2001〕105号)建立了冠县西沙河林场市级自然保护区，保护区面积为11 200公顷。其中，核心区面积为725公顷，缓冲区面积为3 400公顷，实验区面积为7 075公顷(见图4-3-5)。主要保护对象为毛白杨林和加拿大杨林。

冠县西沙河林场市级自然保护区地势西南较高，东北偏低，地形稍有起伏，平均海拔36米，土壤以松沙土、沙壤土为主，冲积层厚度达300米。保护区气候适宜，光照充足，四季分明。年平均气温为13.1℃，无霜期为198天，年均降水量为592毫米。

保护区分布有阔叶林、灌丛和草甸等植被类型，包括刺槐林、毛白杨林、碱蓬草甸等群系类型。区内记录有野生维管植物27科39属44种，包括蕨类植物和裸子植物各

1种,单子叶植物1科3属3种,双子叶植物24科34属39种。其中中国特有野生植物10种,分别为河北杨(*Populus hopeiensis*)、毛白杨(*Populus tomentosa*)、旱柳(*Salix matsudana*)、垂柳(*Salix babylonica*)、皂荚(*Gleditsia sinensis*)、臭椿(*Ailanthus altissima*)、元宝槭(*Acer truncatum*)、柽柳(*Tamarix chinensis*)、毛梾(*Cornus walteri*)和楸叶泡桐(*Paulownia catalpifolia*)。

区内分布有野生高等动物17科23属26种,包括鱼类3科6属6种,两栖类2科3属5种,哺乳类5科5属6种,鸟类7科9属9种。高等动物中国家二级保护野生动物5种,均为鸟类,分别为苍鹰(*schvedowi* 亚种)(*Accipiter gentilis schvedowi*)、秃鹫(*Aegypius monachus*)、红隼(*interstinctus* 亚种)(*Falco tinnunculus interstinctus*)、灰鹤(*lilfordi* 亚种)(*Grus grus lilfordi*)和长耳鸮(指名亚种)(*Asio otus otus*);中国特有野生动物1种,为金线侧褶蛙(*Pelophylax plancyi*)。

冠县西沙河林场市级自然保护区森林环境优美,野生资源十分丰富,是鲁西北植被资源、野生动物和药材资源最集中、最丰富的地区之一。应注重加强保护区建设。

十、高唐县清平林场市级自然保护区

高唐县清平林场市级自然保护区位于山东省高唐县境内,距城区10千米。地理位置为东经116°2′～116°6′,北纬36°46′～36°49′。

2001年10月,聊城市人民政府批准(聊政办发〔2001〕105号)建立了高唐县清平林场市级自然保护区,保护区面积4 200公顷。其中,核心区面积为285.2公顷,缓冲区面积为100公顷,实验区面积为3 814.8公顷(见图4-3-6)。主要保护对象为毛白杨林、杂交杨林和刺槐林。

保护区地处黄河故道,地势西南较高,东北偏低,地形稍有起伏,平均海拔27米,土壤以粉沙土、沙壤土为主,冲积层厚度达300米。保护区分布有阔叶林、灌丛和草甸等植被类型,包括刺槐林、毛白杨林、碱蓬草甸等群系类型。区内记录有野生维管植物21科32属35种,包括裸子植物1种,单子叶植物1科3属3种,双子叶植物19科28属31种。其中中国特有野生植物8种,分别为毛白杨(*Populus tomentosa*)、旱柳(*Salix matsudana*)、垂柳(*Salix babylonica*)、皂荚(*Gleditsia sinensis*)、臭椿(*Ailanthus altissima*)、元宝槭(*Acer truncatum*)、毛梾(*Cornus walteri*)和楸叶泡桐(*Paulownia catalpifolia*)。

区内分布有野生高等动物16科21属24种,包括鱼类3科6属6种,两栖类2科3属5种,哺乳类5科5属6种,鸟类6科7种。高等动物中国家二级保护野生动物3种,均为鸟类,分别为苍鹰(*schvedowi* 亚种)(*Accipiter gentilis schvedowi*)、红隼(*interstinctus* 亚种)(*Falco tinnunculus interstinctus*)和长耳鸮(指名亚种)(*Asio otus otus*);中国特有野生动物1种,为金线侧褶蛙(*Pelophylax plancyi*)。

高唐县清平林场市级自然保护区森林环境优美,野生资源十分丰富,是鲁西北植被资源、野生动物和药材资源最集中、最丰富的地区之一。加强保护区建设,具有十分重要的意义。

十一、莘县马西林场市级自然保护区

莘县马西林场市级自然保护区位于山东省莘县大王寨乡境内，范围涉及莘县马颊河以西的马西林场及其周边的12个行政村。地理坐标为东经115°25′～115°38′，北纬35°10′～35°47′。

2001年10月，聊城市人民政府批准（聊政办发〔2001〕105号）建立了莘县马西林场市级自然保护区，保护区面积3 800公顷。其中，核心区面积为726公顷，周边12个行政村为实验区。

保护区地处黄河下游冲积平原，地势微变起伏，岗、坡、洼相间，地面缓岗与洼地高差小于3米。植被景观以森林景观——杨树林为主体景观，同时兼顾其他类型。保护区植被垂直层谱从下到上依次为灌木层、小乔、中乔、大乔。保护区植被类型包括阔叶林和草甸，植物群系包括落叶阔叶杂木林、刺槐林、毛白杨林、欧美杨林、泡桐林、白茅草甸、碱蓬草甸。保护区内现有林地面积2 200公顷，其中加拿大杨、毛白杨为主的防护林面积为2 000公顷，以苹果、梨为主的经济林面积为200公顷，森林覆盖率达57.9%。保护区野生动植物较为丰富。林场内野生花草主要有白茅（*Imperata cylindrica*）、蒲公英（*Taraxacum borealisinense*）、野菊花（*Dendranthema indicum*）、苜蓿（*Medicago minima*）等，还有引种栽植的蜀葵（*Althaea rosea*）等。野生兽类主要有兔（*Lepus capensis*）、黄鼬（*Mustela sibirica fontanieri*）、刺猬（*Erinaceus europaeus*）等；野生鸟类主要有喜鹊（*Serica* 亚种）（*Pica pica serica*）、秃鼻乌鸦（*Pastinator* 亚种）（*Corvus frugilegus pastinator*）、麻雀（*Passer montanus saturatus*）、啄木鸟（*Dendrocopos major*）等；昆虫主要有蝴蝶、蝉、蝈蝈、蟋蟀等。

莘县马西林场市级自然保护区造林面积之大，规格之高，林木蓄积量之多，为平原地区所罕见，被誉为“平原绿洲”。昔日的风沙薄地，如今已是树的海洋，草茂林丰，十里成荫，林间百鸟争鸣。加强莘县马西林场自然保护区的建设，具有重要的意义。

十二、青岛文昌鱼水生野生动物市级自然保护区

青岛文昌鱼水生野生动物市级自然保护区位于胶州湾口外，竹岔岛东北，大桥岛以东海域，北距青岛市区约5千米。地理坐标为东经120°20′15″～120°25′49″，北纬35°57′0″～36°1′0″。

2004年8月，青岛市人民政府批准（青政字〔2004〕78号）建立了青岛文昌鱼水生野生动物市级自然保护区，保护区面积为6 181公顷。其中，核心区面积为1 341公顷，缓冲区面积为2 399公顷，实验区面积为2 441公顷（见图4-3-7）。主要保护对象为国家二级保护水生野生动物文昌鱼及其栖息环境。

保护区地处灵山岛凹陷与胶莱凹陷的结合部，底质主要为砂体。砂体周围海底地貌较复杂，侵蚀地貌和堆积地貌都很发育，具有代表性的侵蚀地貌为3条侵蚀深槽，具有代表性的堆积地貌为分布在潮流冲刷深槽两侧的南砂、北砂和大竹砂脊3条潮流砂脊。保

护区平均水深约 15 米，最小水深 6.8 米。保护区地处季风型大陆气候与海洋性气候过渡区，年平均气温 12.3℃，年平均降水量 680 毫米。保护区海洋生物资源丰富，浮游植物以沿岸广温广盐性暖温带种为主，多数可以适应海水温度较大的变化幅度，种类大约有 163 种，其中硅藻（*Diatom*）139 种、甲藻（*Pyrrophyta*）23 种、金藻（*Chrysophyta*）1 种。春季浮游植物的优势种一般由斯氏根管藻（*Rhizosolenia stolterfothii*）、尖刺菱形藻（*Nitzschia pungens*）、奇异菱形藻（*Nitzschia paradoxa*）、具槽直链藻（*Melosira sulcata*）等组成；夏季浮游植物的优势种一般由中华半管藻（*Hemiaulus siensis*）、窄隙角刺藻（*Chaetoceros affinis*）、圆筛藻属（*Coscinodiscus*）等组成；秋季浮游植物的优势种一般由弯角刺藻（*Chaetoceros curisetus*）、扁面角刺藻（*Chaetoceros compressus*）、拟弯角刺藻（*Chaetoceros pseudocur visetus*）、窄隙角刺藻等组成；冬季浮游植物的优势种一般由骨条藻属（*Skeletonema*）、日本星杆藻（*Astevionella japonica*）等组成。保护区海域浮游动物的种类组成以温带近岸低盐种为主，种类约 31 种，其中原生动物 1 种、桡足类 17 种、水螅水母类 12 种、毛颚类 1 种。春季浮游动物的生物量为 19.0 毫克/立方米，优势种为太平洋真宽水蚤（*Eurytemora pacifica*）和海洋伪镖水蚤（*Psoudodiaptomus marinus*）；夏季浮游动物的生物量为 7.0 毫克/立方米，优势种为鸟喙尖头蚤（*Penillia avirostris*）和肥胖僧帽蚤（*Evadne tergestina*）；秋季浮游动物的生物量为 21.0 毫克/立方米，优势种为强壮箭虫（*Sagitta crassa*）和近缘大眼剑水蚤（*Corycaeus affinis*）；冬季浮游动物的生物量为 80.0 毫克/立方米，优势种为强壮箭虫和中华哲水蚤（*Calanus sinicus*）。保护区海域的底栖动物种类约 119 种，其中多毛类 58 种、软体动物 22 种、甲壳动物 24 种、棘皮动物 13 种、脊索动物 2 种。底栖生物的生物量在春季为 22.50 克/平方米，夏季为 7.6 克/平方米，秋季为 5.1 克/平方米，冬季为 8.1 克/平方米。其中多毛类占 29.63%，软体动物占 25.28%。

保护区是世界著名的青岛文昌鱼（*Branchiostoma belcheri*）栖息和繁殖地。文昌鱼俗称"蛞蝓""鳄鱼虫"等，隶属于脊索动物门，头索纲，文昌鱼目，文昌鱼科，是国家二级重点保护的水生野生动物。它名"鱼"，实际并不是鱼类，而是介于无脊椎动物和脊椎动物之间的过渡型动物，被称作动物进化的"活化石"，对研究包括人类在内的脊椎动物的起源有较高的科研价值。文昌鱼喜栖于水清、流缓、疏松的砂质海底，栖息水深 8～15 米，盐度 21‰～31.6‰。保护区内砂体有机质含量高，砂粒适中，盐度适宜，极利于文昌鱼的生长繁殖。保护区内文昌鱼呈斑块分布，栖息密度约为 170 个/平方米。由于人类活动的增加，从 20 世纪 80 年代初至今，文昌鱼个体体长明显变小，体质量明显变轻，生物量明显减少，栖息密度也呈下降趋势。

文昌鱼是世界上海洋珍稀动物之一，在全世界数量十分有限，仅存于世界少数海区很小的地方。我国是世界上文昌鱼分布最多的国家，而青岛海域又是其分布密度最大、资源最丰富的地区。因此，青岛文昌鱼水生野生动物市级自然保护区的建立对于文昌鱼和海洋底栖生物的保护具有重要意义。

十三、东阿县鱼山市级自然保护区

东阿县鱼山市级自然保护区位于山东省东阿县鱼山镇境内，地理坐标为东经

116°12′37″～116°12′56″，北纬 36°10′23″～36°10′43″。

2004 年 9 月，聊城市人民政府批准(聊政字〔2004〕353 号)建立了东阿县鱼山市级自然保护区，保护区面积为 5 333 公顷。其中，核心区面积为 80 公顷，缓冲区面积为 5 253 公顷。主要保护对象为森林植被及曹植文化历史遗迹。

保护区地处东阿县南部，东临黄河，属黄河冲积平原。鱼山，又名“吾山”，海拔高度 82.1 米，为面积 10 余公顷的小山丘。保护区属暖温带大陆性季风区，四季分明。年平均气温 12.8℃，降雨集中在每年的 7～9 月份，占全年降雨量的 65%，地下水资源十分丰富。土壤以沙壤土和沙土为主。保护区分布有针叶林、阔叶林、灌丛和草甸等植被类型，包括侧柏林、刺槐林、毛白杨、林碱蓬草甸等群系类型。区内记录有野生维管植物 20 科 31 属 36 种，维管植物包括裸子植物 1 种，单子叶植物 1 科 3 属 3 种，双子叶植物 20 科 29 属 32 种。其中中国特有野生植物 7 种，分别为毛白杨(*Populus tomentosa*)、旱柳(*Salix matsudana*)、垂柳(*Salix babylonica*)、皂荚(*Gleditsia sinensis*)、臭椿(*Ailanthus altissima*)、元宝槭(*Acer truncatum*)和连翘(*Forsythia suspensa*)。

野生高等动物 21 科 27 属 27 种，包括鱼类 4 科 7 属 7 种，两栖类 2 种，爬行类2 种，哺乳类 5 科 7 属 7 种，鸟类 8 科 9 属 9 种。高等动物中受威胁物种 1 种，为易危动物猪獾(*Arctonyx collaris*)；国家二级保护野生动物 5 种，分别为苍鹰(*schvedowi* 亚种)(*Accipiter gentilis schvedowi*)、秃鹫(*Aegypius monachus*)、红隼(*interstinctus* 亚种)(*Falco tinnunculus interstinctus*)、灰鹤(*lilfordi* 亚种)(*Grus grus lilfordi*)和长耳鸮(指名亚种)(*Asio otus otus*)；中国特有野生动物 1 种，为黄纹石龙子(*Eumeces capito*)。

曹植墓位于鱼山西麓，坐东朝西，面积约 80 公顷。始建于魏太和七年(公元 233 年)，依山营穴，封土为冢，距今已有 1 700 多年历史，现为国家重点历史文物保护单位。因经年久远，古建筑均已湮没不彰，目前只剩几幢古碑。其中以隋开皇十三年(公元 593 年)所立的神道碑甚为珍贵。该碑高 2.57 米，宽 1.03 米，厚 0.21 米。碑文 22 行，共 931 字，现存 874 字。曹植是中国著名的文学家、政治家，是建安时期最负盛名的文学家，才高八斗，七步成章，辞采华茂，骨气奇高，在后世有较大影响，同时期的墓葬在我国发现较少，因此曹植墓对于文学史、考古学等方面的研究，有着重要的价值。

东阿县鱼山市级自然保护区建立极大地改善了鱼山的生态环境，保护了人造防护林与野生植物共存的森林生态资源和以曹植墓为核心的历史文化遗迹，对生态保护和文学、考古研究具有重要意义。

十四、阳谷县景阳冈市级自然保护区

阳谷县景阳冈市级自然保护区位于山东省阳谷县张秋镇，距城区 20 千米。地理坐标为东经 115°58′19″，北纬 36°5′6″。

2004 年 9 月，聊城市人民政府批准(聊政字〔2004〕355 号)建立了阳谷县景阳冈市级自然保护区，保护区面积为 46.7 公顷。其中，核心区面积为 40 公顷，缓冲区面积为 2.2 公顷，实验区面积为 4.5 公顷。主要保护对象为森林生态与古树名木。

保护区地处黄河冲积平原，地势由西南向东北缓倾，平均海拔高度为 39.6 米。属暖温带大陆性季风气候区，气候适宜，光照充足，四季变化明显。年平均气温 13.9℃，年平均降水量 523.9 毫米，平均相对湿度为 69%。土质多为沙质土，适合各类植物生长。保护区植被覆盖较好，森林覆盖率达 75%以上。保护区内分布有树木 40 余种，45 万余株，动物7 种，鸟类 20 余种。其中，有近百年树龄合欢树 1 棵，树高 18 米，胸径 47 厘米；110 余年树龄古柏树 11 棵，为保护区重点保护的树种。保护区内人工饲养的东北虎为国家一级重点保护动物，人工饲养的梅花鹿、猕猴为国家二级重点保护动物。

阳谷县景阳冈市级自然保护区林荫蔽日，杂草丛生，沙冈连绵，已形成生态环境与社会环境相协调的原始面貌，具有重要的保护意义。

十五、山东莱州湾湿地市级自然保护区

山东莱州湾湿地市级自然保护区位于渤海南部，湾口东起龙口的屺姆角，西至老黄河口，地理坐标为东经 119°33′57″～120°6′7″，北纬 37°3′49″～37°28′11″。

2005 年 2 月，莱州市人民政府批准（莱政发〔2005〕36 号）建立了山东莱州湾湿地自然保护区，保护区面积 3.4 万公顷。其中，核心区面积为 1.55 万公顷，缓冲区面积为 1.25 万公顷，实验区面积为 0.6 万公顷。2006 年 4 月，经烟台市人民政府同意（烟政函〔2006〕79 号）晋升为湿地市级自然保护区，保护区面积 3.4 万公顷。其中，核心区面积为 13 241 公顷，缓冲区面积为 10 543 公顷，实验区面积为 10 216 公顷。2009 年 2 月，经烟台市人民政府批准（烟政函〔2009〕11 号）调整了保护区面积，保护区面积 13 975 公顷。其中，核心区面积为 5 806 公顷，缓冲区面积为 4 532 公顷，实验区面积为 3 637 公顷（见图 4-3-8）。主要保护对象为湿地资源。

莱州湾位于渤海南部，是渤海三大海湾之一。湾口东起龙口的屺姆角，西至老黄河口，受郯庐大断裂带控制、由断块凹陷而形成的北北东向的海湾。由于河流泥沙堆积，水深一般不超过 10 米。莱州湾莱州区域，海岸线长 108 千米，其中山东莱州湾湿地市级自然保护区海岸线长 47.5 千米，包括胶莱河至虎头崖 37.4 千米和海北嘴至石虎嘴 10.1 千米。保护区核心区主要为浅海滩涂、潮间带；缓冲区主要为沿海滩涂；实验区主要是为湿地提供水源的水土涵养林区，包括沿海黑松林、杨树和刺槐的混交林、人工栽植的杨树林。保护区地处中纬度暖温带季风气候区，四季分明。年平均气温为 12.8℃，海水年平均温度为 13℃，年平均降水量为 587.6 毫米。海底底质主要为砂质。

保护区内植被类型分为针叶林、草甸、水生植被和沼泽植被 4 种植被型，群系类型有黑松林、结缕草草甸、狗牙根草甸、芦苇草甸、白茅草甸、碱蓬草甸、芦苇沼泽、水葱沼泽、大米草群落、香蒲沼泽、空心莲子草群落、节节菜群落等。区内分布有海洋动植物 113 种，包括海洋动物 111 种，海洋植物 2 种。陆生野生维管植物 92 科 346 属 587 种，包括蕨类植物 10 科 12 属 18 种，裸子植物 2 科 2 属 3 种，被子植物 70 科 332 属 566 种，以菊科植物为主，共 71 种。根据《IUCN 物种红色名录濒危等级和标准》划分标准，区内分布有受威胁维管植物 3 种，包括：极危 1 种，为矮鸢尾（*Iris kobayashii*）；易危 2 种，分别为泰山

韭(*Allium taishanense*)和黄芪。国家二级保护野生植物2种,为中华结缕草和野大豆;中国特有植物63种,包括皂荚(*Gleditsia sinensis*)、胶东椴(*Tilia jiaodongensis*)、泰山前胡(*Peucedanum wawrae*)等。

保护区记录有高等动物80科176属300种,包括淡水鱼类5科16属17种,两栖类4科6属8种,爬行类3科5属11种,哺乳类9科16属16种,鸟类58科132属248种。其中以雀形目物种最多,共104种,占区内鸟类总数的34.6%。根据《IUCN物种红色名录濒危等级和标准》划分标准,区内受威胁动物16种。包括:极危1种,为白鹤(*Grus leucogeranus*);濒危4种,分别为中华秋沙鸭(*Mergus squamatus*)、猎隼、丹顶鹤(*Grus japonensis*)和黄喉鹀(*ticehursti* 亚种)(*Emberiza elegans ticehursti*);易危11种,包括棕黑锦蛇(*Elaphe schrenckii*)、黄嘴白鹭(*Egretta eulophotes*)、白枕鹤(*Grus vipio*)等。国家重点保护野生动物49种。其中,国家一级保护野生动物9种,包括中华秋沙鸭、遗鸥、黑鹳(*Ciconia nigra*)等;国家二级保护野生动物40种,包括黑头白鹮(*Threskiornis melanocephalus*)、白腹鹞(*Circus spilonotus*)、花田鸡(*Coturnicops exquisitus*)等;中国特有野生动物5种,分别为北草蜥(*Takydromus septentrionalis*)、麝鼹(*Scaptochirus moschatus*)、团头鲂(*Megalobrama amblycephala*)、金线侧褶蛙(*Pelophylax plancyi*)和黄腹山雀(*Parus venustulus*)。

山东莱州湾湿地市级保护区是河口湿地、沿海湿地的综合体,其湿地生物资源丰富,生态系统复杂多样。保护区的建设对提高湿地质量,最大限度地保护湿地生态系统的自然性、完整性、生物多样性,维护区域生态平衡具有重要意义。

十六、烟台市大沽夹河湿地市级自然保护区

烟台市大沽夹河湿地市级自然保护区位于山东省烟台市的中部,是烟台市最大的河流湿地和水库湿地的综合体,范围涉及海阳市、栖霞市、牟平区、莱山区、福山区、芝罘区和经济开发区7个市区、39个乡(镇)。大沽夹河由外夹河和内夹河两条支流组成。外夹河地理坐标为东经121°8′～121°18′,北纬37°5′40″～37°34′45″;内夹河地理坐标为东经121°18′～121°50′,北纬37°21′～37°34′。

2005年3月,烟台市人民政府批准(烟政函〔2005〕117号)建立了烟台市大沽夹河湿地自然保护区,保护区面积为10 585公顷。其中,核心区面积为3 940公顷,缓冲区面积为3 575公顷,实验区面积为3 070公顷。2009年10月,经烟台市人民政府同意(烟政办函〔2009〕30号)调整了功能区范围,调整后的保护区面积仍为10 585公顷。其中,核心区面积为2 963.8公顷,缓冲区面积为3 204公顷,实验区面积为4 417.2公顷。2010年,经烟台市人民政府同意(烟政办函〔2010〕10号)再次调整功能区范围,调整后保护区面积为10 585公顷。其中,核心区面积为2 222.8公顷,缓冲区面积为2 136公顷,实验区面积为6 226.1公顷(见图4-3-9)。主要保护对象为湿地。

外夹河为大沽夹河的干流,发源于海阳市郭城镇的牧牛山,全长75千米。内夹河为大沽夹河的支流,发源于栖霞市城南的小灵山一带,全长65千米。内、外夹河在福山区

小沙埠村北 2 千米处汇合成大沽夹河,经经济开发区的胜利东村注入黄海。大沽夹河为典型的季节性雨源河流,流经地为低山丘陵区,河道蜿蜒,沿河有 40 余条小型河流注入,冲刷力大,中游侧蚀重,下游沉积多,河床宽浅。大沽夹河地处中纬度暖温带季风气候区,四季分明。年平均气温为 12.8℃,年日照时数为 2 582.9 小时。年平均降水量 636.7 毫米,空间分布不均:上游(海阳市)区域 800 毫米以上,中游区域 650 毫米以下,下游(濒海)区域 750 毫米左右。良好的自然条件孕育了丰富多样的动植物资源。

保护区植被型包括针叶林、阔叶林、灌丛、灌草丛、水生植被和沼泽植被 6 个类型,针叶林以赤松林、油松林、黑松林为主,阔叶林包括麻栎林、落叶阔叶杂木林、刺槐林、毛白杨林等多种群系类型,另有胡枝子灌丛、绣线菊灌丛、荆条-酸枣-黄被草灌草丛、荆条-酸枣-白羊草灌草丛、白茅灌草丛、芦苇沼泽和香蒲沼泽低矮植被。大沽夹河湿地野生植物资源非常丰富,有记录的野生维管植物 120 科 450 属 846 种,包括蕨类植物 14 科 19 属 30 种,裸子植物 2 科 2 属 3 种,被子植物 104 科 429 属 813 种。根据《IUCN 物种红色名录濒危等级和标准》划分标准,区内分布有受威胁物种 4 种,分别为泰山韭(*Allium taishanense*)、玫瑰(*Rosa rugosa*)、黄芪(*Astragalus membranaceus*)和珊瑚菜,均为易危植物。区内分布有国家二级保护野生植物 4 种,分别为珊瑚菜、中华结缕草、野大豆和紫椴。中国特有野生植物 104 种,包括连翘(*Forsythia suspensa*)、变色白前(*Cynanchum versicolor*)、山东茜草(*Rubia truppeliana*)等。

区内记录有野生高等动物 92 科 197 属 353 种,包括鱼类 7 科 18 属 20 种,两栖类 4 科5 属 7 种,爬行类 7 科 11 属 15 种,哺乳类 12 科 23 属 25 种,鸟类 62 科 140 属 286 种。根据《IUCN 物种红色名录濒危等级和标准》划分标准,区内分布有受威胁野生动物 18 种,其中,极危动物 1 种,为白鹤(*Grus leucogeranus*),濒危动物 7 种,包括松江鲈(*Trachidermus fasciatus*)、中华秋沙鸭(*Mergus squamatus*)、猎隼等,易危动物 10 种,包括乌梢蛇(*Zaocys dhumnades*)、短尾信天翁(*Phoebastria albatrus*)、黄嘴白鹭(*Egretta eulophotes*)等。区内分布有国家重点保护野生动物 51 种,其中国家一级保护野生动物 8 种,包括短尾信天翁、黑鹳(*Ciconia nigra*)、大鸨(*dybowskii* 亚种)(*Otis tarda dybowskii*)等,国家二级保护野生动物 43 种,包括松江鲈(*Trachidermus fasciatus*)、斑嘴鹈鹕(*Pelecanus philippensis*)、秃鹫(*Aegypius monachus*)等。中国特有野生动物 9 种,包括麝鼹(*Scaptochirus moschatus*)、乌鳢(*Channa argus*)、无蹼壁虎(*Gekko swinhonis*)等。

烟台市大沽夹河湿地市级自然保护区是河流湿地、水库湿地、海滩湿地的综合体,其森林生态和湿地生态系统,具有胶东丘陵区生态环境的典型性和代表性,也是生物多样性较丰富和生产力较高的生态系统。在提供水资源、调节气候、涵养水源、降解污染物、保护生物多样性等方面具有重要作用。

十七、莒南马鬐山市级自然保护区

莒南马鬐山市级自然保护区位于山东省莒南县境内,距城区 10 千米,范围涉及涝坡镇和大店镇。地理坐标为东经 118°17′15″～118°49′47″，北纬 35°12′36″～35°38′33″。

2005 年 12 月，临沂市人民政府批准(临政字〔2005〕119 号)建立了莒南马鬐山市级自然保护区，保护区面积 4 210 公顷。其中，核心区面积为 1 464 公顷，缓冲区面积为 832 公顷(见图4-3-10)。主要保护区对象为森林生态系统及野生动植物。

马鬐山及其附近山体由花岗岩及中粒石英正长岩构成，奇峰、涧峡、怪石、幽洞等花岗岩地貌景观独特。马鬐山主峰为金盆顶，海拔高度 662.2 米，为鲁东南群山之冠。马鬐山下有天湖，面积约 1 600 公顷，库容 2.9 亿立方米，为山东省第七大水库，水域辽阔，从北、西、南三面紧紧环抱马鬐山。保护区属暖温带大陆性季风区，四季分明，光照充足，无霜期长。保护区内分布有针叶林、阔叶林、灌丛、草甸 4 种植被类型，包括赤松林、黑松林、侧柏林、麻栎林、刺槐林、山茶灌丛、荆条-酸枣-黄被草灌草丛和芦苇草甸多种群系类型。保护区内分布有国家一级重点保护植物 2 种，分别为银杏和水杉；国家二级重点保护植物 1 种，为中华结缕草。国家二级重点保护动物 15 种，分别为鸢(*Milvus korschun*)、苍鹰(*schvedowi* 亚种)(*Accipiter gentilis schvedowi*)、雀鹰(*Accipiter virgatus*)、松雀鹰(*Accipiter virgatus*)、秃鹫(*Aegypius monachus*)、灰背隼(*Falco columbarius*)、红隼(*interstinctus* 亚种)(*Falco tinnunculus interstinctus*)、灰鹤(*lilfordi* 亚种)(*Grus grus lilfordi*)、红角鸮(*Otus sunia*)、领角鸮(*Otus lettia*)、雕鸮(*ussuriensis* 亚种)(*Bubo bubo ussuriensis*)、纵纹腹小鸮(*plumipes* 亚种)(*Athene noctua plumipes*)、长耳鸮长耳鸮(指名亚种)(*Asio otus otus*)、短耳鸮(指名亚种)(*Asio flammeus flammeus*)、白额雁(*Anser albifrons*)。

莒南马鬐山市级自然保护区景色独特、自然景观优美，林木茂盛、物种丰富、生态环境良好，是天然的野生动植物栖息地，具有很高的保护价值。

十八、临沭苍马山市级自然保护区

临沭苍马山市级自然保护区位于山东省临沭县境内，距城区 3 千米。地理坐标为东经 118°39′32″～118°44′41″，北纬 34°55′40″～34°59′34″。

2005 年 12 月，临沂市人民政府批准(临政字〔2005〕118 号)建立了临沭苍马山市级自然保护区，保护区面积为 3 000 公顷。其中，核心区面积为 789 公顷，缓冲区面积为 1 660 公顷，实验区面积为 551 公顷(见图 4-3-11)。主要保护对象为森林生态系统。

保护区由苍山、马山、草山、冠山、演武山 5 个山峰组成，主峰苍山海拔 394.7 米。山体由元古界胶南群变质岩及中生代燕山期花岗岩构成，山峰陡峭。保护区属暖温带大陆性季风气候，光照充足，四季分明，雨量分布均匀。年平均气温 15℃，年平均日照时数 1980 小时，年平均降雨量 851.8 毫米。主要土壤类型为棕壤。保护区分布有针叶林、阔叶林、灌丛、草甸等植被类型，包括黑松林、马尾松林、刺槐林、荆条-酸枣-黄被草灌草丛、狗牙根草甸等群系类型。区内记录有野生维管植物 45 科 79 属 89 种，包括蕨类植物 4 科 4 属4 种，裸子植物 2 种，单子叶植物 5 科 10 属 10 种，双子叶植物 34 科 61 属 73 种。维管植物中有受威胁植物 1 种，为易危物种玫瑰(*Rosa rugosa*)；中国特有野生植物 11 种，包括野百合(*Lilium brownii*)、野花椒(*Zanthoxylum simulans*)、山葡萄(*Vitis amurensis*)等。

区内分布有野生高等动物 21 科 29 属 30 种，包括鱼类 5 科 10 属 10 种，两栖类和爬行类各 1 种，哺乳类 4 科 4 属 4 种，鸟类 10 科 13 属 14 种。其中鳖（*Trionyx sinensis*）为《IUCN 物种红色名录濒危等级和标准》中划定的易危物种。

临沭苍马山市级自然保护区自然风光优美、人文景观丰富，山奇石怪，林幽水碧，松翠草绿，禽鸟众多，生态资源丰富，具有很高的保护价值。

十九、长清大峰山市级自然保护区

长清大峰山市级自然保护区位于济南市长清区孝里镇境内，距长清城区 39 千米。地理坐标为东经 116°37′0″～116°39′57″，北纬 36°17′36″～36°21′14″。

2011 年 10 月，济南市人民政府批准（济政字〔2011〕47 号）建立了长清大峰山市级自然保护区。保护区以大峰山国有林场为主体，东西宽 14 千米，南北长 10 千米，总面积为 873 公顷。其中，核心区面积为 292 公顷，缓冲区面积为 293 公顷，实验区面积为 288 公顷。主要保护对象是以侧柏为主的森林生态系统。

保护区地处鲁中南山地西麓低山丘陵区，由南北走向的大峰山山脉、黄崖寨山脉及其中间谷地构成，大峰山由石灰岩组成，山势峭立，顶峰高大，海拔高度 446.9 米。区内峰峦叠嶂，大峰山、黄崖山、穆科寨、天麻峪等奇峰异崮星罗棋布，璇玑洞、木鱼石鼓洞等象形奇石栩栩如生。山谷地带出露山泉 20 多处，青龙泉、黑虎泉等 5 处山泉长年不干，水质甘甜。保护区属暖温带大陆性季风气候，四季分明，光照充足，降水集中，年均气温为 13.7℃，无霜期 215 天左右。常年降水量为 644 毫米，60%～70%集中在 6～8 月份，土壤类型主要为褐土。适宜的自然环境条件为生物多样性的发育提供了有利条件。

保护区分布有针叶林、阔叶林和灌丛 3 类主要植被类型，包括侧柏、刺槐林、胡枝子灌丛和黄荆灌丛 4 种群系类型。保护区林地面积 791 公顷，占保护区面积的 90.6%。保护区内的侧柏包括侧柏纯林和侧柏刺槐混交林 2 个亚群系。侧柏纯林面积 648.62 公顷，占保护区面积的 74.3%，占植被面积的 82%。侧柏系 20 世纪 50～60 年代栽培，平均胸径 13.0 厘米，平均树高 9.5 米，由于密度较大，侧柏纯林下几乎不存在灌木及草本植物。刺槐林多为人工林，主要分布在大峰山山体中部，种类组成比较简单，乔木层通常只有刺槐一种，偶尔可见榆、楝、构树等。黄荆灌丛常出现于林间空地和荒山坡地，灌木树种以黄荆为主，其他有酸枣、胡枝子、兴安胡枝子、花木蓝、扁担木等。保护区分布有维管植物 106 科 380 属 668 种，蕨类植物 10 科 12 属 15 种，裸子植物 4 科 9 属 15 种，被子植物 92 科 359 属 638 种，双子叶植物 81 科 289 属 515 种，单子叶植物 11 科 70 属 123 种。分布有中华结缕草（*Zoysia sinica*）、野大豆（*Glycine soja*）2 种国家二级重点保护植物，有以古侧柏、古国槐、古榆树、古柿树、古青檀等为主的古树名木 24 株。保护区记录野生动物有两栖类5 种，爬行类 9 种，兽类 19 种，鸟类 128 种，昆虫种类 550 种。

保护区分布有发育良好的以侧柏林为主的森林生态系统，是山东侧柏分布最为集中、生长最好的区域之一，在石灰岩山区具有典型性和代表性。保护区生物多样性比较丰富，自然景观多样。保护区建设对于涵养水源、保护生物多样性，维护区域生态安全具有重要意义。

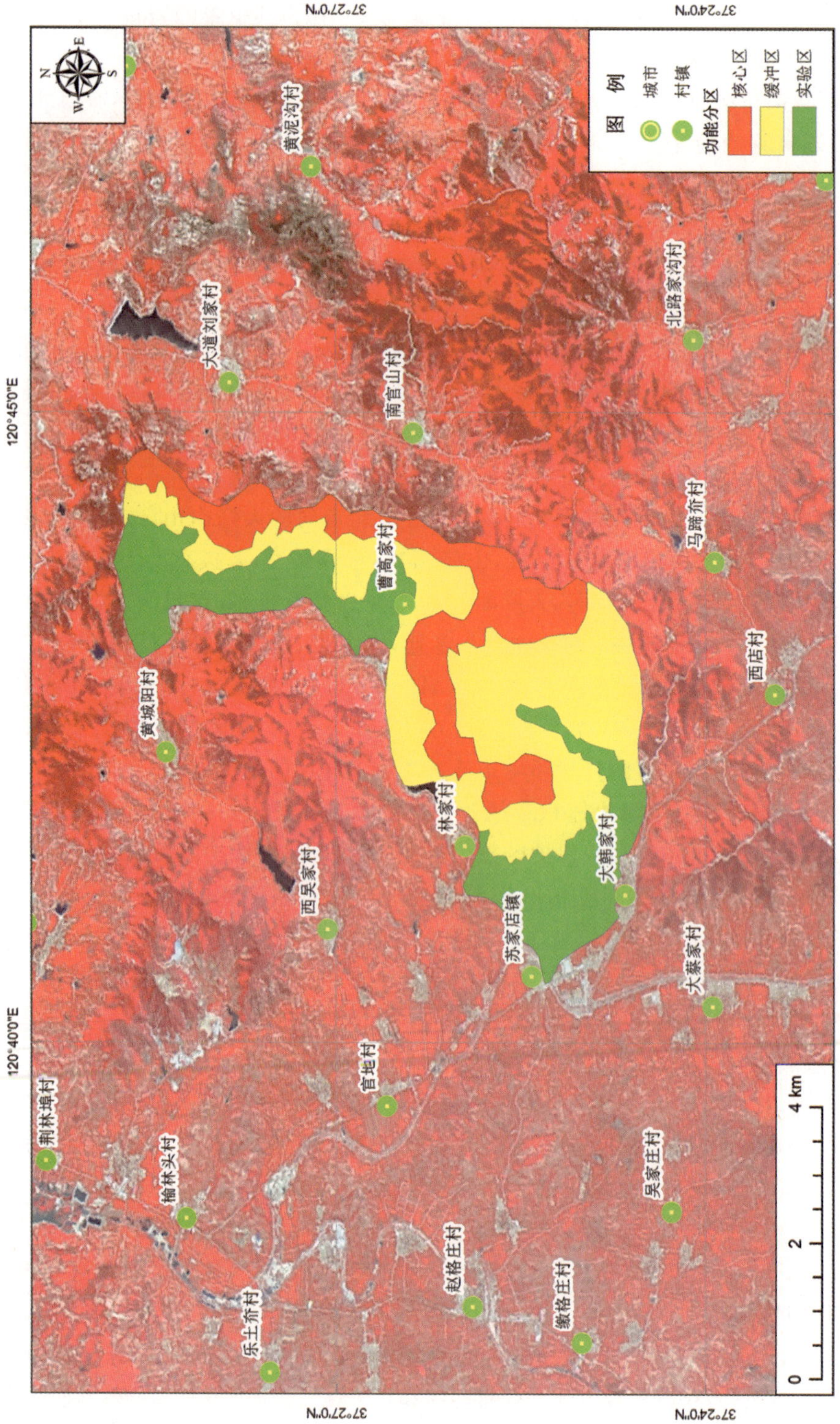

图4-3-1 栖霞崮山市级自然保护区功能分区示意图

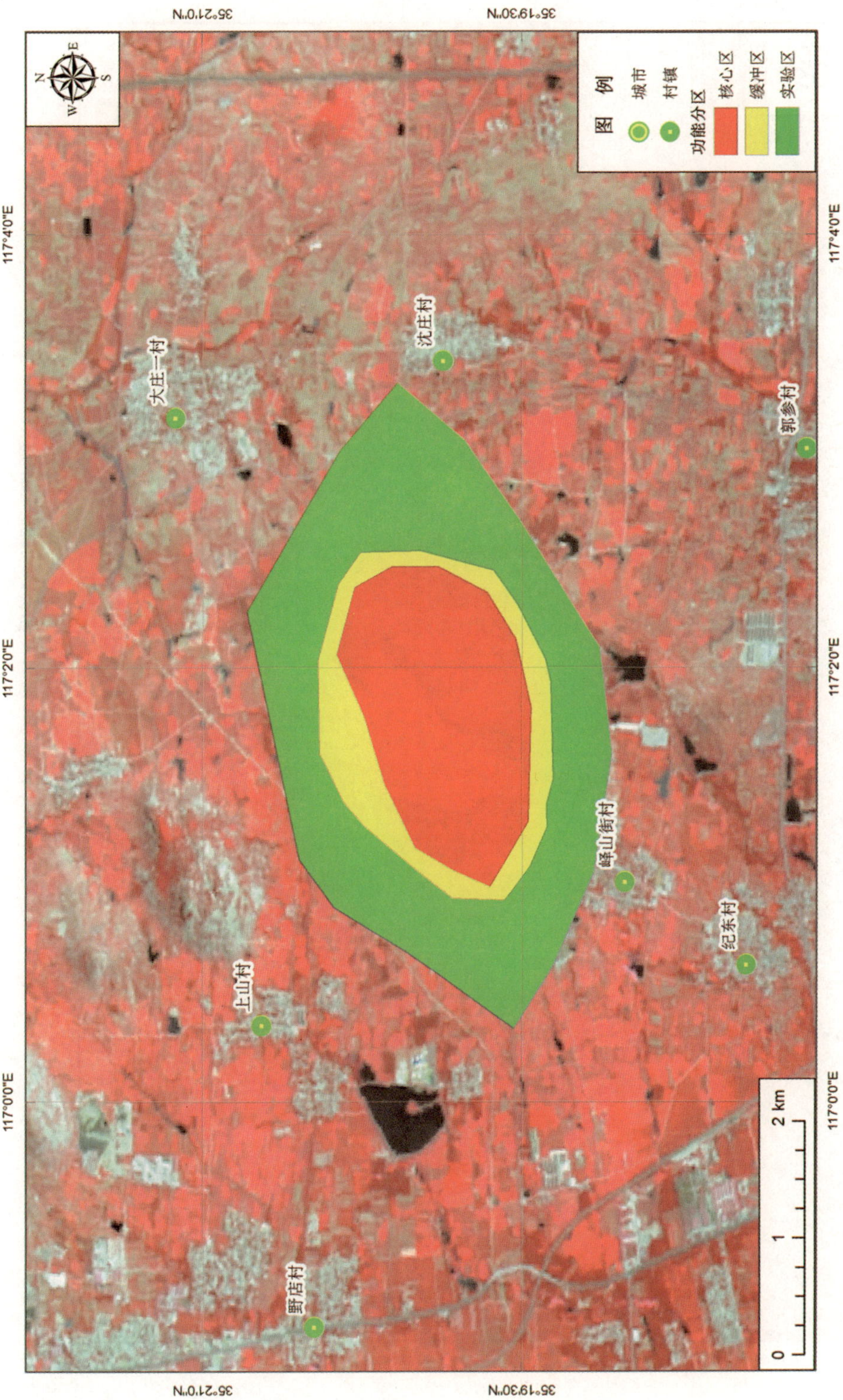

图4-3-2　峰山市级自然保护区功能分区示意图

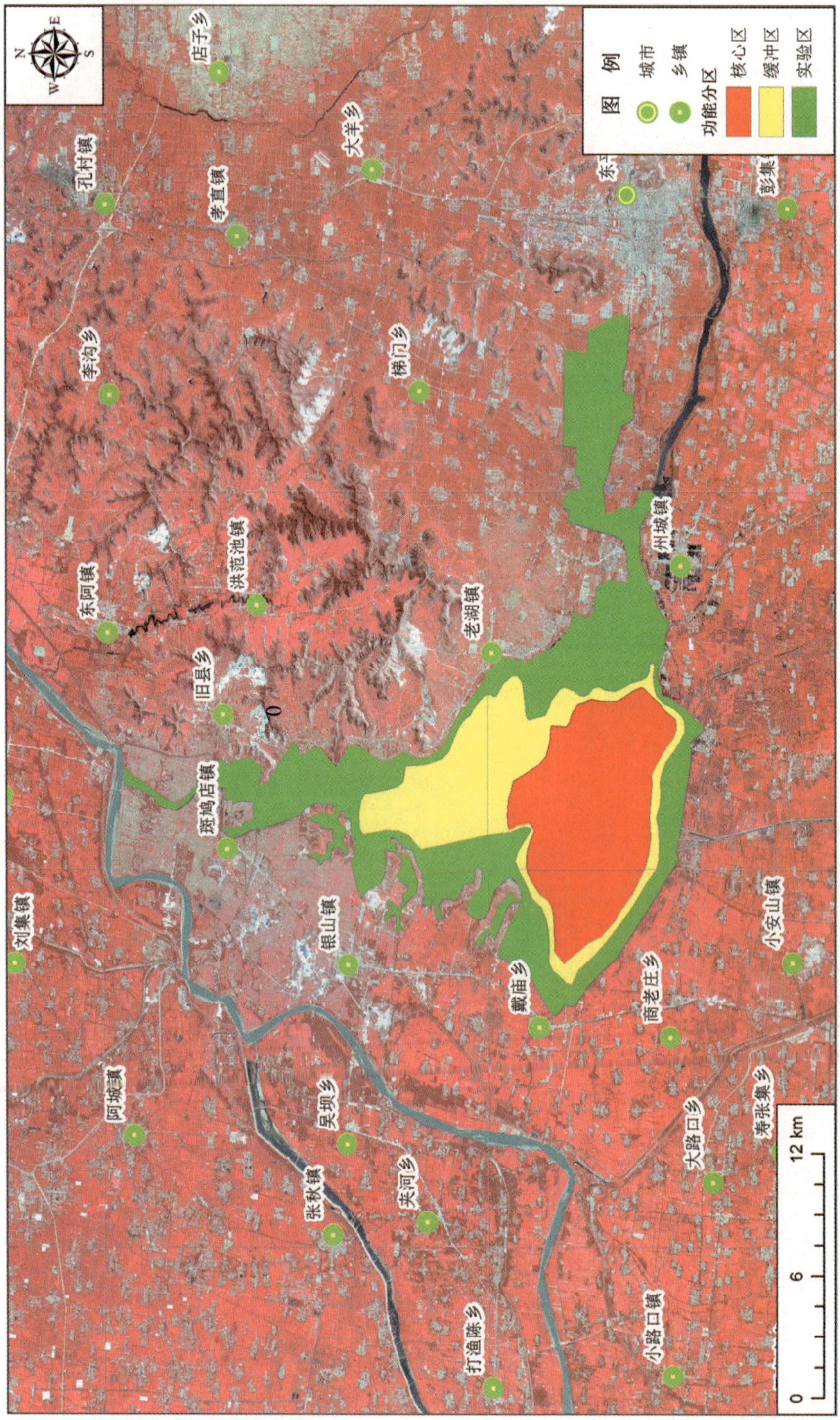

图4-3-3 东平湖湿地市级自然保护区功能分区示意图

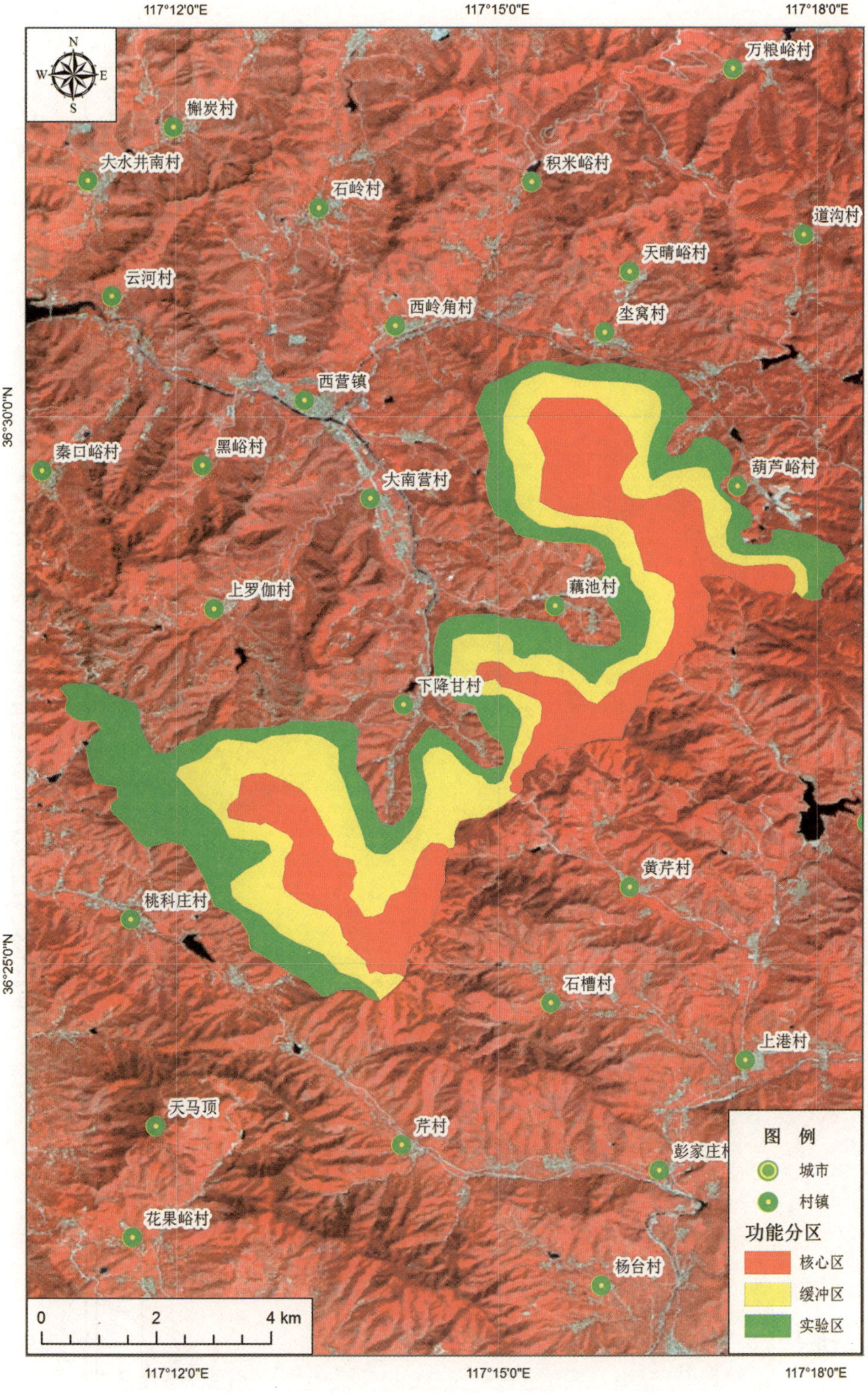

图 4-3-4 柳埠市级自然保护区功能分区示意图

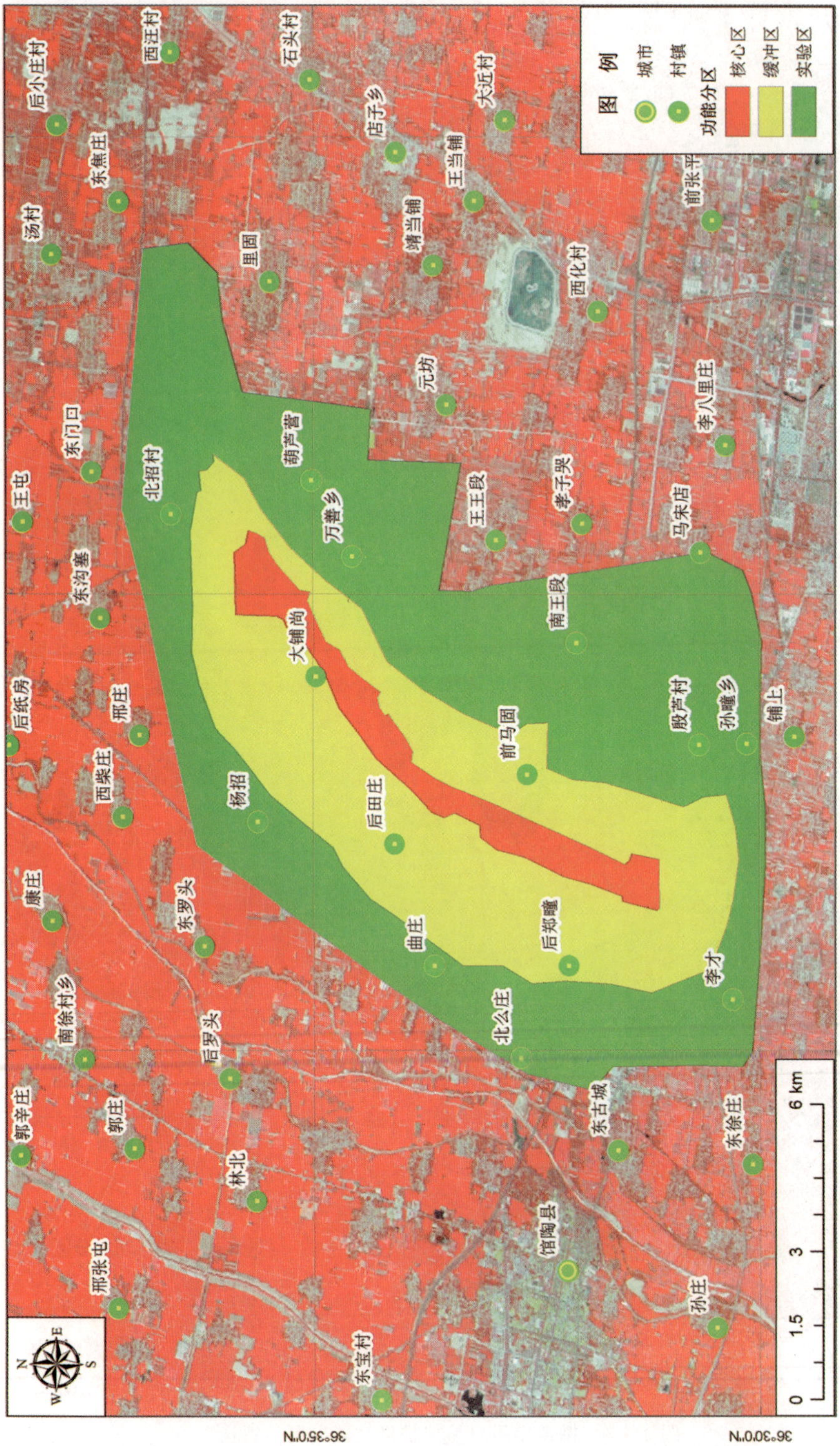

图4-3-5 冠县西沙河林场市级自然保护区功能分区示意图

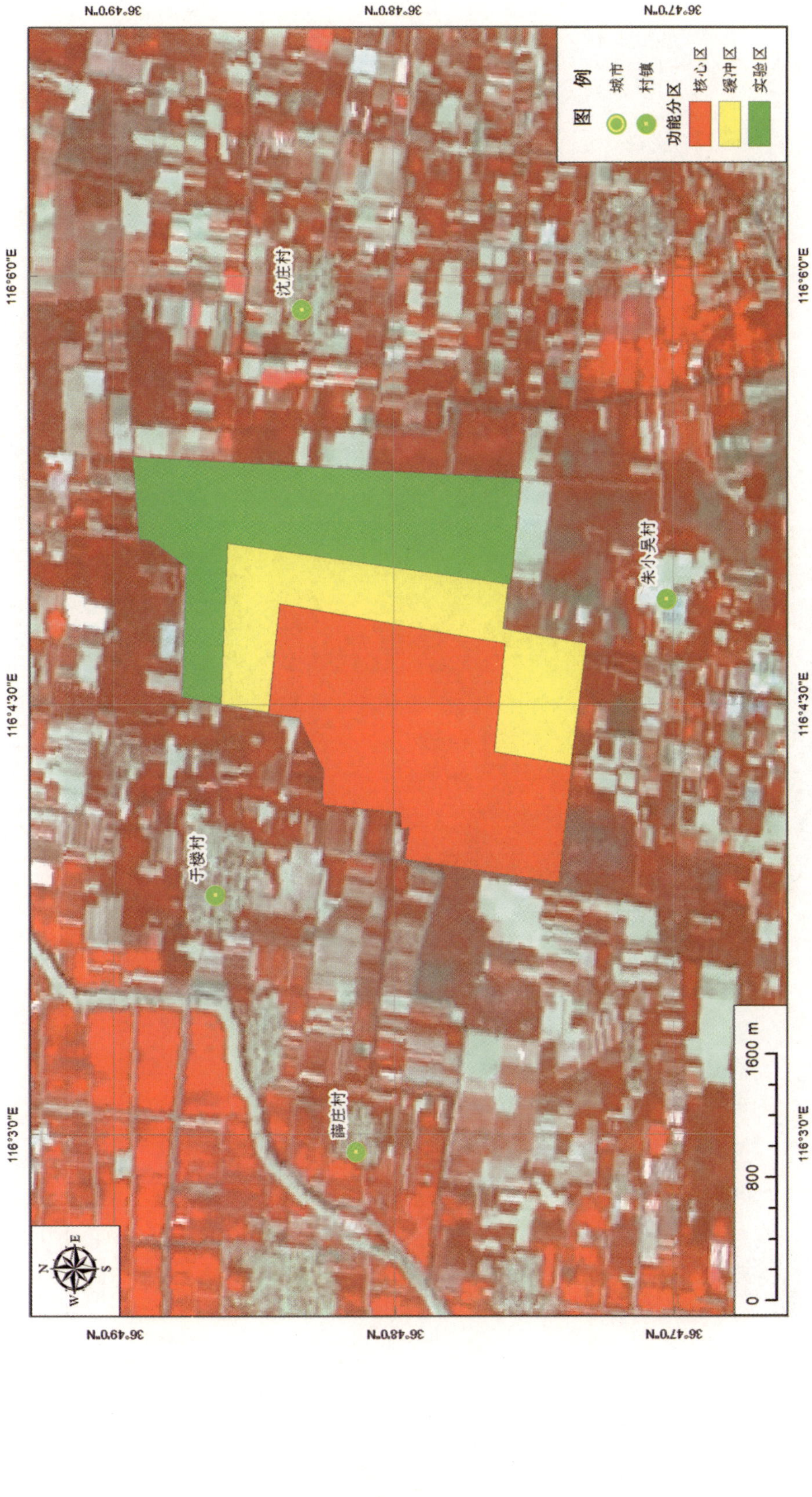

图4-3-6　高唐县清平林场市级自然保护区功能分区示意图

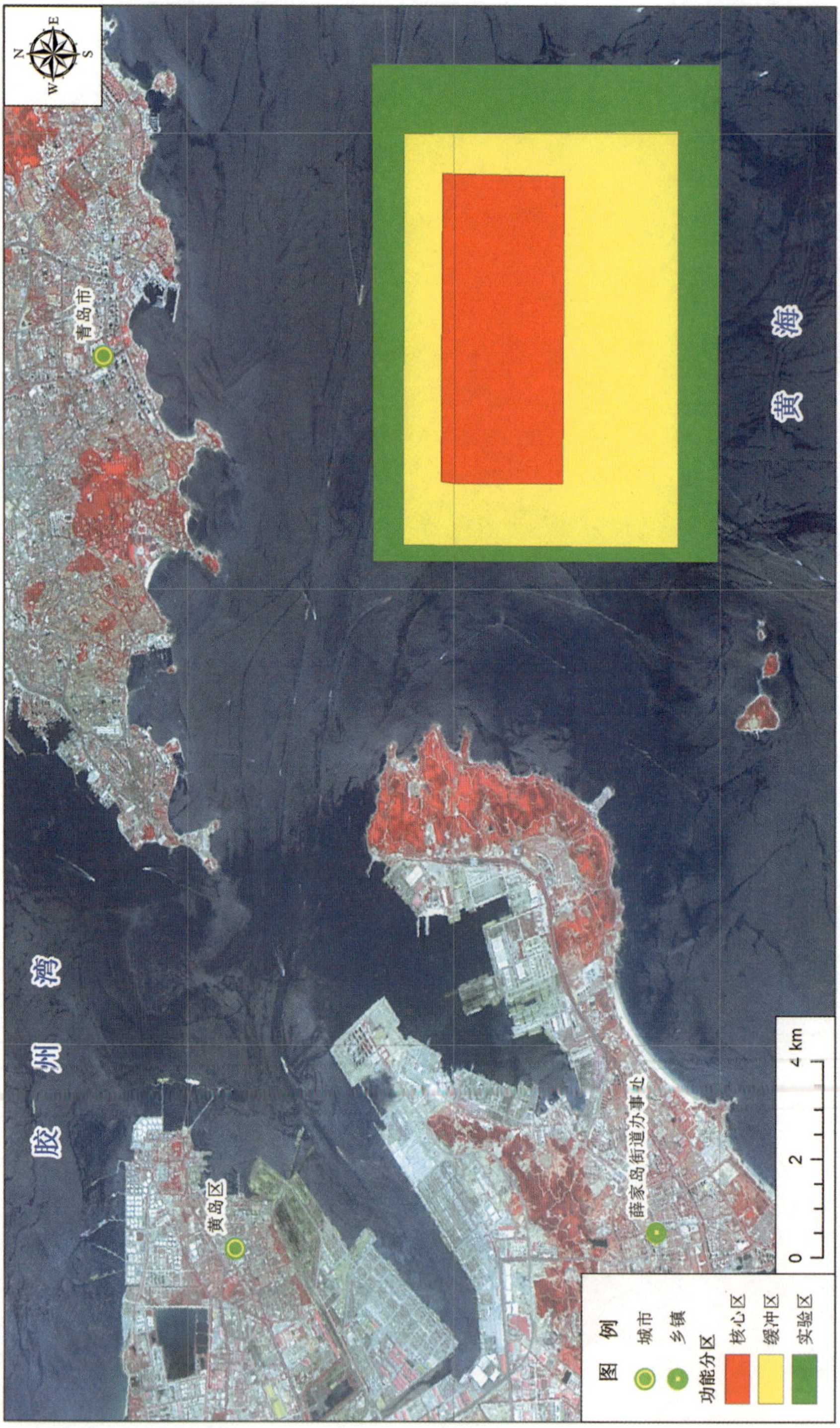

图4-3-7 青岛文昌鱼水生野生动物市级自然保护区功能分区示意图

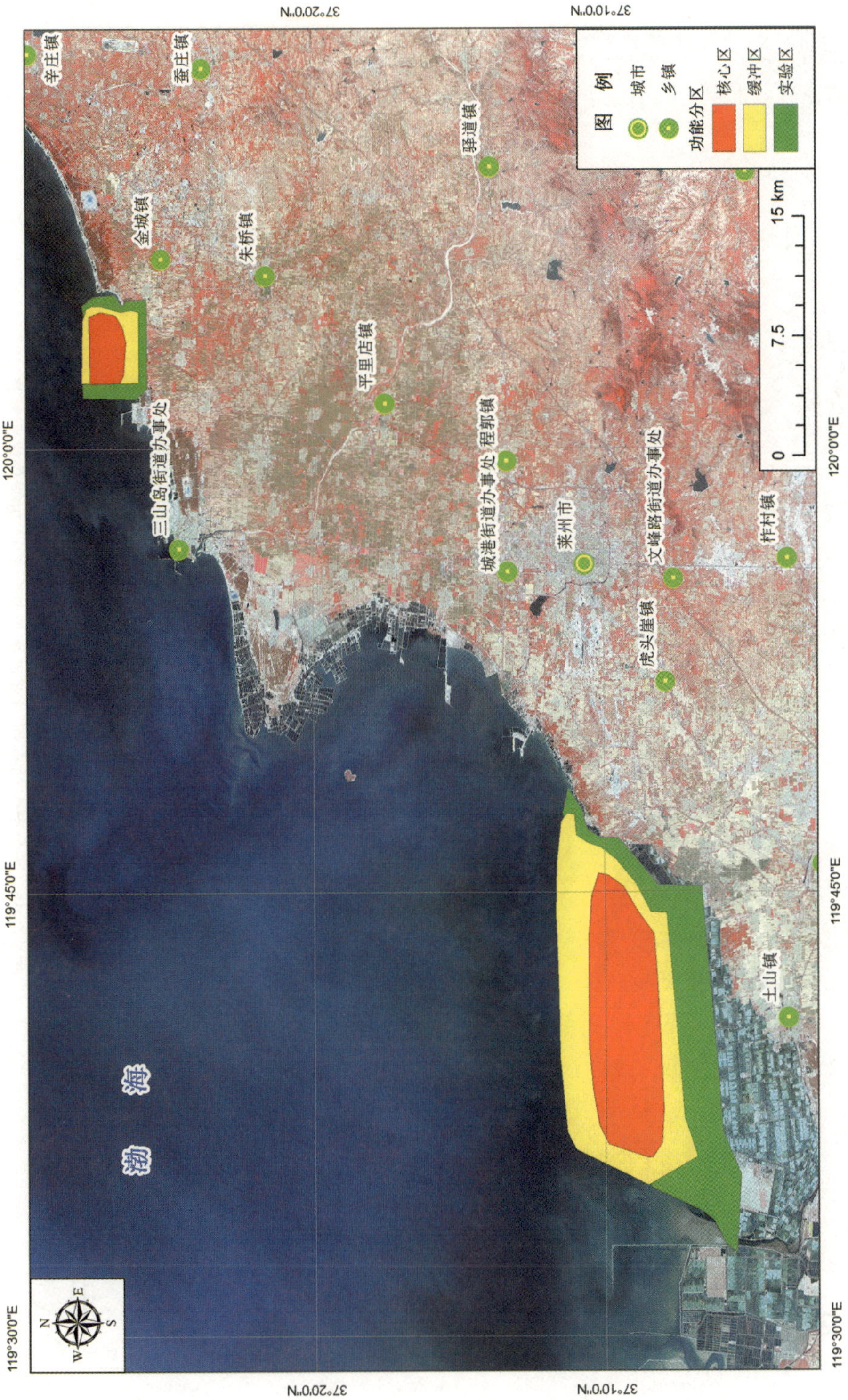

图4-3-8　山东莱州湾湿地市级自然保护区功能分区示意图

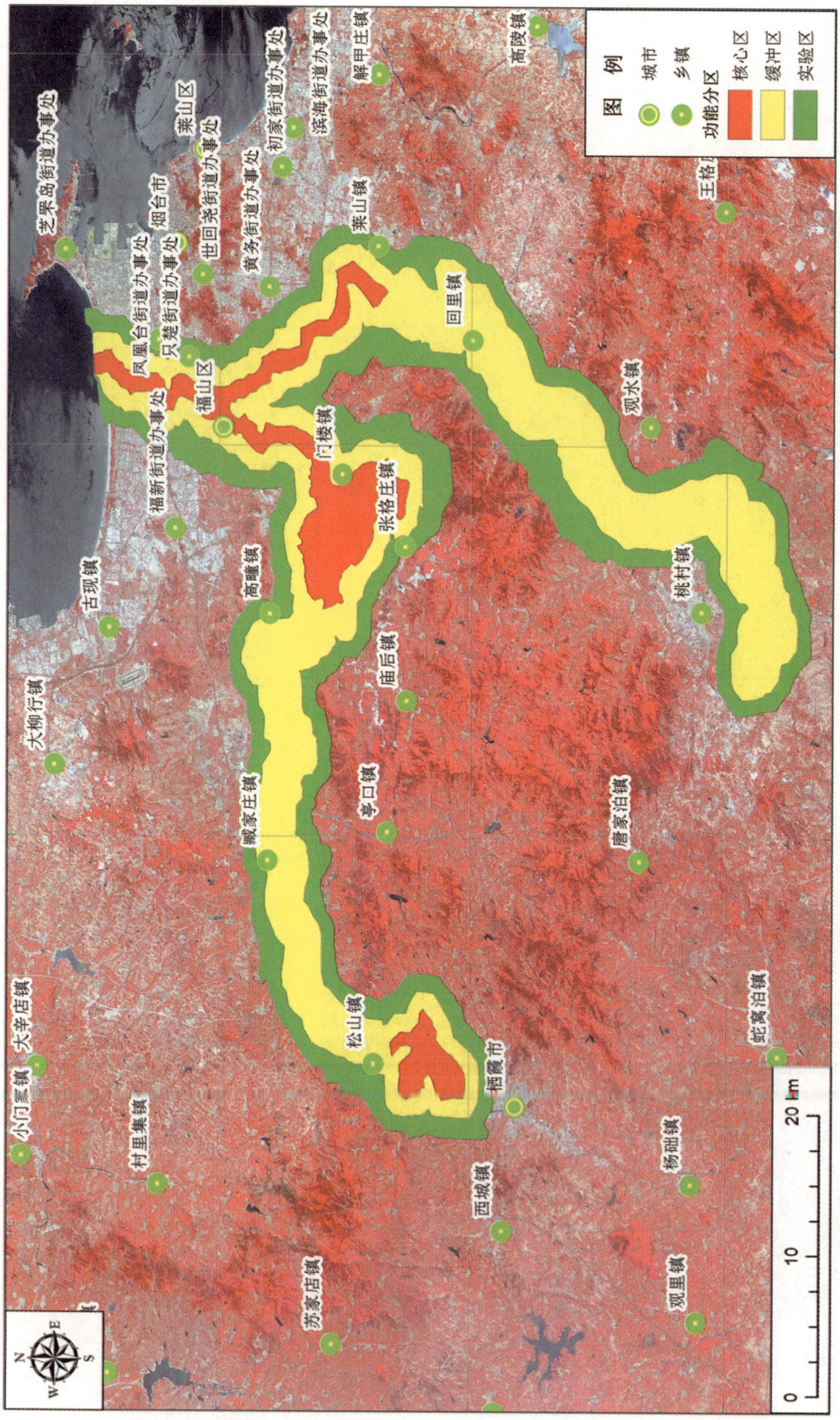

图4-3-9 烟台市大沽夹河湿地市级自然保护区功能分区示意图

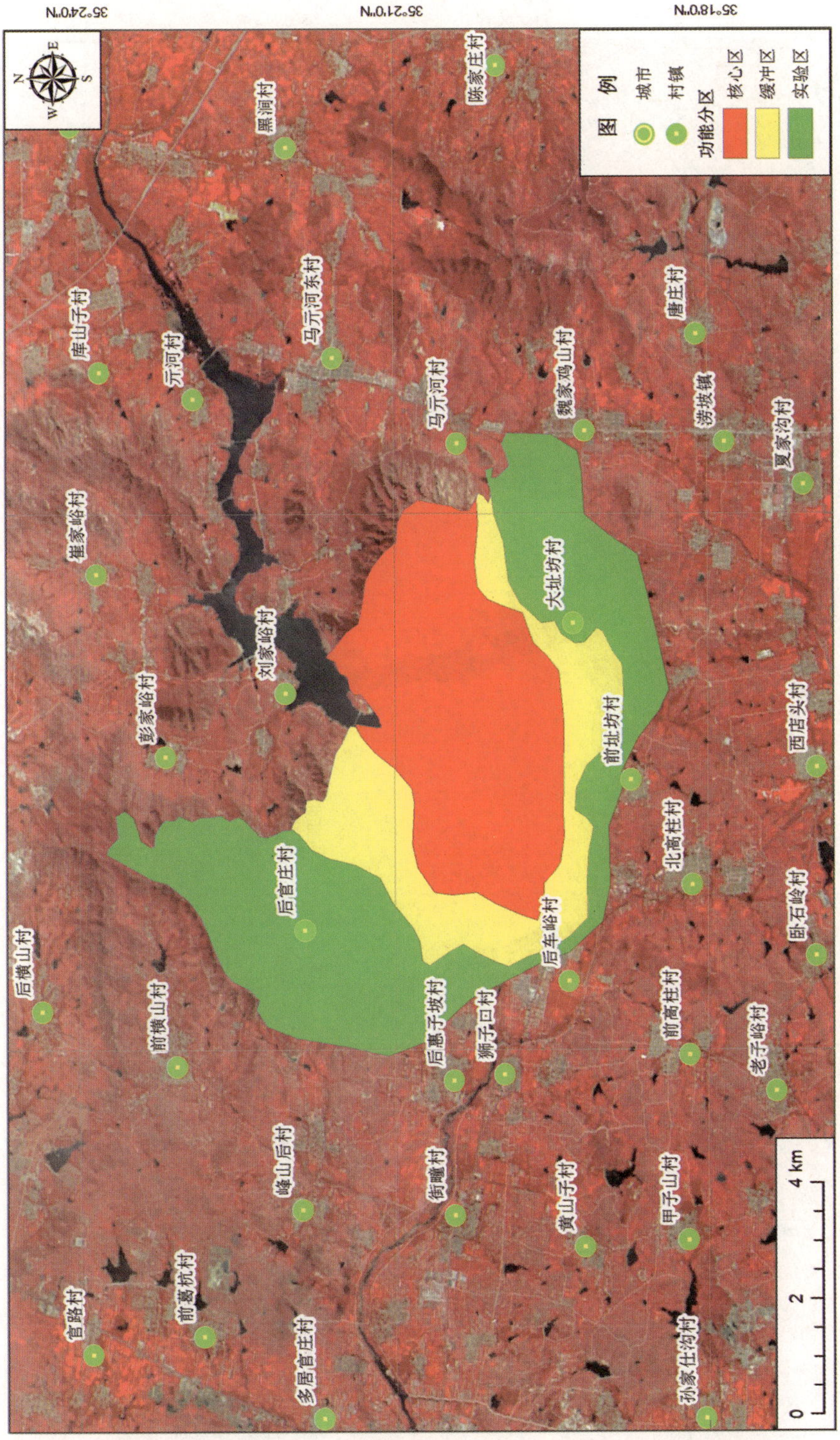

图4-3-10 莒南马鬐山市级自然保护区功能分区示意图

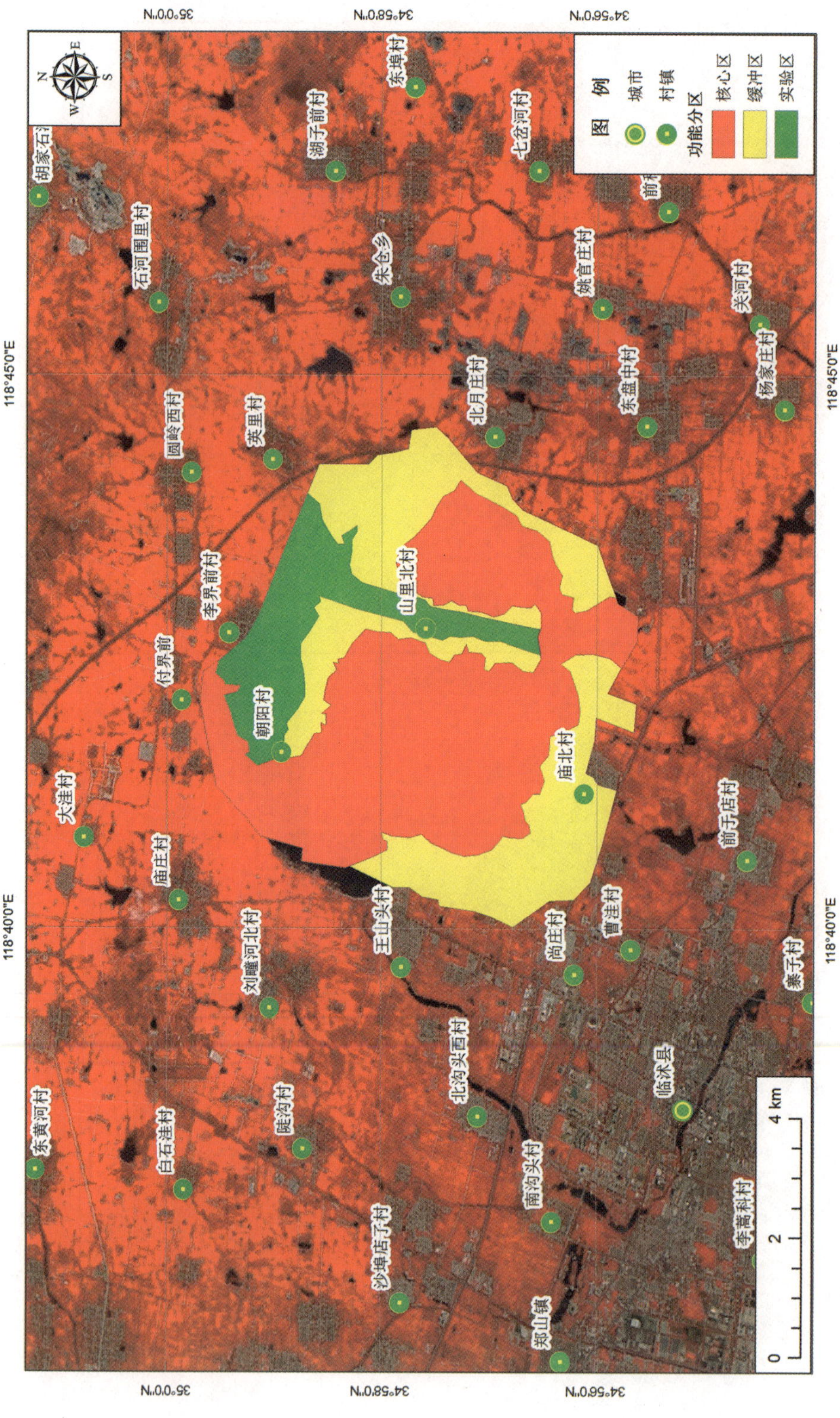

图4-3-11 临沭苍马山市级自然保护区功能分区示意图

第四节　县级自然保护区简介

一、泉林水体县级自然保护区

泉林水体县级自然保护区位于山东省泗水县城东 25 千米的泉林镇，为泗河的发源地，保护区范围北起古卞桥，南至石缝泉，东起洙水河路，西至啤酒厂。地理坐标为东经 117°30′13.2″～117°30′29.7″，北纬 35°36′50″～35°37′51″。

1987 年 4 月，泗水县人民政府批准（泗政发〔1987〕46 号）将泉林泉群划为水体自然保护区，1989 年 8 月，济宁市人民政府以〔1989〕79 号文批复了泗水县政府《关于将泉林划为水体自然保护区的请示》，同意泗水县政府将泉林划为水体自然保护区，面积为 270 公顷。主要保护对象为泉林泉群。

保护区地处鲁中南低山丘陵地带，泰、沂、蒙山区边缘，东部陪尾山海拔 130 米，西部汶泗断层地堑处在 200 米以下，东、南、北三面环山，西面是洙泗流域冲积平原，龟蒙山纵列东北，弥山、毛山、鼓山分列西南。山麓盆地相接处，众泉会聚，形成泉群奇观。因名泉荟萃，泉多如林，故称“泉林”。境内古生代和中生代的灰岩及砂岩为主要地层，断层错综交割。气候属暖温带季风气候，四季分明。多年平均降雨量为 715.6 毫米，年平均气温为13.3～14.1℃，平均无霜期为 199 天。主要河流泗河干流长 159 千米，发源于泉林镇陪尾山，山下有趵突、响水、洗钵、红石四泉涌出，汇集成流，即为泗河源头。保护区有针叶林、阔叶林、灌丛、草甸、水生植被和沼泽植被等植被类型，包括侧柏林、落叶松林、水杉林、马尾松林、落叶阔叶杂木林、刺槐林、荆条-酸枣-黄被草灌草丛、芦苇草甸、芦苇沼泽、水葱沼泽、节节菜群落等群系类型。区内分布有野生维管植物 12 科 17 属 22 种，包括 1 种裸子植物，14 种单子叶植物，7 种双子叶植物，其中有毛白杨（*Populus tomentosa*）、旱柳（*Salix matsudana*）和垂柳（*Salix babylonica*）3 种中国特有野生植物。

野生高等动物有 21 科 31 属 37 种，根据《IUCN 物种红色名录濒危等级和标准》划分标准，区内分布有受威胁动物 3 种，包括濒危 2 种，分别为乌龟（*Chinemys reevesii*）和中华秋沙鸭（*Mergus squamatus*），易危物种 1 种，为猪獾（*Arctonyx collaris*）；国家重点保护野生动物 2 种，分别为国家一级保护野生动物中华秋沙鸭（*Mergus squamatus*）和国家二级保护野生动物鸳鸯（*Aix galericulata*）；中国特有野生动物 2 种，分别为金线侧褶蛙（*Pelophylax plancyi*）和无蹼壁虎（*Gekko swinhonis*）。

泉林泉群为石灰岩裂隙岩上升泉，属于山东省 36 个日流量大于 1 万立方米的岩溶大泉之一。泉林泉水除来自大气降水补给外，还受上游中型水库贺庄水库的渗漏补给。主要富水岩层为中奥陶系四、五、六段灰岩。泉林泉水水质优良，主要有以下特点：一是无砷、镉、汞等有毒杂质，含硒等对人体有益的矿物元素，具有矿泉水的营养成分；二是泉群为冷泉水，水温稳定，泉水一年四季恒定在 18℃左右；三是泉水为深层地下水，溶解深层岩石中的钠、钙、钾、镁等矿物元素，硬度较高，总硬度 327 毫克/升。用泉水烹茶煮茗色纯味正，用其酿酒则酒洌生香，常饮此泉水，能使人清心爽神，延年益寿。

泉林泉群是泗河发源地，是十分宝贵的自然资源，泉林水体自然保护区的建立对保护和合理开发泉林泉水资源，保护名泉不受污染，具有十分重要的意义。

二、博兴县引黄济青渠首鸟类县级自然保护区

博兴县引黄济青渠首鸟类县级自然保护区位于山东省博兴县境内，距城北 20 千米，范围涉及乔庄镇和庞家镇。地理坐标为东经 118°7′33″～118°8′17″，北纬 37°15′47″～37°17′10″。

1992 年，博兴县人民政府批准（博政发〔1992〕104 号）建立了博兴县引黄济青渠首鸟类自然保护区，保护区面积为 360 公顷。其中，核心区面积为 210 公顷，缓冲区面积为 60 公顷，实验区面积为 90 公顷。主要保护对象为鸟类。

保护区地处鲁北地区黄河南岸。区内分布有多种野生植物。据统计，区内分布有野生维管植物 29 科 54 属 60 种，包括蕨类植物 2 种，裸子植物 1 种，单子叶植物 4 科 9 属 10 种，双子叶植物 22 科 42 属 47 种。根据《IUCN 物种红色名录濒危等级和标准》划分标准，维管植物中有受威胁物种 1 种，为易危物种玫瑰（*Rosa rugosa*）；中国特有植物 9 种，分别为毛白杨（*Populus tomentosa*）、旱柳（*Salix matsudana*）、垂柳（*Salix babylonica*）、旱榆（*Ulmus glaucescens*）、山东山楂（*Crataegus shandongensis*）、花椒（*Zanthoxylum bungeanum*）、臭椿（*Ailanthus altissima*）、柽柳（*Tamarix chinensis*）和连翘（*Forsythia suspensa*）。区内记录有野生高等动物 33 科 45 属 52 种，以鸟类为主，包括鱼类 3 科 8 属 8 种，两栖类 1 种，爬行类 4 科 4 属 4 种，哺乳类 3 科 3 属 3 种，鸟类 22 科 29 属 36 种。根据《IUCN 物种红色名录濒危等级和标准》划分标准，高等动物中受威胁物种 2 种，分别为濒危动物乌龟（*Chinemys reevesii*）和易危动物鳖（*Trionyx sinensis*）；国家二级保护野生动物 5 种，均为鸟类，分别为雀鹰（*nisosimilis* 亚种）（*Accipiter nisus nisosimilis*）、红隼（*interstinctus* 亚种）（*Falco tinnunculus interstinctus*）、灰鹤（*lilfordi* 亚种）（*Grus grus lilfordi*）、长耳鸮（指名亚种）（*Asio otus otus*）和短耳鸮（指名亚种）（*Asio flammeus flammeus*）。

博兴县引黄济青渠首鸟类县级自然保护区湿地资源与野生动植物资源丰富，是各种野生珍稀鸟类重要的栖息地和迁徙通道，具有重要的保护意义。

三、郯城县银杏县级自然保护区

郯城县银杏县级自然保护区位于山东省郯城县境内，范围涉及重坊、新村、港上和胜利等乡镇。

1995 年 10 月，郯城县人民政府批准（郯政发〔1995〕107 号）建立了郯城县银杏自然保护区，面积为 4 333 公顷。1999 年 12 月，郯城县人民政府（郯政发〔1999〕92 号）调整了保护区范围，保护区面积为 6 183 公顷。主要保护对象为银杏。

银杏树又名“白果树”，生长较慢，寿命极长，具有欣赏、经济、药用价值。银杏树是第

四纪冰川运动后遗留下来的最古老的裸子植物，是世界上十分珍贵的树种之一，因此被称为植物界中的“活化石”。郯城县银杏自然保护区有百年以上的结果大树 2.5 万株，其中位于新村乡银杏古梅园内的“老神树”，是华夏银杏第一雄树。老神树银杏王树高 47 米，胸径 2.3 米，胸围 7.1 米，树荫占地面积约 0.85 亩，虽历经2 000余年，仍树叶繁茂，硕果累累。艾(*Artemisia argyi*)、野胡萝卜(*Daucus carota*)、野蓟(*Cirsium maackii*)、烟管头草(*Carpesium cernuum*)、鳢肠(*Eclipta prostrata*)、东北蒲公英(*Taraxacum ohwianum*)和紫花野菊(*Dendranthema zawadskii*)7 种维管植物在保护区内亦有分布。

郯城县银杏自然保护区的建立，对于持续、永久地保护、利用银杏资源，保护当地生态环境，具有十分重要的意义。

四、苍山县抱犊崮县级自然保护区

苍山县抱犊崮县级自然保护区位于山东省苍山县下村乡境内。地理坐标为东经 117°42′47″～117°44′35″，北纬 34°58′31″～34°59′38″。

保护区始建于 1996 年，面积为 1 760 公顷。其中，核心区面积为 655.5 公顷，缓冲区面积为1 104.5 公顷。主要保护对象为生态植被和野生动物。

抱犊崮又名“抱犊山”“君山”“豹子崮”，海拔 586 米，为鲁南第一高峰，居沂蒙七十二崮之首，被誉为“天下第一崮”。抱犊崮拔地通天，鹤立群山，以其独有的雄、奇、险、秀而著称。崮顶面积约为 2.67 公顷，宛如圆杯倒扣于山峰之上，自颈至巅，峭壁如削，山石裂缝纵横，古柏倒挂。保护区内以山丘、坡地为主，森林覆盖率相对较高，以灌木及林木为主，生态环境良好。保护区内分布有针叶林、阔叶林、灌丛、灌草丛等植被类型，包括赤松林、油松林、黑松林、侧柏林、麻栎林、落叶阔叶杂木林、刺槐林、毛白杨林、旱柳林、榆林、泡桐林、绣线菊灌丛、荆条-酸枣-黄被草灌草丛、荆条-酸枣-白羊草灌草丛等多种群系类型。据调查，区内分布有野生维管植物 97 科 297 属 443 种，包括蕨类植物 7 科 8 属 10 种，裸子植物 2 科 2 属 3 种，单子叶植物 15 科 77 属 115 种，双子叶植物 73 科 210 属 315 种。根据《IUCN 物种红色名录濒危等级和标准》的划分标准，区内分布有受威胁植物 1 种，为易危植物玫瑰(*Rosa rugosa*)；国家二级保护野生植物 1 种，为野大豆；中国特有野生植物 54 种，包括簸箕柳(*Salix suchowensis*)、长冬草(*Clematis haxapetala* Var. *tchefouensis*)、野皂荚(*Gleditsia microphylla*)等。

区内野生动物种类贫乏，记录有野生高等动物 30 科 40 属 42 种，包括鱼类 7 科 12 属 12 种，两栖类 1 科 2 属 2 种，爬行类 4 科 5 属 5 种，哺乳类 6 科 6 属 6 种，鸟类 12 科 16 属 17 种。根据《IUCN 物种红色名录濒危等级和标准》的划分标准，区内分布有受威胁动物 2 种，分别为濒危动物乌龟(*Chinemys reevesii*)和易危动物鳖(*Trionyx sinensis*)；国家二级保护野生动物 1 种，为苍鹰(*schvedowi* 亚种)(*Accipiter gentilis schvedowi*)；中国特有野生动物 1 种，为无蹼壁虎(*Gekko swinhonis*)。

苍山县抱犊崮县级自然保护区气候、土壤、地貌保存完好，物种资源丰富，是山东地区重要的自然生态遗产，具有重要的保护价值。

五、苍山县大宗山县级自然保护区

苍山县大宗山县级自然保护区位于山东省苍山县大仲村镇境内，2000 年2 月，由苍山县人民政府批准建立，保护区面积 2 300 公顷。其中，核心区面积为 300 公顷，缓冲区面积为 1 700 公顷。

大宗山又称“朗公山”“驴脖子山”，因山体形似驴脖子而得名。大宗山山势呈南北走向，绵延数十千米，面积 210 公顷，主峰海拔 257 米，有 9 座山头相接，故又称为“九顶莲花山”。大宗山山势雄奇，风景独秀，青山连绵回环，奇峰怪石鳞次栉比，松生绝壁，泉涌峭崖。区内属暖温带半干旱大陆性季风气候，气候适宜，四季分明，光照充足，适宜植物的生长。土壤主要为褐土、潮土。大宗山奇石众多，泉水涌动，潺潺流水沿山涧蜿蜒直下。朗公寺坐落于大宗山腹地，始建于东晋咸康五年(339 年)，以东晋沙门竺僧朗公卓锡住持修禅而得名。历经南北朝，兴于隋唐。元朝鼎盛时期占地数百亩，殿阁 20 余处，禅房 300 余间，僧侣 500 余人，曾为古琅琊四大寺院之首，当时与长清灵岩寺和杭州灵隐寺相齐名。朗公寺历经沧桑，几度兴衰，绵延至今，成为深山古刹。

区内植被类型有针叶林、阔叶林、灌丛、灌草丛等，群系包括赤松林、落叶松林、杉木林、刺槐林、旱柳林、榆林、山茶灌丛、白茅灌草丛、芦苇草甸、节节菜群落等群系类型。据调查，保护区内乔木林多为栽培植被，野生维管植物主要为习见草本植物，以菊科为主，包括五月艾(*Artemisia indica*)、狗舌草(*Tephroseris kirilowii*)、刺儿菜(*Cirsium segetum*)等。区内记录有野生高等动物 20 科 26 属 29 种，包括两栖类、爬行类、哺乳类和鸟类，以哺乳类和鸟类为主。高等动物中有受威胁动物 2 种，为易危物种团花锦蛇(*Elaphe davidi*)和猪獾(*Arctonyx collaris*)；国家二级保护野生动物 2 种，分别为苍鹰(*schvedowi* 亚种)(*Accipiter gentilis schvedowi*)和草原雕(指名亚种)(*Aquila nipalensis nipalensis*)；中国特有野生动物 3 种，分别为无蹼壁虎(*Gekko swinhonis*)、团花锦蛇(*Elaphe davidi*)和中华鼢鼠(*Myospalax fontanieri*)。

苍山县大宗山县级自然保护区自然景观独特，景色优美，森林生态资源与人文资源丰富，具有重要的保护意义。

六、苍山县文峰山县级自然保护区

苍山县文峰山县级自然保护区位于山东省苍山县尚岩镇北约 3 千米，地理坐标为东经 117°53′0″～117°53′35″，北纬 34°53′27″～34°54′4″。

保护区于 1996 年经苍山县人民政府批准建立，面积为 400 公顷。其中，核心区面积为 130 公顷，缓冲区面积为 270 公顷。主要保护对象为生态植被、野生动植物及古建筑。

文峰山亦名“神峰山”，属尼山山系，山体由石灰岩和变质岩构成，呈东北、西南走向，主峰海拔 212 米，素有“鲁南小泰山”之称。文峰山中千岩万壑，古柏参天，风景秀丽，古迹遍布。文峰山西 3 000 米处有一千佛崖，高丈余，长百米，刀砍斧劈，壁立山涧。石壁遍刻佛像，端坐直立，大小不一，念经诵佛，百态千姿，大者七八十厘米，小者十几厘米，画刻略显粗糙。山上还保留有季文子庙、三皇庙、三清观故址、泉源寺等遗址。

保护区内分布有针叶林、阔叶林、灌丛、灌草丛等植被类型，包括赤松林、油松林、黑松林、侧柏林、麻栎林、落叶阔叶杂木林、刺槐林、绣线菊灌丛、荆条-酸枣-黄被草灌草丛、荆条-酸枣-白羊草灌草丛等群系类型。据统计，区内分布有野生维管植物97科298属440种，包括蕨类植物7科8属10种，裸子植物2科2属3种，被子植物88科288属427种。根据《IUCN物种红色名录濒危等级和标准》中的划分标准，区内分布有受威胁物种1种，为易危植物玫瑰(*Rosa rugosa*)；国家二级保护野生植物1种，为野大豆；中国特有野生植物54种，包括锦鸡儿(*Caragana sinica*)、地构叶(*Speranskia tuberculata*)、山麻杆(*Alchornea davidii*)等。区内记录有野生高等动物30科40属42种，包括鱼类7科12属12种，两栖类1科2属2种，爬行类4科5属5种，哺乳类6科6属6种，鸟类12科16属17种。根据《IUCN物种红色名录濒危等级和标准》中的划分标准，区内分布有受威胁动物2种，分别为濒危动物乌龟(*Chinemys reevesii*)和易危动物鳖(*Trionyx sinensis*)；另有国家二级保护野生动物苍鹰(*schvedowi* 亚种)(*Accipiter gentilis schvedowi*)和中国特有野生动物无蹼壁虎(*Gekko swinhonis*)。

苍山县文峰山县级自然保护区苍松翠柏，曲径通幽，植被茂盛，人文资源丰富，保护区的建立对保护当地自然文化资源具有重要意义。

七、沂水县沂河县级自然保护区

沂水县沂河县级自然保护区位于山东省沂水县沂水镇大伴城村，范围从沂河橡皮坝至跋山水库的河道及两岸河堤外规定的水域和陆域，包括泉庄乡、新民官庄乡、柴山乡、朱戈镇、下古村乡、武家洼乡、龙家圈乡前马荒村以北、沂水镇小沂河以北8个乡镇。地理坐标为东经118°13′～119°03′，北纬35°36′～36°13′。

1996年12月，沂水县人民政府批准(沂政发〔1996〕73号)建立了沂河自然保护区。保护区面积为4万公顷，主要保护对象为饮用水源地。

沂水县沂河县级自然保护区是沂水县唯一的县级湿地自然保护区和重要水源地。沂河南北纵贯56千米，流域面积14.38万公顷。境内有大、中、小型水库151座，其中大型水库2座。跋山水库为山东省第三大水库，总库容5.1亿立方米，为沂河水源地源头。2007年，沂水县人民政府(沂政发〔2007〕3号)将沂河(饮用水源)自然保护区划分为一级保护区、二级保护区和准保护区，并作了相应规定。一级保护区为第一万吨水厂及虹吸井群周围半径1 000米范围内、第二万吨水厂周围半径1 000米范围内、沂河水站及虹吸井群周围半径1 000米范围内、从沂河橡皮坝至跋山水库闸门的河道及两岸河堤外100米的水域和陆域以及跋山水库、沙沟水库水域。二级保护区为第一万吨水厂及虹吸井群周围半径1 000～2 000米范围内、第二万吨水厂周围半径1 000～2 000米范围内、沂河水站及虹吸井群周围半径1 000～2 000米范围内、从沂河橡皮坝至跋山水库闸门的河道及两岸河堤外1 000米的水域和陆域。准保护区为一级、二级保护区以外的主要水源补给区。

沂水县沂河县级自然保护区是沂水县唯一的县级湿地自然保护区和重要水源地，对保护水源地水质具有十分重要的意义。

八、五彩山县级自然保护区

五彩山县级自然保护区位于山东省沂南县双堠镇境内，地理坐标为东经118°23′33″～118°30′20″，北纬35°26′33″～35°32′0″。

1997年12月，沂南县人民政府批准（沂政发〔1997〕158号）建立了五彩山自然保护区，保护区面积为2 050公顷。主要保护对象为生态植被和野生生物。

保护区山体由太古界泰山群片麻岩构成，包括五彩山、大青山、大项子、猫头山等山峰，主峰五彩岭海拔764.8米，为沂南县最高峰。五彩山阳坡和缓，阴坡陡峭，山势连绵，植被茂密。保护区属暖温带半湿润大陆性季风气候，四季分明，年平均气温为12.8℃，年平均降水量为806毫米。土壤类型主要为棕壤土、潮土和褐土。良好的自然地理环境为生物多样性发育提供了有利条件。

保护区内分布有针叶林、阔叶林、灌丛、灌草丛等植被类型，包括赤松林、油松林、黑松林、侧柏林、麻栎林、落叶阔叶杂木林、刺槐林、毛白杨林、旱柳林、绣线菊灌丛、荆条-酸枣-黄被草灌草丛、荆条-酸枣-白羊草灌草丛等多种群系类型，以针叶林为主，赤松、黑松、刺槐、麻栎为优势群系。区内记录有野生维管植物95科274属411种，包括蕨类植物5科5属7种，裸子植物2种，被子植物88科267属402种。根据《IUCN物种红色名录濒危等级和标准》中的划分标准，区内分布有受威胁植物1种，为易危物种玫瑰（*Rosa rugosa*）；国家二级保护野生植物1种，为野大豆；中国特有野生植物53种，包括地构叶（*Speranskia tuberculata*）、山麻杆（*Alchornea davidii*）、毛梾（*Cornus walteri*）等。区内野生高等动物物种较少，主要为一些常见物种，分布24科33属34种。其中包括国家二级保护野生鸟类雀鹰（*nisosimilis* 亚种）（*Accipiter nisus nisosimilis*）和中国特有野生动物无蹼壁虎（*Gekko swinhonis*）。

五彩山自然保护区森林生态环境良好，具有涵养水源、保持水土、减少自然灾害等多种功能，具有重要的保护价值。

九、会宝岭水库县级自然保护区

会宝岭水库县级自然保护区位于山东省苍山县尚岩、下村、鲁城三乡镇交界处的会宝岭村附近。地理坐标为东经117°45′38″～117°50′1″，北纬34°51′38″～34°56′26″。

2000年2月，苍山县人民政府批准（苍政函〔2000〕9号）建立了会宝岭水库自然保护区。保护区面积为1 800公顷，主要保护对象为水源地水质。

会宝岭水库于1960年3月建成蓄水，是由南北两库中间有连通沟连接的连环库，水库流域面积为4.2万公顷，总库容为2.1亿立方米，兴利库容为1.2亿立方米，是一座以防洪、灌溉为主，兼有发电、养殖、工业供水等多种功能的大二型水库。库区湖水面积1200公顷，湖水弯曲多变，湖心水面开阔，有两处湖心小岛。库区湖水无任何环境污染，属全国独有的优质天然矿泉水，水质清甜可口，清晰见底。湖区三面青山森林茂盛，山峰陡峭，气候宜人，具备得天独厚的自然条件。

湖区周边生长植被以草本为主，主要为菊科植物，如马兰（*Kalimeris indica*）、鬼针草（*Bidens pilosa*）、婆婆针（*Bidens bipinnata*）、野菊（*Dendranthema indicum*）等。水库内生活有各种常见鱼类，如大银鱼（*Protosalanx hyalocranius*）、鳗鲡（*Anguilla japonica*）、青鱼（*Mylopharyngodon piceus*）、花鳅（*Cobitis taenia*）、梭鱼（*Mugil soiuy*）等，湖岸栖息有东方铃蟾（*Bombina orientalis*）、中华蟾蜍（*Bufo gargarizans*）、泽蛙（*Rana limnocharis*）等两栖类动物；另外，鸳鸯（*Aix galericulata*）、长尾鸭（*Clangula hyemalis*）、中杜鹃（指名亚种）（*Cuculus saturatus saturatus*）、家燕（*gutturalis* 亚种）（*Hirundo rustica gutturalis*）等各种鸟类在本区内均可见分布。

会宝岭水库县级自然保护区气候宜人，景色优美，水天一色，景观独特。库区水质纯净，为全国独有的优质天然矿泉水，是重要的水源地，具有重要保护价值。

十、蒙山森林生态县级自然保护区

蒙山森林生态县级自然保护区位于山东省平邑县东北部，与费县、蒙阴接壤，范围涉及柏林镇、卞桥镇、资邱乡、羊城乡和武台镇。

2000 年 11 月，平邑县人民政府批准（平政字〔2000〕57 号）建立了蒙山森林生态县级自然保护区。保护区的四至界限以蒙山山系范围内的防护林、用材林和经济林面积的四至边缘为界，总面积为 16 500 公顷。其中，核心区的防护林、用材林面积为 13 200 公顷，缓冲区的经济林面积为 3 300 公顷。主要保护对象为森林生态系统。

保护区以蒙山主峰龟蒙顶（海拔 1 156 米）为骨架，由包括摩云崮（海拔 1 025 米）、挂心崛子（海拔1 028 米）、老虎洞（海拔 874.3 米）、看山子（海拔 682.8 米）、大顶子（海拔 652.5 米）、大望山（海拔 649 米）等山峰在内的整个蒙山山系构成，蒙山山势险峻、沟壑纵横、岩壁众多，集雄、奇、险、秀、翠、幽于一体。保护区气候属于暖温带大陆性季风气候，具有气候适宜、四季分明、光照充足、雨量充沛、无霜期长等特点。年平均气温为 13.3℃，年降水量为 863.8 毫米，年日照时数 2 314 小时，无霜期 210 天。土壤类型以棕壤与褐土为主。

保护区动植物资源丰富，森林覆盖率达 85%以上。分布有乔木 43 科 129 种，灌木 16 科 59 种，草本植物 20 科 200 种。乔木树种主要有赤松（*Pinus densiflora*）、侧柏（*Platycladus orientalis*）、刺槐（*Robinia pseudoacacia*）、麻栎（*Quercus acutissima*）等，灌木树种主要有金银花（*Lonicera japonica*）、紫穗槐（*Amorpha fruticosa*）、酸枣（*Ziziphus jujuba* Var. *spinosa*）、胡枝子（*Lespedeza bicolor*）等，草本主要有白草（*Pennisetum centrasiaticum*）、马唐（*Digitaria sanguinalis*）、结缕草（*Zoysia japonica*）等，纯林植被主要有松树林、侧柏林、刺槐林、落叶松林等。野生高等动物 10 科 15 种，鸟类 28 科 78 种。

保护区自然景观独特，自然资源丰富。保护区的建设对于保护生物多样性、涵养水源、促进自然资源可持续利用具有重要意义。

十一、北大山森林县级自然保护区

北大山森林县级自然保护区位于山东省沂南县依汶乡境内，距县城 25 千米。地理坐标为东经 118°16′33″～118°25′20″，北纬 35°37′33″～35°25′0″。

2000 年 12 月，沂南县人民政府批准(沂政办发〔2000〕93 号)建立了北大山森林自然保护区，面积为 3 000 公顷。2004 年 11 月，沂南县人民政府(沂政办发〔2004〕144 号)扩大了保护区范围，保护区面积为 6 600 公顷。其中，核心区面积为 2 000 公顷，缓冲区面积为4 600公顷。主要保护对象为生态植被和野生动物。

保护区主要包括北大山、北大坪、窦家崮、枝棵山、水塘崮等 6 座山峰在内的整个北大山系内的防护林、经济林和用材林。保护区内分布有针叶林、阔叶林、灌丛、灌草丛等植被类型，包括赤松林、油松林、黑松林、侧柏林、麻栎林、落叶阔叶杂木林、刺槐林、毛白杨林、旱柳林、绣线菊灌丛、荆条-酸枣-黄被草灌草丛、荆条-酸枣-白羊草灌草丛等多种群系类型，以针叶林为主，赤松、黑松、刺槐、麻栎为优势群系。区内记录有野生维管植物 95 科274 属 422 种，包括蕨类植物 6 科 7 属 9 种，裸子植物 2 种，被子植物 87 科 265 属 411 种。根据《IUCN 物种红色名录濒危等级和标准》中的划分标准，区内分布有受威胁物种 1 种，为易危植物玫瑰(*Rosa rugosa*)；国家二级保护野生植物 1 种，为野大豆；中国特有野生植物 55 种，包括野花椒(*Zanthoxylum simulans*)、山葡萄(*Vitis amurensis*)、山东茜草(*Rubia truppeliana*)等。区内高等动物种类较少，有 22 科 30 属 31 种，包括鱼类 5 科 8 属 8 种，两栖类 1 种，哺乳类 6 科 6 属 6 种，鸟类 11 科 15 属 16 种。其中雀鹰(*nisosimilis* 亚种)(*Accipiter nisus nisosimilis*)为国家二级保护野生动物。

北大山森林县级自然保护区良好的森林生态环境发挥了调节气候、涵养水源、保护土壤等诸多功能，对减少自然灾害、稳定农业丰收和水资源保护具有重要意义。

十二、鼻子山森林县级自然保护区

鼻子山森林县级自然保护区位于山东省沂南县张庄镇境内，以张庄镇上峪村西山为中心，距县城 25 千米。保护区以防护林为主体，林区东西长约 30 千米，南北宽 15 千米，各林区有公路相通。

2000 年 12 月，沂南县人民政府批准(沂政办发〔2000〕92 号)建立了鼻子山森林自然保护区，保护区面积为 3 000 公顷。2004 年 11 月，沂南县人民政府批准(沂政办发〔2004〕145 号)扩建了保护区，保护区面积为 7 100 公顷。主要保护对象为生态植被和野生动物。

保护区主要包括鼻子山、黄崖顶、影旗山 3 座山峰在内的整个鼻子山系内的公益林、经济林和适用林。区内分布有针叶林、阔叶林、灌丛、灌草丛等植被类型，包括赤松林、油松林、黑松林、侧柏林、麻栎林、落叶阔叶杂木林、刺槐林、毛白杨林、绣线菊灌丛、荆条-酸枣-黄被草灌草丛和荆条-酸枣-白羊草灌草丛等群系类型。据调查，区内生长有野生维管植物 96 科 296 属 437 种，包括蕨类植物 7 科 8 属 10 种，裸子植物 2 种，被子植物 88 科

287 属 425 种。根据《IUCN 物种红色名录濒危等级和标准》中的划分标准，区内分布有受威胁物种 1 种，为易危植物玫瑰（*Rosa rugosa*），国家二级保护野生植物 1 种，为野大豆，中国特有野生植物 53 种，包括山东百部（*Stemona shandongensis*）、长花天门冬（*Asparagus longiflorus*）、北火烧兰（*Epipactis xanthophaea*）等。区内分布有野生高等动物 29 科 38 属 40 种，包括鱼类 7 科 11 属 11 种，两栖类 1 科 1 属 2 种，爬行类 3 科 4 属 4 种，哺乳类 6 科 6 属 6 种，鸟类 12 科 16 属 17 种。野生高等动物中有易危动物鳖（*Trionyx sinensis*），国家二级保护野生动物苍鹰（*schvedowi* 亚种）（*Accipiter gentilis schvedowi*）和中国特有野生动物无蹼壁虎（*Gekko swinhonis*）。

鼻子山森林县级自然保护区内良好的森林生态环境发挥了气候调节功能，可以涵养水源，保护土壤，减少自然灾害，稳定农业丰收，是重要的生态屏障；区内植被、野生动物资源丰富，是山东地区重要的野生物种基因库和宝贵的自然生态遗产，具有重要的保护价值。

第五章 自然保护区建设与管理存在的问题及对策

山东省自然保护区建设与管理虽然在建设规模、保护区类型、管护能力和主要保护对象等方面取得了重要成绩，但同时也存在自然保护区与风景名胜区等多区交叉重叠、资源本底不清、管护压力大与能力不足等问题。随着主体功能区战略和生态补偿制度的实施，山东省自然保护区建设与管理应深化自然保护区管理体制改革，提升自然保护区建设质量，加强自然保护区基础设施规范化建设。本章重点论述了自然保护区建设与管理主要成绩，分析了自然保护区建设与管理存在的问题，提出了加强自然保护区建设与管理的对策。

第一节 自然保护区建设与管理主要成绩

一、自然保护区体系初步形成

1956 年，我国建立了第一个自然保护区——广东肇庆鼎湖山自然保护区。2016 年全国已建设各级各类自然保护区 2 740 个，面积 1.47 亿公顷，约占我国陆地国土面积的 14.8%。山东省自然保护区建设起步较晚，始于 20 世纪 80 年代。1980 年山东山旺古生物化石国家级自然保护区建立，成为我省第一个自然保护区。经过 37 年的发展，山东省初步形成了具有一定规模、类型比较齐全、布局基本合理、功能不断完善的自然保护区体系。

1. 自然保护区建设初具规模

自然保护区的数量、面积及其占国土面积的百分比是衡量自然保护区建设水平的重要指标。到 2016 年底，山东省已建设自然保护区 76 个，面积达 100.9 万公顷，占全省国土总面积的 4.6%，低于全国 14.8%的平均水平和世界 13.4%的平均水平，而高于加拿大、美国、俄罗斯、南亚、中欧和东欧等国家和地区的平均水平。全省建有国家级自然保护区 7 个，面积为 22.0 万公顷；省级自然保护区 38 个，面积为 55.1 万公顷；市级自然保护区 19 个，面积为 15.5 万公顷；县级自然保护区 12 个，面积为 8.3 万公顷。自然保护区建设呈现出以省级自然保护区为主的特点。

2. 自然保护区类型基本齐全

山东省自然保护区涵盖了森林生态类、内陆湿地类、海洋海岸类、野生动物类、野生植物类、古生物遗迹类和地质遗迹类7种自然保护区类型，包括了除草原草甸类和荒漠类自然保护区以外的所有类型。建设森林生态类自然保护区43个，面积为32.2万公顷；内陆湿地类自然保护区11个，面积为38.2万公顷；海洋海岸类自然保护区7个，面积为10.5万公顷；野生动物类自然保护区5个，面积为18.6万公顷；野生植物类自然保护区3个，面积为1.1万公顷；古生物遗迹类自然保护区1个，面积为120公顷；地质遗迹类自然保护区6个，面积为2 491公顷。自然保护区建设具有类型相对齐全、但以森林生态类为主的特点。

3.自然保护区布局基本合理

山东省自然保护区在鲁东丘陵区、鲁中南山地丘陵区、鲁西北平原区和沿海区均有分布。鲁东丘陵区分布自然保护区23个，面积为20.3万公顷，占区域面积的4.9%。鲁中南山地丘陵区分布自然保护区30个，面积为18.1万公顷，占区域面积的3.9%。鲁西北平原区分布11个自然保护区，面积为33.5万公顷，占区域面积的6.4%。沿海区分布12个自然保护区，面积为29.9万公顷。济南、青岛、淄博、枣庄、东营、烟台、潍坊、济宁、泰安、威海、日照、莱芜、临沂、聊城和滨州15个城市均有自然保护区分布。自然保护区分布呈现鲁东丘陵区和鲁中南山地丘陵区较多，鲁西北平原区和沿海区相对较少的规律。

4.主要保护对象得到有效保护

山东省自然保护区基本覆盖了全省重要的生态系统及野生动植物集中分布区，生物多样性得到有效保护。山东省植被类型分为针叶林、阔叶林、竹林、灌丛、灌草丛、草甸、砂生植被、水生植被和沼泽植被9种植被类型和80个群系类型。这些植被类型在山东省自然保护区均有分布。12.3%的自然保护区高等动植物物种种类在1 000种以上，19.2%的自然保护区高等动植物物种种类在500～1 000种之间变化，21.9%的自然保护区高等动植物物种种类介于100～500种。自然保护区分布有国家一级重点保护动物15种，国家二级重点保护动物75种；国家二级重点保护植物7种。主要生态系统类型、重要自然遗迹和国家重点保护物种在自然保护区内得到保护。

二、自然保护区法规制度建设不断完善

山东省认真贯彻执行国家有关自然保护区的法律法规标准。1985年，林业部发布了《森林和野生动物类型自然保护区管理办法》。1988年11月，第七届全国人大常委会审议通过了《中华人民共和国野生动物保护法》，并于2016年7月，第十二届全国人大常委会第十二次会议修订。1992年，国务院批准实施了《中华人民共和国陆生野生动物保护实施条例》。1994年9月，国务院发布实施了《中华人民共和国自然保护区条例》。1996年9月，国务院发布实施了《中华人民共和国野生植物保护条例》。1997年10月，农业部发布了《水生动植物自然保护区管理办法》。国务院办公厅先后发布了《关于进一步加强自然保护区管理工作的通知》（国办发〔1998〕111号）、《关于环保总局〈国家级自然保护区范围调整和功能区调整及更改名称管理规定〉的批复》（国函〔2002〕5号）、《关于做好自然

保护区管理有关工作的通知》(国办发〔2010〕63号)和《国家级自然保护区调整管理规定》(国函〔2013〕129号)等法律法规,为自然保护区建设和管理提供了法律依据,推动了自然保护区工作的开展。

1. 山东省相继出台了一系列涉及自然保护区的法律法规

1991年12月,山东省七届人大常委会第二十五次会议审议通过了《山东省实施〈中华人民共和国野生动物保护法〉办法》。1992年9月,山东省第七届人民代表大会常务委员会第三十次会议通过了《山东省森林和野生动物类型自然保护区管理办法》。2010年9月,省人大修订了《山东省实施〈野生动物保护法〉办法》和《山东省森林和野生动物类型自然保护区管理办法》。2002年9月,省政府印发实施了《山东省渔业资源保护办法》。2011年8月,省政府办公厅印发了《关于贯彻落实国办发〔2010〕63号文件进一步加强自然保护区管理工作的通知》。2013年3月,山东省政府发布实施了《山东省湿地保护办法》。这些法律法规的实施在自然保护区的建设和管理工作中发挥了重要作用。

2. 山东省相关部门发布实施了一系列关于自然保护区的规范性文件

2010年,山东省林业厅印发了《关于加强林业自然保护区建设 促进生物多样性保护的意见》。2013年4月,山东省环境保护厅和山东省财政厅联合印发了《山东省省级自然保护区规范化建设和管理导则(试行)》和《山东省自然保护区规范化建设和管理考评办法(试行)》。2014年,山东省环保厅、省发展改革委、省财政厅、省水利厅、省农业厅、省海洋与渔业厅和省林业厅联合印发了《山东省生物多样性保护战略与行动计划(2011~2030年)》,2016年,山东省环保厅、省发展改革委、省财政厅联合印发了《山东省省级及以上自然保护区生态补偿办法(试行)》。这些规范性文件的印发实施进一步促进了自然保护区建设和管理工作。

3. 山东省部分自然保护区制定了具体的管理办法

山东黄河三角洲国家级自然保护区制定了《山东黄河三角洲国家级自然保护区条例》,山东南四湖省级自然保护区制定了《南四湖自然保护区管理办法》等。这对于推动自然保护区管理"一区一法"工作具有示范意义。

三、自然保护区管护能力明显提升

自然保护区管理机构与人员配置,资金投入和基础设施建设状况是衡量自然保护区管护水平的重要标志。山东省58%的自然保护区建立了专门的管理机构,43%的自然保护区机构为处级单位。92.8%的自然保护区具有人员编制,平均人员编制为51.5人。92.8%的自然保护区配置了人员,现有人员平均数量达54.4人,50%以上的自然保护区技术人员比例在30%以上。67%的自然保护区事业经费来源于财政拨款,27.2%的自然保护区事业经费在100万元以上。近65%的自然保护区建有保护管理站,保护管理站总量189个,总面积为44 527平方米。50%的自然保护区建有界碑,界碑总量1 424个。55%的自然保护区建有界桩,界桩总量7 650个。80%以上的自然保护区建有瞭望塔,瞭望塔总量148个。50%以上的自然保护区拥有科研用房,科研用房面积8 634平方米。

55%以上的自然保护区建有监测站点,监测站点总量 263 个。48%的自然保护区拥有宣教用房,宣教用房面积为 9 981 平方米。65%以上的自然保护区拥有宣传标牌,宣传标牌总量为 2 027 个。85%的自然保护区拥有办公用房,办公用房总面积为 59 001 平方米。

第二节 自然保护区建设与管理存在的主要问题

一、自然保护区与风景名胜区等“多区交叉重叠”问题

山水林田湖草是一个生命共同体。自然保护区与风景名胜区、森林公园、湿地公园、海洋特别保护区、水产种质资源保护区等自然保护地共同构成了自然保护网络体系,并在保护自然资源与生物多样性、维护生态安全等方面发挥了重要作用。但同时存在自然保护区与风景名胜区、森林公园、湿地公园、海洋特别保护区、水产种质资源保护区、地质公园等“多区交叉重叠”现象。这种“多区交叉重叠”现象,不仅造成自然保护地碎片化,而且产生监管分割、规则不一、资金分散、效率低下等问题。

1. 风景名胜区建设状况

建设风景名胜区是有效保护与合理利用风景名胜资源,促进可持续发展的有效途径。2006 年 9 月,国务院公布了《风景名胜区条例》。条例规定:风景名胜区是指具有观赏、文化或者科学价值,自然景观、人文景观比较集中,环境优美,可供人们游览或者进行科学、文化活动的区域。2001 年 12 月,山东省人民代表大会常务委员会颁布了《山东省风景名胜区管理条例》,并于 2004 年 5 月进行了修订。条例规定:风景名胜区按其观赏、科学、文化、教育价值和环境质量、规模及游览条件,划分为国家重点风景名胜区、省级风景名胜区和市、县级风景名胜区。对风景名胜区按其景观价值和保护需要,实行四级保护:一级保护区内可以设置必需的步行游赏道路和相关设施,不得建设与风景名胜区保护无关的设施;二级保护区内应当限制与风景游赏无关的建设;三级保护区内可以建设符合规划要求、与风景环境相协调的设施;四级保护区内应以绿化为主,可以建设符合规划要求、与旅游服务配套的基础设施。县级以上人民政府建设主管部门主管风景名胜区的监督管理工作。

1982 年 11 月,山东泰山风景名胜区和青岛崂山风景名胜区被国务院列为第一批国家重点风景名胜区名单。1985 年,山东省公布了首批省级风景名胜区 3 个,分别为青州云门山省级风景名胜区、梁山水泊梁山省级风景名胜区和博山蕉岭前省级风景名胜区。1988 年 8 月,山东胶东半岛海滨风景名胜区被国务院列为第二批国家重点风景名胜区名单。2002 年 5 月,山东博山风景名胜区和山东青州风景名胜区被列为第四批国家重点风景名胜区名单,博山蕉岭前省级风景名胜区晋升为国家级风景名胜区。到 2009 年,山东省共建设风景名胜区 40 个,总面积达 26.8 万公顷,占山东省国土面积的 1.7%。其中,国家级风景名胜区 5 个,面积为 8.1 万公顷;省级风景名胜区 35 个,面积为 18.7 万公顷。山东省风景名胜区数量与面积变化状况如图 5-2-1 所示。

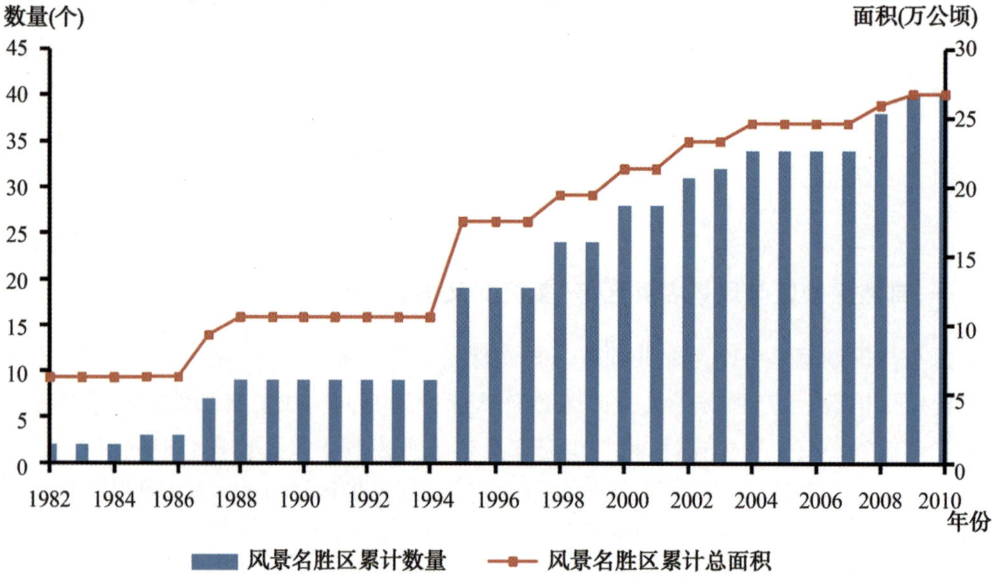

图 5-2-1　山东省风景名胜区数量与面积变化状况

2. 森林公园建设状况

1994 年 1 月，原国家林业部印发了《森林公园管理办法》。办法规定：森林公园是指森林景观优美，自然景观和人文景物集中，具有一定规模，可供人们游览、休息或进行科学、文化、教育活动的场所。建设森林公园的目的是保护与合理利用森林风景资源，发展森林生态旅游。

1983 年 9 月，我省第一个森林公园——威海海滨国家森林公园建立，面积为 253 公顷。1985 年 4 月，建立了泰山国家森林公园，面积为 1.2 万公顷。1992 年，先后建立了崂山、抱犊崮、黄河口、昆嵛山、罗山、长岛、沂山、尼山、徂徕山、日照海滨、鹤伴山、孟良崮、柳埠、刘公岛、槎山、药乡和原山 17 个国家森林公园。到 2000 年底，山东省已建设森林公园 77 个，面积为 21.6 万公顷，占山东省国土面积的 1.4%。其中，国家级森林公园 26 个，面积为 12.8 万公顷；省级森林公园 32 个，面积为 4.6 万公顷；市级森林公园 19 个，面积为 4.1 万公顷。近 10 年来，山东省森林公园建设迅速发展，到 2012 年底，山东省已建立森林公园 235 个，面积为 39.6 万公顷，占山东省国土面积的 2.5%。其中，国家级森林公园 39 个，面积为 17.9 万公顷；省级森林公园 69 个，面积为 9.7 万公顷；市级森林公园 127 个，面积为 12.0 万公顷。山东省森林公园建设状况如图 5-2-2 所示。

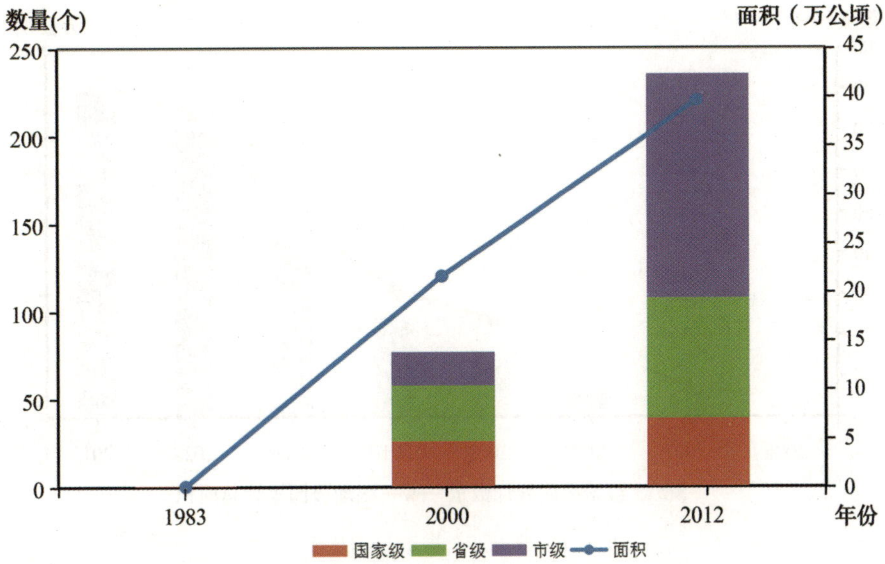

图 5-2-2　山东省森林公园数量与面积变化状况

3. 湿地公园建设状况

2010 年 10 月，国家林业局印发了《国家湿地公园管理办法(试行)》。办法规定：湿地公园是指以保护湿地生态系统、合理利用湿地资源为目的，可供开展湿地保护、恢复、宣传、教育、科研、监测、生态旅游等活动的特定区域。2012 年 12 月，山东省人民政府印发了《山东省湿地保护办法》。办法规定：不具备建立湿地自然保护区条件，但具备下列条件之一的，应当建立湿地公园：(1)湿地生态特征显著，具有一定的生态、文化和生物多样性价值的湿地景观；(2)湿地生态系统典型，或者区域地位重要、湿地主体功能在本省或者一定区域范围内具有示范性；(3)湿地自然景观优美，具有重要或者特殊的生态保护、科学研究、宣传教育价值；(4)经所在地县级以上人民政府批准，需要予以重点保护的湿地区域。近年来，我省湿地保护、管理与建设工作取得了很大成绩。

山东省湿地公园建设始于 2006 年，同时建立了海阳小孩儿口、牟平养马岛和莱阳五龙河 3 个省级湿地公园。到 2013 年 1 月，山东省已建设湿地公园 80 个，面积为 10.9 万公顷，占山东省国土面积的 0.7%。其中，国家级湿地公园 24 个，面积 2.6 万公顷；省级湿地公园 56 个，面积 8.3 万公顷。山东省湿地公园建设状况如图 5-2-3 所示。

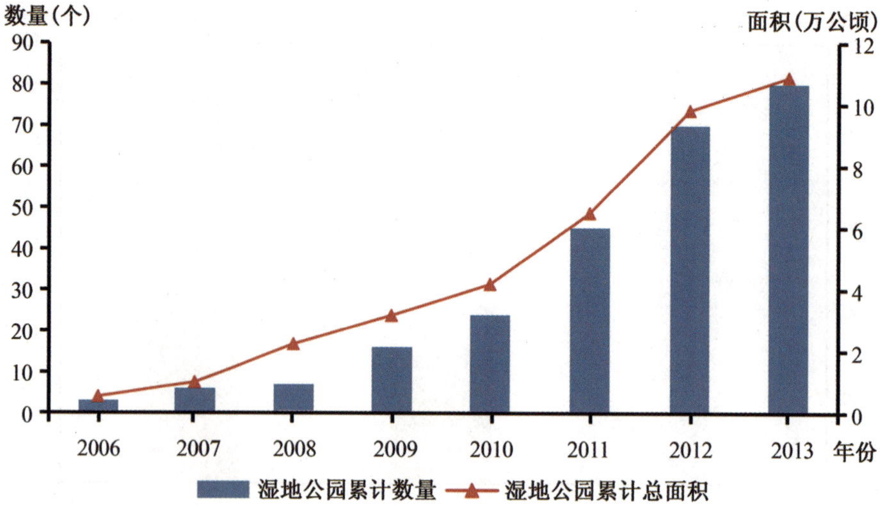

图 5-2-3 山东省湿地公园数量与面积变化状况

4. 海洋特别保护区建设状况

2005 年 11 月,国家海洋局颁布实施了《海洋特别保护区管理办法》,并于 2010 年 11 月修订。办法规定:海洋特别保护区是指具有特殊地理条件、生态系统、生物与非生物资源及海洋开发利用特殊要求,需要采取有效的保护措施和科学的开发方式进行特殊管理的区域。海洋特别保护区可分为重点保护区、适度利用区、生态与资源恢复区和预留区。重点保护区内禁止实施各种与保护无关的工程建设活动,适度利用区内允许适度发展生态旅游、生态养殖等海洋生态产业,生态与资源恢复区内可以采取适当的人工生态整治与修复措施恢复海洋生态、资源与关键生境,预留区内禁止实施改变区内自然生态条件的生产活动和任何形式的工程建设活动。沿海县级以上人民政府海洋行政主管部门负责海洋特别保护区的建设与管理。

海洋特别保护区可以分为海洋特殊地理条件保护区、海洋生态保护区、海洋公园、海洋资源保护区等类型。在具有重要海洋权益价值、特殊海洋水文动力条件的海域和海岛建立海洋特殊地理条件保护区;在珍稀濒危物种自然分布区、典型生态系统集中分布区及其他生态敏感脆弱区或生态修复区建立海洋生态保护区;在特殊海洋生态景观、历史文化遗迹、独特地质地貌景观及其周边海域建立海洋公园;在重要海洋生物资源、矿产资源、油气资源及海洋能等资源开发预留区域、海洋生态产业区及各类海洋资源开发协调区建立海洋资源保护区。具有重大海洋生态保护、生态旅游、重要资源开发价值、涉及维护国家海洋权益的海洋特别保护区列为国家级海洋特别保护区。其他海洋特别保护区列为地方级海洋特别保护区。

2007 年,我省建立了第一个海洋特别保护区——山东昌邑海洋生态特别保护区。到 2012 年,山东省共建立海洋特别保护区 27 个,面积为 24.1 万公顷。其中,国家级海洋特别保护区 21 个,面积为 23.1 万公顷;省级海洋特别保护区 6 个,面积 9 939 公顷。山东省海洋特别保护区建设状况如表 5-2-1 所示。

表 5-2-1 山东省海洋特别保护区建设状况调查统计表

序号	保护区名称	级别	面积（公顷）	主要保护对象	批准时间
1	山东昌邑海洋生态特别保护区	国家级	2 929	柽柳为主的滨海湿地生态系统和海洋生物	2007
2	东营黄河口生态海洋特别保护区	国家级	92 600	黄河口生态系统及生物多样性	2008
3	东营利津底栖鱼类生态海洋特别保护区	国家级	9 404	半滑舌鳎及近岸海洋生态系统	2008
4	东营黄河口浅海贝类生态海洋特别保护区	国家级	39 623	文蛤等浅海贝类	2008
5	东营莱州湾蛏类生态海洋特别保护区	国家级	21 024	蛏类及海洋生态系统	2008
6	东营广饶沙蚕类生态海洋特别保护区	国家级	6 460	沙蚕类、海洋生态系统	2009
7	文登海洋生态海洋特别保护区	国家级	519	海洋生态系统	2009
8	龙口黄水河口海洋生态海洋特别保护区	国家级	2 169	滨海湿地及海洋生态系统	2009
9	威海刘公岛海洋生态海洋特别保护区	国家级	1 188	岛屿生态系统	2009
10	烟台芝罘岛群海洋特别保护区	国家级	768	岛屿生态，渔业和自然资源	2010
11	乳山塔岛湾海洋生态海洋特别保护区	国家级	1 097	海湾生态系统及菲律宾蛤仔、西施舌等生物栖息环境	2011
12	烟台牟平沙质海岸海洋特别保护区	国家级	1 465	海沙资源及海洋生物重要栖息环境	2011
13	莱阳五龙河口滨海湿地海洋特别保护区	国家级	1 219	五龙河口滨海湿地生态系统，生物多样性及缢蛏等特有物种	2011
14	海阳万米海滩海洋资源海洋特别保护区	国家级	1 513	万米海滩，海洋生物多样性	2011
15	威海小石岛海洋特别保护区	国家级	3 069	软体类资源、海岛生态	2011
16	刘公岛海洋公园	国家级	3 828	特殊海洋生态景观与历史文化遗迹	2011
17	日照海洋公园	国家级	27 327	海岸泻湖，金色海滩，河口湿地，沿岸岛屿	2011

续表

序号	保护区名称	级别	面积（公顷）	主要保护对象	批准时间
18	蓬莱登州浅滩海洋特别保护区	国家级	1 623	海洋底栖生物资源及砂矿资源	2012
19	山东莱州浅滩海洋生态海洋特别保护区	国家级	6 780	浅滩海洋生物资源产卵、育幼场以及砂矿资源	2012
20	山东大乳山国家级海洋公园	国家级	4 790	特殊海洋生态环境与景观	2012
21	山东长岛国家级海洋公园	国家级	1 200	海豹生境与海洋生态景观	2012
22	日照大竹蛏-西施舌生态系统海洋特别保护区	省级	4 288	大竹蛏、西施舌物种	2008
23	青岛胶州湾海洋特别保护区	省级	3 621	湿地生态系统	2009
24	烟台山海洋生态海洋特别保护区	省级	571	海洋生物、基岩海岸	2010
25	长岛长山尾地质遗迹海洋特别保护区	省级	297	长山尾海洋地质遗迹和自然资源	2010
26	烟台逛荡河口海洋生态海洋特别保护区	省级	320	河口、沙滩等多样化的滨海自然景观及生态环境	2010
27	招远砂质海岸海洋特别保护区	省级	842	沙质海岸及其海洋生态系统	2010

5. 水产种质资源保护区建设状况

2011 年 1 月，农业部印发了《水产种质资源保护区管理暂行办法》。办法规定：水产种质资源保护区是指为保护水产种质资源及其生存环境，在具有较高经济价值和遗传育种价值的水产种质资源的主要生长繁育区域，依法划定并予以特殊保护和管理的水域、滩涂及其毗邻的岛礁、陆域。具备下列条件的区域，可以设立水产种质资源保护区：(1)国家和地方规定的重点保护水生生物物种的主要生长繁育区域；(2)我国特有或者地方特有水产种质资源的主要生长繁育区域；(3)重要水产养殖对象的原种、苗种的主要天然生长繁育区域；(4)其他具有较高经济价值和遗传育种价值的水产种质资源的主要生长繁育区域。水产种质资源保护区分为国家级和省级水产种质资源保护区。

2007 年 12 月，农业部公布了第一批国家级水产种质资源保护区名单，其中山东省有 6 个，包括山东省崆峒列岛刺参、南四湖乌鳢青虾、长岛皱纹盘鲍光棘球海胆、海州湾大竹蛏、莱州湾单环刺螠近江牡蛎和靖海湾松江鲈鱼。2009 年，建立了泰山赤鳞鱼、马颊河文蛤、蓬莱牙鲆黄盖鲽、黄河口半滑舌鳎、灵山岛皱纹盘鲍刺参、靖子湾、乳山湾、前三岛海域、小石岛刺参和桑沟湾 10 个国家级水产种质资源保护区。2010 年，建立了荣成湾、套尔河口海域、千里岩海域、日照海域西施舌和东平湖 5 个国家级水产种质资源保护区。2011 年，建立了广饶海域竹蛏、黄河口文蛤和长岛许氏平鲉 3 个国家级水产种质资源保护区。2012 年，建立了五龙河鲤、荣成楮岛藻类、日照中国对虾、无棣中国毛虾、月湖长蛸和泗水桃花水母 6 个国家级水产种质资源保护区。到 2012 年底，山东省共建立国家级水产种质资源保护区30个，面积为17.3万公顷。山东省国家级水产种质资源保护区建设状况如表5-2-2所示。

表 5-2-2 山东省国家级水产种质资源保护区建设状况调查统计表

序号	保护区名称	面积（公顷）	批准时间	主要保护对象
1	崆峒列岛刺参水产种质资源保护区	6 841	2007.12	刺参
2	南四湖乌鳢青虾水产种质资源保护区	66 660	2007.12	乌鳢、日本沼虾
3	长岛皱纹盘鲍光棘球海胆水产种质资源保护区	6 600	2007.12	皱纹盘鲍、光棘球海胆
4	海州湾大竹蛏水产种质资源保护区	4 288	2007.12	大竹蛏
5	莱州湾单环刺螠近江牡蛎水产种质资源保护区	3 896	2007.12	单环刺螠、近江牡蛎
6	靖海湾松江鲈鱼水产种质资源保护区	819	2007.12	松江鲈
7	泰山赤鳞鱼水产种质资源保护区	2 160	2009.04	泰山赤鳞鱼
8	马颊河文蛤水产种质资源保护区	3 397	2009.04	文蛤
9	蓬莱牙鲆黄盖鲽水产种质资源保护区	1 984	2009.04	牙鲆、黄盖鲽
10	黄河口半滑舌鳎水产种质资源保护区	10 075	2009.04	半滑舌鳎
11	灵山岛皱纹盘鲍刺参水产种质资源保护区	2 500	2009.04	皱纹盘鲍、刺参
12	靖子湾水产种质资源保护区	2 513	2009.12	花鲈
13	乳山湾国家级水产种质资源保护区	203	2009.12	泥蚶
14	前三岛海域水产种质资源保护区	1 798	2009.12	金乌贼
15	小石岛刺参水产种质资源保护区	471	2009.12	刺参
16	桑沟湾水产种质资源保护区	1 073	2009.12	魁蚶
17	荣成湾水产种质资源保护区	2 134	2010.11	栉孔扇贝、紫海胆
18	套尔河口海域水产种质资源保护区	925	2010.11	缢蛏
19	千里岩海域水产种质资源保护区	1 766	2010.11	刺参、皱纹盘鲍
20	日照海域西施舌水产种质资源保护区	883	2010.11	西施舌
21	东平湖水产种质资源保护区	300	2 010.11	日本沼虾、黄河鲤
22	广饶海域竹蛏水产种质资源保护区	2 050	2011.12	竹蛏
23	黄河口文蛤水产种质资源保护区	2 189	2011.12	文蛤
24	长岛许氏平鲉水产种质资源保护区	700	2011.12	许氏平鲉
25	五龙河鲤水产种质资源保护区	866	2012.12	五龙河鲤
26	荣成楮岛藻类水产种质资源保护区	472	2012.12	大叶藻、石花菜、马尾藻
27	日照中国对虾水产种质资源保护区	34 900	2012.12	中国对虾
28	无棣中国毛虾水产种质资源保护区	10 000	2012.12	中国毛虾
29	月湖长蛸水产种质资源保护区	374	2012.12	长蛸
30	泗水桃花水母水产种质资源保护区	106	2012.12	桃花水母

6. 地质公园建设状况

2000 年，国土资源部在《关于申报国家地质公园的通知》中提出了“地质公园”的概念，并认为：地质公园是以具有特殊的科学意义、稀有的自然属性、较高的美学观赏价值，以一定规模和分布范围的地质遗迹景观为主体，融合其他自然景观与人文景观而构成的一种独特的自然区域。地质公园具有保护地质遗迹、普及地质科学知识、开展观光旅游、促进可持续发展等功能。

2001 年，山东省建立了山东山旺国家地质公园和山东枣庄熊耳山-抱犊崮国家地质公园。到 2015 年，山东省已建立地质公园 65 个，面积约为 35.21 万公顷。其中，世界级地质公园1 个，即山东泰山世界地质公园，面积 1.71 万公顷；国家级地质公园 10 个，面积为 21.01 万公顷；省级地质公园 54 个，面积为 12.49 万公顷。山东省地质公园建设状况如图 5-2-4 所示。

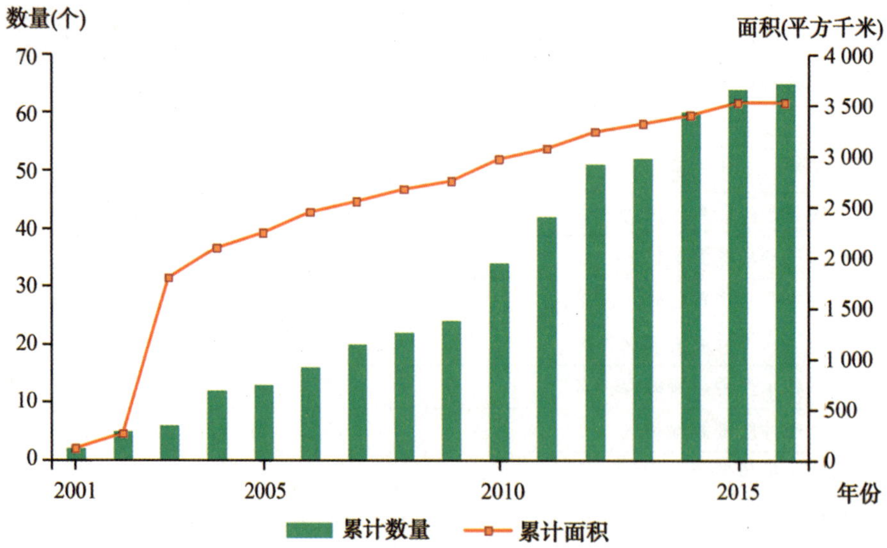

图 5-2-4 山东省地质公园数量与面积变化状况

7. 自然保护区与风景名胜区等“多区交叉重叠”状况

山东省自然保护区与风景名胜区、森林公园、湿地公园、海洋特别保护区、水产种质资源保护区和地质公园等存在“多区交叉重叠”现象。调查结果表明，25%的风景名胜区、8.5%的森林公园和 39.1%的地质公园与自然保护区交叉重叠。有的自然保护区多区交叉重叠，如泰山集国家级风景名胜区、国家森林公园、国家地质公园、省级自然保护区、赤鳞鱼国家级水产种质资源保护区“五区”为一体。长岛出现国家级风景名胜区、国家森林公园、国家地质公园、国家级自然保护区、国家级水产种质资源保护区、国家级海洋公园“六区交叉重叠”现象。一个区域挂多个牌子，造成管理上的混乱和管理者的无所适从，降低了自然保护区建设与管理效能。

风景名胜区等不应与自然保护区交叉重叠。《国务院办公厅关于做好自然保护区管理有关工作的通知》(国办发〔2010〕63 号)规定：设立其他类型保护区域，原则上不得与自然保护区范围交叉重叠；已经存在交叉重叠的，对交叉重叠区域要从严管理。从严管理就是要按照自然保护区的规定管理。

二、自然保护区资源开发与保护之间的矛盾问题

近年来，随着经济社会的快速发展，工程建设与资源开发占用或穿越自然保护区的现象越来越多，给自然保护区的管理带来了巨大压力。有的地方为了满足开发建设的需要，一次或多次调整自然保护区范围与功能分区，压缩了自然保护区的空间，导致生境破碎化，物种生存条件恶化，严重损害了生态环境和生物多样性。

1. 涉及自然保护区的建设项目环境管理政策

涉及自然保护区的建设项目环境管理政策包括涉及自然保护区的建设项目环境管理依据、环境准入条件和环评与审批要求等 3 个方面的内容。

(1)涉及自然保护区的建设项目环境管理依据

涉及自然保护区的建设项目不仅要执行国家关于建设项目环境管理的相关法律、法规与规章，而且还要执行国家关于自然保护区管理的有关规章与规定。目前，涉及自然保护区建设项目环境管理的主要依据包括《中华人民共和国自然保护区条例》、4 个国务院文件和 7 个环境保护部文件。

1994 年 10 月，国务院发布了《中华人民共和国自然保护区条例》(国务院令[第 167 号])。这是我国自然保护区建设和管理的法律基础。1998 年 8 月，国务院办公厅印发了《关于进一步加强自然保护区管理工作的通知》(国办发〔1998〕111 号)。2002 年 1 月，国务院印发了《关于环保总局〈国家级自然保护区范围调整和功能区调整及更改名称管理规定〉的批复》(国函〔2002〕5 号)。2010 年 12 月，国务院办公厅印发了《关于做好自然保护区管理有关工作的通知》(国办发〔2010〕63 号)。2013 年 12 月，国务院印发了《国家级自然保护区调整管理规定》(国函〔2013〕129 号)。

为了贯彻执行《中华人民共和国自然保护区条例》和国务院关于自然保护区管理的有关要求，1999 年 8 月，原国家环境保护总局印发了《关于涉及自然保护区的开发建设项目环境管理工作有关问题的通知》(环发〔1999〕177 号)。2002 年 11 月和 2004 年 11 月，原国家环境保护总局分别印发了《关于进一步加强自然保护区建设和管理工作的通知》(环发〔2002〕163 号)和《关于加强自然保护区管理有关问题的通知》(环办〔2004〕101 号)。2008 年 4 月，环境保护部等 7 部委联合印发了《关于加强自然保护区调整管理工作的通知》(环发〔2008〕30 号)。2011 年 6 月，环保部印发了《关于认真落实〈国务院办公厅关于做好自然保护区管理有关工作的通知〉的通知》(环发〔2011〕65 号)。2014 年 10 月，环境保护部印发了《关于印发〈涉及国家级自然保护区建设项目生态影响专题报告编制指南(试行)〉的通知》(环发函〔2014〕1419 号)。2015 年 7 月，环境保护部印发了《关于下放和取消自然保护区有关事前审查事项做好监督管理工作的通知》(环办〔2015〕66 号)，简化变更自然保护区有关审查事项。

2011 年 8 月，山东省人民政府办公厅印发了《关于贯彻落实国办发〔2010〕63 号文件

进一步加强自然保护区管理工作的通知》(鲁政办发〔2011〕42 号),进一步细化了山东省自然保护区建设与管理的要求。

(2)涉及自然保护区的建设项目环境准入条件

涉及自然保护区的建设项目只允许安排在自然保护区的实验区。《中华人民共和国自然保护区条例》第 32 条规定:在自然保护区核心区和缓冲区内,不得建设任何生产设施。根据这一规定,涉及自然保护区的建设项目只允许安排在自然保护区的实验区。

为了贯彻《中华人民共和国自然保护区条例》,强化自然保护区建设和管理工作,国务院办公厅和原国家环境保护总局 5 次印发文件,强调涉及自然保护区的建设项目只允许安排在自然保护区的实验区,不能安排在核心区和缓冲区。1998 年 8 月,国务院办公厅在《关于进一步加强自然保护区管理工作的通知》(国办发〔1998〕111 号)中强调:自然保护区的核心区和缓冲区,不得建设任何生产设施。1999 年 8 月,国家环境保护总局印发《关于涉及自然保护区的开发建设项目环境管理工作有关问题的通知》(环发〔1999〕177 号)。通知重申:凡涉及自然保护区的开发建设项目,不得安排在自然保护区的核心区、缓冲区内。2002 年 12 月,国家环境保护总局在《关于进一步加强自然保护区建设和管理工作的通知》(环发〔2002〕163 号)中再次强调:禁止在自然保护区核心区和缓冲区内开展任何旅游和生产经营活动。2004 年 11 月,国家环境保护总局办公厅印发《关于加强自然保护区管理有关问题的通知》(环办〔2004〕101 号)。通知要求:要严格遵守《中华人民共和国自然保护区条例》的有关规定,不得在自然保护区核心区和缓冲区内开展旅游和生产经营活动。2010 年 12 月,国务院办公厅在《关于做好自然保护区管理有关工作的通知》(国办发〔2010〕63 号)中进一步强调指出:自然保护区属禁止开发区域,在自然保护区核心区和缓冲区内禁止开展任何形式的开发建设活动。

涉及自然保护区的建设项目不得影响自然保护区的功能、破坏其自然资源或景观。《中华人民共和国自然保护区条例》第 26 条规定:禁止在自然保护区内进行砍伐、放牧、狩猎、捕捞、采药、开垦、烧荒、开矿、采石、挖沙等活动。第 32 条规定:在自然保护区的实验区内,不得建设污染环境、破坏资源或者景观的生产设施;建设其他项目,其污染物排放不得超过国家或地方规定的污染物排放标准;在自然保护区的外围保护地带建设的项目,不得损害自然保护区内的环境质量。1999 年 8 月,国家环境保护总局在《关于涉及自然保护区的开发建设项目环境管理工作有关问题的通知》(环发〔1999〕177 号)中重申:需占用自然保护区实验区的,不得破坏当地生态环境,其污染物排放不得超过国家和地方规定的污染物排放标准;在自然保护区外围地带进行的项目建设,不得损害自然保护区内的环境质量和生态功能。2010 年 12 月,国务院办公厅在《关于做好自然保护区管理有关工作的通知》(国办发〔2010〕63 号)中进一步强调:在自然保护区实验区内开展的开发建设活动,不得影响其功能,不得破坏其自然资源或景观。

根据上述规定,允许安排在自然保护区实验区内的建设项目主要包括两类:一是不影响自然保护区生态功能的建设项目,如自然保护区基础设施建设项目,生态旅游项目,不产生污染或污染物达标排放的建设项目等;二是不破坏自然保护区自然资源或景观的建设项目，如国家交通、水利、水电重点建设项目，农业、林业、畜牧和水产养殖业等。

涉及自然保护区的建设项目要执行比常规建设项目更严格的环境影响评价与审批制度。国务院办公厅和原国家环境保护总局3次印发文件强调涉及自然保护区的建设项目环境影响评价与审批工作。国务院办公厅在《关于进一步加强自然保护区管理工作的通知》（国办发〔1998〕111号）中要求：要严格控制自然保护区内的各项建设活动，确有必要的建设项目，要严格按照有关规定履行审批手续。国家环境保护总局在《关于涉及自然保护区的开发建设项目环境管理工作有关问题的通知》（环发〔1999〕177号）中强调：涉及自然保护区的建设项目必须严格执行环境影响评价与审批制度。国家环境保护总局在《关于进一步加强自然保护区建设和管理工作的通知》（环发〔2002〕163号）中重申：在自然保护区实验区内开展的建设活动，必须进行环境影响评价并依法履行报批手续。

(3)涉及自然保护区的建设项目环评要求

涉及自然保护区的建设项目环评单位要具备自然保护专业方面的技术力量。承担涉及自然保护区的建设项目环境影响评价单位除了具备常规建设项目环评资质要求外，还应具备自然保护专业方面的技术力量。国家环境保护总局在《关于涉及自然保护区的开发建设项目环境管理工作有关问题的通知》（环发〔1999〕177号）中要求：承担涉及自然保护区的开发建设项目环境影响评价的单位必须具备自然保护专业方面的技术力量。

涉及自然保护区的建设项目环评内容不仅要满足常规建设项目环评内容的要求，还应满足自然保护区的特殊管理要求。国家环境保护总局在《关于涉及自然保护区的开发建设项目环境管理工作有关问题的通知》（环发〔1999〕177号）中规定：项目的环境影响报告书中要设专章或专题报告，对所涉及的自然保护区现状作出评价，对因项目所造成的自然保护区结构与功能、保护对象的影响与保护价值的变化作出预测，提出保护与恢复治理方案。国家环境保护总局办公厅在《关于加强自然保护区管理有关问题的通知》（环办〔2004〕101号）中强调：涉及自然保护区的建设项目，在进行环境影响评价时，应编写专门章节，就项目对保护区结构功能、保护对象及价值的影响作出预测，提出保护方案，根据影响大小由开发建设单位落实有关保护、恢复和补偿措施。国务院办公厅在《关于做好自然保护区管理有关工作的通知》（国办发〔2010〕63号）中重申：涉及自然保护区的开发建设项目的环境影响评价文件，应对项目可能造成的对自然保护区功能和保护对象的影响作出预测，提出保护与恢复治理方案。环境保护部在《关于印发〈涉及国家级自然保护区建设项目生态影响专题报告编制指南（试行）〉的通知》（环发函〔2014〕1419号）中规定了涉及国家级自然保护区建设项目生态影响专题报告编制的范围、总则、工作程序、主要内容和技术要求。

山东省人民政府办公厅在《关于贯彻落实国办发〔2010〕63号文件进一步加强自然保护区管理工作的通知》（鲁政办发〔2011〕42号）中要求：自然保护区管理机构在保护区内的管护基础设施建设，必须严格执行环境影响评价制度，确保设施建设同自然景观和谐一致和有利于生态系统、物种和自然遗迹的保护。

根据上述规定，涉及自然保护区的建设项目环境影响评价内容除了具备常规建设项目的环评内容外，还应包括以下内容：自然保护区现状评价；预测项目建设可能对自然保护区功能、保护对象影响；提出保护、恢复治理方案和补偿措施；与自然景观协调性评价等。

(4)涉及自然保护区的建设项目环评审批要求

涉及国家级自然保护区的建设项目环评必须经环保部审查同意，涉及地方级自然保护区的建设项目环评必须经省级环境保护部门审查同意。国家环境保护总局在《关于涉及自然保护区的开发建设项目环境管理工作有关问题的通知》(环发〔1999〕177 号)规定：凡涉及自然保护区的项目，其环境影响报告书的审批，除按现行国家和地方环境保护部门分工管理外，涉及国家级自然保护区的地方管理的项目，其环境影响报告书的审批，必须事先征得我局同意。涉及地方级自然保护区的地方建设项目，省级环境保护部门要对环境影响报告书进行严格审查。在自然保护区外围保护地带建设但对自然保护区的环境质量和生态功能有影响的项目，在批复其环境影响报告书前须经该自然保护区相应级别的环境保护行政主管部门的同意。国家环境保护总局办公厅在《关于加强自然保护区管理有关问题的通知》(环办〔2004〕101 号)中进一步强调：涉及国家级自然保护区的地方建设项目，环评报告书审批前，必须征得我局同意；涉及地方级自然保护区的地方建设项目，省级环保部门要对环境影响报告书进行严格审查。

为贯彻落实国务院关于深化行政审批制度改革的决策部署，进一步推进简政放权，环境保护部在《关于下放和取消自然保护区有关事前审查事项做好监督管理工作的通知》(环办〔2015〕66 号)中指出，凡涉及国家级自然保护区的省级(市级、县级)管理的建设项目，其环境影响报告文件中关于建设项目对自然保护区的生态影响的审查，一律由省级环境保护部门负责，原国家环保总局《关于涉及自然保护区的开发建设项目环境管理工作有关问题的通知》(环发〔1999〕177 号)中“涉及国家级自然保护区的地方管理项目，其环境影响报告书的审批，必须事先征得国家环境保护总局的同意”的规定不再执行。凡涉及国家级自然保护区的省级(市级、县级)管理的建设项目，要严格执行环境影响评价制度。项目建设单位应当参照《涉及国家级自然保护区建设项目生态影响专题报告编制指南(试行)》(环办函〔2014〕1419 号)编制生态影响专题报告，经省级环境保护部门审查同意后，由具有审批权的环境保护部门审批其环境影响评价文件。省级环境保护部门在审查生态影响专题报告时，可以征求省级有关自然保护区行政主管部门的意见，必要时征求国务院有关自然保护区行政主管部门的意见。有关情况要向社会公开，接受社会监督。省级环境保护部门应当建立涉及国家级自然保护区建设项目的后评价制度，及时开展跟踪评价，如发现问题，应当要求有关单位进行整改。

山东省涉及自然保护区的建设项目环评必须经自然保护区管理机构，自然保护区行政主管部门和环境保护行政主管部门同意。山东省人民政府办公厅在《关于贯彻落实国办发〔2010〕63 号文件进一步加强自然保护区管理工作的通知》(鲁政办发〔2011〕42 号)中规定：凡涉及自然保护区的开发建设项目，其环境影响评价文件的审批，须征得自然保护区管理机构、自然保护区相应级别的行政主管部门和环境保护行政主管部门同意。在自然保护区外围保护地带建设但对自然保护区的环境质量和生态功能有影响的项目，在批复其环境影响评价文件前，须征得自然保护区相应级别的行政主管部门和环境保护行政主管部门同意。

2. 自然保护区范围和功能区调整的管理规定

(1)自然保护区范围和功能区调整的限制条件

建设项目需占用或穿越自然保护区时，在一定条件下允许调整自然保护区范围和功能分区。国家环境保护总局《关于涉及自然保护区的开发建设项目环境管理工作有关问题的通知》(环发〔1999〕177号)规定：经国家批准的交通、水利水电重点建设项目因受自然条件限制，必须穿越自然保护区，特别是自然保护区的核心区、缓冲区内时，应对自然保护区的内部功能区划或者范围、界线进行适当调整。国务院办公厅在《关于做好自然保护区管理有关工作的通知》(国办发〔2010〕63号)中重申：任何部门和单位不得擅自改变自然保护区的性质、范围和功能分区，不得随意撤销已批准建立的自然保护区。自然保护区自批准建立或调整之日起，原则上五年内不得进行调整。确因国家立项核准的重大工程建设需要，必须对自然保护区进行调整的，应在确保自然保护区功能不发生改变的前提下，从严控制缩小自然保护区及其核心区、缓冲区的范围。国务院在《国家级自然保护区调整管理规定》(国函〔2013〕129号)中规定，因国家重大工程建设需要进行调整的，限定为国务院审批、核准的建设项目，列入国务院或国务院授权有关部门批准的规划且近期将开工建设的建设项目。国家级自然保护区因重大工程建设调整后，原则上不得再次调整。对于主要保护对象属全球同类型自然生态系统中的典型代表或属世界性珍稀濒危类型，或属世界上唯一或极特殊的自然遗迹，或列入国家一级重点保护物种的自然保护区，其核心区原则上只能扩大，不得缩小或调换。对于因国家重大工程建设申请调整的，要求充分调查论证，征求相关资源行政主管部门、保护区管理机构和周边社区公众的意见。山东省人民政府办公厅《关于贯彻落实国办发〔2010〕63号文件进一步加强自然保护区管理工作的通知》(鲁政办发〔2011〕42号)要求：确因国家、省立项核准的重大工程建设需要，必须对自然保护区进行调整的，应在确保自然保护区功能不发生改变的前提下，从严控制缩小自然保护区及其核心区、缓冲区的范围。

根据以上规定，自然保护区范围和功能区的调整必须具备三个条件：一是建设项目必须是国家或省立项核准的重大建设工程；二是自然保护区功能不发生改变；三是从严控制缩小自然保护区及其核心区、缓冲区的范围。

(2)自然保护区范围和功能区调整的论证与审批

自然保护区范围和功能区调整的论证与审批程序按照自然保护区建立的审批程序论证审批。国务院办公厅和国家环境保护总局多次发文强调自然保护区范围和功能区调整的论证与审批工作。

国家环境保护总局《关于涉及自然保护区的开发建设项目环境管理工作有关问题的通知》(环发〔1999〕177号)要求：功能区划的调整方案，须经自然保护区行政主管部门审核同意后，报同级环境保护行政主管部门批准；自然保护区的撤销及性质、范围、界线的调整或者改变，应由原批准建立自然保护区的人民政府批准。调整对自然保护区的保护对象产生重大影响，经专家论证表明已失去其保护价值的，应通过异地建设不少于原保护区面积的新的自然保护区给予补偿。对于项目实施中超出批准范围造成生态破坏的，应责令建设单位停止建设活动，并限期恢复治理；对于项目实施中，在批准范围内造成的临时性生态破坏，也应监督建设单位及时进行恢复治理，或按有关规定给予自然保护区相应的经济补偿。

国家环境保护总局在《关于加强自然保护区管理有关问题的通知》（环办〔2004〕101号）中重申：经国家批准的重点建设项目，因自然条件限制，确需通过或占用自然保护区的，必须按照《国家级自然保护区范围调整和功能区调整及更改名称管理规定》，履行有关调整的论证、报批程序。地方级自然保护区调整也要参照上述规定执行。环境保护部《关于下放和取消自然保护区有关事前审查事项做好监督管理工作的通知》（环办〔2015〕66号）要求，省级自然保护区调整，应当在报省级人民政府批准后的15日内，由省级环境保护主管部门上报环境保护部备案。

国务院办公厅《关于做好自然保护区管理有关工作的通知》（国办发〔2010〕63号）强调：地方级自然保护区的调整由其所在地省级人民政府审批，并报环境保护部和相关部门备案。国务院在《国家级自然保护区调整管理规定》（国函〔2013〕129号）中规定，对于因国家重大工程建设申请调整的，要求充分调查论证，征求相关资源行政主管部门、保护区管理机构和周边社区公众的意见。

山东省人民政府办公厅《关于贯彻落实国办发〔2010〕63号文件进一步加强自然保护区管理工作的通知》（鲁政办发〔2011〕42号）规定：省、市、县级自然保护区范围和功能区调整，在全省地方级自然保护区调整管理规定出台前，按照自然保护区建立的审批程序审批，并报省环境保护行政主管部门和有关自然保护区行政主管部门备案。

3. 自然保护区资源开发与保护之间的矛盾比较突出

山东省48.7%的自然保护区分布有户籍人口，自然保护区户籍人口总量达40.4万人。核心区、缓冲区和实验区的户籍人口数量分别为5.2万人、18.1万人和17.1万人，分别占自然保护区户籍人口总数的12.8%、44.9%和42.4%。与保护区有直接关系人口数量为174.4万人。54.7%的自然保护区存在与保护区有直接关系人口，与保护区有直接关系人口数量为173.4万人。由于自然保护区人口多，资源开发与保护之间的矛盾比较突出，自然保护区管护压力巨大。2016年9月，省环保厅、省国土资源厅、省海洋与渔业厅、省林业厅联合印发了《关于全省省级及以上自然保护区突出问题专项检查情况的通报》。在通报的45个国家级和省级自然保护区中，18个自然保护区核心区和缓冲区存在旅游活动，20个自然保护区实验区的旅游活动未按规定办理环境影响评价审批手续，9个自然保护区存在采矿、采石场与探矿活动，7个自然保护区存在风电项目、光伏发电项目，港口、码头和造船厂或房地产开发项目，7个有自然保护区养殖活动。

三、自然保护区规范化建设与管理问题

加强自然保护区规范化建设和管理是提高自然保护区管护效能的重要手段。山东

省自然保护区建设和管理经过多年的努力虽然取得了重要成绩，但与自然保护区规范化建设和管理要求相比，还存在较大的差距。

1. 自然保护区规范化建设和管理的要求

2009 年和 2013 年，国家环境保护部和山东省环境保护厅分别发布实施了《国家级自然保护区规范化建设和管理导则(试行)》(环函〔2009〕195 号)和《山东省省级自然保护区规范化建设和管理导则(试行)》(鲁环函〔2013〕161 号)，以规范自然保护区建设和管理工作。通过开展自然保护区规范化建设和管理工作，达到自然保护区保护目标明确、资源本底清楚、管护设备完善、管理队伍专业、管理制度健全、规划科学合理、社区协调发展、资源管护、科学研究、环境教育功能得到充分发挥，保护成效显著的目标。自然保护区规范化建设和管理要求包括规范化建设、规范化管理、生态恢复工程、经费保障、应急能力建设 5 个方面。详细内容见表 5-2-3。

表 5-2-3 自然保护区规范化建设与管理要求

一、规范化建设		
1. 管护设施建设	保护管理站(点)	应设立保护管理站(点)，单个保护管理站的建筑面积一般不超过 300 平方米
	界碑界桩	应设立明显的界碑界桩
	交通设施	应建设路网、码头等必要的交通设施
	巡护执法设备	应配备必要交通工具、通讯工具、执法装备等的巡护执法设备
	防火设施设备	可设置瞭望塔(台)、防火道和防火隔离带
	野生生物保护设施	可建设生态廊道、动物通道、人工洞穴、人工鱼礁等设施
2. 科研监测设施建设	科研中心(站)	可建科研中心(站)，建筑面积 100～500 平方米(国家级)，或 80～100 平方米(省级)
	定位监测站(点)	可设置定位监测站(点)，建筑面积不大于 200 平方米(国家级)，或 100 平方米(省级)
	固定样地样线及站位断面	必须建设适当数量的固定样地、固定样线或站位断面
3. 宣传教育设施建设	宣教场馆	宣教中心，建筑面积 500～2 000 平方米(国家级)，或 200～800 平方米(国家级)；宣教馆，建筑面积不大于 500 平方米(国家级)或 200 平方米(省级)；宣教室，建筑面积不大于 100 平方米
	宣传牌	应在人为活动频繁处或根据管理需要，设立宣传牌
4. 办公及附属设施建设		编制定员每人平均建筑面积不大于 18 平方米

续表

二、规范化管理		
1. 行政管理	管理机构	应设置独立的管理机构
	管理人员	行政管理人员一般不超过20%，技术人员不低于30%，其他人员不能超过20%
	专业培训	每年至少进行一次内部技术培训和教育，每4年至少轮流接受外部培训一次
	内部规章制度	应有健全的内部规章制度
	档案管理	应建立档案，并尽量实现数字化
2. 规划和计划	规划	至少每10年编制一次总体规划，并经批准后实施
	计划	应制订年度工作计划
3. 边界划定与土地权属	边界划定	应在批准建立后的一年时间内，完成边界勘定和功能区划工作
	土地权属	土地权属应明确清晰，没有纠纷
4. 资源管护	日常巡护	定期开展巡护，建立巡护责任制和巡护报告制度
	执法检查	应对自然保护区内的生态旅游、开发建设、参观考察等活动进行执法检查
	外来入侵物种控制	定期开展外来物种调查，制定实施外来入侵物种防治方案及监控方案，加强关于外来入侵物种的宣传教育
5. 建设项目和资源开发活动管理		严禁改变保护区自然属性的开发活动，禁止捕捞、乱砍滥伐掠夺性的自然资源开发活动，不得违法违规开展建设项目
6. 科研监测	资源调查	应经常性开展科学考察和专项调查，每10年至少开展一次综合科学考察，编制科考及分析报告
	定期监测	定期开展生态、资源、环境等各项监测活动。每年至少开展一次当地社区社会经济状况调查
	科研管理	应编制主要保护对象、野生动植物或自然资源的数据库、地理信息系统(GIS)及相关软件、图件
7. 宣传教育	宣传资料	应编制科普宣传书籍、音像、文字及图片资料、环境教育材料等
	宣教活动	定期开展环境教育活动
	自然保护区网站	应编制并定期维护自己的网站或网页
	交流与合作	开展国内外交流与合作
8. 旅游活动管理		编制保护区旅游专项规划并通过环境影响评价，经批准后实施
9. 社区共管		积极推进地方社区和居民参与保护区管理，每年开展至少一次社区共管活动，积极争取资金，用于生态补偿
三、生态恢复工程		对退化生态系统应进行生态恢复
四、经费保障		应有固定经费来源，能够基本保证日常管护工作需要
五、应急能力建设		应组建应急队伍，编制应急预案，具备处理突发性事件的能力

2. 自然保护区规范化建设和管理存在的主要问题

(1)自然保护区基础设施建设滞后

山东省63个自然保护区调查统计资料表明，自然保护区基础设施建设滞后。主要表现在四个方面：一是管护设施建设不足。近35%的自然保护区尚未设立保护管理站，近14%的国家级自然保护区、19%的省级自然保护区、46%的市级自然保护区和80%的县级自然保护区未建设保护管理站。36.5%的自然保护区没有汽车，65.1%的自然保护区没有摩托车。16.2%的自然保护区未建瞭望塔，国家级、省级、市级和县级自然保护区未建瞭望塔的比例分别为28.6%、22.6%、53.3%和70%。二是科研监测设施缺乏。近48%的自然保护区没有科研用房，42.9%的国家级自然保护区、19.4%的省级自然保护区和73.3%的市级自然保护区没有科研用房。超过40%的自然保护区没有监测站点，近29%的国家级自然保护区、32%的省级自然保护区、53%的市级自然保护区和80%的县级自然保护区没有监测站点。80%以上的自然保护区没有价值在5万元以上的设备，近83%的自然保护区未建立物种数据库，70%的自然保护区未建网站。三是宣传教育设施匮乏。50%以上的自然保护区没有宣教用房，57.1%的国家级自然保护区、41.9%的省级自然保护区、60%的市级自然保护区和70%的县级自然保护区缺乏宣教用房。30%以上的自然保护区未建宣传标牌，国家级、省级、市级和县级自然保护区没有宣传标牌的比例分别达14.3%、19.4%、46.7%和70%。四是办公设施不足。近16%的自然保护区没有办公用房。

(2)部分自然保护区管理机构不健全，人员配置不尽合理

自然保护区管理机构不健全是影响自然保护区建设和管理效能的重要因素。自然保护区管理机构不健全，或与风景名胜区、地质公园、林场等重叠在一起，往往集行政、事业和企业等多种职能于一体，造成管理机构定位不明确，不能有效地履行自然保护区的管理职能。缺乏自然保护区管理机构往往会出现自然保护区建而不管的状况。据调查，山东省42.1%的自然保护区尚未设置专门的管理机构，21.1%的省级自然保护区、79%的市级自然保护区和75%的县级自然保护区缺乏专门的管理机构，其管理工作由地方政府或者相关管理部门代管。

自然保护区人员配置不尽合理主要表现在两个方面：一是部分自然保护区人员不足。山东省大约7%的自然保护区没有人员编制，56.5%的自然保护区人员编制在30人以下。近3%的自然保护区现有人员数量为0，62.3%的自然保护区现有人员数量在30人以下。二是部分自然保护区科技人员比例偏低。近19%的自然保护区技术人员数量为0，国家级、省级、市级和县级自然保护区技术人员数量为0的比例分别为14.3%、23.5%、17.6%和9.1%。29%的自然保护区技术人员比例低于30%，国家级、省级、市级和县级自然保护区技术人员比例低于30%的比例分别为14.3%、29.4%、17.6%和54.5%。

(3)部分自然保护区范围与功能分区不明确、土地权属不清

部分自然保护区边界及功能分区没有界碑、界柱，或者有保护区边界，但未进行功能

区的划分，造成自然保护区范围与功能分区不明确。调查统计结果表明，山东省仅69.7%的自然保护区划分了核心区、缓冲区和实验区，19.7%的自然保护区划分2个或1个功能区，尚有10.5%的自然保护区未划分功能区。68.5%的自然保护区有功能区划图，31.5%的自然保护区无功能区划图。有些自然保护区范围彼此重叠，或者同一个自然保护区因行政边界被人为分割开来，给自然保护区管理带来诸多不便。如烟台福山银湖湿地省级自然保护区和烟台市大沽夹河湿地市级自然保护区存在重叠现象，枣庄抱犊崮和苍山县抱犊崮因地跨两个行政区域被人为分割开来。约49%的自然保护区未设立界碑，国家级、省级、市级和县级自然保护区未设立界碑的比例分别为14.3%、35.5%、73.3%和80%。44.4%的自然保护区未建界桩，国家级、省级、市级和县级自然保护区未建界桩的比例分别为14.3%、38.7%、60%和60%。

为了抢救性地保护自然生态系统和野生动植物资源，有些自然保护区采用先划范围后建设的办法，土地确权工作滞后，造成土地权属不清，影响了自然保护区的管理。调查统计结果表明，山东省72.3%的自然保护区土地权属清晰，尚有27.3%的自然保护区土地权属不清。85.7%的国家级自然保护区、76.3%的省级自然保护区、84.2%的市级自然保护区和16.7%的县级自然保护区土地权属清晰。国家级、省级、市级和县级自然保护区土地权属不清晰的比例分别达14.3%、23.7%、15.8%和83.3%。

(4)部分自然保护区资源本底调查与科研监测工作薄弱

由于很长一段时间内我国奉行抢救性保护的方针，有些自然保护区批建时未对资源本底状况、动植物种群数量及分布范围进行全面调查，导致部分自然保护区资源本底不清。调查统计结果表明，山东省60.5%的自然保护区未编制综合科学考察报告，国家级、省级、市级和县级自然保护区未编制综合科学考察报告的比例分别为14.3%、42.1%、89.5%和100%。61.8%的自然保护区未编制总体规划。国家级、省级、市级和县级自然保护区未编制总体规划的比例分别为14.3%、50%、78.9%和100%。由于未进行综合科学考察和编制总体规划，自然保护区资源、环境状况不清，影响了自然保护区的建设和管理。

我省自然保护区普遍存在科研监测设备落后、科技人员短缺、科研监测经费不足等问题，科研监测工作十分薄弱。调查结果表明，山东省近48%的自然保护区没有科研用房，40%以上的自然保护区没有监测站点，80%以上自然保护区没有价值在5万元以上的设备，近19%的自然保护区没有配备科技人员，35%的自然保护区缺乏事业经费。

(5)自然保护区资金投入严重不足

自然保护区经费主要来源财政拨付的事业运行经费，国家和地方投入的基建资金与生态工程配套资金，以及可支配旅游收入。山东省近67%的自然保护区事业经费来源于财政拨款，13.6%的自然保护区事业经费依靠自收自支或自筹，19.7%的自然保护区没有事业经费来源。34.8%的自然保护区缺乏事业经费，37.9%的自然保护区事业经费在50万元以下。13.6%的自然保护区固定资产为0，27.3%的自然保护区固定资产在100万元以下。50%以上的自然保护区缺乏国家和地方投入基建资金，70%以上的自然保护区缺乏生态工程国家投入资金和地方配套投入资金。47%的自然保护区旅游全口径年收入为0,60%的自然保护区旅游可支配年收入为0。自然保护区资金投入不足影响了自然保护区的建设和发展。

(6)自然保护区空间布局与结构不尽合理

山东省自然保护区在空间布局上主要分布于鲁东丘陵区和鲁中南山地丘陵区,而鲁西北平原区和沿海区较少。全省自然保护区分布呈现出了东南重、西北轻的不平衡格局。在区域分布上,济南、青岛、淄博、枣庄、东营、烟台、潍坊、济宁、泰安、威海,日照、莱芜、临沂、聊城和滨州15个城市均有自然保护区分布,菏泽和德州2城市目前尚没有自然保护区。

自然保护区类型以森林生态类居多,海洋和海岸类、内陆湿地类、地质遗迹类和野生动物类等类型相对较少,一些特殊地质遗迹、地貌景观、黄河故道、河口与海湾湿地等尚未建立自然保护区。如济南泉群地质构造,济南开元寺火山岩盖构造,昌乐乔山、团山火山地质地貌景观,沂山变质岩地质地貌景观,蒙山七十二崮石灰岩地质地貌景观,沂水溶洞群等北方喀斯特溶洞地质地貌景观,芝罘岛等沿海地质遗迹和地质地貌景观,莱芜、莒南、诸城和莱阳等地的古生物化石遗迹,广饶支脉河口湿地,利津刁口湾湿地,胶州湾湿地,胶南海清湾湿地,即墨丁字湾湿地,威海双岛湾湿地,日照鲁南海滨湿地,菏泽黄河湿地等。

第三节　自然保护区建设与管理对策

一、自然保护区建设与管理面临的新机遇

1. 党中央高度重视生态文明建设工作

党的十八大把生态文明建设纳入了中国特色社会主义事业"五位一体"总布局,提出了建设美丽中国的目标。党的十八届三中全会决定,加快生态文明制度建设,健全自然资源资产产权制度和用途管制制度,实行资源有偿使用制度和生态补偿制度,划定生态保护红线,改革生态环境保护管理体制。党的十八大提出要大力推进生态文明建设,"必须树立尊重自然、顺应自然、保护自然的生态文明理念","扩大森林、湖泊、湿地面积,保护生物多样性"。习近平总书记多次对生态文明和环境保护作出重要指示,强调指出:"生态文明建设是'五位一体'总体布局和'四个全面'战略布局的重要内容。要切实贯彻新发展理念,树立'绿水青山就是金山银山'的强烈意识,努力走向社会主义生态文明新时代。"①"要科学布局生产空间、生活空间、生态空间,扎实推进生态环境保护,让良好生态环境成为人民生活质量的增长点,成为展现我国良好形象的发力点。"②"正确处理好生态环境保护和发展的关系,也就是我说的绿水青山和金山银山的关系,是实现可持续

① 《习近平关于社会主义生态文明建设论述摘编》,中央文献出版社2017年版,第14～15页。

② 《习近平关于社会主义生态文明建设论述摘编》,中央文献出版社2017年版,第27页。

发展的内在要求，也是推进现代化建设的重大原则。”①“在生态环境保护建设上，一定要树立大局观、长远观、整体观，坚持保护优先，坚持节约资源和保护环境的基本国策，像保护眼睛一样保护生态环境，像对待生命一样对待生态环境，推动形成绿色发展方式和生活方式，协同推进人民富裕、国家强盛、中国美丽。”②

近年来，中共中央、国务院先后出台了《关于加快推进生态文明建设的意见》《生态文明体制改革总体方案》《党政领导干部生态环境损害责任追究办法(试行)》《生态环境损害赔偿制度改革试点方案》《生态环境监测网络建设方案》《关于创新政府配置资源方式的指导意见》和《关于划定并严守生态保护红线的若干意见》等一系列生态文明建设方针政策，为生态环境保护指明了方向。建设自然保护区是推进生态文明建设的具体行动和重要载体，是加强禁止开发区和生态保护红线管控的重要内容，是优化国土空间开发格局和保护生物多样性的主要措施。贯彻落实国家生态文明建设的有关要求，必将进一步推进自然保护区建设和管理工作，提高自然保护区管理水平，保障国家生态安全。

2. 建立国家公园体制，加快推进自然保护区建设与管理体制变革

党的十八届三中全会提出，建立国家公园体制。按照“山水林田湖是一个生命共同体”的原则，由一个部门负责领土范围内所有国土空间用途管制职责，对山水林田湖进行统一保护与统一修复。通过建立国家公园体制，整合调整破碎化的自然保护地，着力解决监管分割、规则不一、资金分散、效率低下等问题，这必将使自然保护区建设与管理体制发生巨大变革。

3. 实施主体功能区制度，强化自然保护区建设与管理

党的十八届三中全会提出，坚定不移实施主体功能区制度。按照主体功能区定位，实施国土空间开发与保护，推动区域可持续发展。自然保护区在主体功能区规划中属于禁止开发区。通过实施主体功能区制度和生态保护红线管控，进一步加强自然保护区的建设与管理工作。

4. 实行生态补偿制度，加强自然保护区管理

党的十八届三中全会提出，实行生态补偿制度。按照“谁受益谁补偿”原则，完善对重点生态功能区的生态补偿机制，推动地区间建立横向生态补偿制度。自然保护区提供生态产品，自然保护区外的区域应该给予必要的补偿。通过实行生态补偿制度，解决或缓解自然保护区资源保护与开发之间的矛盾。

二、自然保护区建设与管理对策

1. 深化自然保护区管理体制改革

深化自然保护区管理体制改革是自然保护区建设与管理发展的重要任务。一是建立完善自然保护区管理体制。按照“山水林田湖是一个生命共同体”的原则和一件事由一个部门管理的思路，加强自然保护区体系的顶层设计，建立统一行使自然保护区管理

---

① 《习近平关于社会主义生态文明建设论述摘编》，中央文献出版社 2017 年版，第 22 页。

② 《习近平关于社会主义生态文明建设论述摘编》，中央文献出版社 2017 年版，第 34 页。

的体制，解决自然保护地被“五马分尸”和“多区交叉重叠”问题。二是按照“谁受益谁补偿”的原则，建立完善自然保护区生态补偿制度，给予自然保护区及周边社区必要的补偿。加大自然保护区资金投入力度，切实保障自然保护区建设、管理、科研、宣教和监测工作经费，解决自然保护区资金投入不足的问题。三是按照自然保护区功能定位，强化禁止开发区和生态保护红线管控，严格控制自然保护区生态空间转化为建设用地。

2. 提升自然保护区建设质量

合理调整自然保护区范围与功能分区。山东省26%的自然保护区实验区面积占自然保护区面积的比例在50%以上，12.3%的自然保护区实验区面积占自然保护区面积的比例高达70%～91%。23.3%的核心区面积占自然保护区面积的比例低于20%。实验区面积占自然保护区面积的比例偏大，核心区面积占自然保护区面积的比例偏小。将生态服务功能价值较低的村镇、交通干线、果园等调出自然保护区范围。对保护区范围和功能分区尚不明确的自然保护区要进行核查和确认，做好划界立标和土地确权工作，确保自然保护区边界清楚、面积准确、功能区合理。对于自然保护区相互重叠或生态系统不完整的自然保护区，如烟台福山银湖省级自然保护区与烟台市大沽夹河湿地市级自然保护区的范围存在重叠现象，枣庄抱犊崮省级自然保护区与苍山县抱犊崮县级自然保护区因地跨两个行政区被人为分割开来的现象，要尽快调整。要严格控制自然保护区范围与功能分区的调整。任何部门和单位不得擅自改变自然保护区的性质、范围和功能分区，不得随意撤销已批准建立的自然保护区。自然保护区自批准建立或调整之日起，原则上五年内不得进行调整。确因国家或省级重大工程建设需要，必须对自然保护区进行调整的，应在确保自然保护区功能不发生改变的前提下，从严控制自然保护区范围与功能区的缩小，推动自然保护区建设由数量增长型向质量效益型转变。

要正确处理保护与开发的关系，严禁不符合自然保护区功能定位的开发建设活动，强化涉及自然保护区的建设项目环境管理。自然保护区属于禁止开发区域，在自然保护区核心区和缓冲区内必须禁止任何形式的开发建设活动。在自然保护区实验区内的开发建设活动，不得影响其功能，不得破坏其自然资源或景观。加强涉及自然保护区的矿产资源开发活动和自然保护区内已有的城镇、村庄发展的管理，限期对自然保护区内违法违规探矿和采矿活动予以清理，加强对自然保护区内旅游活动的监管，有条件的地方要逐步将自然保护区内的居民进行搬迁。涉及自然保护区的开发建设项目环境影响评价文件，应对项目可能造成的对自然保护区功能和保护对象的影响作出预测，提出保护与恢复治理方案。项目所在地环保部门要会同有关部门加强项目实施期间的监管，督促建设单位落实保护与恢复治理方案。对于未按规定完成生态恢复任务的地区和建设单位，要暂停审批其新的涉及自然保护区的建设项目环评文件，并对相关责任人依法予以处罚。

优化自然保护区的结构和布局。山东省自然保护区基本覆盖了全省重要的陆地生态系统与野生动植物集中分布区。81%的自然保护区分布在鲁东丘陵区和鲁中南山地丘陵区。在自然保护区类型结构上，要将特殊地质遗迹与地貌景观，河口、海湾与滨海湿地，黄河故道湿地和小种群物种的保护作为新建自然保护区的重点。规划建设淄博三叶虫化石、莱芜圣井三叶虫化石、莱阳恐龙化石、诸城恐龙化石、莒南恐龙足迹化石、粉子山群剖面、新泰泰山群孟家屯岩组、新泰羊流科马提岩、蒙阴坦埠科马提岩、潍坊团山子古火山口、枣庄望仙山等地质遗迹保护区；规划建设广饶支脉河口湿地、沾化海滨湿地、利津刁口湾湿地、胶州湾湿地、胶南海清湾湿地、即墨丁字湾湿地、威海双岛湾湿地、日照鲁南海滨湿地、菏泽黄河湿地等湿地自然保护区；规划建设莱阳珊瑚菜原生境、荣成野玫瑰原生境、荣成黑驴岛黄嘴白鹭原生境、沂南两型豆原生境等自然保护区；规划建设长岛长山尾、崂山石老人海蚀柱等海洋自然保护区。在自然保护区空间布局上，重点加强沿海和鲁西北地区自然保护区建设。一些地区因开发较早，人口密度过大，很难建立面积相对较大的自然保护区，应充分考虑建立一批小型保护区，通过建立生态廊道，增强自然保护区间的联通性，努力形成“自然保护区群”，抢救性保护人类活动稠密区域残存的自然生境。新建风景名胜区、森林公园、地质公园、湿地公园等不得与自然保护区范围交叉重叠。

加强自然保护区科研监测工作。依托《山东省生物多样性保护战略与行动计划(2011～2030 年)》，开展自然保护区资源本底调查、综合评价与动态监测，建立自然保护区生态系统与物种多样性数据库。建立卫星遥感监测和地面监测相结合的自然保护区生态和资源监测体系，开展自然保护区人类活动遥感监测；国家级自然保护区每年遥感监测 2 次，省级自然保护区每年遥感监测 1 次，重点区域加大监测频次，定期发布监测报告。开展自然保护区生态环境保护状况评估。

开展自然保护区土地权属确认。山东省尚有 27.3% 的自然保护区土地权属不清。应开展自然保护区土地确权，依法确定其土地所有权和使用权及海域使用权。要规范自然保护区土地管理，依法使用自然保护区内土地的单位和个人，不得擅自改变土地用途，扩大使用面积。禁止任何单位和个人破坏、侵占、买卖或者以其他方式非法转让自然保护区内的土地。

3. 加强自然保护区规范化建设和管理

加强自然保护区基础设施规范化建设。自然保护区基础设施规范化建设和管理是自然保护区建设与管理工作的重点。要按照《国家级自然保护区规范化建设和管理导则(试行)》(环函〔2009〕195 号)、《自然保护区管护基础设施建设技术规范》(HJ/T 129-2003)、《山东省自然保护区规范化建设和管理导则(试行)》和《山东省自然保护区规范化建设和管理考评办法(试行)》的要求，国家级和省级自然保护区全部达到规范化建设标准。研究制定市级和县级自然保护区规范化建设标准和计划，加快推进市级和县级自然保护区规范化建设进程。

加强自然保护区管理机构和队伍建设。要按照《国家级自然保护区规范化建设和管理导则》(试行)(环函〔2009〕195 号)和《山东省自然保护区规范化建设和管理导则(试行)》要求，加强自然保护区管理机构和队伍建设。32 个未建立管理机构的自然保护区应尽快建立管理机构，已建立专门管理机构的自然保护区应根据管理工作的需要优化内部科室设置。没有工作人员的自然保护区应尽快配备工作人员。未配备科技人员的自然保护区应尽快配备科技人员，科技人员不达标的自然保护区应尽快提高科技人员比例。

4. 加大自然保护区资金投入力度

明确自然保护区资金投入渠道。《中华人民共和国自然保护区条例》规定，管理自然保护区所需经费，由县级以上人民政府安排，国家对国家级自然保护区的管理给予适当的资金补助。2010 年 12 月，国务院办公厅《关于做好自然保护区管理有关工作的通知》（国办发〔2010〕63 号）要求，国家级自然保护区管护基础设施的建设投资由发展改革委纳入现有投资渠道中统筹安排，能力建设由财政部以专项资金形式给予补助，日常管理经费纳入省级财政预算。2011 年 8 月，山东省人民政府办公厅《关于贯彻落实国办发〔2010〕63 号文件进一步加强自然保护区管理工作的通知》（鲁政办发〔2011〕42 号）指出，从 2012 年起，省财政设立省级自然保护区专项资金，并视财力情况适时增加。省级自然保护区管护基础设施的建设投资由省发展改革委视情况给予支持，能力建设投资由省财政以专项资金形式给予补助，日常管理经费纳入其所在地设区市的财政预算。省级自然保护区所在地属省财政直管县（市）的，日常管理经费纳入省级财政预算。市、县级自然保护区的建设和管理经费参照国家级、省级自然保护区予以保障。各级政府要高度重视自然保护区建设和管理工作，认真贯彻执行国家和省关于做好自然保护区管理的有关规定，切实把自然保护区建设和管理纳入国民经济与社会发展计划，将自然保护区建设和管理经费列入财政预算，保障自然保护区建设、管理、科研、宣教和监测经费。国家级自然保护区除国家给予资金补助外，省政府有关部门和保护区所在地政府在政策和经费上也应给予支持。

增加自然保护区资金投入。各级政府要逐步加大财政资金的支持力度，保证自然保护区建设与管理必要的资金需求，同时开拓资金渠道，积极引导社会资金参与保护和建设。正确处理自然保护区事业与周边地区的关系，积极探索自然保护区生态补偿机制，建立森林、海洋、湿地、草原等重要区域的生态补偿基金，实现水源地下游对上游、保护区外对保护区内、开发经营者对保护者的补偿，逐步提高当地居民基本公共服务均等化水平。

主要参考文献

一、中文文献

戈峰. 现代生态学[M]. 北京：科学出版社，2005.

王仁卿，张昭洁. 山东稀有濒危保护植物[M]. 济南：山东大学出版社，1993.

王仁卿，周光裕. 山东植被[M]. 济南：山东科学技术出版社，2000.

王恺. 中国国家级自然保护区[M]. 合肥：安徽科学技术出版社，2003.

王献溥，崔国发. 自然保护区建设与管理[M]. 北京：化学工业出版社，2003.

田贵全，刘强，宗雪梅，等. 山东省生物多样性保护战略与行动计划（2011～2030 年）[M]. 济南：山东大学出版社，2016.

吕宪国. 湿地生态系统保护与管理[M]. 北京：化学工业出版社，2004.

孙洪烈. 中国生态系统[M]. 北京：科学出版社，2004.

吴征镒. 中国植被[M]. 北京：科学出版社，1980.

李法曾，陈锡典. 泰山植物检索表[M]. 济南：山东科学技术出版社，1987.

李法曾主编. 山东植物精要[M]. 北京：科学出版社，2004.

汪松，解焱. 中国物种红色名录（第一卷）[M]. 北京：高等教育出版社，2004.

沈吉，张祖陆，杨丽原，等. 南四湖——环境与资源研究[M]. 北京：地震出版社，2008.

陈汉斌，郑亦津，李法曾. 山东植物志（下卷）[M]. 青岛：青岛出版社，1994.

陈汉斌. 山东植物志（上卷）[M]. 青岛：青岛出版社，1989.

陈灵芝主编. 中国的生物多样性现状及其保护对策[M]. 北京：科学出版社，1993.

陈灵芝，陈清朗，刘文华. 中国森林多样性及其地理分布[M]. 北京：科学出版社，1997.

国家环境保护总局编著. 全国生态现状调查与评估[M]. 北京：中国环境科学出版社，2006.

房用，孟振农，等. 山东森林植物资源及应用[M]. 北京：中国国际广播出版社，2006.

林育真. 生态学[M]. 北京：科学出版社，2004.

郎慧卿，赵魁义，陈克林. 中国湿地植被[M]. 北京：科学出版社，1999.

金瑞林. 环境与资源保护法学[M]. 北京：北京大学出版社，1999.

济宁市科学技术委员会.南四湖自然资源调查及开发利用研究[M].济南:山东科学技术出版社,1987.

赵延茂,宋朝枢.黄河三角洲自然保护区科学考察集[M].北京:中国林业出版社,1995.

樊守金,胡泽绪主编.崂山植物志[M].北京:科学出版社,2003.

山东省统计局编.山东统计年鉴-2016[M].北京:中国统计出版社,2016.

寸瑞红.关于缓冲区及其管理的探讨[J].世界林业研究,2002,15(3):74-80.

马忠业,张爱玲,孙涛.我国天然草地自然保护区建设与发展现状[J].草原与草坪,2011,31(4):93-96.

孔祥安,李广海,郑锋先,等.青岛崂山主要植被类型及物种丰富度研究[J].中国农学通报,2009,25(10):241-245.

王玉珍,刘永信,魏春兰.黄河三角洲地区濒危植物种类及其保护措施[J].山东农业科学,2006,(4):84-86.

王玉涛,郭卫华,刘建,等.昆嵛山自然保护区生态系统服务功能价值评估[J].生态学报,2009,29(1):523-531.

王岚,袁道凌,刘胜祥.湖北省自然保护区信息系统的研究[J].环境科学与技术,2002,25(1):23-24.

王秀玲.泰山珍稀濒危植物资源及保护[J].国土与自然资源研究,2001,(1):79-80.

王金凤,刘永,郭怀成,等.新西兰保护区管理及其对中国的启示[J].生态与农村环境学报,2006,22(1):91-94.

王俊亮,赵杨.山东鲁山自然保护区动物资源调查及保护初探[J].野生动物,2010,31(3):141-144.

王晓辉,刘慧,葛菁.安徽省自然保护区建设发展存在问题及对策建议[J].安徽大学学报(自然科学版),2011,35(4):92-96.

王森林,王家福,马爱民,等.山东鲁山自然保护区植物区系分析[J].山东林业科技,2008,(1):40-42.

邓立斌,付福乔,刘德晶,等.山东南四湖自然保护区综合评价[J].西部林业科学,2006,35(4):123-126.

冯晓东,刘欣.中国自然保护区的建设现状[J].林业资源管理,2007,(1):21-24.

田贵全,张明才.山东省生态环境遥感监测[J].国土资源遥感,2006,(4):63-67.

田贵全,刘强,孔梅,等.山东省自然保护区建设状况调查[J].环境科学与技术,2014,37(6N):431-435.

田贵全,刘强,高洁,等.山东省自然保护区基础设施建设状况调查与分析[J].山东林业科技,2014,44(3):133-136.

田贵全,孟祥亮,宗雪梅,等.滨州贝壳堤岛与湿地国家级自然保护区建设[J].绿色发展与环境研究,2013,6(3):21-22.

田贵全,孟祥亮.自然保护区功能区划图数字化处理方法及其应用[J].绿色发展与环境研究,2013,6(4):17-20.

田贵全,宗雪梅,孟祥亮,等.山东省自然保护区土地权属状况调查与分析[J].中国环境管理干部学院学报,2015,25(2):25-30.

田贵全,宗雪梅,孟祥亮,等.山东省自然保护区国家重点保护物种组成与分布[J],绿色发展与环境研究,2016,9(3):27-31.

田贵全,宗雪梅,高洁,等.山东省自然保护区管理状况调查与分析[J].中国环境管理干部学院学报,2014,24(4):20-23.

田贵全,曹惠明,孟祥亮,等.山东省自然保护区建设 30 年发展变化研究[J].环境与可持续发展,2012,(5):82-86.

田贵全,藏一剑,张明才.山东省生物多样性保护进展[J].中国环境管理干部学院学报,2004,14(4):72-74.

田贵全.山东省自然保护区建设与管理发展的新态势[J].中国环境管理干部学院学报,2014,24(6):22-24.

田贵全.山东省自然保护区建设与管理现状、问题及对策[J].绿色发展与环境研究,2013,6(1):36-40.

田贵全.涉及自然保护区的建设项目环境管理政策研究[J].绿色发展与环境研究,2013,6(2):25-29.

田贵全.德国的自然保护区建设[J].世界环境,1999,(3):31-34.

刘静,苗鸿,欧阳志云,等.自然保护区与当地社区关系的典型模式[J].生态学杂志,2008,27(9):1612-1619.

刘静,苗鸿,欧阳志云,等.自然保护区社区管理效果分析[J].生物多样性,2008,16(4):389-398.

刘幸红,王森林,张伟.山东新泰太平山自然保护区植物区系分析[J].防护林科技,2010,(1):101-103.

刘德国,宋印刚,胡猛,等.南四湖湿地自然保护区建设与管理[J].湿地科学与管理,2007,3(4):41-42.

戎可,马建章,赵丹,等.中国自然保护区区域评价模型的建立与应用[J].生态学报,2008,28(6):2738-2744.

朱建国,何远辉,季维智.我国自然保护区建设中几个问题的分析和探讨[J].生物多样性,1996,4(3):175-182.

权佳,欧阳志云,徐卫华,等.中国自然保护区管理有效性的现状评价与对策[J].应用生态学报,2009,20(7):1739-1746.

许崇梅,张颖颖,樊守金,等.山东艾山植物区系研究[J].西北植物学报,2004,24(10):2083-2088.

邬建国.自然保护区学说与麦克阿瑟-威尔逊理论[J].生态学报,1990,10(2):

187-190.

闫建国.荣成大天鹅自然保护区野生动物资源调查分析[J].山东林业科技,2003,(6):20-21.

闫颜,王智,高军,等.我国自然保护区地区分布特征及影响因素[J],生态学报,2010,30(18):5091-5097.

何山春,顾长明,胡乾柱,等.安徽省自然保护区可持续发展对策研究[J].安徽农业大学学报(社会科学版),2002,29(4):412-416.

余久华,吴丽芳.我国自然保护区管理存在的问题与对策建议[J].生态学杂志,2003,22(4):111-115.

吴小敏,徐海根,蒋明康,等.试论自然保护区与社区协调发展[J].农村生态环境,2002,18(2):10-13.

吴章文,吴宏道,朱德冲,等.广东象头山自然保护区分区及土地利用规划[J].国土与自然资源研究,2001,(4):45-47.

宋沿东,田贵全.澳大利亚的湿地保护[J].山东环境,2009,(3):11-12.

宋沿东,田贵全.澳大利亚湿地环境保护见闻与启示[J].山东环境,2009,(1):4-5.

张华国,周长宝,黄韦艮.海洋自然保护区地理信息系统建设初探[J].地球信息科学,2001,(1):21-26.

张学强,潘文兵,宋光新,等.山东平阴大寨山自然保护区植物区系研究[J].防护林科技,2011,102(3):13-15.

张高生,王仁卿.现代黄河三角洲植物群落数量分类研究[J].北京林业大学学报,2008,30(3):31-36.

李政海,王海梅,刘书润,等.黄河三角洲生物多样性分析[J].生态环境,2006,15(3):577-582.

杨欣,梅凤乔.我国自然保护区的土地权属问题研究[J].四川环境,2007,26(5):60-64.

苏扬.改善我国自然保护区管理的对策[J].科技导报,2004,(9):31-34.

邹异.广西自然保护区建设现状及管理对策[J].广西科学院学报,2001,17(1):43-47.

陈传明.福建与台湾自然保护区建设和管理比较研究[J].林业经济问题,2005,25(1):18-20.

陈传明.福建省自然保护区的发展[J].福建地理,2002,17(4):31-33.

陈红梅,王智.怎样看待和处理自然保护区土地权属问题[J].环境保护,2011,(4):27-29.

陈雅涵,唐志尧,方精云.中国自然保护区分布现状及合理布局的探讨[J].生物多样性,2009,17(6):664-674.

周方林,刘学荣,李正林.四川白羊自然保护区周边社区非木材林产品采集的管理初探[J].四川林业科技,2004,25(3):71-73.

周世强.自然保护区功能区划分的理论、方法及应用[J].四川林勘设计,1997,(3):37-40.

周建华.中国自然保护区土地权属管理现状及发展趋势研究[J].环境保护,2006,(11):60-61.

欧阳志云,王效科,苗鸿,等.我国自然保护区管理体制所面临的问题与对策探讨[J].科技导报,2002,(1):49-52.

苑虎,张殷波,覃海宁,等.中国国家重点保护野生植物的就地保护现状[J].生物多样性,2009,17(3):280-287.

郑海洋,王国祥.中国国家级自然保护区体系建设分析[J].安徽农业科学,2009,37(18):8641-8643.

姜永诰.自然保护区建设管理现状与对策探讨[J].中国环境管理,2003,22(1):52-56.

唐小平.中国自然保护区网络现状分析与优化设想[J].生物多样性,2005,13(1):81-88.

夏少敏,闫献伟,茜坤,等.中国自然保护区管理体制探析[J].浙江林学院学报,2009,26(1):127-131.

徐建英,陈利顶,吕一河,等.卧龙自然保护区社区居民政策响应研究[J].生物多样性,2004,12(6):639-645.

袁兴中,龚兆铎,张培玉.山东省自然保护区建设及生物多样性保护问题[J].农村生态环境,1996,12(3):7-10.

郭晓鸣,张鸣鸣,陈明红.自然保护区周边社区兽害情况调查分析[J].农村经济,2004,(4):89-91.

崔国发,王献溥.世界自然保护区的发展现状和面临的任务[J].北京林业大学学报,2000,22(4):123-125.

崔国发.自然保护区学当前应该解决的几个科学问题[J].北京林业大学学报,2004,26(6):104-105.

康东伟,谭留夷,刘夏明,等.四川省王朗自然保护区管理状况分析[J].河北林业科技,2010,6(3):21-23.

黄建兰.我国自然保护区建设的几点思考[J].福建林业科技,2006,33(1):176-180.

曾昭爽.自然保护区有效管理初论[J].长白山自然保护,2002,(1):4-6.

蒋志刚.论中国自然保护区的面积上限[J].生态学报,2005,25(5):1205-1212.

蒋明康,王智,刘鲁君,等.论纳板河自然保护区的可持续发展[J].云南环境科学,2005,24(4):31-34.

蒋明康,王智,秦卫华,等.我国自然保护区内国家重点保护物种保护成效评价[J].生态与农村环境学报,2006,22(4):35-38.

蒋明康，贺昭和，王智，等. 涉及自然保护区建设项目的环境管理[J]. 生态与农村环境学报，2009，25(1)：101-105.

韩念勇. 中国自然保护区可持续管理政策研究[J]. 自然资源学报，2000，15(3)：201-207.

潘景璐. 我国自然保护区土地权属问题和对策研究[J]. 国家林业局管理干部学院学报，2008，(4)：30-36.

操丛林. 安徽省自然保护区建设及发展的研究[J]. 林业勘查设计，2002，(3)：23-24.

薛达元，蒋明康. 中国自然保护区类型划分标准的研究[J]. 中国环境科学，1994，14(4)：246-250.

穗士凤，蔡德万. 长岛自然保护区鸟类资源现状及保护[J]. 四川动物，2000，19(4)：247-248.

国家环境保护部. 自然保护区管护基础设施建设技术规范(HJ/T 129-2003). 北京：中国环境科学出版社，2003.

朱艳. 我国海洋保护区建设与管理研究[D]. 厦门：厦门大学，2009.

谭慧娟. 中国自然保护区发展历程、分布结构及生态经济问题研究[D]. 广州：中山大学，2006.

二、外文文献

CNPA/IUCN, WCMC. Guidelines for Protected Area Management Categories [M]. IUCN, Gland, Switzerland and Cambridge, UK: IUCN Publications Services Unite, 1994.

Gilmour D A, Nguyen Van San. Buffer Zone Management in Vietnam[M]. Available from: IUCN VIETNAM. 13A Tran Hung Dao Street, Hanoi, Vietnam 1999.

Miller K R. *Balancing the Scales: Guidelines for Increasing Biodiversity's Chances Through Bioregional Management*[M]. Washington DC: World Resource Institute, 1996.

Mladenoff D, Baker W L. *Spatial Modeling of Forest Landscape Change*[M]. Cambridge: Cambridge University Press, 1999.

Paul Muelle, *Biogeographie* [M]. Stuttgart: Verlag Eugen Ulmer Stuuttgart, 1980.

Sayer J. *Rainforest Buffer Zone: Guidelines for Protected area Managers, Gland*[M]. Switzerland: IUCN. 1991.

Umweltbundesamt, Daten zur Umwelt der Zustand der Umwelt in Deutschland [M], Berlin: Erich Schmidt Verlag GmbH & Co. Berlin, 1997.

WRI. IUCN. UNEP. *Global Biodiversity Strategy: Guideline for Action to Save, Study, and Use earth's Wealth Sustainability and Equitably*[M]. Washington

DC: WRI. IUCN, UNEP. 1992.

Ando A, Camm J, Polasky S, Solow A. Species distributions, land values, and efficient conservation[J]. *Science*, 1998, 279:2126-2128.

Box E O. Factors determining distributions of tree species and plant functional types[J]. *Vegetatio*, 1995, 121:101-116.

Brotherton I. Protected area theory at the system level[J]. *Journal of Environmental Management*, 1996, 47:369-379.

Brown A L, Affum J K. A GIS-based environmental modelling system for transportation planners [J]. *Computers, Environment and Urban Systems*, 2002, 26: 577-590.

Dzerefos C M, Witkowski E T F. Density and potential utilisation of medicinal grassland plants form Abe Bailey Nature, South Africa[J]. *Biodiversity and Conservation*, 2001, 10(11):1875-1896.

Fraga J. Local Perspectives in conservation politics: The case of the Ria Lagartos BiosphereReserve, Yucatan, Mexico[J]. *Landscape and Urban Planning*, 2006, 74(3/4):285-295.

Garr M H. Marine protected areas: challenges and opportunities for understanding and conserving coastal marine ecosystems[J]. *Environmental Conservation*, 2000, 25(2):51-55.

Gullnck H, Mugica M. A framework for comparative land scape analysis and evaluation based on land cover data, with an application in the Madrid region(Spaln) [J]. *Landscape Urban Plan*, 2001, 55(4):257-270.

Hockings. Systems for assessing the effectiveness of management in protected areas[J]. *Bioscience*, 2003, 53 (9): 823-832.

Joppa L N, Loarie S R, Pimm S L. On the protection of"protected areas"[J]. *Proceedings of National Academy of Science*, USA. 2008, 105:6673-6678.

Maikhuri R K, Nautiyal S, Raoks, et al. Conservation policy-people conflicts: A case study form Nada Devi Biosphere Reserve (a World Heritage Site) [J]. India. *Forest Policy and Economics*, 2001, 2(3/4):355-365.

Mehta J N, Heinen J T. Does community-on shape favorable attitudes among locals? An empirical study form Nepal[J]. *Environment Management*. 2001, 28(2): 165-177.

Mendel L C, Kirkpatrick J B. Historical progress of biodiversity conservation in the protected-area system of Tasmania, Australia[J]. *Conservation Biology*, 2002, 16: 1520-1529.

Olson D M, Dinerstein E. The global 200: priority ecoregions for global conservation[J]. *Annals of the Missouri Botanical Garden*, 2002, 89:199-224.

Pretty J and Smith D. Social capital in biodiversity conservation and management [J]. *Conservation Biology*, 2003, 18:631-638.

Shafer C L. National park and reserve planning to protect biological divarsity: some basic elements[J]. *Landscape and Urban Planning*, 1999, 44:123-153.

Sharon E K. Creating a science of nature reserve design: perspectives from history [J]. *Environmental Modeling and Assessment*, 2002, 7:61-69.

Stewart R R, Possiongham HP, Noyce T. Opportunity cost of ad hoc marine reserve design decisions: an example from Soum Australia[J]. *Marine ecology progress series*, 2003, 253-254.

Van Jaarsveld A S, Freitag S, Chown S L, et al. Biodiversity assessment and conservation strategies[J]. *Science*, 1998, 279:2106-2108.

Xiao D N, Li X Z, Hu Y M. Protection of the littoral wetland in northern China: ecological and environmental characteristics[J]. *Ambio*, 1996, 25(1):2-5. Quattroehi D A, Pelletier R E. Retome sensing for analysis of landscape: A introduction[C]. In: Turner M G, Gardner R H(eds). *Quantitative Methods in Landscape Ecology: the Analysis and Interpretation of Landscape Heterogeneity*. New York: Springer-Verlag. 1991.